内 容 简 介

《Cocos2d-x 游戏开发》分为《基础卷》和《进阶卷》两个分册。两卷书籍都有明确的写作目的。《基础卷》专注于 Cocos2d-x 引擎基础，致力于让 Cocos2d-x 初学者成为一个基础扎实、靠谱的程序员。《进阶卷》专注于各种实用技术，是作者多年开发经验的结晶，书中的技术点大多是基于实际工作中碰到的问题提炼而来，从问题的本质出发到解决问题的思路，提供了多种解决方案，并对比各方案的优缺点，启发读者思考。

本书为《Cocos2d-x 游戏开发》的《基础卷》，共 31 章，分为 4 篇。第 1 篇为《入门篇》，涵盖的主要内容有 Cocos2d-x 开发环境、学习建议、注意事项及低级错误总结，以及必备的 C++编程基础和指针知识等。第 2 篇为《基础框架篇》，涵盖的主要内容有节点系统、内存管理、场景和层、精灵、动作系统、动画、纹理、文字、运行机制、渲染机制、消息机制和 Schedule 等。第 3 篇为《UI 与交互篇》，涵盖的主要内容有触摸输入、文本输入、按钮与重力感应输入、Menu 和 MenuItem，以及 GUI 框架的功能控件、文本输入、文本显示及容器控件等。第 4 篇为《CocoStudio 工具链篇》，涵盖的主要内容有 CocoStudio 的 UI 编辑器、场景编辑器、动画编辑器、2.x 编辑器及 CocosBuilder 等。

本书适合学习 Cocos2d-x 游戏开发的零基础读者阅读，尤其适合 Cocos2d-x 自学人员。对于大中专院校的学生和社会培训班的学员，本书也是一本不可多得的学习教程。

图书在版编目（CIP）数据

精通 Cocos2d-x 游戏开发. 基础卷 / 王永宝编著. —北京：清华大学出版社，2016（2019.1重印）
ISBN 978-7-302-43202-9

Ⅰ. ①精… Ⅱ. ①王… Ⅲ. ①移动电话机 – 游戏程序 – C 语言 – 程序设计②便携式计算机 – 游戏程序 – C 语言 – 程序设计 Ⅳ. ①TN929.53②TP312③TP368.32

中国版本图书馆 CIP 数据核字（2016）第 034754 号

责任编辑： 冯志强
封面设计： 欧振旭
责任校对： 徐俊伟
责任印制： 刘祎淼

出版发行： 清华大学出版社
网　　址： http://www.tup.com.cn, http://www.wqbook.com
地　　址： 北京清华大学学研大厦 A 座　　**邮　　编：** 100084
社 总 机： 010-62770175　　**邮　　购：** 010-62786544
投稿与读者服务： 010-62776969，c-service@tup.tsinghua.edu.cn
质量反馈： 010-62772015，zhiliang@tup.tsinghua.edu.cn

印 装 者： 北京九州迅驰传媒文化有限公司
经　　销： 全国新华书店
开　　本： 185mm×260mm　　**印　　张：** 24.25　　**字　　数：** 606 千字
版　　次： 2016 年 4 月第 1 版　　**印　　次：** 2019 年 1 月第 4 次印刷
定　　价： 69.00 元

产品编号：068155-01

精通Cocos2d-x游戏开发（基础卷）

王永宝　编著

清华大学出版社
北　京

前　言

第一次接触 Cocos2d-x 是在 2012 年初。当时与一位朋友尝试着制作了一款小游戏，上了 App Store 平台。在开发中，笔者主要负责游戏美术，这其实不是笔者的长项，所以该游戏的美术效果可以用惨不忍睹来形容。虽然那时候的引擎版本只是 1.x，并且开发的游戏相当失败，但通过这个游戏，笔者对 Cocos2d-x 产生了浓厚的兴趣。

其实 Cocos2d-x 算不上是一款功能超强的游戏引擎，但它很简洁、小巧，是一款轻量级的游戏引擎。大多数程序员实际上更喜欢简洁的东西，而不是庞然大物。Cocos2d-x 简洁的设计结合丰富的 Demo，让人可以很快上手，并能使用它开发出一些简单的游戏。其代码的开源及跨平台特性也相当诱人。Cocos2d-x 本身的这些特性结合市场的需求，使其很快就成为了手游开发的主流引擎之一。

在 Cocos2d-x 刚开始火的那一段时间，市面上关于 Cocos2d-x 的书籍还十分匮乏。笔者利用业余时间对该引擎进行了深入研究，并能使用它开发了几个小游戏，也总结了一些开发经验。之后一段时间，笔者萌生了按照自己的想法写一本 Cocos2d-x 游戏开发图书的想法。这个想法很快便进入了实施阶段，但进展远没有想象的顺利。其原因一方面是笔者写作的速度跟不上 Cocos2d-x 的更新速度，另一方面是笔者的工作任务也很重，加之写作期间还开发了四五个游戏作品，这使得笔者本来就不充裕的时间更是捉襟见肘。

的确，Cocos2d-x 的更新非常频繁，并且引擎更新的同时带来了很多接口的变化，一些代码甚至需要进行重构。除了原有内容的变化改动之外，日益增加的新功能也加大了写作的难度。虽然 2013 年底笔者已经完成了初稿，但是回过头来阅读一遍，发现书稿难以达到自己的预期。于是笔者做了一个决定：推翻重写。在经历了几个月的重写之后，Cocos2d-x 版本已经升级到了 3.0。笔者发现又有许多新增功能和新特性需要重新了解和学习，于是又经历了一段时间的学习和使用，不得不决定再次对该书做较大的改动，几乎又推翻重写了一次。可以说，这几年笔者的业余时间只做了这么一件事情。从开始写作直至完成书稿，整个过程虽然寥寥数语，但却饱含艰辛。在写作的过程中，Cocos2d-x 的书籍如雨后春笋，加上自己工作繁忙，写作时间所限，甚至还有放弃的念头。但写一本自己满意的 Cocos2d-x 图书的信念支撑笔者走到了最后。当然，这一切对笔者而言很有意义，也很有价值：其一是有机会能和读者共享自己的心得体会；其二是自己也得到了提升。毕竟写书相对于写代码而言需要考虑的东西更多。代码写错，还可以改正，而书写错则将误人子弟。

考虑到读者群体的不同，笔者将本书分为《基础卷》和《进阶卷》两个分册。《基础卷》主要是为了让读者夯实 Cocos2d-x 游戏开发的基础知识，适合没有经验的零基础读者阅读。《进阶卷》的内容全面，且实用性很强，可以拿来就用，快速解决问题，适合想要进阶学习的读者阅读，也可以作为一本解决实际问题的手册使用。当然，对于想要全面而深入学习 Cocos2d-x 游戏开发的读者而言，则需要系统阅读这两本书方可。

本书是《精通 Cocos2d-x 游戏开发》的《基础卷》，是一本略有深度的 Cocos2d-x 入门图书。本书系统地介绍了 Cocos2d-x 基础语法，并由浅入深介绍了 Cocos2d-x 游戏引擎底层的实现，同时还引申出了其他相关问题和使用时应该注意的事项。对于初学者，本书的部分内容可能略有些深入，如果遇到难以理解的地方，建议先跳过，等读完后续章节之后再回过头来阅读前面未理解的部分，相信对很多问题就有了新的认识。学习任何知识，基础都是重中之重，相信本书可以帮助读者打下 Cocos2d-x 游戏开发的坚实基础。

本书内容特色

1. 内容新颖，紧跟趋势

本书内容新颖，紧跟技术趋势，以当前主流的 Cocos2d-x 游戏引擎版本 3.x 为主进行讲解，在一些必要的地方也兼顾了早期的 2.x 版本的内容，并对新旧版本之间的差异做了必要说明，适合更多的读者群体阅读。

2. 追本溯源，注重核心

本书用较多篇幅介绍了 Cocos2d-x 游戏引擎的基础框架，并对 UI 与交互的相关内容做了详细讲解。这些内容都是 Cocos2d-x 游戏引擎的核心技术，深入理解这些内容，便于读者更好地理解 Cocos2d-x 游戏引擎的底层实现。

3. 追求原创，与时俱进

相较于市场上千篇一律的 Cocos2d-x 学习教程，本书力求做到与众不同，与时俱进。书中的内容不是堆砌知识点和简单地翻译技术文档，而是从学习和理解的角度出发，并结合作者的实际开发经验，按不同层次读者的学习特性组织内容和讲解，从而达到更好的讲授效果。

4. 由浅入深，循序渐进

本书内容编排非常科学，讲解时先抛出一些简单的问题供读者思考，然后发散思维，再逐步扩展到更多、更深入的问题上，继而步步推进，抽丝剥茧，逐层深入，将读者顺利引领到不同阶段的学习之中。

5. 风格活泼，讲述准确

刻板的风格不是笔者所钟爱的行文风格。笔者更喜欢用较为简单和自由的文字和读者交流，所以本书阅读起来并不会枯燥乏味。另外，讲解的准确性是科技图书的基本要求，只有准确的表达才能让读者不至于出现太多的理解偏差。所以笔者对书中的表述经过了反复斟酌和提炼，并采用了大量例图、举例和类比等手法，以便于读者更容易理解和掌握。

6. 举一反三，扩展思维

本书并不满足于按部就班地介绍功能和 API，而是从实际应用出发，扩散思维，在解决问题的同时，让读者思考问题的本质，以更深入地理解所学知识，从而达到举一反三，学以致用的效果。即所谓知行合一，方能真正掌握知识。

本书内容及知识体系

第 1 篇　入门篇（第 1~5 章）

本篇属于 Cocos2d-x 开发的基础铺垫，涵盖的主要内容有 Cocos2d-x 开发环境搭建、学习建议、注意事项及低级错误总结，以及必备的 C++编程基础和指针等。本篇主要是给没有任何 Cocos2d-x 使用经验的读者作为铺垫阅读。其中，图解指针和 C++11 简介这两章内容适合由 Unity3D（简称 U3D）、Java 或其他语言转到 Cocos2d-x 的读者阅读。

第 2 篇　基础框架篇（第 6~17 章）

本篇主要介绍了 Cocos2d-x 的核心框架系统，属于 Cocos2d-x 开发必练基本功。本篇涵盖的主要内容有节点系统、内存管理、场景和层、精灵、动作系统、播放动画、纹理、文字显示、运行机制、渲染机制、消息机制和 Schedule 等。学习完本篇，读者可以掌握 Cocos2d-x 游戏引擎的运行原理及相关开发知识。

第 3 篇　UI 和交互篇（第 18~25 章）

本篇专门介绍了 Cocos2d-x 的各种交互手段及整个 GUI 架构，同基础框架篇一样，本篇也属于 Cocos2d-x 的必练基本功。本篇涵盖的主要内容有触摸输入、文本输入、按钮与重力感应输入、Menu 和 MenuItem，以及 GUI 框架的功能控件、文本输入、文本显示及容器控件等。

第 4 篇　工具链篇（第 26~31 章）

工欲善其事必先利其器。本篇主要以 CocoStudio 的工具集为核心，介绍了常用工具的使用，解决了一些工具在使用过程中遇到的问题，适合想要了解或学习 Cocos2d-x 周边工具的读者阅读。本篇涵盖的主要内容有 CocoStudio 的 UI 编辑器、场景编辑器、动画编辑器、2.x 编辑器及 CocosBuilder 等。

本书阅读建议

由于 Cocos2d-x 游戏引擎是基于 C++的，所以一些基础的 C++知识是必须要知道的。假如读者完全没有任何编程方面的经验，就不适合阅读本书。虽然本书中也介绍了部分 C++的相关知识，但那是有针对性的，并不是系统地介绍。所以，如果读者没有任何编程基础，可以先阅读一本类似于《C++入门很简单》之类的图书。虽然 C++入门并不是想象的那么简单，但这类图书还是可以让你对 C++建立一个系统的了解。

书中部分章节的内容可能较为深入，如果读者对这部分内容一时难以理解，则可以先跳过而阅读后续章节，等读完后续章节再回头阅读这部分能容，也许就豁然开朗了。

书中的部分例子引用自 Cocos2d-x 引擎自带的 TestCpp，读者学习的过程中可以参照 TestCpp 中的例子。虽然本书偏重于理论，但其中介绍到的代码还是可以在 TestCpp 中编写、修改，并运行起来，从而加深理解。

另外，切勿死记硬背。编程学习不等于应付考试，很多知识点可以现用现查，解决问题就行。读者应该把注意力放在对编程本质的理解上。

本书读者对象

- 零基础学 Cocos2d-x 游戏开发的人员；
- Cocos2d-x 自学人员；
- 想系统学习 Cocos2d-x 的程序员；
- 想巩固和深入理解 Cocos2d-x 基础的程序员；
- 想开发跨平台手机游戏的人员；
- 从其他开发转向 Cocos2d-x 的程序员；
- 大中专院校的学生和社会培训的学员。

本书源代码获取方式

本书涉及的源代码大多是 Cocos2d-x 游戏引擎自身的代码。关于如何获取 Cocos2d-x 游戏引擎的完整代码，请读者详细阅读本书第 1.5 节中的介绍。

本书作者

本书主要由王永宝主笔编写。其他参与编写的人员有李小妹、周晨、桂凤林、李然、李莹、李玉青、倪欣欣、魏健蓝、夏雨晴、萧万安、余慧利、袁欢、占俊、周艳梅、杨松梅、余月、张广龙、张亮、张晓辉、张雪华、赵海波、赵伟、周成、朱森。

本书的编写对笔者而言是一个不小的挑战。虽然笔者投入了大量的精力和时间，但只怕百密难免一疏。若读者在阅读本书时发现任何疏漏，希望能及时反馈给我们，以便及时更正。联系我们请发邮件至 wyb10a10@163.com 或 bookservice2008@163.com，也可以加入本书的 QQ 交流群 83177510，以便于和作者及广大读者交流学习心得，解决学习中遇到的各种问题。

最后祝各位读者读书快乐，学习进步！

作者

目　　录

第 1 篇　入门篇

第 3 篇 UI 与交互篇

第 4 篇 CocoStudio 工具链篇

第 1 篇　入门篇

第 1 章　Cocos2d-x 启航

本章主要介绍以下内容：

- 简单介绍本书的特点、内容结构以及不同人群的阅读建议。
- 简单介绍 Cocos2d-x。
- 对比 Cocos2d-x 3.x 以及之前的版本。
- 版本相关的代码约定。
- 扫除阻碍，让你的 Cocos2d-x 跑起来。

1.1　特点、内容结构以及建议

本书的特点是言简意赅、图文并茂、态度严谨、知识面广，一个问题能用一句话说清楚，尽量不说两句，尽量用图片来表达意图。字里行间反复斟酌、扩散思维、举一反三。此书不是一本贴代码的书，但程序离不开代码。它也不是一本 TestCpp 的注释书，但我们拥抱 TestCpp。虽然个人追求简洁，但适当的举例可以帮助理解，不停留在表面的使用，而是深入到内部的实现，扩展到实际应用。三年时间，倾我心血，经过了数次推翻重写，相信会成为一本实用的 Cocos2d-x 入门到进阶书籍！

Cocos2d-x 游戏开发分为上下两卷，本书是上卷《**基础卷**》，共有 4 篇，都属于 Cocos2d-x 的入门基础，与 Cocos2d-x 紧密相关。基础乃重中之重，而在 Cocos2d-x 风靡之际，很多 Java、ActionScript 程序员以及应届生转战 Cocos2d-x，基础不甚牢固，相信通过阅读、理解本书，可以起到巩固基础、丰富底蕴的作用，成为一个“靠谱”的 Cocos2d-x 开发人员。

而下卷《**进阶卷**》则偏向具体的实战经验，更多的是讲解思路、方法和实践上，包含了物理、适配、热更新、存档、加密等实用技术，客户端网络编程到 PHP、C++服务端的开发，以及丰富的跨平台开发经验，可以作为 Cocos2d-x 游戏开发的案头书，也可作为涉猎书。

对于初学者而言，其中的一些章节描述可能过于深入，对于这些章节中不理解的部分，初学者不必深究，暂且跳过。

第 1 篇是《**入门篇**》，主要介绍如何让 Cocos2d-x 运行起来，新建项目，Cocos2d-x 正确的使用方法，一些易犯错误的总结，以及 C++11 和指针的指引，这部分主要是给没有 Cocos2d-x 开发经验的人阅读，C++11 简介和图解指针这两章适合由 Unity3D（简称 U3D）、Java 或其他语言转到 Cocos2d-x 的人阅读，易犯错误总结适合 Cocos2d-x 经验不丰富的人阅读。

第 2 篇是《**基础框架篇**》，主要介绍 Cocos2d-x 最核心的系统，它是 Cocos2d-x 的基本功，适合需要系统学习或者复习 Cocos2d-x 的人阅读。

第 3 篇是《**UI 与交互篇**》，这一篇专门介绍 Cocos2d-x 的各种交互手段，以及整个 GUI 架构，同基础框架，也属于 Cocos2d-x 的基本功。

第 4 篇是《**CocoStudio 工具链篇**》，工欲善其事必先利其器，这一篇主要围绕 CocoStudio 工具集为核心，介绍了常用工具的使用，解决了一些使用过程中遇到的问题，适合要了解或学习 Cocos2d-x 周边工具的人阅读。

1.2　Cocos2d-x 简介

Cocos2d-x 是从 Cocos2d 发展而来的移动 2D 游戏框架，可以用 C++、Lua、JavaScript 来进行开发。Cocos2d-x 项目可以很容易地建立和运行在 iOS、Android、黑莓 Blackberry 等操作系统中。Cocos2d-x 还支持 Windows、Mac 和 Linux 等桌面操作系统，因此，开发者可以很方便地在桌面操作系统中开发和调试。在操作系统之上，是平台相关的中间层，以及一些第三方的库，如物理、脚本、图形、声音等，中间层之上，是 Cocos2d-x 的封装，而在最上层，就是使用 Cocos2d-x 引擎开发的游戏逻辑，整体架构如图 1-1 所示（该图来源于 Cocos2d-x 官网文档）。

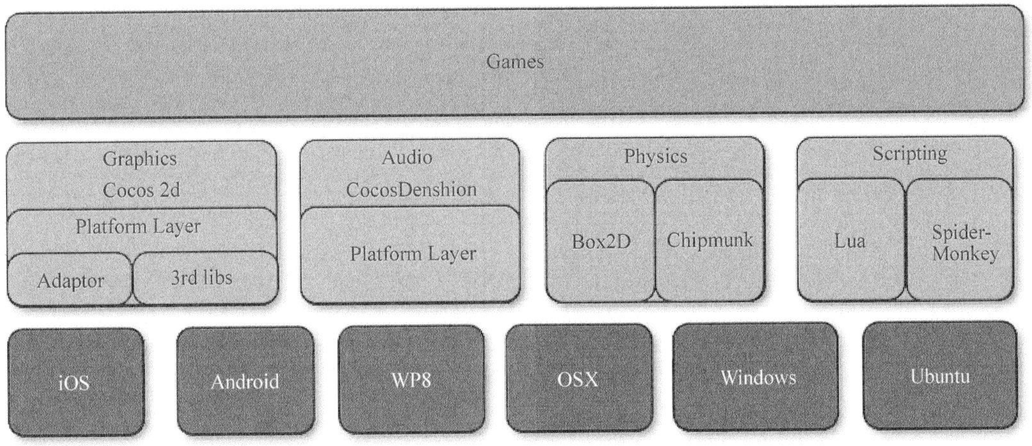

图 1-1　引擎整体架构

框架实现了各个平台相关的封装，提供了图像渲染、UI 系统和输入交互、文件操作、动作动画、消息系统、时间调度、音乐音效播放等一系列实用的基础功能，还包含了物理引擎、脚本绑定等可选功能。

围绕 Cocos2d-x 引擎周边有 Quick-Cocos2d-x，这是在 Cocos2d-x 的基础上建立的一个以 Lua 为主的框架，旨在提高开发效率。

Cocos2d-JS 是一个基于 Cocos2d-x，使用 JavaScript 的 Web 游戏框架。

Cocos Code IDE 是一个程序员使用的编码工具，主要用于编辑和调试 Lua、JavaScript 代码。

Cocos Studio 则是一套各种资源编辑处理的工具，为 Cocos2d-x 输出场景、UI、动画等资源。

最后，所有的内容会被集成到 Cocos 引擎中，Cocos 引擎整合了 Cocos2d-x 及其周边的分支和工具，目的是实现一键安装，建立统一清晰的工作流。

1.3　从 2.x 到 3.x

Cocos2d-x 从 2.x 版本到 3.x 版本发生了巨大的变化，这里简单罗列如下：

- C++标准使用了新的 C++11 标准，语法上的差异在第 5 章中将详细介绍，在 Windows 系统下，需要使用 VS 2012 以上的版本才能编译 C++11 标准的代码。在 Mac 下的 XCode 从 4.1 开始支持 C++11 特性，但更后面的版本支持得更好。Linux 则需要使用 GCC 4.7 以上的编译器才支持 C++11。
- 渲染方面从渲染树修改为渲染队列，新增的自动批处理渲染大大减少了 DrawCall，提高了渲染效率，在第 15 章中会详细介绍。
- 命名风格变化很大，摆脱了 Cocos2d，摆脱了 OC 化。
- 重构了消息机制，将触摸、按键、重力等各种输入从委托模式调整为监听者模式。
- 新增了 3D 相关的功能，包括一些简单的 3D 特效和 3D 碰撞检测。
- 容器重做，废弃了原先自定义的系列容器，直接封装了 STL 容器使用。
- 简化跨平台项目创建和打包的流程，Cocos2d-x 从 2.x 版本开始就一直致力于简化该过程。
- 在 Node 中封装了物理引擎，但这个封装并不恰当。
- 提供了全局 ZOrder 顺序，同时关联到渲染和点击触碰。

1.4　约　　定

在开始之前，先声明一些约定，以应对 Cocos2d-x 变化莫测的接口，接口的名字叫什么，本不必纠结，但我们需要将程序跑起来，所以接口的名字错不得。

这里主要声明 Cocos2d-x 2.x 和 3.x 版本的名字区别，以便于在介绍代码时，不被版本所困。本书中的代码基本都是以 3.0 之后的代码为准，除了一些 3.x 的新特性外，使用 2.x 的可以通过遵循我们的约定来使代码运行起来。

代码上的第一个改变是去除了 CC 前缀，如果读者使用的是 2.x 版本，那么引擎的类名需要加上 CC 前缀，而 3.x 是没有 CC 前缀的。

- 常用类和数据结构，CCPoint 改为了 Vec2，CCObject 改为了 CCRef。
- 获取单例接口的调整，从 sharedxxxxx 改为了 getInstance。
- 变量命名，从 m_b touchEnabled 到 _touchEnabled，摒弃了匈牙利命名法。
- 因为接口改变而导致的编译错误并不难解决，与其介绍所有版本的接口区别，不如直接解决接口错误，这是程序员的基本能力。如果编译错误都解决不了，如何解决更复杂的错误？大部分的代码差异都只是一些名字上的小改动，这种用约定来解决。
- 约定解决不了的编译错误，如果是对象的方法名改了，可以用“转到定义”的功能来跳转到错误对象的头文件，然后搜索名字最接近的函数。如果是对象的名字被改了，可以通过查看使用了该对象的相关接口来确定该对象的新名字，然后修改。

- 一些代码是经历了重构，接口甚至思想都不一样了，我们会在具体的章节中对比、分析，看重构前后有什么区别，是更好还是更坏，好在哪里，坏在哪里。
- 文中会使用**粗体**来表示重点内容，用圆括号括起来的内容表示旁白或旁注。

1.5 启　　航

接下来开始运行 Cocos2d-x，这里简单介绍如何在 Windows、Linux、Mac 下把 Cocos2d-x 的代码运行起来，以及新建项目，简单对比一下新旧版本的差异。

首先需要下载 Cocos2d-x，下载地址为 http://cn.cocos2d-x.org/download，在这里可以下载指定的版本，下载完成后进行解压，然后可以直接打开项目工程，工程中会有 HelloCpp、TestCpp 等项目（1.x 称之为 HelloWrold，2.x 称之为 HelloCpp，3.x 称之为 cpp-empty-test，本书统称为 HelloCpp），需要先指定 HelloCpp 为要启动的项目，然后进行编译运行 HelloCpp。2.x 只需要在 Cocos2d-x 的根目录即可看到 Windows 平台的项目文件 sln，在 samples 下的 proj.ios 目录中，可以找到 iOS 的项目文件 xcodeproj，3.x 将项目文件都放到了 build 目录下，所有平台的项目文件都被整理到这里。

在 Windows 下需要在解决方案列表中右击将 HelloCpp 设置启动项目，然后按 F5 键运行，结果如图 1-2 所示。Mac 下需要在 XCode 左上角的 SchemeUI 中选择 HelloCpp 以及模拟器，然后单击“运行”按钮或按 Cmd+R 快捷键，在模拟器中运行 HelloCpp。

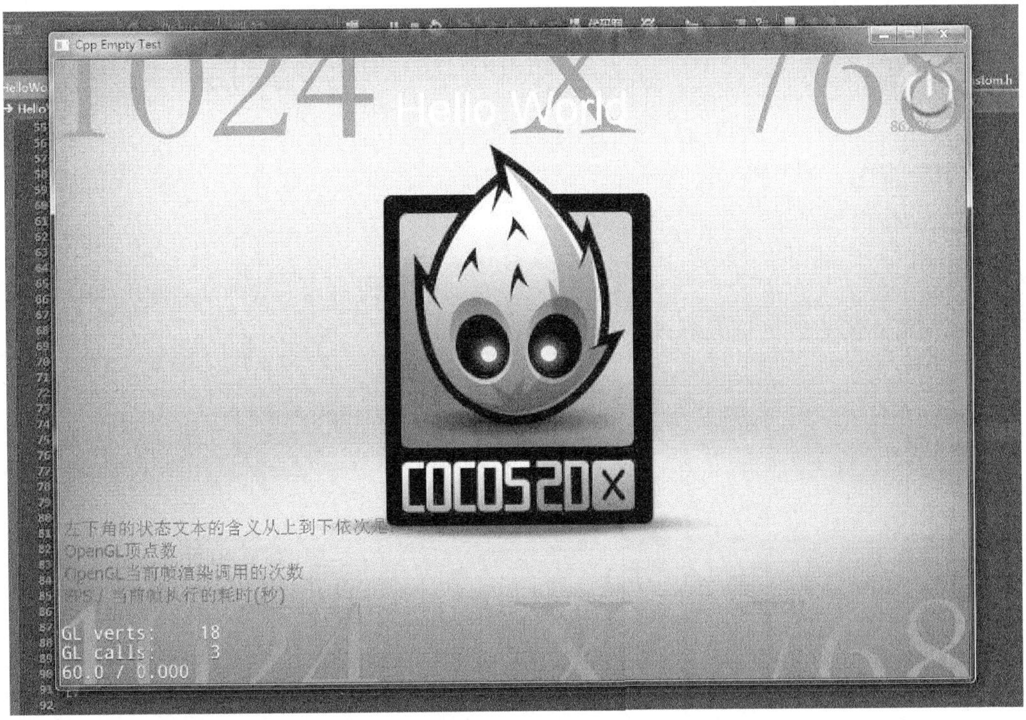

图 1-2　HelloWorld

这里总结两个 HelloCpp 运行出错的问题，第一个是显卡驱动版本太低，不支持指定版本的 OpenGL，这个问题会导致 HelloCpp 运行初始化 OpenGL 时直接崩溃，解决的方法是升级显卡驱动。第二个是由于 Cocos2d-x 解压后的完整路径中存在中文而导致的各种奇怪的问题，把 Cocos2d-x 相关的路径都放在英文路径下即可。

将 Cocos2d-x 的 HelloCpp 跑起来之后，来看一下新建项目，在讲 Cocos2d-x 2.1.4 之前，使用项目模板的方式来新建工程，这种方式存在一些问题，首先是各个平台的处理方法不统一，其次是在使用的过程中经常发现各种路径不对，缺这少那的问题，这对新手而言打击了学习的积极性。

从 2.1.4 版本开始，Cocos2d-x 摒弃了项目模板的方式，采用了 Python 脚本来创建项目，这种方式在不同平台下都用同样的命令来创建项目，但不方便的是需要安装额外的软件，以及输入命令，配置环境变量等，并不是一键自动创建。

3.x 之后集成了 Cocos 引擎，将 Cocos 所有 操作都集成进来，下载一个 Cocos 引擎，然后 Step by Step，一路“下一步”就完成了所有的环境部署，项目创建也类似，更加方便、自动化，使开发者可以把更多的精力专注在游戏开发上，由此可以看到 Cocos 的不断进步。

1.5.1 Windows

在 Windows 中使用 Visual Studio（简称 VS）将 Cocos2d-x 运行起来是最简单的，但这里还是简单介绍一下。另外，初学者在 Windows 下学习任何 C++相关的技术时，都容易碰到以下几个问题，这里一块讲解

在 **2.1.4 版本之前**需要安装 VS 模板，在 Cocos2d-x 的根目录下，找到 install-templates-msvc.bat，双击安装 Cocos2d-x 模板，以后在 VS 中新建项目时，可以直接选择模板，然后生成 Cocos2d-x 项目，如图 1-3 所示。但总体来说，这个模板相当“坑爹”，用户必须在 Cocos2d-x 的解决方案中新建项目。一旦离开 Cocos2d-x 的解决方案单独建立项目，就会报出一大堆头文件找不到的错误，而该项目模板的本质，就是将 HelloWorld 的代码复制一份而已。

图 1-3　旧版本的模板

把项目放在 Cocos2d-x 解决方案下，好处是 Debug 时可以进入到 Cocos2d-x 的代码中，并可以随时查阅引擎代码；坏处是解决方案下项目太多，有时感觉比较乱，我们希望在一

个纯粹的环境中来编写代码（例如，我们有七八个游戏项目，把它们都放在一个解决方案里是让人感到挺不舒服的一件事）。一般创建一个新的解决方案会找不到 Cocos2d-x 的很多东西，因为模板项目中是用$(SolutionDir)变量来指定引擎的所在位置，新的解决方案的位置并不在 Cocos2d-x 目录下，把整个项目复制到 Cocos2d-x 的目录下显然不是一个好主意。

通过环境变量和修改项目关联属性来使新项目在新的解决方案中顺利编译运行，是一个比较优雅的方法。首先设定一个环境变量，名字为 CocosRoot，指定 Cocos2d-x 的根目录。接下来修改新项目的项目属性，在项目上右击，在弹出的快捷菜单中选择“属性”命令，如图 1-4 所示。切换到 C/C++的常规选项中，将“附加包含目录”中的变量$(SolutionDir)替换为$(CocosRoot)，如图 1-5 所示。

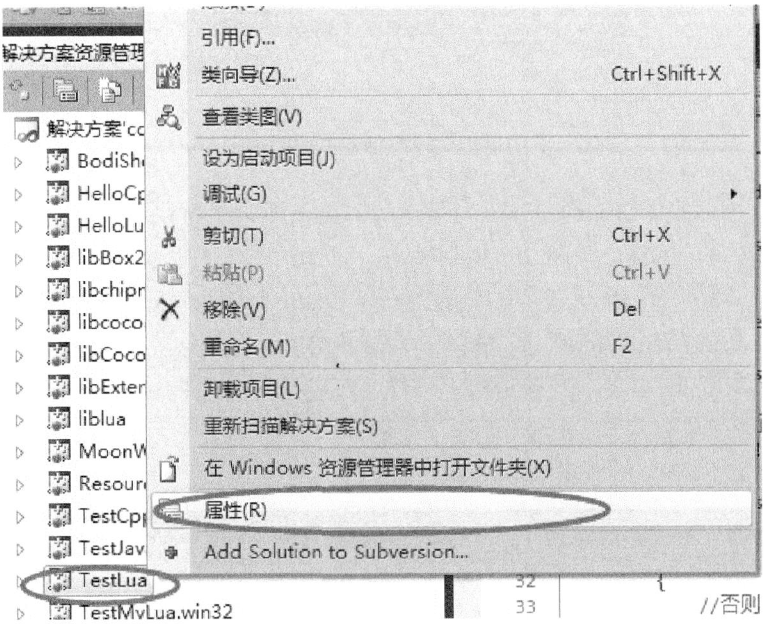

图 1-4　项目属性

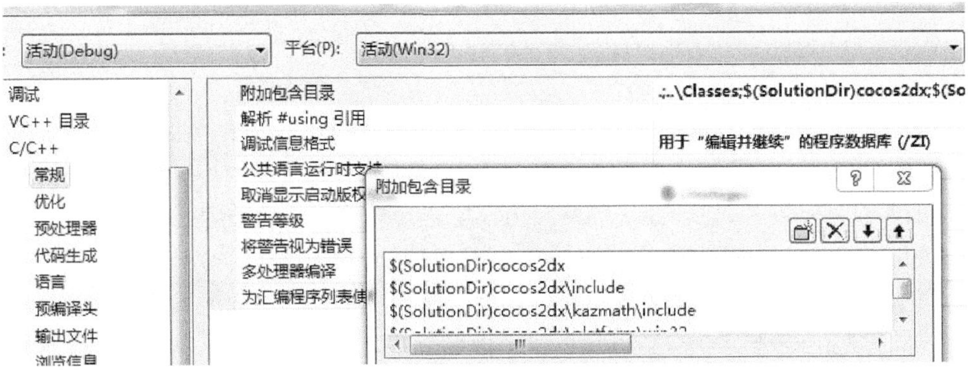

图 1-5　设置包含目录

然后再切换到链接器的常规选项中，在“附加库目录”中添加环境变量

$(CocosRoot)\$(IntDir); 指定 lib 的路径，如图 1-6 所示。差一点的做法是将 CocosRoot/Debug.win32 下的 lib 直接复制到$(OutDir)目录下。这里的$(IntDir)在 Debug 模式下为 Debug.win32 目录，在 Release 模式下为 Release.win32。在 3.x 中使用这种方法需要将变量修改为**$(CocosRoot)\build\$(IntDir);**，以适应 3.x 的目录调整。

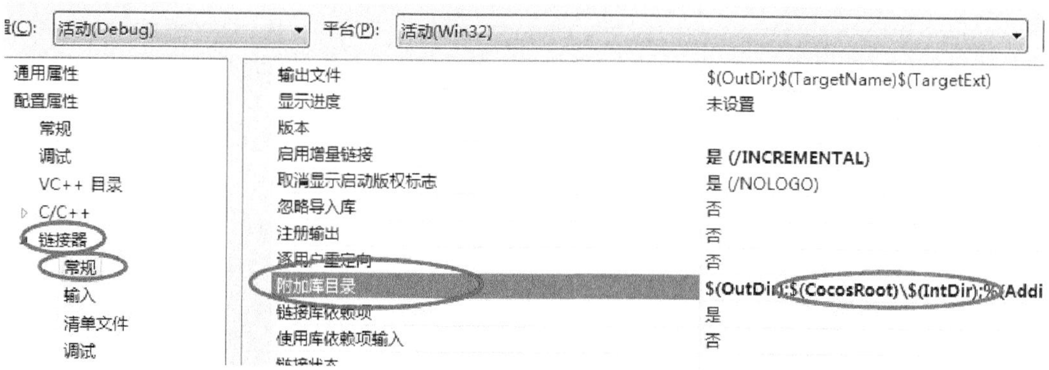

图 1-6　设置附加库目录

接下来就可以编译链接通过了，但是运行时会失败，因为找不到 dll，差一点的做法是将 CocosRoot/Debug.win32 下的 dll 复制过来，而优雅一点的做法则是配置 dll 的路径，切换到调试选项中，将“环境”配置为 path=$(CocosRoot)\$(Configuration).win32（path=$(CocosRoot)\$(IntDir)也是一样的），path=Dll 所在的路径，再次运行即可顺利运行起来，如图 1-7 所示。3.x 下目录结构不一样，不要忘记在中间插入 build 目录，同附加库目录一致。

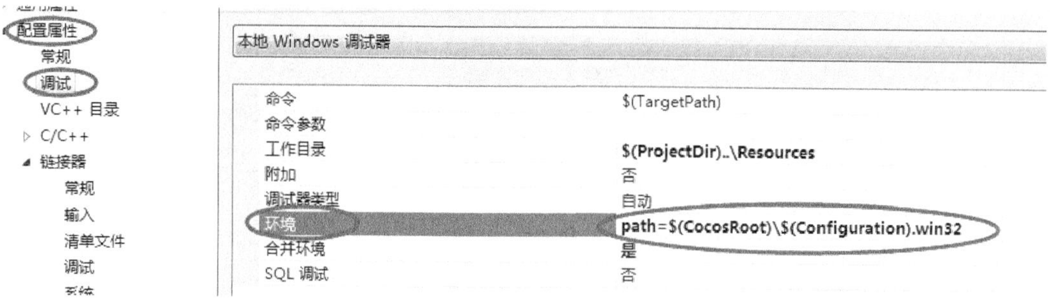

图 1-7　设置环境

这样配置的好处很明显，如果这个项目在其他电脑上打开，则不需要做其他的事情，只需要配置好对应版本 Cocos2d-x 的路径为环境变量即可正确编译运行（Cocos2d-x 需要先编译出 lib 和 dll）。如果是提交 SVN，可以保证项目内容的简洁。升级版本也只是修改一下环境变量对应路径即可（当然，版本升级之后接口变化导致的问题只能手动解决）。

虽然只有 3 个步骤，但我们还可以“更懒”一些。将 Cocos2d-x 的 template 下的默认项目模版进行修改调整，将配置好的 vcproject 替换进去即可，保险点的话，手动对照着修改一下也可以。这样以后每次新建项目都不需要重复这 3 个步骤进行配置了。2.1.4 之前的版本需要重新安装一下 VS 模板来使新模板生效。

上面只是 Windows 项目的创建，如果要编译 iOS 或者 Android，还要费一番功夫。但在 2.1.4 之后的版本开始使用 Python 脚本来统一创建新项目了，所以可以直接使用根目录下的 tools\project-creator\create_project.py 来一键创建各个平台的项目，这样就方便很多。3.x 的 create_project.py 的路径为 tools\cocos2d-console\bin\create_project.py，但 3.0 之后也无须记住这个路径了，直接执行 Cocos2d-x 根目录下的 python setup.py，程序会自动配置好相关的环境变量，之后可以直接在命令行中执行 create_project.py。

安装 2.7.3 版本的 python 之后（其他版本也可以，但这是一个经过测试的版本），将 python.exe 所在的路径添加到 path 环境变量中，执行 **python create_project.py -project 项目名 -package 包名 -language cpp**，输入项目名和包名，自动在 Cocos2d-x 根目录下的 projects 目录下创建新项目，如图 1-8 所示。**注意，如果是同名项目，会被覆盖！另外，还需要注意控制台的输出是否有报错！** 打开 projects 下项目目录的 proj.win32 目录，即可看到 Cocos2d-x 生成的 sln，这个 sln 可以直接编译运行。

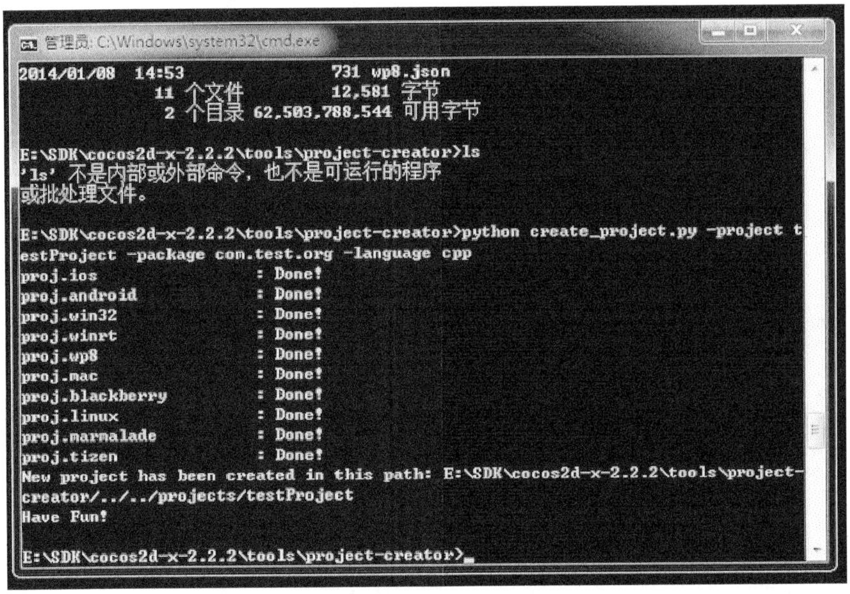

图 1-8　执行 python 命令

头文件路径、库文件路径，以及指定链接库文件，这 3 个问题与对应的一些错误将伴随着初学者，这里简单整理一下。

- C1083: Cannot open include file: xxx.h No such file or directory，找不到头文件导致的编译错误，只需要找到头文件的路径，并设置到项目属性的附加头文件目录中即可。
- LNK1104: 无法解析的外部符号 该符号在函数 xxx 中被引用，使用了外部库又没有指定链接这个库导致的链接错误，将库文件全名（包括后缀）填入项目属性的附加依赖项即可。
- LNK1104: 无法打开文件 xxoo.lib，找不到库文件导致的编译错误，找到库文件的路径，并设置到项目属性的附加库目录中即可。

在 Windows 下写好的游戏如何给其他人玩？这也是很常见的一个问题，把我们编译生成的 exe、dll 和 Resource 目录合并，如果项目是使用 MT 或者 MTD 方式编译的，那么将这些整合到一个目录中即可在其他人的计算机上运行了。

如果对方运行报错找不到 MSVCP100D.DLL 或者其他相关的 dll，可以在类似 C:\Program Files\Microsoft Visual Studio 8\VC\redist\Debug_NonRedist\x86\Microsoft.VC80.DebugCRT 下找到对应丢失的 dll 文件，一起放到目录下即可运行（也可以直接在网上搜索对应的 dll）。

1.5.2 Mac

在 Mac 下使用 Xcode 来编译 Cocos2d-x，只要不碰到版本过低这样的问题，一般都非常顺利。打开项目的 xcodeproj 文件就可以直接编译程序了，也不需要额外的配置。唯一需要动手的就是在终端执行安装 Cocos2d-x 的 Xcode 项目模版时，需要输入一行命令 **sudo ./install-templates-xcode.sh**。安装完模板之后，在 Xcode 中新建项目即可看到项目的模板，一直单击 Next 按钮即可成功创建一个 Cocos2d-x 项目，如图 1-9 所示。

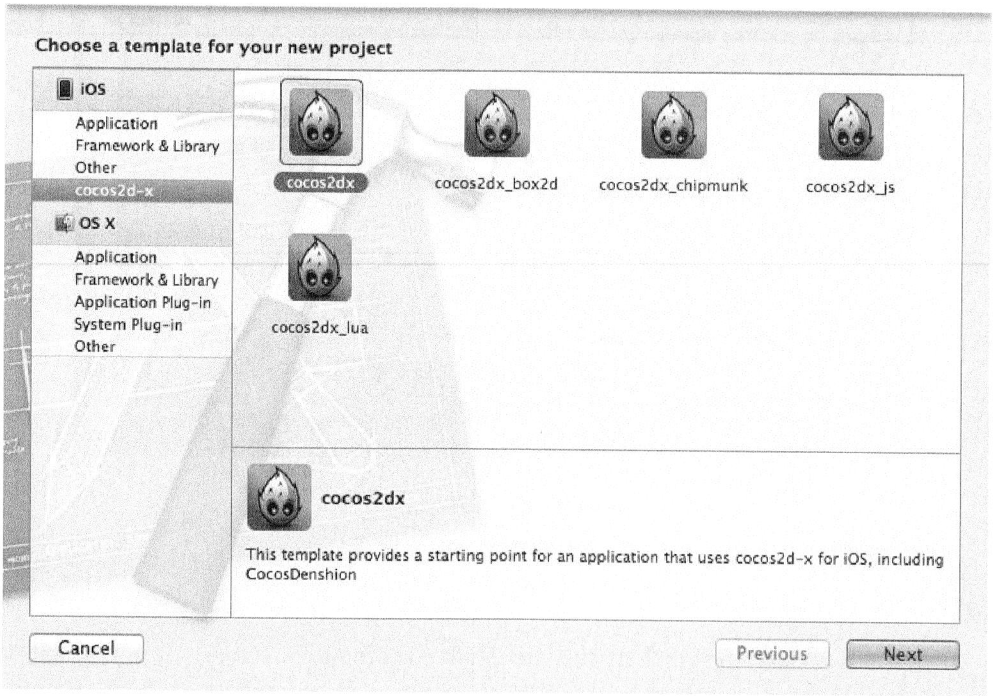

图 1-9　iOS 模板

从 2.1.4 版本开始，Mac 下的模板方式也被废弃了，统一使用 Python 脚本来创建新项目。

1.5.3 Linux

Linux 需要进入窗口模式来运行 Cocos2d-x，在 Linux 下解压完 Cocos2d-x 之后，可能需要先安装一些依赖的第三方库，然后编译代码，运行起来。与 Mac 和 Windows 不同的是我们没有一个专门的 IDE 来编辑，一般在 Linux 下编辑代码大部分是使用 Vim+GCC+Makefile，刚接触 Linux 的人会感觉很不适应，但抛开了 IDE 之后，我们接触到的是最直接最清晰的编译流程，熟悉 Vim 之后，编码效率不低于使用 IDE。

在 Linux 中我们需要 cd 到各个目录下，然后用./xxxx 命令来执行各种各样的脚本以及编译好的程序。但 Cocos2d-x 在 Linux 下的变化太过于丰富，并且平台支持也不好，这里简单对比一下不同版本的脚本差异。

- 1.x 版本中，需要执行根目录下的 build-linux.sh 来进行编译，该脚本自动将所有 so 和可执行程序对应 Linux 项目目录下的 Makefile 执行一遍。
- 2.0.0～2.0.1 这两个版本，没有脚本可以自动编译，应该是刚升级一个大版本，Linux 相关的部分忽略了，这两个版本下需要手动编译或自己写脚本。
- 2.0.2 开始到 2.1 版本，执行./make-all-linux-project.sh 会编译所有的代码，以及自动检测 Cocos2d-x 在 Linux 下所有依赖的包，如果检测到包未存在，会自动调用 apt-get 进行安装。
- 2.1 版本开始，make-all-linux-project.sh 被分为两个文件，即./make-all-linux-project.sh 和./install-deps-linux.sh，把初始化环境相关的功能抽离出来。
- 3.0 版本开始使用 install-deps-linux.sh 来初始化环境，以及 CMakeLists 来进行自动编译，编译完成后在 HelloCpp 项目的 proj.linux 目录下可以找到 HelloCpp，./HelloCpp 可以在 Linux 下运行程序（在 Linux 下要使用 IDE 来开发的话，可以用 Eclipse + CDT 插件）。

在 Linux 中创建新项目的方法变化也非常大，从一开始的没有任何脚本支持，到后面添加了 create-linux-eclipse-project.sh，然后又很快被废掉，基本上在 2.1.4 版本之前我们只能自己写脚本来创建项目，直到 2.1.4 版本，Python 统一了项目创建的方法。也许 Cocos2d-x 的开发者觉得使用 Linux 来开发 Cocos2d-x 的人动手能力更强一些，所以平台支持得不好也没关系。

在 Linux 中常见的问题有两个，一个是权限不够的问题，还有一个是命令执行失败的问题，由于当前系统没有这个程序，所以执行失败。

1.5.4　Cocos 引擎

使用最新的 Cocos 引擎可以非常方便地创建项目，但该引擎只支持 **Mac** 和 **Windows**，毕竟使用 Linux 来开发 Cocos2d-x 的人太少了，而 Mac 和 Windows 才是主流的开发平台，所以 Cocos2d-x 也就专注做好 Mac 和 Windows 平台的支持。

选择新建项目，可以输入项目名称、包名并选择项目语言，目前支持 C++和 Lua，如果是 Lua 语言，在项目创建成功后，可以选择使用 Cocos Code IDE 打开，这是 Cocos 引擎的一个配套工具，用于编辑、调试代码。最后单击“新建”按钮，即会自动生成各个平台的项目文件，如图 1-10 所示。

图 1-10　使用 Cocos 创建项目

在最熟悉的环境下编码，以提高开发效率，了解各个平台，对处理跨平台的编译、打包和开发都有很大的帮助。

第 2 章　使用 Cocos2d-x

本章开始正式使用 Cocos2d-x，这一章以 HelloCpp 为入口，从整体上一窥 Cocos2d-x 的架构，建立起 Cocos2d-x 的世界观，进入到 Cocos2d-x 的世界中，以解决面对 Cocos2d-x 不知如何下手的问题。在使用一种新技术之前，先从整体上简单了解这种技术，会让你少走一些弯路。

按照传统的做法，例如，直接使用 GDI、OpenGL、DirectX，或者 HGE 这种轻量级的游戏引擎，无非就是这么几步：开始初始化创建一堆东西，然后一个主循环，在主循环里不停地调用 update 和 draw 来进行游戏逻辑的更新和渲染，直到游戏的退出条件成立，将游戏中创建的对象销毁，一个游戏的流程大致就是这样。我们需要把所有要显示的东西保存到容器中，在 update 中根据逻辑来操作它们，在 draw 中一个一个地渲染它们。

Cocos2d-x 的底层基本也是这样的流程，但在使用的时候，是在这一层之上，Cocos2d-x 的封装大大简化了所需要编写的代码，一般而言，我们不需要关注显示对象的 draw 部分，只需要关注逻辑即可，并且所有的显示对象会被场景树组织好，管理起来，不需要我们手动管理。本章主要介绍以下内容：

- Cocos2d-x 世界。
- 分析 HelloCpp。

2.1　Cocos2d-x 世界

使用 Cocos2d-x 来开发游戏，要先了解几个问题，如图片如何显示，逻辑如何执行，如何获取输入，如图 2-1 所示简单描述了 Cocos2d-x 程序的结构，系统输入、场景树，以及 Schedule 驱动的场景更新，接下来更深入地了解一下相关的细节。

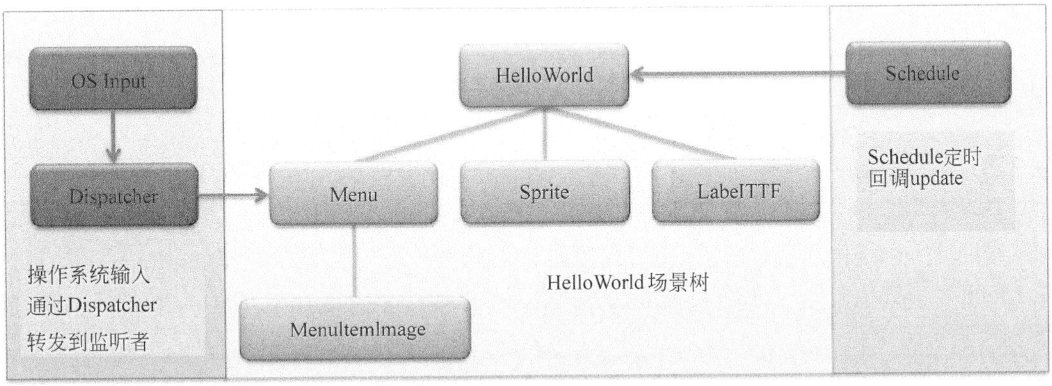

图 2-1　Cocos2d-x 程序结构

2.1.1　显示图片

Cocos2d-x 由许多的场景组成，运行时有且只有一个场景。场景是一种节点，Cocos2d-x 有各种各样的节点可以挂载在场景上，例如 Layer、Sprite、Label、MenuItem 等，每种节点都有自己的能力，一个游戏场景由场景节点以及各种各样的节点组成，形成一颗场景树。Cocos2d-x 会按照节点树的规则将整个场景的内容依次渲染出来。因此在 Cocos2d-x 中，需要显示一些东西在屏幕上，只需要创建一些显示节点，然后添加到场景树中即可。

每种节点都有自己的功能，Sprite 是最常用的精灵节点，可以显示一张图片。Menu 和 MenuItem 也是很常用的节点，Menu 是一个菜单，并没有显示功能，用来接收单击消息，并传递给 MenuItem，MenuItem 是菜单中的菜单项，也拥有显示图片的能力，但主要作为按钮使用。Layer 也属于一种容器节点，类似 Menu，并没有显示功能。

节点可以直接使用，也可以继承扩展，在实际应用中，大量代码是编写在自己继承的自定义节点类型中，在节点中进行编码是非常轻松的一件事，这是一种推荐做法。关于节点，会在第 6 章中详细介绍。

2.1.2　执行逻辑

一般，Cocos2d-x 的逻辑都是写在各种继承的 Node 中，常用的有 3 种编写逻辑的方法。

- 第 1 种是在节点自动回调方法内写逻辑，init 节点被创建初始化时调用，onEnter 节点被添加到场景时调用，onExit 节点从场景中删除时调用，这 3 个常用的方法，是 Cocos2d-x 会自动回调的虚函数，只需要把逻辑写在这里，Cocos2d-x 会在节点被进行处理时相应地回调它们。
- 第 2 种是使用调度器来定时执行逻辑，每个类都有一个 update 回调函数，只要调用 scheduleUpdate 就会自动注册每帧执行该类的 update 回调函数。在 update 回调函数中可以编写每帧都会被执行的代码，例如，判断玩家 HP 是否为 0，或者移动等。调度器也支持自定义时间间隔、延迟和重复次数的定时回调。调度器所需要执行的回调，需要手动注册到调度器中才会被执行。
- 第 3 种是指定事件发生之后的回调，其主要是各种 UI 按钮的单击回调，也是需要手动指定 UI 相关的回调函数。与调度器不同的是，Cocos2d-x 的 GUI 并没有一个统一的接口来规范，本章会简单介绍一下 Menu 和 MenuItem，更多的输入交互将放到后面再介绍。

2.1.3　获取输入

输入是一个很大的概念，这里简化了说，从表面上看，将菜单项 MenuItem 添加到菜单 Menu 中，菜单项即可接受单击消息并执行单击回调，实际上所有的输入都被 Cocos2d-x 至少封装了两层：

第一层是平台相关的输入接口，封装在不同平台下，系统输入事件如何触发，如何回调，这一层在不同平台中有不同的代码来适应。

第二层是 Cocos2d-x 消息处理层，将不同平台的输入消息转换为 Cocos2d-x 内部的消息，在 3.x 之前，Cocos2d-x 使用 TouchDispatcher 或其他的 Dispatcher 将事件转发到指定的 Delegate 中，Menu 作为一个 Delegate 来接收单击消息，并调用被单击到的 MenuItem 的单击回调，3.x 使用 EventDispatcher 将事件封装为一个 Event，转发到监听该 Event 的 EventListener 中，Menu 拥有单击输入相关的 EventListener，绑定了自身的回调函数，在单击事件触发时，在回调函数中检测并执行被单击到的 MenuItem 的单击回调。

2.2　分析 HelloCpp

HelloCpp 是 Cocos2d-x 的一个入门例子，在第 1 章中已经将其运行起来了，下面先介绍一下 HelloCpp 目录结构，这也是所有 Cocos2d-x 程序的一个基本结构，如图 2-2 和图 2-3 所示。

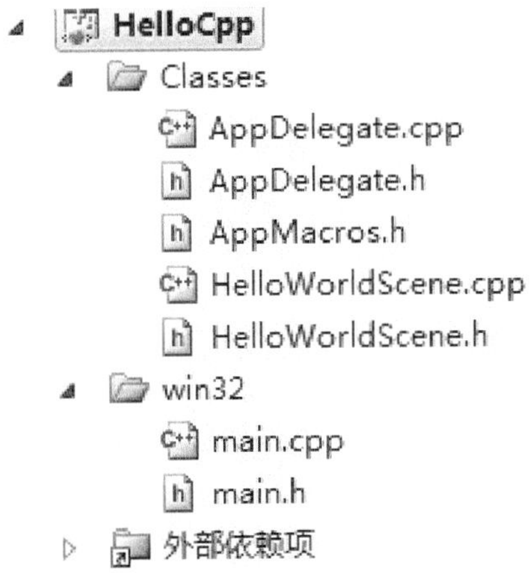

图 2-2　2.x 目录

图 2-3　3.x 目录

main.cpp 和 main.h 是 win32 下的程序入口，不同平台有不同的入口，这部分代码只负责在当前平台下启动 Cocos2d-x。想要详细了解 win32 下是如何启动的，只需要阅读**《Windows 程序设计》**的第 3 章**窗口与消息**，照着写一个简单的窗口 Application 即可。基于 Android 和 iOS，在最纯粹的环境下，写一个 HelloWrold 类型的程序运行起来，不是一件很难的事情，但能让程序员建立对这个平台的一个整体认识，帮助解决在这个平台下碰到的一些问题，例如，有些问题不清楚是 Cocos2d-x 的问题，还是系统的问题，那么**把代码简化，把问题简化，再来解决**，则可以免除很多干扰（也就是使用排除法）。

接下来是 AppDelegate 和 HelloWorldScene，AppDelegate 是 Cocos2d-x 内部的入口，从操作系统到 Cocos2d-x，会先进入到 AppDelegate。在引擎初始化完成之后，会调用 AppDelegate 的 applicationDidFinishLaunching 方法，在 AppDelegate 中执行游戏的初始化，设置分辨率并启动场景，如图 2-4 所示。Cocos2d-x 在几个主要平台上的详细运行流程，会在第 14 章中详细介绍，本章只介绍一个精简流程。

```
bool AppDelegate::applicationDidFinishLaunching()
{
```

```
    //初始化 director
    auto director = Director::getInstance();
    auto glview = director->getOpenGLView();
    //初始化 OpenGL 视图
    if(!glview)
    {
        glview = GLViewImpl::create("Cpp Empty Test");
        director->setOpenGLView(glview);
    }
    //设置 OpenGL 视图到 director 中
   director->setOpenGLView(glview);
   //设置屏幕分辨率
  glview->setDesignResolutionSize(designResolutionSize.width,
  designResolutionSize.height,   ResolutionPolicy::NO_BORDER);
    //开启显示左下角的 FPS 状态信息
    director->setDisplayStats(true);
    //设置 FPS 帧率，默认的帧率就是 1.0 / 60，也就是每秒执行 60 帧
    director->setAnimationInterval(1.0 / 60);
    //创建 HelloWorld 场景，这个对象会交由 Cocos2d-x 管理，不需要手动释放
    auto scene = HelloWorld::scene();
    //运行 HelloWorld 场景
    director->runWithScene(scene);
    return true;
}
```

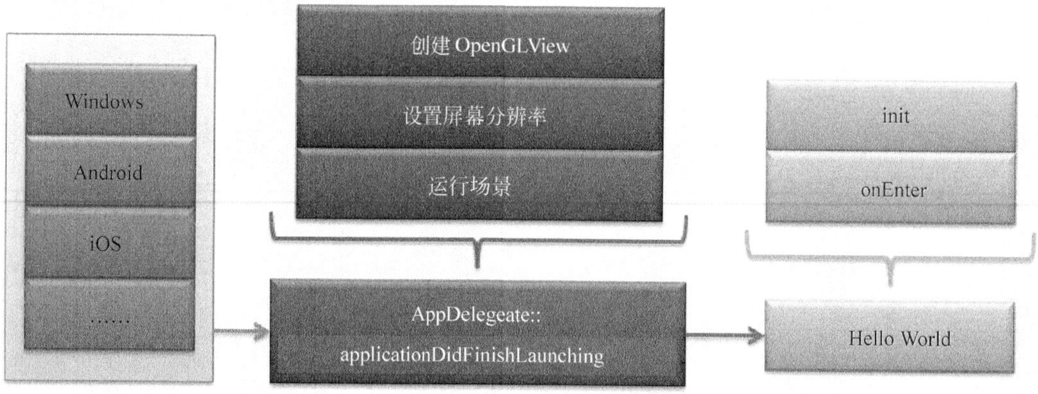

图 2-4　启动流程

AppDelegate 调用 HelloWorld::scene()创建了一个 HelloWorld 场景然后启动 HelloWorld，在 HelloWorld 的 init 中，构建了整个场景所需要的内容。构建场景树的过程就是 create 节点，然后调用场景中节点的 addChild 方法，将创建的节点添加到节点树中。在 HelloWorld 场景中构建了一个菜单、菜单项、文本和图片。

```
//在 init 中构建节点
bool HelloWorld::init()
{
    //1. 先执行父类的 init
    if ( !Layer::init() )
    {
        return false;
    }
```

```
    auto visibleSize = Director::getInstance()->getVisibleSize();
    auto origin = Director::getInstance()->getVisibleOrigin();
    //2. 关闭按钮是一个 MenuItemImage，表示一个菜单项，非选中状态和选中状态分别是
   CloseNormal.png 和 CloseSelected.png，当它被单击的时候，会调用 HelloWorld 的
   menuCloseCallBack 函数
    auto closeItem = MenuItemImage::create(
                                        "CloseNormal.png",
                                        "CloseSelected.png",
                                        CC_CALLBACK_1(HelloWorld::menuClose
                                        Callback, this));
    //设置关闭按钮的位置，其在窗口的右下角
    closeItem->setPosition(origin + Vec2(visibleSize) - Vec2(closeItem->
     getContentSize() / 2));
    //创建菜单，上面创建的菜单项需要添加到菜单中才有效
    auto menu = Menu::create(closeItem, NULL);
    menu->setPosition(Vec2::ZERO);
    this->addChild(menu, 1);
    //创建 HelloWorld 的文本，字体是 Arial，字号是 TITLE_FONT_SIZE.
    auto label = LabelTTF::create("Hello World", "Arial", TITLE_FONT_SIZE);
    //将文本放置到中间偏上的位置，并添加到场景中
    label->setPosition(origin.x + visibleSize.width/2,
                        origin.y + visibleSize.height - label->
                        getContentSize().height);
    this->addChild(label, 1);
    //添加背景到场景中并居中
    auto sprite = Sprite::create("HelloWorld.png");
    sprite->setPosition(Vec2(visibleSize / 2) + origin);
    this->addChild(sprite);
    return true;
}
```

在创建 MenuItemImage 时，指定了回调函数 menuCloseCallback，它是 HelloWorld 的成员函数，函数原型如下所示，传入一个 Ref*，单击事件的发送者也就是我们所单击的 MenuItemImage。在回调函数中，执行 Director 的 end 方法让游戏结束。

注册回调时，Cocos2d-x 2.x 使用的是 menu_selector(HelloWorld::menuCloseCallback)，而 Cocos2d-x 3.x 则是 CC_CALLBACK_1(HelloWorld::menuCloseCallback,this)，具体的规则会在第 5 章中讲述。

```
void HelloWorld::menuCloseCallback(Ref* sender)
{
    Director::getInstance()->end();
}
```

图 2-4 和前面的代码介绍了显示图片和输入回调等内容，都是一些静态的内容。接下来调整一下 HelloWrold 的代码，做一些有趣的事情，用我们的代码来控制场景的内容，让它们"动"起来。

下面实现这样的功能：当每次单击按钮的时候，按钮的位置往左边偏移一些，而在每次 update 中，文本的位置往下偏移一点。要实现这两个功能，可以在 HelloWorld 场景类中定义两个成员指针，来指向文本对象和按钮对象，然后在 update 和按钮回调中编写相关操作。在这里不定义新的变量，可以用 Tag 来获取它们。Tag 查询以及名字查询，可以减少

一些成员变量的声明，但在操作非常频繁的时候，还是有必要添加一个成员变量来存放节点指针。总之，**怎样简洁怎样做**。

我们需要在 HelloWorld::init 的代码中，将这两行代码添加到 return true 的前面，然后修改 menuCloseCallBack 中的代码，并添加一个 update 函数，（在头文件添加一行 void update(float dt)）。这两行代码将 label 的标签设置为 123，方便以后查找节点。另外调用了 **scheduleUpdate** 函数，让 Cocos2d-x 每一帧都执行 update 方法。

```
label->setTag(123);
this->scheduleUpdate();
```

将 menuCloseCallback 回调函数的代码修改如下，完成每次单击按钮都往左边偏移一点的功能。

```
//pSender 是发送者本身，在这里这个消息的发送者就是按钮，而我们要设置其位置
//需要将其转化成 CCNode 指针，这里用 dynamic_cast 这种写法
//这种是 C++标准写法，用于有继承关系的指针转化，比直接(CCNode*)转化更加安全
//因为 dynamic_cast 中间会进行类型检查，当 pSender 不能转化为 CCNode*的时候，会返回
一个空指针
//在判断的时候，养成常量在左的习惯，会减少很多不必要的麻烦
void HelloWorld::menuCloseCallback(Ref* pSender)
{
    Node* node = dynamic_cast<Node*>(pSender);
    if (NULL != node)
    {
        node->setPositionX(node->getPositionX() - 10.0f);
    }
}
```

在 HelloWrold.cpp 中添加如下代码，先获取子节点，如果获取到，则设置其位置，注意这里用到了一个 50.0f ＊ dt，dt 作为一个参数传入，表示上一帧逝去的时间，1.0 表示一秒钟，帮助我们控制文本平滑地运动。50.0f＊dt 表示每秒 50 单位的速度，100.0f＊dt 则表示每秒 100 单位的速度，这个单位可以简单理解为像素，但其并不等于实际的像素，会受到分辨率的影响。

```
//这里直接通过 getChildByTag()函数获取文本对象，并且设置其偏移位置
void HelloWorld::update(float dt)
{
    Node* node = this->getChildByTag(123);
    if (NULL != node)
    {
        node->setPositionY(node->getPositionY() - 50.0f * dt);
    }
}
```

运行代码，可以看到 HelloWorld 慢慢落下来，每次单击按钮的时候，按钮都往左边移动一点，Cocos2d-x 提供了很多方便操作场景的方法，这一章先上一碟开胃小菜。

2.3　小　　结

通过本章的介绍，读者可以对 Cocos2d-x 的使用有一个大致的了解，知道 Cocos2d-x

最基础的游戏规则——代码大概应该怎样写。

本章还对 Cocos2d-x 的场景、节点、运行流程简单地介绍了一下，将 Cocos2d-x 的游戏世界简单地呈现出来，希望能帮助读者理解它！

最后，忘掉键盘与鼠标，Cocos2d-x 是一个用于开发移动平台的游戏引擎，其很多功能，都是基于移动平台的，如想开发 PC 端的游戏，则有很多更好的选择，如 OGRE 和 Irrlich。总之，干活之前，先得挑件趁手的兵器。

第 3 章　低级错误大全

一些低级错误可能是阻碍一个初学者入门的最大障碍。低级错误可能会狠狠地打击初学者的信心和学习热情！入门篇的目的是为初学者扫清入门障碍，巩固基础，建立对 Cocos2d-x 的整体认识，降低初学过程的出错几率。

在使用 Cocos2d-x 时，特别是新手，不犯错误是不可能的，本章将告诉你，Cocos2d-x 的代码，不能怎样写！这里面有些是习惯问题，有些是新手比较容易犯的问题，也有些是老手都有可能不小心中招的问题。本章尽量将这些问题的症状和原因一一列出，以便中招的时候能够提供一些线索。

这里总结的一些问题是笔者从 Cocos2d-x 1.x 版本到现在的 Cocos2d-x 3.x 发现的问题，随着版本的更新，其中一些问题已经被修复，但大部分的修复只是从运行错误变为了编译错误。本章主要介绍以下内容：

- create 和 retain-release。
- 继承对象的 create。
- 多个对象执行同一个 Action。
- 忘记调用父类的虚函数。
- 隐藏在代码中的神秘杀手，节点中的节点操作。
- 普通对象和 new 出来的对象。
- 不要忘记 init。
- addChild 失败。
- 在 onEnter 中调用 parent 的 addChild。
- 忘记移除。
- 重载 draw 注意事项。
- 关于引用。
- 关于命名空间。
- 关于类之间的互相包含。
- 关于平台相关的 API。
- 关于 update 中写逻辑。
- 关于调试。

3.1　create 和 retain-release

这是一位自称有 8 年 C++经验的“大牛”犯下的低级错误，错误是这样产生的，在初始化时使用 create 方法创建了一个动画对象，在初始化函数中进行测试，这个动画是可以正常播放的。

根据需求，需要在对象被攻击到时播放这个动画，于是将动画对象作为成员变量，在 init 中使用 create 方法创建动画对象，初始化后并赋值给成员变量。

将播放动画的代码迁移至 update 的逻辑中，在触发相应的事件时，播放动画，但运行后就崩溃了，原因是动画对象被释放了。

因为使用 create 方法创建出来的对象的 release 在这一帧会被 Cocos2d-x 调用，**如果不希望它被释放，请确保你执行了 retain 操作。执行之后调用 release 操作来释放，确保没有内存泄漏**。更多关于内存的问题可以参考第 7 章。

解决这个问题有两种方法，第一种是在每次需要使用一个对象的时候，才调用 create 方法进行创建，Cocos2d-x 中大部分情况下都是这样使用的。第二种是在初始化时创建一次，然后调用对象的 retain 方法，以避免该对象在外部被释放，后在不需要使用该对象时，调用对象的 release 方法，以避免内存泄露。

注意：文中 retain 指执行 retain（引用）操作，或调用 retain（引用）操作。rease 指执行 release（释放）操作，调用 release（释放）操作。后面为表述方便，直接用 retain 和 release 来表达。

3.2　继承对象的 create

这是笔者曾经犯过的一个小错误，笔者的对象 MySprite 继承于 Sprite，然后习惯性地使用 MySprite::create 来创建对象，结果发现 create 创建出来的对象并不是 MySprite 而是 Sprite。这会导致一些奇怪的表现，而原因正是在 MySprite 的定义中遗漏了一行代码——**CREAT_FUNC(MySprite)**，导致 create 调用的是父类 Sprite 的方法。

3.3　多个对象执行同一个 Action

当希望多个对象执行同一个 Action 时，并不能这样操作：

```
Action* act = MoveTo::create(...);
sprite1->runAction(act);
sprite2->runAction(act);
```

因为**每个 Action 只能被一个对象执行**，如果希望多个对象执行一个 Action，可以使用 clone 来创建一个新的实例。

3.4　忘记调用父类的虚函数

这是一个很经典，很容易犯的错误，当我第一次碰到这个错误的时候，浪费了很多时间，因此希望能帮大家节省一些时间。如果你继承了某个 Cocos2d-x 的类，又重写了它的

init 或者 onEnter 函数，那么一不小心就可能出现一些比较奇怪的问题，例如，对这个对象施加一个动作，而这个对象没有任何反应，那么首先你会从这个动作上来找问题，而很难想到是因为没有调用到父类的函数。

在很多情况下都需要用到继承、重写虚函数，当重写虚函数的时候，先看一下父类的这个虚函数做了什么。如果这些操作是必须的，就在函数中对父类的虚函数进行调用，如 CGameObject 继承了 Sprite 并重写了 Sprite 的 onEnter。

```
void CGameObject::onEnter()
{
    //切记回调父类
    Sprite::onEnter();
    scheduleUpdate();
}
```

3.5　隐藏在代码中的神秘杀手，节点中的节点操作

这是笔者 2013 年碰到的 BUG，归功于自动提示，它制造了一个很隐蔽的 BUG，笔者将一个节点添加到了另外一个节点中，希望每次单击它都能够向上移动 x 个单位，于是代码变成了这样：

```
node->setPositionY(getPositionY() + dis);
```

然后，这个对象就突然消失不见了，笔者以为是其他地方改变了其位置，或者被隐藏了或意外地删掉了，最后笔者跟踪到代码里面进行调试才发现，括号中的 **getPositionY 返回的并不是自己的 Y 坐标，而是 this 的 Y 坐标，this != node**，所以其就偏到屏幕外去了，在节点中操作其他节点时，代码不要输入太快！

3.6　普通对象和 new 出来的对象

如果读者刚接触 C++，那么很可能分不清楚普通对象和 new 出来的对象有什么不一样，在写代码的时候，会看到如图 3-1 所示对话框。

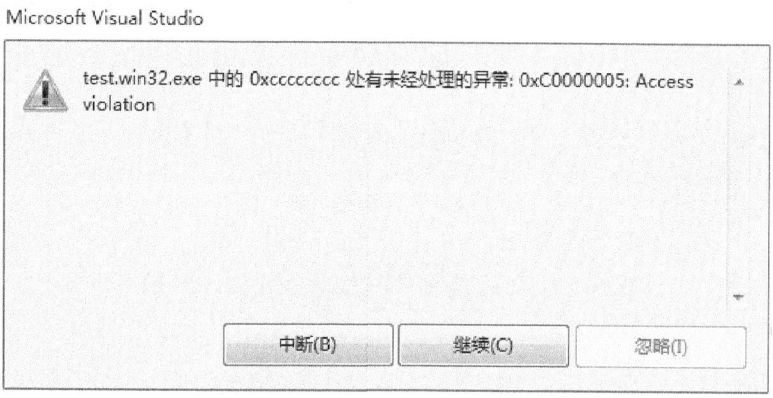

图 3-1　程序崩溃

当把一个 Sprite 添加到场景中时，弹出了图 3-1 所示对话框，仔细看一下代码，没错，要传入一个指针，这里确实传了一个指针进去，由于指针使用不当而引起的 BUG 太多太多了！对于下面这种情况，**sp 是在栈空间分配的，当这个函数执行完成返回的时候，就被释放了**，而 new 出来的对象是在堆空间分配的，只有当手动删掉的时候才会释放，而在栈空间分配的对象不能使用 delete 操作符来释放。在 Cocos2d-x 中，应该遵循 Cocos2d-x 的内存管理规则，使用 release 方法来释放 Cocos2d-x 的对象，而不是使用 delete 操作符。

```
Sprite sp;
sp.initWithFile("HelloWorld.png");
this->addChild(&sp);
```

这个问题在 3.0 之后就不会再遇到了，上面的代码会变成一个编译错误，因为 Sprite 只能使用 create 方式来创建，不能 new 也不能定义为普通的局部变量，但如果创建的是一个子类，那么还是会出现这个错误的。

3.7　不要忘记 init

在 Cocos2d-x 的诸多对象中，大部分都提供了 create 方法，它将返回一个 new 出来的对象，并且这个对象调用了 init 和 autorelease 函数。在 Cocos2d-x 的对象中，往往都**没有把初始化放在构造函数中**，而是放在 init 函数中，当手动 new 了一个对象而忘记调用它的 init 的时候，可能会出现各种错误，如图 3-2 所示。

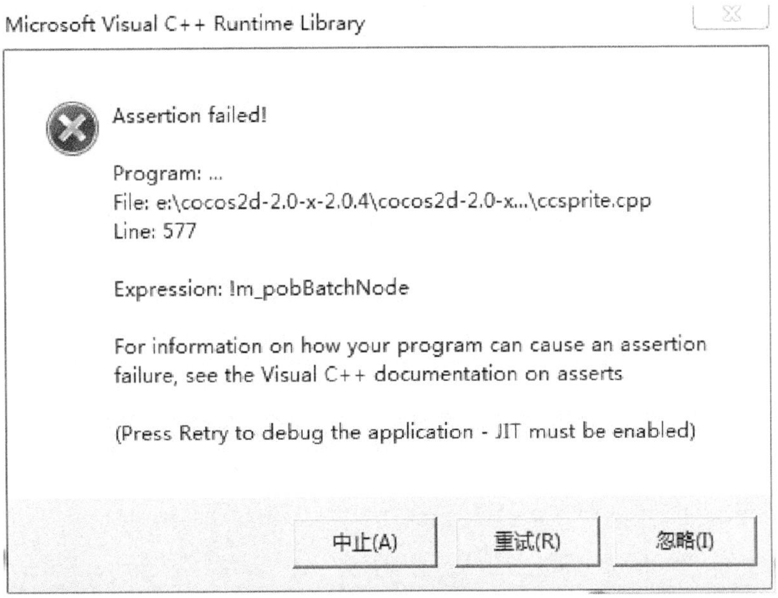

图 3-2　未初始化导致的崩溃

这种先构造再初始化的方法，被称为**“二阶段构造机制”**。而这个二阶段构造机制，简单地说，就是因为在构造函数中可能需要初始化很多东西，因此就有可能出现失败的情况，而我们知道，构造函数是没有返回值的，所以要捕获在构造函数中出现的错误，则比较麻烦，而将要初始化的内容放到 init 回调函数中，就可以很直观地知道这个对象是否成功初始化，这比在对象中添加一个错误码，或者使用 try-catch，要方便、简单得多，所以在 new 一个对象之后，请随手调用它的 init 如果有的话。

由于 3.0 将很多对象的构造函数和析构函数取消了 public，所以多数情况下只能使用 create 来创建 Cocos2d-x 对象。

3.8 addChild 失败

其实该问题是一个陈年老 BUG 了，在这里提出来是因为其比较有意思，当时笔者曾试了一下将两个节点互为父子节点（死循环直到栈空间溢出），或者将一个节点 add 到两个节点上，则会有如图 3-3 所示的栈溢出。而现在的版本已经修正该错误，一个节点被限定为只能有一个父节点，否则会触发断言。

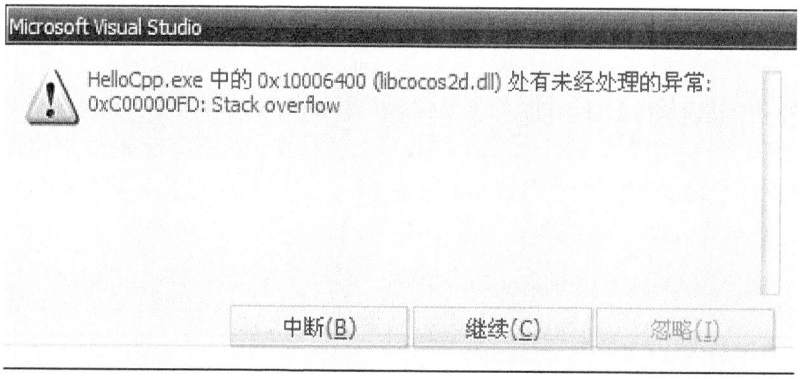

图 3-3 栈溢出

所谓内存溢出，是指内存不足，可用内存小于程序运行所需的内存。

此时查看堆栈会发现堆栈几乎被 onEnter 函数的调用填满了，嵌套了一层又一层的 onEnter 函数调用。A 调用了 B 的 onEnter 方法，B 又调 A 的 onEnter 方法，反复循环。这个问题读者了解即可。

3.9 在 onEnter 中调用 parent 的 addChild

addChild 和 removeChild 是常用的方法，经常在 onEnter、onExit、onEnterTransitionDidFinish 和 onExitTransitionDidStart 等方法中调用这些方法。

这里隐藏着一个问题，就是当此时调用父节点的 **addChild** 或 **removeChild** 时，程序可能会崩溃。这是因为这些方法都是**在父节点中遍历子节点调用的**，也就是说，如在数组遍历的过程中动态添加或删除了数组中的元素，那么这个操作就很危险，虽然 Cocos2d-x 自身允许这样操作，但这种操作存在危险！

3.10 忘 记 移 除

在使用 NotifierCenter 的时候，一个很容易使程序崩溃的问题就是，你的对象添加到了 NotifierCenter 中而又忘记移除，这样的结果是当对象从场景中移除时，NotifierCenter 还会调用对象的回调，此时程序可能会崩溃。

虽然 Cocos2d-x 3.0 之后废弃了 NotifierCenter，使用 EventDispatcher 来替代，事件的监听器关联到了 Node 对象上，在 Node 对象被释放时会自动将关联到该对象的监听器注销，但在做一些添加注册的时候，程序员应该习惯性地想到何时移除，是否 Cocos2d-x 自动帮你做了这个事情。

3.11 重载 draw 注意事项

想要按照自己的规则进行渲染，先继承于 Node 类或 Node 的子类，因为在这里只有节点才能被渲染，请不要破坏 Cocos2d-x 的封装，遵守其规则，之所以选择 Node，是因为比较简单，然后只需要在其 draw 函数里进行绘制就可以了。

假设希望绘制的东西可以挂在某个节点上面，在绘制之前，可调用 CC_NODE_DRAW_SETUP();，来初始化矩阵。

注意：Cocos2d-x 3.0 之后使用了 Render 来执行渲染，所以需要将渲染的逻辑实现在一个自定义的渲染命令中，在 Node 的 draw 方法中将该命令添加到 Cocos2d-x 的渲染器 Renderer 中。

3.12 关 于 引 用

如果需要将某个对象传入到一个函数中，然后在函数执行的过程中修改该对象的某些属性，那么可以使用指针，但出于安全性的考虑，还是建议使用引用。

另外，当在传递容器的时候，引用的效果也非常好。假设只是传递一个容器供函数查询，而不希望它修改，那么可以用 const 引用，普通的值传递将会重新创建一个容器，然后将用户传入容器里的内容复制到临时容器中，如果容器的内容比较多，对效率的影响也较大。

如果将引用作为返回值，则不要返回一个局部对象（在函数中定义的临时对象），否则会有意想不到的情况发生，如程序崩溃。

3.13 关于命名空间

在使用 Cocos2d-x 的时候，需要使用 using 关键字来导入一个命名空间，可能有的人会在头文件中直接使用 using 关键字导入命名空间，这是一种非常不好的做法，这种做法虽然会让程序员少写一些代码，但是在头文件中这么写，命名空间就失去意义了，而且可能会引起命名空间混乱，在此之前可能一切运行良好，而当程序员去包含某个文件的时候，则会突然发现一堆重复定义的错误。

好的习惯应该是在头文件中，直接使用命名空间的规则，在源文件中，将 using 语句写在所有#include 的后面。

3.14　关于类之间的互相包含

在两个类 A 和 B 需要互相包含的时候，需要一个向前声明，即写一行 class A；在 B 的前面，写一行 class B；在 A 的前面，以通过编译。这说明一个问题：即这两个类直接互相依赖了，而我们应该尽量减少类之间的依赖关系，让每个类更加独立一些。

3.15　关于平台相关的 API

Cocos2d-x 是一个跨平台的移动端游戏引擎，一般在 Windows 上编写代码并调试，因此可能会有意无意地加入一些 Windows 的 API 调用，例如 MessageBox 之类的，一般情况下，不要使用与平台相关的 API，否则在移植到其他平台时，会有各种麻烦的问题，如有不得不加入的与平台相关的代码，则需要用预处理来区分开。

3.16　关于 update 中写逻辑

我们喜欢在 Update 里写游戏逻辑，在每个对象的 Update 里做自己的事情，例如，在 Update 里根据当前的状态使用不同的规则来更新位置，现在是往上走还是往下走？速度大概多少？输入 5 运行一下，速度太慢了，输入 50 运行一下，速度又太快了，输入 25 的话，看起来速度正合适，在 Win32 上感觉良好。根据这种感觉，调整其他 100 种怪物的移动速度，最后导到其他设备上，你会发现，速度怎么不对？而且有的快有的慢，一切都乱了。

在 Update 里更新一些数值的时候，请**乘以 dt 参数**，这样就不会因为不同设备的帧频不同，而导致结果不同，另外也可以让显示对象的更新更加平滑。将调整好的值乘以设定的 FPS（windows 下默认是 60），将这个值作为新的速度，然后在修改位置的地方，改成下面这样，dt 的单位为秒。

```
void CGameObject::update(float dt)
{
    setPositionX(getPositionX() + m_MoveSpeed * dt);
}
```

不要把逻辑全部写在 Update 里，尽量让 Update 的逻辑清晰简单。例如，要做一个比较复杂的动作，播放一个攻击动画，当这个动画播放到第 X 帧的时候，对这个怪物造成伤害，如果这个怪物“挂掉”了，则切换回移动状态，并且播放移动的动画，假设它没“挂掉”，那么再攻击一次，将这个逻辑写在 Update 中，会比较复杂。

通过使用 Action 可以大大简化代码，更容易维护，也更稳定。在这里完全可以利用 Cocos2d-x 的 Action 来做这些简单的事情，如下面的代码：

```
void CGameObject::AttackByAnimate()
{
  //播放攻击动画，并在动画播放完成的时候调用 onAttackAnimateFinish 函数，该函数只判
  断目标是否还活着，如活着的就再调用一次 AttackByAnimate
  CCFiniteTimeAction* seq = CCSequence::create(m_AttackAniAction,
      CCCallFunc::create(this, callfunc_selector(CGameObject::onAttackAn
      imateFinish)),
      NULL);

  //在 m_AttackTick 帧的时候调用 onAttack 对目标造成伤害
  CCFiniteTimeAction* seqattack = CCSequence::create(
      CCDelayTime::create(m_AttackTick*m_Duration),
      CCCallFuncO::create(this, callfuncO_selector(CGameObject::onAttack
      ), m_Target),
      NULL);

  //将这两个动画同步执行
  CCFiniteTimeAction* spawn = CCSpawn::create(seq, seqattack, NULL);
  spawn->setTag(GAME_CURACTION);
  runAction(spawn);
}
```

3.17　关 于 调 试

如果将程序的开发分为思考与设计、编码、调试 3 个阶段的话，那么它们所占时间的比例大概为 30%、10%和 60%。这个比例并不准确，只是想说明程序员会有大部分时间花在调试上。调试能力是一个程序员应该掌握的基本技能，所以读者需要掌握好（这句话是对没有编程经验的初学者说的）。

CCLOG 打印日志是 Cocos2d-x 中最初级的调试方法，并且在 Android 和 iOS 下都能很好地工作。

断点调试是非常高效的调试手段，通过设置断点可以暂停游戏的流程，调试流程，观察变量的数值，这里详细介绍一下。

在代码左侧的空行单击可以添加一个断点（XCode 也是如此），再次单击可以删除该断点，或者右击，在弹出的断点菜单项中选择“插入断点”或“删除断点”命令。在调试菜单中可以选择删除所有断点，如图 3-4 所示。

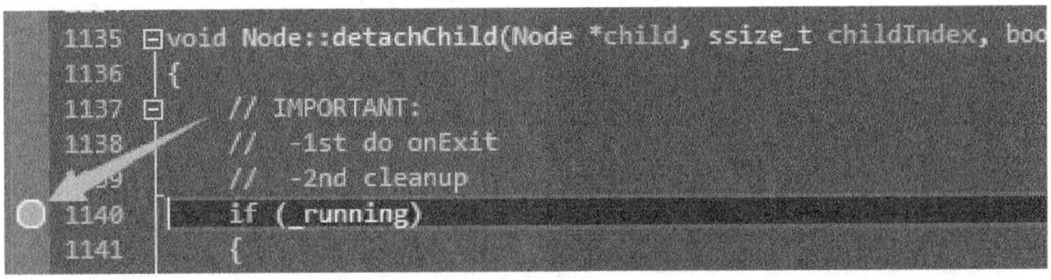

图 3-4　添加断点

设置断点之后，选择调试运行，在执行到断点处会停住，并弹出断点所在位置，坐标的空行会出现一个黄色的小箭头，表示当前所执行到的位置，如图 3-5 所示。按 F5、F10 和 F11 等键可以进行调试（Xcode 是其他快捷键）。

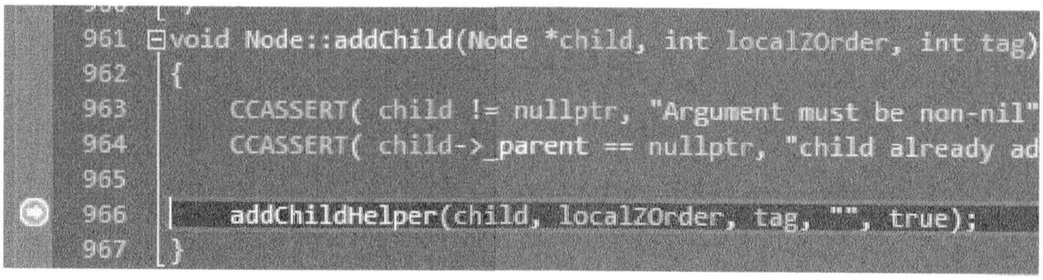

图 3-5　当前执行位置

拖曳黄色的小箭头到其他代码行，可以在函数中强行改变程序的执行流程。将鼠标光标移动到变量上，可观察变量当前的数值。也可以在变量上右击添加一个监视，这样可以在监视窗口查看该变量，如图 3-6 所示。

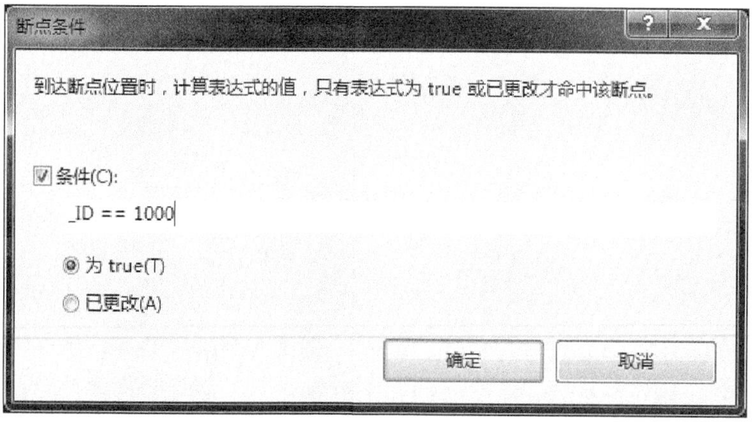

图 3-6　条件断点

在断点上右击选择条件断点，会在指定的条件成立时才停住断点，过滤掉不满足条件的断点，以减少被打断的时间，提高调试效率，条件断点相当于在当前断点行添加一个条件语句包围该代码，如图 3-7 所示。

图 3-7　调用堆栈

在程序崩溃时，如果崩溃处有大量外包调用，查看调用堆栈可以分析崩溃函数的入口，帮助分析程序崩溃原因。如果无法调试到 Cocos2d-x 的代码中，可把项目添加到 Cocos2d-x 的 sln 解决方案中，在里面调试；如果还是解决不了问题，可拿着堆栈和崩溃处代码去请教其他人，看上去会更有诚意一些（一些新手问问题的时候，总喜欢说一大堆与问题无关的话题，所以每次笔者先回复一句：说重点，堆栈和崩溃处的代码就是重点）。

3.18　小　　结

本章中的问题大多是 C++的一些基础问题，如果读者对 C++的基础不是很扎实的话，推荐看《**Effective C++**》这本书，如果完全没有 C++基础，不妨先看看《**21 天精通 C++**》这样的书。了解一点简单的语法之后，再看《**C++Primer**》和《**Effective C++**》这样的书会较好一点。中间说到了 onEnter 和 Action，读者听起来可能感觉云里雾里一样不明白，没有关系，带着疑问继续看下去，所有的疑问都会得到解决。

第 4 章　图 解 指 针

指针对于 C/C++初学者，以及 Java、Action Script、C#等语言转 C/C++的程序员而言，是一个比较大的障碍，因为指针非常容易出问题。所以本章会用一种容易理解的方式来介绍指针，相信通过本章的学习，可以让读者对指针有深刻的理解。本章主要介绍以下内容：

- 指针与内存。
- 指针操作。
- 指针与数组。
- 函数指针。
- 野指针和内存泄漏。

4.1　指针与内存

首先，指针是一种变量，这个变量存储的内容是一个地址，每一个变量在内存中都会占用一定的空间，指针变量也不例外，变量可以在其所在的空间内存储数据。每个变量在内存中都会有一个地址，来标记变量在内存空间中的位置（这里假定环境是在 32 位系统下）。

下面我们来定义一个 int*指针，以及一个 int 变量，int 变量的值为 100，int*指针指向 int 变量：

```
int* p;
int a = 100;
p = &a;
```

从图 4-1 中可以看到这两个变量在内存中的位置，每个变量都是占 4 个字节，第一个是指针变量，变量中存储的内容是 0x04 这个值，也就是 a 的地址，而 a 存储的内容则是 100 这个数值。

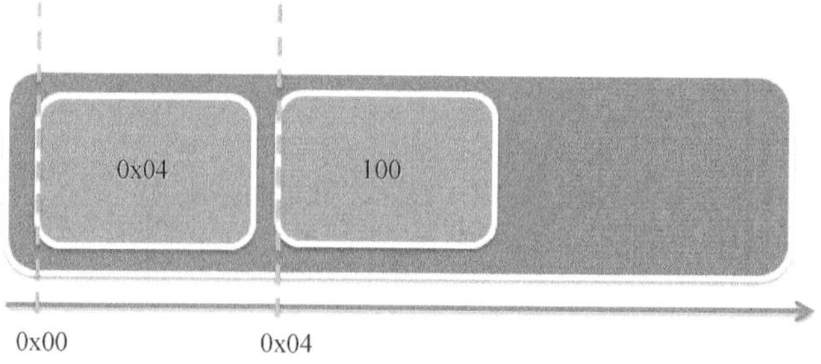

图 4-1　指针在内存中的表现

从内存的角度看，指针实际上和一个 int 没有太大差别，本质上都是在内存中记录数据。但从语法上看，指针可以进行更加丰富的操作（如解引用，->操作）。

在游戏中创建的任何对象都是放在内存中的，除了可以用变量名来操作它们，还可以用指针来操作，**通过将指针指向想要操作的内存，就可以对这块内存进行操作**（释放、读取、修改），如果操作的是一块**不可被操作的内存**，那么程序就会崩溃。

```
//char 类型变量 c 的值为'a'
char c = 'a';
//指针 pc 指向 c 的地址
char* pc = &c;
//将指针 pc 指向的内容修改为'b'
*pc = 'b';
//打印出的内容为 b
printf("%c", c);
```

一个指针包含指针的类型，指针指向对象的类型，指针指向对象的内存区，以及指针所占的内存区。代码中的 pc 指针是一个 char*类型的指针，指向一个 char 类型的对象，其指向的内存区是变量 c 所在的内存地址，而 pc 指针本身占用一个 4 字节大小的空间，**任何指针，本质都是存储地址**，不因指针类型而改变。

指针的类型限定了这个指针可以做的操作，以及这个指针做这个操作的效果。指针指向对象的类型本身没有重大意义，因为指针实际上可以指向任何对象，不同类型的对象只要做一个强制转换即可，将一个类型指针转换为另外一个类型的指针时，需要谨慎。

指针指向对象的内存区是指向对象在内存中的偏移地址，在这块地址存放了这块对象的内容，是可以操作的内存区，这需要小心操作，一旦操作错误，修改了相临的内存区，很可能出现意外的错误。

指针所占的内存区，是一块 32 位的内存，相当于一个 int，这块内存存放了指向对象的地址，当把指针指向另外一个内存时，相当于修改了这个 int 的值。

将 char* pc = &c 修改为下面两行代码，编译运行后，结果是一样的。

```
int* i = reinterpret_cast<int*>(&c);
char* pc = reinterpret_cast<char*>(i);
```

接下来给大家带来一个非常经典的问题，const 指针和指向 const 对象的指针，以及指向 const 对象的 const 指针，听起来像是绕口令，但面试的时候这道题还是经常出现的。

```
const char* p1;
char* const p2;
const char* const p3;
```

*号前面的是指针的类型，*号后面是对指针的修饰，指向 const char*的指针内容不能被修改，而 const 指针一旦指向某块内存，就不能重新指向另外一块内存，就相当于 const int 的值不能变。

再来一个问题，下面两个指针，哪个是 const 指针？哪个是指向 const 对象的指针？可以看到，*号后面没有带任何修饰符，所以这两个都是指向 const 对象的指针。碰到类似这样的问题，只需要根据*所在的位置来判断即可。

```
const char* p1;
char const* p2;
```

在 64 位的操作系统下，int 占 64 位，8 个字节，但为什么 sizeof(int)打印出来的数据会是 4 个字节呢？因为编译器生成的是 32 位的应用程序，而 64 位操作系统可以兼容 32 位应用程序。如果希望打印出来的是 8 个字节，只需要让编译器编译 64 位的程序即可，在 VS 下，可以在解决方案的平台设置中，设置目标平台为 64 位。

4.2 指针操作

指针的操作有基本操作及和指针类型挂钩的操作，当指向某个类的时候，可以用箭头操作符（->）来操作对象的成员变量和成员函数，这些称为对指向对象的操作，效果等同于对象变量、变量或方法。

指针的基本操作有：*解引用、算数运算操作+、-、++、--、分配和释放 new、delete，以及赋值操作符=、判断操作符==、!=。

解引用的效果相当于把指针变成对象来用，在解引用的情况下，操作的仍然是同一块内存。在第一个例子中，就是用了解引用来对指针指向的内存进行赋值。

而+、-、++、--都是对指针进行偏移，也就是修改指针指向的地址，把指针当成一个 int 对象的话，就是直接修改这个 int 对象的值。++和--对应的操作单位都是 1，但是**1 单位的偏移量是多少？这是根据指针类型来定的！**平时我们接触最多的就是 char*，char*的移动单位是一个字节，初学的人很容易误以为，不管是什么类型的指针，做这些算数操作都是按照一个字节来移动的，但这种理解是错误的。1 单位移动的字节数，是根据*号前面的数据类型所占字节来的计算的。

```
//移动单位 1 个字节  sizeof(char)
char* p1;
//移动单位 4 个字节  sizeof(int)
int* p2;
//移动单位 8 个字节  sizeof(double)
double* p3;
```

指针的赋值是将指针指向的地址赋给另外一个指针，结果是这两个指针指向同一个对象，而这块内存并没有发生变化，当这块内存被释放的时候，访问就会报错。

当希望复制、保存这个对象的时候，需要另外分配一块内存，然后填充这块内存，如使用 memcpy 函数，又如*p1 = *p2（这种操作当指向的是类对象时，会有一些问题，就是在类设计得较复杂时，需要重写类的=操作符）。

假设这个指针是 new 出来的，那么一定要通过 delete 来释放，而 new [] 对应的则是 delete [] 操作。

4.3 指针与数组

在 C/C++中，数组是一块连续的内存，而且和指针的关系非常密切，一般我们指针的算术操作都是应用在数组中。

```
int a[] = { 1, 2, 3, 4 };
int* pa = a;
int* pb = &a[0];
```

将上面的 a、pa、pb 这 3 个地址打印出来，会发现它们的地址都是一样的，都指向数组 a 的首地址，上面的代码首先初始化了一个拥有 4 个元素的数组，这种写法，已经固定分配了大小为 4 个 int 的内存，不可以存入第 5 个元素了。

可以通过 a[1]，a[2] 这种下标操作来取出元素，也可以通过*(pa + 1)，*(pa + 2)来取出，同时也可以直接操作 *(a + 1)，因为数组本身就是一个指针，不同的是，当用 sizeof 操作符来求 a 的长度时，返回的是数组的大小 4*4，而求 pa 或 pb 的时候，返回的是 4。

二维数组和指向指针的指针用得比较少，这里也简单介绍一下。

```
int b[2][4] = { 0, 1, 2, 3, 4, 5, 6, 7 };
```

上面的数组 b 是一个 2 列 4 行的数组，其中包含了 8 个元素，可以理解为 b 由两个长度为 4 的数组组成，这时 b 不等于 int*，b 是二级指针，int**，当用*b 将 b 求解出来的时候，打印后会发现这是第一个数组的地址，而**b 才能解析出数组的第一个元素。

对这个二维数组赋值的顺序是先将第一个数组的 4 个 int 填满，再填充第二个数组，在内存中的显示如图 4-2 所示。

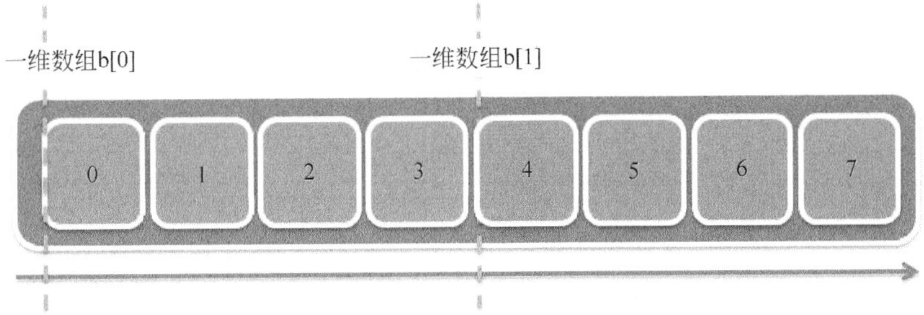

图 4-2　二维数组

那么使用二级指针 b 如何来获取数组中的元素呢？

- **b　取出第 1 个数组中的第 1 个元素。
- **(b + 1)　取出第 2 个数组中的第 1 个元素。
- *(*b + 1)　取出第 1 个数组中的第 2 个元素。
- *(*(b + 1) + 1)　取出第 2 个数组中的第 2 个元素。

而用 int* p 来指向 b，可以用 p 来取出二维数组中的所有元素，*p 取出第 1 个数组中的第 1 个元素，*(p + 4)取出第 2 个数组中的第 1 个元素。

4.4　函数指针

函数指针指向一个函数的地址，通过函数指针可以调用函数，而在 Cocos2d-x 中的回调函数，就是用了函数指针来实现的。下面先来看一个简单的例子。

```
//Log 函数
void Log(const char* msg)
{
    printf("%s\n", msg);
}
//赋值函数指针 fun
void (*fun)(const char*)= Log;
//执行函数指针
(*fun)("abc");
```

上面的代码简单地展示了函数指针的使用，首先声明一个函数指针 fun，然后让该函数指针指向 Log 函数，最后使用函数指针来调用 Log 函数，这里只要知道函数指针怎么写就可以了。通过对比 Log 函数可以发现，它们只有一点不同，就是 Log 换成了(*fun)。这种写法是定义了一个变量，变量的名字是 fun，而变量的类型是 void (*)(const char*)，可以将符合该函数原型的任意函数赋值给它，然后调用这个函数，例如，注册一个回调函数，在接收到服务端发送的数据时，调用该回调函数进行处理，在不同的情况下可以注册不同的回调函数，而不需要在调用的地方写一大堆代码。

前面介绍的是普通函数的写法，平时用得较多的还是类的成员函数。类的成员函数与普通函数是不一样的写法，因为成员函数比普通函数多了对象的概念，可以在成员函数里使用 this 指针，如果没有 this 指针则不行。

```
class A
{
public:
    void Log(const char* msg)
    {
        printf("%s\n", msg);
    }
};
//定义 fun 成员函数变量
void (A::*fun)(const char*) = &A::Log;
//创建一个 A 对象
A aa;
//执行成员函数
(aa.*fun)("a");
(&aa->*fun)("b");
```

上面的代码定义了一个类 A，该类有一个 public 的成员函数 Log，首先定义了一个 A 的成员函数指针 fun，注意这里的写法与前面的普通函数不同，在*fun 前面加 A::表示这个函数是 A 的成员函数，然后再定义函数的原型，并将 A::Log 的地址赋给它，这时 fun 指向的是 A::Log 的地址。但这还不够，还需要一个对象，所以接下来定义了一个对象 a。

与普通函数调用不同的是*fun 前面对应加了这个对象，切记看清楚括号的范围，忘记加括号或者括号弄错，则将编译不过。在这里既可以使用对象、方法来调用成员函数指针，也可以用指针->来访问。

4.5　野指针和内存泄漏

野指针和内存泄漏是使用指针的时候较容易出现的问题，野指针是指指向垃圾内存的无效指针，而内存泄漏则主要是指在堆上面新建出来的内存没有被释放。

当声明了一个指针，但并不打算为指针赋值时，应该把指针初始化为 NULL，否则指针会指向一个随机的地址。

当将一个新建出来的指针删掉之后，则指向的这块内存也无效，因此应该把它设置为 NULL。

如果将一个函数的局部变量的地址返回给指针，那么这块地址也是无效的。

对这些指针进行操作是非常危险的，一般程序员在使用指针的时候，会在前面加上是否 NULL 的判断，加上该判断之后会感觉很有"安全感"，但是野指针可以直接渗透进来，并对程序造成致命性的打击。

相对野指针，内存泄漏就隐蔽多了。不管是在编译中还是在运行中，都很难发现明显的问题，但假设内存泄漏的地方被重复执行，时间久了就会耗尽内存。这种问题一般在服务端程序中会较严重一些，因为服务器需要长时间运行。在 PC 客户端上这个问题不算严重，但是在手机上，虽然现在硬件发展很快，但是大部分手机的内存还是比较小的，特别是在一些老爷机上，稍微多一点的内存泄漏就可以使系统崩溃，所以，应小心维护好在堆上面分配的内存 。

曾经有个朋友写了这样一个函数，在函数的开始新建了一块内存，然后在函数返回之前，删掉它，这个代码本身没有内存泄漏，之后，他在维护这份代码的过程中，向其中加了一些错误判断，如果发生错误，返回什么，相信很多人都写过这样的代码，但他在添加这些代码时，所有的返回语句都忘记把这块内存删掉了，所以内存在缓慢地增长着。

要检测内存泄漏，可以通过一些内存泄漏检测工具来做，这里介绍一个老方法，就是在对象的构造函数和析构函数中来统计，创建了多少对象，释放了多少对象，程序运行结束后查看日志，就可以发现是否有内存泄漏了。

```
 //定义静态变量
static int gGameObjectCount = 0;
 //构造函数打印统计
CGameObject::CGameObject(void)
{
    CCLog("CGameObject count %d", ++gGameObjectCount);
}
 //析构函数打印统计
CGameObject::~CGameObject(void)
{
    CCLog("~CGameObject count %d", --gGameObjectCount);
}
```

第 5 章　C++11 简介

从 Cocos2d-x 3.0 开始，正式使用了 C++11，虽然这一举措稍微有些激进，但 C++程序员使用新的 C++11 标准来开发是迟早的问题，相信有不少程序员都是为了使用 Cocos2d-x 3.0 而学习的 C++。本章运用简洁的语言来介绍 Cocos2d-x 中常用的一些 C++11 特性，以及笔者认为 C++11 中一些比较好的特性，以便使读者在看到新语法时不至于手足无措。本章主要介绍以下内容：

- 初始化列表。
- 类型推导。
- 范围推导。
- 智能指针和空指针。
- Lambda 特性。
- 变长参数模板。
- 右值引用。
- 显式虚函数重载。

5.1　初始化列表

POD 结构或数组根据成员在结构内定义的顺序，可以使用初始化列表来进行初始化，以简化代码。

```
struct MyStruct{ int a; int b;};
MyStruct st = { 1, 2};
int a[] = { 1, 2, 3};
```

在 C++03 中，非 POD 结构的类或 STL 容器并不支持这种简便的写法，而 C++11 提供了强大的支持。使用 std::initializer_list，可以让类及普通函数使用初始化列表，并且标准容器也可以使用初始化列表。

```
//类使用初始化列表——初始化列表构造函数
class MyClass
{
public:
   MyClass(std::initializer_list<int> list);
}
MyClass ms = {1, 2, 3};

//函数使用初始化列表
void MyFun(std::initializer_list<float> list);
MyFun({1.5f, -3.8f});
```

```
//标准容器使用初始化列表
vector<string> v = {"baoye", "abc", "test"};
```

5.2　类型推导

类型推导可以在编译的时候自动识别对象类型，以简化代码，更好地使用模板编程，auto 可以自动推导类型明确的变量。

```
vector<int>::iterator iter = v.begin();
```

使用了 auto 类型推导之后，可以简化如下：

```
auto iter = v.begin();
```

decltype 也可以根据对象识别类型，但用法与 auto 不同，auto 是自动推导出表达式右边的类型，而 decltype 则是推导任意一个变量的类型，并且可用该类型来定义变量。

```
int a;
decltype(a) b = 5;
```

5.3　范围推导

for 语句新增了范围迭代的写法，该写法可以简化 for 循环的代码，":"符号左边是要遍历的元素类型，可以是引用类型或 const 引用；而右边是要遍历的容器，可以是数组或 STL 容器。

```
int arr[] = {1, 2, 3, 4, 5};
for(int &i : arr)
{
    ++i;
}
```

5.4　智能指针和空指针

智能指针是类而非一般指针。shared_ptr 是一引用计数指针，一个 shared_ptr 只有在已经没有任何其他 shared_ptr 指向其原本所指向的对象时，才会销毁该对象。

除了 shared_ptr 外，还有 weak_ptr，但 weak_ptr 并不拥有其所指向的对象，因此不影响该对象的销毁与否，也不能对 weak_ptr 解引用，只能判断该指针是否已被销毁。

```
int main ()
{
    //智能指针只能被智能指针赋值，不能用 shared_ptr<int> p1 = new int;
    shared_ptr<int> p1 (new int);
    //用 {} 进入一个新的作用域
    {
```

```
        //新的智能指针指向 p1，这时相当于对 int 内存块的一次 retain
          shared_ptr<int> p2 = p1;
          *p2 = 123;
    //p2 被销毁，相当于对 int 内存块的一次 release，但由于 p1 还指向内存，引用计数不为 0，
因此不会释放
}
return 0;
//p1 也销毁，这时引用计数为 0，int 所占用的内存块被自动回收
}
```

如果将 shared_ptr 定义为类的成员变量，那么该智能指针的 retain 引用会在该对象被释放时才释放。

空指针 nullptr 的存在是为了解决 NULL 的二义性问题，因为 NULL 也可以代表 0。**nullptr 的类型为 nullptr_t**，能隐式转换为任何指针或是成员指针的类型，也能和它们进行相等或不等的比较。而 **nullptr 不能隐式转换为整数，也不能和整数做比较**。

```
void foo(char*);
void foo(int);
```

使用空指针 NULL 和 nullptr 调用 foo 函数的结果如下：

```
foo(NULL);        //执行的是 foo(int)
foo(nullptr);     //执行的是 foo(char*)
```

5.5　Lambda 特性

lambda 是一个非常好的新特性，当需要添加一个临时的函数时，使用 lambda 会让你感受到满满的幸福，auto 和 lambda 是笔者最最喜欢的 C++新特性。lambda 的写法如下：

```
[函数外部对象参数](函数参数)->返回值类型 { 函数体 }
```

- [ ] 中的函数外部对象参数，允许在函数体内直接调用函数外部的参数。
- () 中的函数参数，同正常函数的参数无异，是每次函数调用传入的变量。
- -> 后面跟着函数返回值的类型。
- { } 中可以编写逻辑，并使用 [ ] 和 () 中传入的参数。

定义在 lambda 函数相同作用域的参数引用也可以被使用，这种参数集合一般被称为闭包，[ ]中可以填写下面几种类型的参数，将定义 lambda 函数作用域内的变量传入函数体中。

- [] 没有任何参数，这种情况下不传入外部参数。
- [a, &b] 传入变量 a 的值以及变量 b 的引用。
- [&] 以引用方式传入所有变量。
- [=] 以传值方式传入所有变量，值不可被修改。
- [&, a] 除了 a 用传值方式传入，其他所有变量用传值方式传入。
- [=, &a] 除了 a 用引用方式传入，其他所有变量用引用方式传入。

下面编写一个测试例子，当在 lambda 函数中使用了=传入的参数，且对引用参数或外部参数进行赋值操作后，会产生意想不到的结果，而在使用&时需要注意的是引用对象的生命周期。

```
int a, b, c;
auto fun0 = [&]() -> void { a = 1; b = 2; c = 3; };
auto fun1 = [=]() -> int { return 2 * 3; };
auto fun2 = [=, &a, &b]() -> void { ++a; b += c + a; };
auto fun3 = [=]() -> int { return a + c; };

//a、b、c 分别为 1、2、3
fun0();
//c = 6
c = fun1();
//a = 2 b = 858993456 c = 6
fun2();
//b = 1717986916
b = fun3();
```

当 lambda 被定义在类的成员函数中时，lambda 可以调用该类的 private 函数；当 lambda 调用该类的成员函数时，操作成员变量或其他成员函数时，需要将 this 传入，**=和&会传入 this**。

使用 std::function 可以存储 lambda 函数。例如，可以用 function<void()>来存放 fun0，function<int()>来存放 fun1，带参数的函数可以在()内输入参数类型，在使用 function 时要包含头文件 functional。

```
#include <functional>

function<void()> f1 = fun0;
function<int()> f2 = fun1;
```

function 还可以用于存放普通函数，静态函数和**类的公有成员函数**，前面两者和 lambda 的用法一样，直接将函数名赋值给 function 对象即可（无法识别重载的函数），但类的成员函数需要使用 bind 来绑定。

```
void foo(int);
void foo(char*);
//编译失败，需要将 void foo(char*)改名或移除
//标准并未定义，应该是编译器实现的问题
function<void(int)> f1 = foo;

ClassA* obj = new ClassA();
function<void(int)> f2 =bind(&ClassA::memberFun1, obj,std::placeholders::
_1);
function<void(int, char)> f3 = bind(&ClassA::memberFun2, obj , std::
placeholders::_1, std::placeholders::_2);
```

使用 bind 绑定成员函数和对象指针，使用 placeholders 占位符来表示函数的参数数量，placeholders 的后缀依次从 1～N。

5.6　变长参数模板

C++11 之前的类和函数模板，只能接受一组固定数目的模板参数，变长参数模板这个新特性可以在定义模板函数或模板类时，使用任意个数及任意类别的模板参数，不必在定义时固定参数个数。变长参数模板在使用的时候比较麻烦，语法也比较难以理解。这里介

绍 4 个知识点：**使用变长参数模板类、使用变长参数模板函数、解析变长参数模板、变长参数模板的其他操作与技巧**。

定义变长参数模板只需要在模板类型添加 ... 即可，在使用时传入任意个数和类型的模板参数。下面的代码演示了一个变长参数模板类的定义和使用，在定义和使用模板时都比较方便，但最麻烦的是如何获取模板内的参数。

```
//定义一个变长参数模板类 A
template<typename ... Types> class A
{
public:
A(Types ... types)
{
   cout << types... << endl;
}

A<int, float> a1(1, 3.5);
A<bool> a2(true);
```

变长参数模板类的定义和类差不多，但使用起来比类更方便。这里注意一下格式，**做参数传入时，格式为 Types... types**，可以把 Types...视为类型，types 视为参数。**使用时，格式为 types...**，注意...的位置！

```
template<typename... Types>
void fun(Types ... types);

fun(1, 2, 3, vector<int> a, true);
fun("^_^");
```

传了各种参数进去之后，要如何解析出来呢？**解析的过程称为扩展参数包**，需要靠另外一个函数来取出。例如下面的代码：

```
void fun2(int a, float b);
template<typename ... Types>
void fun1(Types ... types)
{
  fun2(types);
}
fun1(1, 2.0f);
```

还可以递归取出变量，下面的写法在每次调用时都会将参数包进行拆分，而拆分的规则由程序员来定义，下面的代码将参数包的变量逐个取出（也可以一次性取出多个），直到包为空。一个空的 fun2 的作用是为了处理包为空的情况。下面的代码递归调用了 fun2，从而将所有的参数逐个地输出。

```
void fun2()
 {
   cout << "finish" << endl;
}
template<typename ... Types>
void fun2(int i, Types ... types)
{
   cout << i << endl;
   fun2(types);
}

template<typename ... Types>
```

```
void fun1(Types ... types)
{
   fun2(types);
}

//打印出 1 2 3 4 finish
fun1(1, 2, 3, 4);
```

第一次调用 fun2 时传入的参数包为(1,2,3,4)，fun2 要求传入一个 int，这时 fun2 接到的内容是 1 和参数包(2,3,4)；第二次接到的内容是 2 和参数包(3,4)，依次类推，到最后包为空的时候，进不去 fun2(int i, Types ... types)，所以需要添加无参数的 fun2。程序员可以自定义解析函数，按照自己想要的规则来进行递归。

需要注意的是编写好的变长参数模板代码，如果有问题但没有被代码调用到，则是不会报错的（编译时进行推导失败才会报编译错误）。

使用 sizeof...(types)可以计算出传入的参数个数，这个表达式是编译期的常数，该功能很实用，例如，可以用它清理掉前面多出来的空 fun2，以及根据长度来判断调用 fun2 还是 fun3 或 fun4。

```
template<typename ... Types>
void fun2(int i, Types ... types)
 {
    cout << i << endl;
    if(0 < sizeof...(types))
    {
        fun2(types);
   }
}
```

fun2 将 int 参数逐个取出，如果参数不是 int 呢？对于这种情况可以用 T 来代替 int，也可以重载多个 fun2，如 fun2(float, Types ... types)，fun2(bool, Types ... types)。

5.7 右 值 引 用

右值引用是一个不容易理解的概念（即使对有 C++基础的人而言），右值引用的目的是为了实现“移动语义”和“完美转发”，这两个概念也是不容易理解的。不论冠以何种名词，它们都是为了解决问题的，所以先将问题抛出，看右值引用如何解决问题，才能更好地理解它。将普通的引用定义为 Type&，那么右值引用的写法则是 Type&&，通过 std::move 函数，可以将左值转换为右值引用，move 可理解为 static_cast<T&&>(obj)。

5.7.1 分辨左值和右值

左值和右值是什么？理解为等号左右两边的值并不准确。这里说的右值是指表达式结束后就不存在的一个临时对象（或者称为纯右值会合适一些）。**通过是否可取地址操作符以及是否有名字，可以判断能否为右值**，类似 i++和 3+4 的表达式都取不了地址。

```
 //编译正确，a 是左值，3 + 4 为右值，该表达式返回了一个临时对象
int a = 3 + 4;
```

```
//编译错误，3 + 4 即没有名字，也无法取址，为右值
&3 + 4;
//编译错误，a++会返回 a 的复制（临时变量），并对真正的 a 执行++操作，该临时变量即没有名字也无法取址，该复制为右值
&a++;
//编译错误，123 和 true 为临时对象，没有名字也不能取址，是右值
&123;
 &true;
//编译正确，虽然该字符串没有名字，但可以取址，是左值
&"Hello World"
```

C++11 有一个定义：**"基于安全的原因，具名参数将不被认定为右值，即便是右值引用，必须使用 move 来获取右值"**。右值引用并不等于右值，即使程序员的类型是右值引用，但仍然需要使用 move 来转换，如下面这个例子：

```
bool isRV(const A& a) { return false; }
bool isRV(const A&& a) { return true; }

void fun(A&& a)
{
    //false
   isRV(a);
    //true
    isRV(move(a));
}
```

5.7.2　移动语义

移动是为了消除不必要的对象复制，为提高效率而存在的，下面列举两个问题，返回临时对象以及移动构造。

当从一个函数中返回一个临时对象，并在调用函数处用一个变量来接住这个对象时，**会创建两个对象**。（如果编译器开启了 RVO Return Value Optimization 返回值优化，则只有一个，VS 的 DEBUG 模式默认没有开启 RVO）第一个是函数内部定义的局部变量，第二个则是在外面用来接住对象的变量。下面定义了一个类 A，在 A 的构造和析构函数打印日志中，可以看到调用了两次构造函数和两次析构函数。

```
class A
{
public:
    ~A() { cout << "~A()" << endl; }
}

A GetA()
{
    A a;
    return a;
}

int main()
{
    A a = GetA();
    return 0;
}
```

执行结果如下：

```
~A()
~A()
```

使用移动语义进行优化之后的代码如下，整个过程**只创建一个对象**。右值引用成功将本该释放的临时变量取了出来，并可以正常使用。在 C++11 之前，使用 const A& 也可以将函数内的变量取出，但由于是 const 引用，所以并不能对变量进行操作，而非 const 的右值引用则没有该限制。

```
A&& GetA()
{
    A a;
    return move(a);
}

int main()
{
    A&& a = GetA();
    return 0;
}
```

执行结果如下：

```
~A()
```

上面的代码中，当 A 是一个巨大的容器时，复制带来的消耗会是非常恐怖的。另外，使用 void GetA(A& a)的方式也可以，但是很多时候需要的形式是由函数返回一个对象，从代码的简单易用性来看，右值引用会更友好一些。如图 5-1 所示为这两种方法的区别。

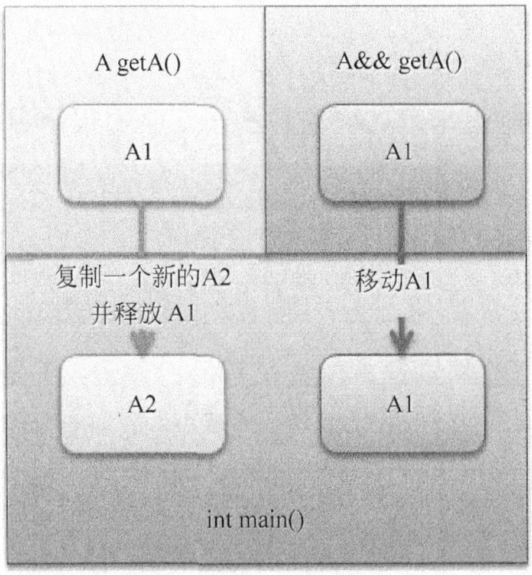

图 5-1　移动构造和拷贝构造

移动构造是为了在使用临时对象来构造新对象时，可以直接使用临时对象已经申请的资源，这在移动对象指向堆内存的指针时，可以节省堆内存的分配和释放。下面用一个简单的字符串类来分析。

```
class MyStr
{
```

```
public:
    MyStr()
   {
        str = NULL;
    }
    MyStr(char* s)
   {
        str = new char[strlen(s) + 1];
        memcpy(str, s, strlen(s) + 1);
    }
    ~MyStr()
    {
        if (NULL != str)
        {
            delete[] str;
        }
    }
    char* str;
};
```

在 main 函数中使用它们，MyStr 默认会自动生成一个拷贝构造函数，默认的拷贝构造函数使用类型 memcpy 的方法将类的内容复制过去，这里可以称之为**浅拷贝**。下面的 a = MyStr("123");会调用默认的拷贝构造函数，将 str 的指针地址复制过去，注意是地址而不是内容。语句执行完毕后，MyStr("123")临时对象会被析构，临时对象和变量 a 的 str 都指向同一块内存，当临时变量析构时，a 对 str 的任何访问都会崩溃，所以这不是我们想要的。

```
MyStr a;
a = MyStr("123");
```

如果为 MyStr 添加一个拷贝构造函数，就可以解决这个问题了，在拷贝构造函数中进行深拷贝，将 str 的内容复制出来，这样的写法在 C++中很常见。

```
MyStr(const MyStr& s)
{
    str = new char[strlen(s.str) + 1];
    memcpy(str, s.str, strlen(s.str) + 1);
}
```

拷贝构造解决了代码可能的错误，但在执行的时候，对于临时变量 MyStr("123")，存在无意义的 new 和 delete，这是资源的浪费，移动构造节省了这种资源的浪费，当 MyStr 存在移动构造函数时，临时变量会自动调用移动构造函数，而普通的变量还是调用拷贝构造函数。

```
MyStr(MyStr&& s)
{
  str = s.str;
  s.str = NULL;
}
```

上面的移动构造是非常经典的写法，理解这种写法，就可以掌握移动构造了。首先 s 是一个右值引用，其即将被释放，然后在移动构造中做了两个操作，将右值引用的指针取出并保存，最后设置为空，这时就把临时变量中的指针“移动”过来了。下面对比默认拷贝构造、移动构造和拷贝构造的过程，如图 5-2 所示。

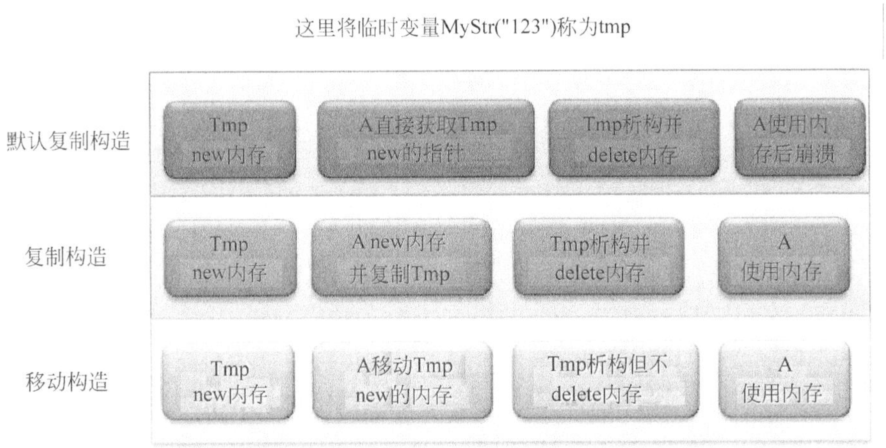

图 5-2　对比 3 种构造方法

看到移动构造的经典写法后，读者是否会想在普通的拷贝构造函数中使用这种写法来移动指针？可以尝试，但需要先把参数类型调整一下，将 const MyStr& 调整为 MyStr&，否则 s.str = NULL 的操作将无法执行，运行时会发现，根本进不了新的拷贝构造函数，这是因为右值可以用 const MyStr&取出，却不能作为 MyStr&取出（回顾前一个例子有介绍），没有匹配到该函数，则自动调用默认的移动构造函数，而默认的移动构造函数并没有实现移动 Tmp 内 str 指针。

5.7.3　完美转发

完美转发是为了能更简洁明确地定义泛型函数——将一组参数原封不动地传给另一个函数。原封不动指的是参数数值和类型不变，参数的左值右值属性不变，参数的 const 属性不变。这在泛型函数中是比较普遍的需求。

例如，有一个函数 fun1，其可以将参数转发给 fun2，按照 C++03 的写法如下：

```
template<typename T>
void fun1(T& t)
{
    fun2(t);
}
template<typename T>
void fun1(const T& t)
{
    fun2(t);
}
```

在执行的时候，转发到 fun2 的参数类型如下面注释所示。

```
int a;
const int& b = 1;
fun1(a);    //int&
fun1(b);    //const int&
fun1(2);    //int&
```

这样的写法存在两个问题，第一，需要重载两个参数类型为 const T&和 T&的泛型函数，第二，无法保留参数的右值属性。所以将 fun1 改为下面一个函数即可解决该问题。

```
template<typename T>
void fun1(T&& t)
{
    fun2(t);
}
```

再次运行，转发到 fun2 的参数类型如下面注释所示。

```
int a;
const int& b = 1;
fun1(a);     //int&
fun1(b);     //const int&
fun1(2);     //int&&
```

C++11 定义的 T&&推导规则是，右值实参为右值引用，左值实参为左值引用，参数属性不变。

5.8　显式虚函数重载

override 可以确保在重写父类的虚函数，调整父类虚函数时（改名字或参数），不会忘记调整子类的虚函数。在编译时，编译器会为标记为 override 的虚函数检查其父类是否有该虚函数。代码如下：

```
class A
{
public:
    virtual void virtualFun(int);
}

class B : public A
{
public:
    virtual void virtualFun(int) override;          //显式重写了该函数
    virtual void virtualFun(float) override;        //父类并无该虚函数，错误
}
```

final 可以确保子类不能重写函数，或有相同签名的函数，或类不能被继承。代码如下：

```
class A final { }
 //继承失败，因为 A 已经被声明为 final
class B : A { }

class A
{
    virtual void fun() final;
}

class B : public A
{
  //失败，因为父类已经声明 fun 为 final
    void fun();
}
```

override 和 final 并不是关键字，只有在上面特定的位置才有特殊含义，在其他地方仍可当变量来使用。为了保持向后兼容，override 是选择性的。

5.9　小　　结

对于 C++，本章还有很多的内容没有介绍到，如正则表达式、静态断言等，这些内容将留到具体使用的时候再介绍。除了 lambda 的内容，如其他的内容理解不了，可以跳过，以后多看几次就明白了。

关于 C++11 的更多资料，可以参考以下网址：

- https://www.ibm.com/developerworks/cn/aix/library/1307_lisl_c11/
- http://zh.wikipedia.org/wiki/C++11

第 2 篇　基础框架篇

第6章　节点系统

Cocos2d-x 最核心的类是 Node，Node 是构建整个 Cocos2d-x 游戏世界的基石，实现了整个游戏引擎最核心的节点系统（节点系统几乎成为了游戏引擎的标配，很多知名游戏引擎都适用了节点系统来构建游戏世界，如 Unity3D、OGRE、Irrlicht 等）。Cocos2d-x 场景中的所有对象都是作为一个节点出现在游戏世界中的，本章将会详细介绍节点系统，从多个方面来剖析及使用它。本章主要介绍以下内容：

- ❑ 节点的表现。
- ❑ 节点的使用。
- ❑ 节点和节点。
- ❑ 节点树的渲染。
- ❑ 节点与组件。

6.1　节点的表现

节点包含了游戏对象最基础的属性，这些属性决定了游戏对象如何表现（位置、旋转和缩放），Node 为它们提供了对应的 get、set 方法来操作。

6.1.1　位置

位置描述了一个节点在当前坐标系下的坐标，我们使用的是 OpenGL 坐标系，也就是右手坐标系。D3D 使用的是左手坐标系，左右手坐标系的区别主要是 Z 轴的正负是相反的（坐标系中每个轴的朝向并不是绝对的而是相对的，当整个坐标系围绕 Y 轴旋转 180°，左手坐标系的 Z 轴也可以朝向屏幕外，但它仍然是左手坐标系）。右手坐标系如图 6-1 所示。

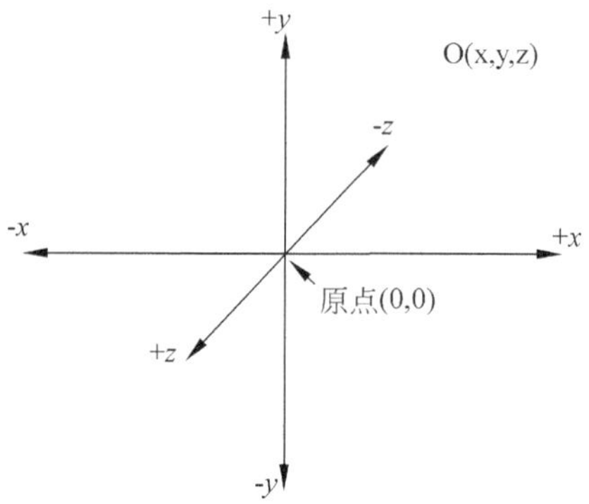

图 6-1　右手坐标系

Node 主要提供了以下变量来存储节点的位置：

```
//节点的 X、Y 坐标
Vec2 _position;
//节点的 Z 坐标
float _positionZ;
//节点的标量化 X、Y 坐标
Vec2 _normalizedPosition;
```

_position 表示相对于父节点的二维坐标 X 和 Y，_positionZ 用于描述节点在三维坐标系下的 Z 轴位置。一系列重载的 getPosition 和 setPosition 方法可以操作它们。

_normalizedPosition 表示相对于其父节点 ContentSize 的百分比位置，X 和 Y 为 0 时表示其父节点的左下角，为 1 表示右上角，Node 会自动计算其相对坐标。调用 setNormalizedPosition 可以进行设置（先设置标量化坐标，再添加父节点，这样的执行顺序并不影响其效果，移除并添加到另外一个父节点下，也会显示正确的效果，这得益于其延迟计算的机制）。

在 Cocos2d-x 中，X 和 Y 为 0 时的原点为屏幕的左下角。

6.1.2　旋转和倾斜

Node 支持围绕 X、Y、Z 轴的旋转，Node 的旋转需要划分为 2D 和 3D 两种情况，**getRotation 和 setRotation 方法用于 2D 的旋转**。2D 旋转围绕锚点的位置为圆心进行旋转，传入一个 float 类型的变量表示旋转的角度，90.0f 即为 90°。**输入正数可以让节点顺时针旋转，输入负数可以让节点逆时针旋转**，setRotation 方法会将变量_rotationZ_X 和_rotationZ_Y 同时进行修改，赋值为传入的角度。如图 6-2 所示，演示了三个锚点不同的 Sprite 使用 setRotation 旋转 90°的结果，图中的小圆点为锚点位置。

```
//基于 X 轴的旋转角度
float _rotationX;
//基于 Y 轴的旋转角度
float _rotationY;
//基于 Z 轴的旋转角度，当用于描述旋转倾斜时，表示 X 轴上的倾斜分量
float _rotationZ_X;
//基于 Z 轴的旋转角度，当用于描述旋转倾斜时，表示 Y 轴上的倾斜分量
float _rotationZ_Y;
//基于 X 轴的倾斜角度
float _skewX;
//基于 Y 轴的倾斜角度
float _skewY;
```

然后来看一下旋转对子节点的影响，在这里按照 A->B->C 的顺序构造父子节点（A 为根节点），并且每个节点都旋转 90°，从图 6-3 中可以看到，父节点旋转，子节点也跟着父节点的锚点旋转，所以 A 旋转 90°，到了 B 就是 180°的旋转，而 C 就旋转了 270°。

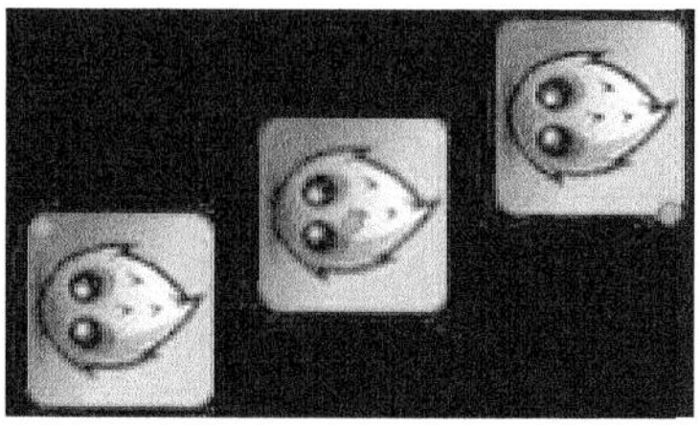

图 6-2　旋转节点

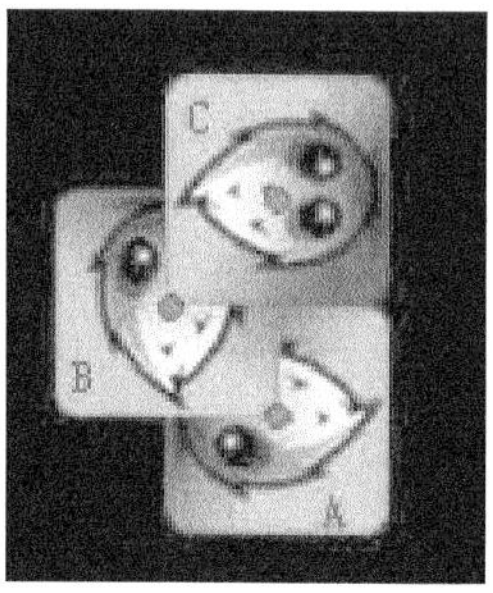

图 6-3　旋转子节点

setRotation3D 通过传入一个包含 3 个轴的旋转角度的 Vec3 参数，来实现 3D 的旋转，并且会同时修改_rotationX、_rotationY、_rotationZ_X 和_rotationZ_Y 属性。

setRotationX、setRotationY、setRotationSkewX、setRotationSkewY、setSkewX、setSkewY 函数和 SkewTo、SkewBy 等动作，可以对 Node 进行扭曲，该操作将以锚点为原点，顺着 X、Y 轴倾斜一定的角度。如图 6-4 和图 6-5 所示，展示了 setSkewX 45° 和 setSkewY 45° 的效果。

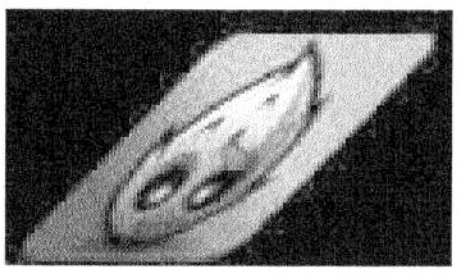

图 6-4　SetSkewX(45.0f)

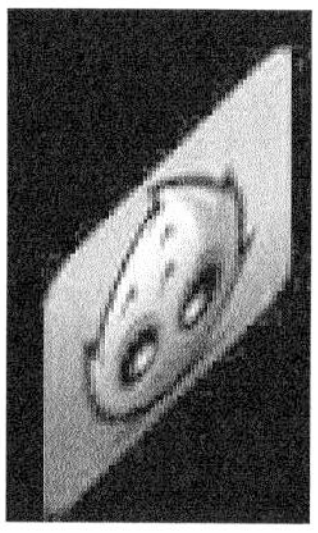

图 6-5　SetSkewY(45.0f)

通过 OrbitCamera 可以控制 Node 围绕 X 轴和 Y 轴进行旋转，可以形成叶子在空中翻转的效果。

6.1.3　缩放

Node 支持基于 X、Y、Z 轴的缩放，缩放是基于锚点的缩放，通过一系列的 getScale 和 setScale 方法可以操作它们。

```
//对象在 X 轴上的缩放，默认值为 1.0
float _scaleX;
//对象在 Y 轴上的缩放，默认值为 1.0
float _scaleY;
//对象在 Z 轴上的缩放，默认值为 1.0
float _scaleZ;
```

6.1.4　锚点 Anchor

锚点是用于辅助位置摆放、旋转和缩放的一个点，其像一个钉子一样钉在节点上。锚点的取值是按照百分比来设定的，默认为(0,0)表示节点的左下角，(1,1)表示节点的右上角，**但取值的范围并不限制**（锚点可以在节点之外），默认值在正中间，取值(0.5, 0.5)。

```
//锚点的值，用于描述锚点的相对位置
Vec2 _anchorPoint;
//锚点的值乘以节点大小 ContentSize 计算出来在节点坐标系的实际位置
Vec2 _anchorPointInPoints;
//是否忽略锚点，如果是则默认锚点为(0,0)位置
bool _ignoreAnchorPointForPosition;
```

调用 ignoreAnchorPointForPosition 方法传入 true 可以忽略锚点，忽略锚点的情况下，会将锚点视为 0 来处理，不管锚点的值是多少。但这在某些版本的某种情况下可能会出现部分失效的 BUG，导致 anchorPointInPoints 的值并没有被修改，并继续参与计算。所以在 ignoreAnchorPointForPosition 之后，可以手动将锚点设置为 0 来解决这样的问题。

6.1.5　渲染顺序 ZOrder

渲染顺序决定了对象渲染的先后顺序，通过渲染顺序可以控制显示对象的遮挡关系，除了可以控制显示对象的遮挡关系之外，渲染顺序还可以**有效优化游戏渲染的效率**，这将在第 15 章中介绍到。渲染顺序由全局 ZOrder 和局部 ZOrder 决定，它们之间有什么关联呢？

ZOrder 值越大，渲染出来就越靠前，局部 ZOrder 决定了在同一个父节点下的子节点之间的渲染顺序。而全局 ZOrder 可以决定在整个场景中的渲染顺序。

与 ZOrder 相关的成员变量如下：

```
//用于在节点空间内对子节点进行排序的局部 ZOrder
int _localZOrder;
//用于对所有节点进行排序的全局 ZOrder
float _globalZOrder;
//这是一个无限递增的变量，用于帮助在节点下_localZOrder 相等的子节点进行排序
int _orderOfArrival;
//当子节点的_localZOrder 发生了变化时，会变为 true，以方便判断是否需要重新对子节点进行排序
bool _reorderChildDirty;
```

Node 根据 ZOrder 值按照从小到大的顺序进行渲染，ZOrder 值小的节点会被 ZOrder 值大的节点遮挡，谁先谁后，谁遮挡谁，是 ZOrder 要解决的核心问题。

在大量对象进行穿插的时候（如一群人在走动，可能出现某人的脚遮挡住某人的头部），就需要靠 ZOrder 来正确地显示遮挡关系。可以根据运动对象的 Y 轴坐标来设置 ZOrder 值，常用的做法是为这些对象设置 ZOrder，添加到同一个节点下进行管理，ZOrder 设置为 MaxY - Node::PositionY，在对象的 Y 进行更新时，同时更新其 ZOrder。

在实际开发中，需要根据游戏本身的特点来设计适合自己游戏的 ZOrder 相关的规则（如果担心对 ZOrder 的更新太频繁，可以考虑设置最小移动间隔，当 Y 轴变化到一定的程度才进行更新）。

全局 ZOrder 的应用非常灵活，可以以节点为单位自由地左右渲染顺序，解决了本地 ZOrder 难以解决的跨节点渲染顺序调整。因为局部 ZOrder 只关心在该节点下，子节点的渲染顺序，而全局 ZOrder 允许控制嵌套关系很复杂的节点之间的渲染顺序。所有节点默认

的_globalZOrder 都是 0，这时完全按照节点树自身的_localZOrder 进行渲染，设置了_globalZOrder 的节点及其所有子节点都会被调整到新的渲染顺序。

通过设置全局 ZOrder，可以实现将某个节点设置到最顶层或者最底层显示，或者将另外一个节点插入到一个节点的两个子节点中间进行显示（将任意一个节点 A 插入到兄弟节点 B1 和 B2 之间）。

注意：在 Cocos2d-x 3.0~3.3 的版本中，全局 ZOrder 的管理和排序是在 EventDispatcher 中实现的，其实不是很合理，EventDispatcher 的职责应该是事件分发，而全局 ZOrder 是渲染相关的逻辑，可以交由一个专门处理渲染相关逻辑的类来做，而 EventDispatcher 实现事件分发功能和事件优先级，在 Node 和 EventDispatcher 中间再封装一层进行解耦。

6.1.6　尺寸

Node 默认是没有尺寸的，默认大小为 0，但 Node 封装了尺寸的概念，因为其也是一个非常基础、公共的特性，而调用 setContentSize 为 Node 设置尺寸，也可以将 Node 作为一个无形的区域来辅助碰撞检测。而 ContentSize 也影响着锚点的具体位置。

```
//节点的大小，没有经过缩放的原始尺寸
Size _contentSize;
//节点的大小是否改变
bool _contentSizeDirty;
```

getBoundingBox 可以计算出节点的实际大小，并用于碰撞检测（在同一帧中，一个节点 getBoundingBox 如果需要被多次调用，最好将其结果缓存起来多次使用，而不是多次调用），也可以直接用下面的代码手动计算矩形。

```
Rect( _position.x - _contentSize.width * _anchorPoint.x,
                  _position.y - _contentSize.height * _anchorPoint.y,
                  _contentSize.width, _contentSize.height);
```

6.1.7　懒惰计算

懒惰计算是修改 Node 属性时，Node 采用的一种优化机制，当设置了位置、旋转和尺寸等时，矩阵需要对应地更新，懒惰计算机制并不直接更新其影响的内容，而是放在 visit 中进行处理。我们把 Node 中的属性划分为数值和显示两类，在这里对数值的修改是立即生效的，但是数值的修改可能需要等到下一帧才会作用到显示上。

在数值发生改变时，通过设置一个 XXXDirty 的布尔变量，来记录这一帧数值发生了改变，在下一次 visit 调用中，检查 Dirty 变量，如果是则进行计算。显示属性改变时会设置_transformDirty，子节点的 ZOrder 发生变化时会设置_reorderChildDirty。

延迟计算机制的好处在于，在这一帧中，如发生了大量的属性修改，则只计算一次；如不发生变化就不计算。通过延迟计算可节省计算开销。

6.1.8　其他属性介绍

```
//节点是否正在运行中
bool _running;
//节点是否可显示
bool _visible;
//用于识别节点的标记
    int _tag;
//节点的名字
std::string _name;
//节点附带的 void*指针，用于在节点中传递数据
void *_userData;
//类似_userData，用于在节点中传递对象
Ref *_userObject;
```

6.2　节点的使用

节点有 3 种使用方法，**直接使用 Node，使用具备某种功能的 Node**（如 Label 和 Sprite 等），以及继承 Node。

- 直接使用 Node，往往用来作为容器使用，添加一个空的 Node 来梳理节点树的结构。
- 使用具备某种功能的 Node，主要是为了使用其提供的功能，如显示文字和图片这样的功能（如在 HelloCpp 中创建的背景图片 Sprite），Node 作为一个 void 类型的节点，并没有提供显示的功能。
- 继承 Node 是非常实用的方法，用于扩展各种 Node 的功能，以及编写游戏逻辑。

使用节点的思路也是使用 Cocos2d-x 的思路（如 HelloCpp 中的 HelloWorldScene 场景类），首先需要编写逻辑代码，我们的代码都是在直接或间接继承于 Node 的子类对应的回调方法中编写的，编辑好代码，然后将节点添加到场景中，使节点的逻辑被执行。

在游戏运行时，会有一个场景节点来管理整个场景，只需要将节点添加到这个场景节点下即可，通过添加、删除及修改节点来改变场景的显示内容。在 HelloCpp 例子中，HelloWorldScene 就是间接继承了 Node，在 init 和 onEnter 编写初始化的相关代码来构建场景。

Node 常用于编写逻辑的函数分别是 init、onEnter、onExit 和 update。

- init 用于初始化节点，根据初始化成功与否返回 true 和 false。
- onEnter 是节点被添加到场景中，激活时的回调，往往与 onExit 对应。
- onExit 是节点从场景中删除时的回调，往往与 onEnter 对应。
- update 是需要手动注册的一个时间相关的回调，常用于每一帧需要执行的逻辑。

在重写 **init、onEnter 和 onExit 时，务必记得回调父类的方法**，在 onEnter 和 onExit 回调中，慎重对父节点进行添加和移除节点的操作，当节点树在遍历的过程中被动态修改时，很容易出现崩溃。在 onEnter 创建和添加的东西，最好在 onExit 中收尾。在 update 中执行与距离相关逻辑时，乘以参数 delta 会使运行更加平滑。

6.2.1　使用 Action

动作系统作为 Cocos2dx 非常有特色的一个系统，**功能强大、使用简单是动作系统最大的特点**。Action 大大方便了游戏开发，为 Node 提供了非常丰富的运动方式，深受程序员喜爱。Node 调用 runAction 来执行 Action，在游戏中是常用的做法。Cocos2dx 提供了大量内置 Action，可以使用各种动作来灵活地控制 Node 以及让动作与逻辑结合。使用 Action，只需要很简单的几行代码，就可以实现一些复杂的效果。在第 10 章中会介绍完整的动作系统，这里重点介绍 Action 和 Node 的关系。Node 提供了一系列函数来操作 Action：

```
//执行 Action
Action* runAction(Action* action);
//停止所有 Action
void stopAllActions();
//停止指定的 action
void stopAction(Action* action);
//停止指定 Tag 的一个 Action，Tag 可以在 create Action 后对 Action 进行设置
void stopActionByTag(int tag);
//停止指定 Tag 的所有 Action
void stopAllActionsByTag(int tag);
//根据 Tag 来获取正在执行的 Action
Action* getActionByTag(int tag);
```

Node 通过调用 runAction 可以执行指定的 Action，Action 会操作 Node 来实现各种效果，如淡入、淡出、移动、弹跳和播放帧动画等。

一个 Action 只能被一个 Node 执行，如果多个 Node 希望执行一个 Action，可以通过多次创建 Action，也可以通过动作的 clone 方法来复制这个 Action。

一个 Node 可以同时运行多个 Action，通过 Node 提供的方法可以管理它们，但同时运行多个操作同一属性的 Action 会导致冲突（如同时执行一个向左和向右的 Action）。

Node 身上的 Action 是通过 ActionManager 进行管理的，使用 ActionManager 可以对 Action 进行更底层的管理。

6.2.2　使用 Schedule

调度器 Schedule 是一个专门用于时间调度的模块，游戏中所有根据时间执行的逻辑都由其来驱动。节点的 update 更新，Action 的运行更新都是基于调度器来驱动的，可以将 Schedule 简单理解为一个定时器。使用 Action 可更多地执行一些特定的、已实现行为，而 Schedule 则更加底层。可以使用 Schedule 来控制代码执行的时机，每一帧，每一秒，或者多长时间后执行。更多的细节在第 17 章会对调度器进行详细的介绍。

Node 提供了一系列函数来操作 Schedule。

（1）Schedule 注册检查。

```
//检查 selector 是否已经注册到调度器
bool isScheduled(SEL_SCHEDULE selector);
//检查是否有指定 key 的 lambda 函数注册到调度器
bool isScheduled(const std::string &key);
```

（2）默认的 updateSchedule。

```
//将 update 函数以 0 的优先级注册到调度器中，并且每帧执行一次，不得重复注册 update
void scheduleUpdate(void);
//和 scheduleUpdate 相比，增加了可以自定义优先级的功能
void scheduleUpdateWithPriority(int priority);
//如果 update 已经注册到调度器中，注销它
void unscheduleUpdate(void);
//注销所有的 schedule
void unscheduleAllCallbacks();
```

（3）注册自定义 selector。

```
//注册一个 selector 成员函数，每帧执行一次
void schedule(SEL_SCHEDULE selector);
//注册一个 selector 成员函数，每 interval 秒执行一次
void schedule(SEL_SCHEDULE selector, float interval);
//注册一个 selector 成员函数，delay 秒后执行一次
void scheduleOnce(SEL_SCHEDULE selector, float delay);
//注册一个 selector 成员函数，delay 秒后以每 interval 秒的间隔执行 repeat 次
void schedule(SEL_SCHEDULE selector, float interval, unsigned int repeat,
float delay);
//从调度器中注销 selector 函数
void unschedule(SEL_SCHEDULE selector);
```

（4）注册 lambda 回调 selector，功能同自定义回调，但注册的不是成员函数而是 lambda 回调函数，用字符串 key 来管理。

```
void schedule(const std::function<void(float)>& callback, const std::
string &key);
void schedule(const std::function<void(float)>& callback, float interval,
const std::string &key);
void scheduleOnce(const std::function<void(float)>& callback, float delay,
const std::string &key);
void schedule(const std::function<void(float)>& callback, float interval,
unsigned int repeat, float delay, const std::string &key);
void unschedule(const std::string &key);
```

（5）update 是一个被 Schedule 系统优化过的方法，**如果重复注册，只会生效一个**。

（6）SEL_SCHEDULE 是一个原型为 void Ref::fun(float) 的函数，通过 schedule_selector 或 CC_SCHEDULE_SELECTOR 宏可以传入 Ref 对象的成员函数，如 schedule_selector(MyNode::update)。schedule_selector 将会被弃用。

（7）带 Key 的 Schedule 方法是为了方便使用 lambda 表达式，key 是用于方便管理，不允许有重复的 key。

6.3　节点和节点

在 Cocos2d-x 中，Node 与 Node 之间，存在两种直接关系，第一种是父子关系，这是一种上下级的关系，游戏中存在很多的层，但每个 Node 只有一个父节点。第二种就是兄弟关系，它们有着同一个父节点，是一种平级的关系。

节点与节点的关系是可以不断变化的，可以通过 Node 提供的接口来组织节点的父子

关系，以及节点的搜索查找。

6.3.1　添加子节点

Cocos2d-x 可以通过以下方法来添加节点：

```
virtual void addChild(Node * child);
virtual void addChild(Node * child, int localZOrder);
virtual void addChild(Node* child, int localZOrder, int tag);
virtual void addChild(Node* child, int localZOrder, const std::string
&name);
```

默认情况下，localZOrder 为 0，tag 为–1，name 为""，当调用 Node 的 addChild 方法时，最终会调用 addChildHelper 来添加子节点（具体视版本而定），如图 6-6 所示为添加子节点的流程。

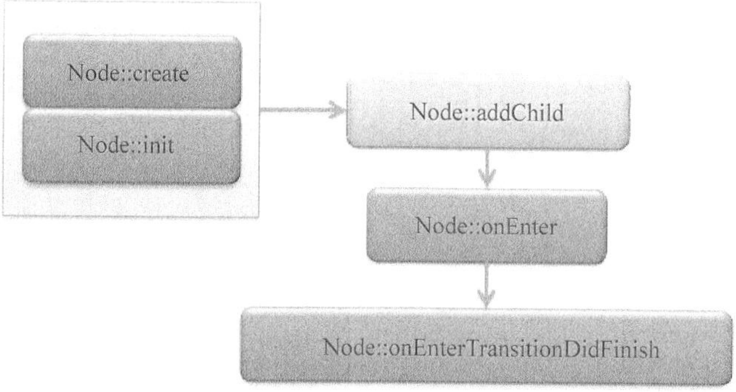

图 6-6　添加子节点

- 添加子节点：传入 Node、ZOrder、Tag 和 Name。
- 当第一次添加子节点的时候，默认为分配 4 个节点的空间到节点容器中，并对子节点执行 retain 操作。
- 将子节点插入到节点容器中，并设置子节点的_localZOrder（并没有对子节点进行排序）。
- 设置子节点的 Tag 或 Name，设置子节点的 Parent 为 this。
- 如果父节点是一个已经被添加到当前场景中的 running 节点，依次调用子节点的 onEnter 和 onEnterTransitionDidFinish。
- 如果开启了_cascadeColorEnabled 或_cascadeOpacityEnabled，对子节点的颜色或透明度进行更新。
- 当父节点已经被添加到场景中（父节点的 onEnter 已经执行完毕），此时父节点的 addChild 才会执行子节点的 onEnter，否则需要将父节点被添加到场景中时才会执行 onEnter 和 onEnterTransitionDidFinish。
- **setCascadeColorEnabled 和 setCascadeOpacityEnabled 可以开启颜色和透明度的瀑布模式**，早期的设置颜色和透明度并没有传递到子节点的功能，当希望一个对象慢慢变透明时，需要对其所有子节点都执行这个操作，瀑布模式下，对父节点设置颜色和透明度会自动递归执行到所有子节点身上。

6.3.2　删除节点

Cocos2d-x 可以通过以下方法来删除节点。

```
//自己从父节点中移除，并执行 cleanup
virtual void removeFromParent();
//自己从父节点中移除，并根据 cleanup 参数来判断执行 cleanup
virtual void removeFromParentAndCleanup(bool cleanup);
//移除传入的子节点对象，并根据 cleanup 参数来判断执行子节点的 cleanup
virtual void removeChild(Node* child, bool cleanup = true);
//移除传入指定 Tag 的子节点对象，并根据 cleanup 参数来判断执行子节点的 cleanup
virtual void removeChildByTag(int tag, bool cleanup = true);
//移除传入指定名字的子节点对象，并根据 cleanup 参数来判断执行子节点的 cleanup
virtual void removeChildByName(const std::string &name, bool cleanup =
true);
//删除该节点的所有子节点，并执行子节点的 cleanup
virtual void removeAllChildren();
//删除该节点的所有子节点，并根据 cleanup 参数来判断执行子节点的 cleanup
virtual void removeAllChildrenWithCleanup(bool cleanup);
```

我们可以删除一个或多个子节点，也可以将节点从父节点中删除，具体的删除流程如图 6-7 所示。

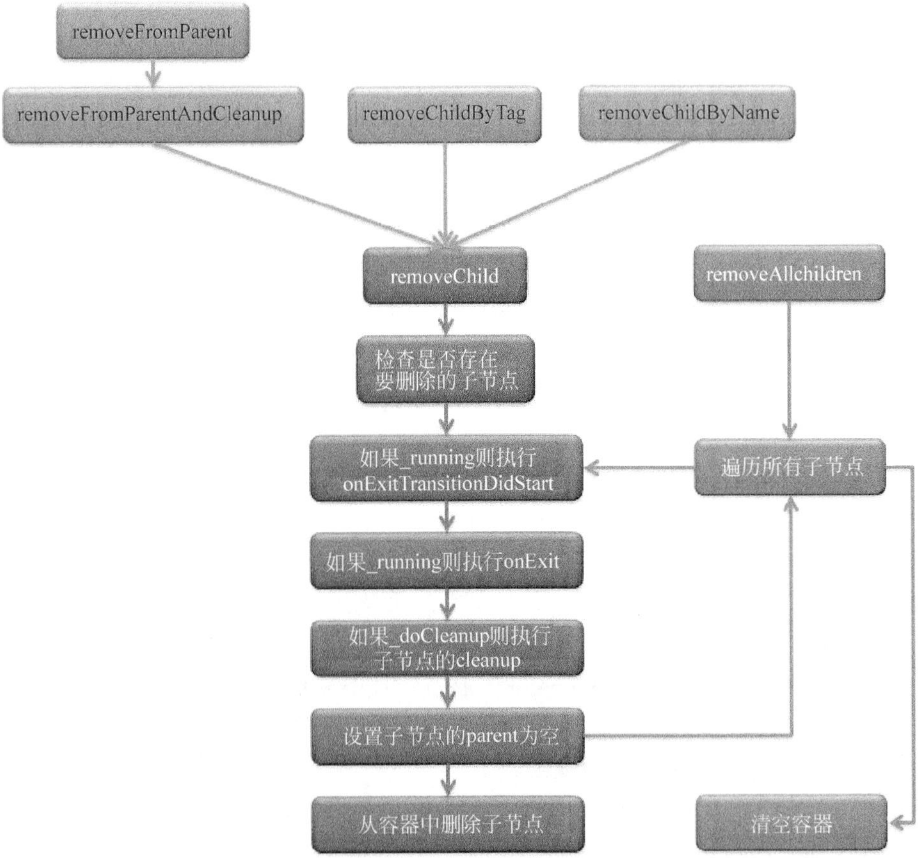

图 6-7　删除节点

- 删除子节点：传入 Node / tag / name，以及是否执行清除的 cleanup 变量。
- 查找定位子节点，进行简单判断，判断通过后取出要删除的子节点。
- 如果 m_bIsRunning 为 true，则依次调用子节点的 onExitTransitionDidStart 以及 OnExit 方法。
- 如果传入的 cleanup 变量为 true，则会调用子节点的 cleanup 方法，cleanup 方法将停止该节点以及所有子节点的所有 Action 和 Schedule。
- 将子节点的父节点属性设置为 NULL。
- 将子节点从子节点容器中移除，并调用子节点的 Release 方法。

6.3.3　节点查询

Node 提供了一些简单的方法可以在节点树中快速查找节点：

```
//获取指定 tag 的子节点
virtual Node * getChildByTag(int tag) const;
//获取指定名字的子节点
virtual Node* getChildByName(const std::string& name) const;
//按照正则表达式进行查找并调用回调
virtual void enumerateChildren(const std::string &name, std::function<bool
(Node* node)> callback) const;
//获取所有的子节点
virtual Vector<Node*>& getChildren();
//获取当前节点的父节点
virtual Node* getParent();
```

当有多个相同 Tag 的节点或多个名字相同的节点时，返回找到的第一个子节点，子节点数组默认是按照插入顺序进行排序的。

Tag 和 Name 在 addChild 方法中不能同时设置，但在 addChild 方法之后可以手动设置。

enumerateChildren 是一个通过查询节点名字，对节点树进行批处理的函数，通过传入需要匹配的节点表达式，自动遍历并回调 callback，将匹配到的节点传入 callback，在 callback 中对符合条件过滤出来的节点进行处理。return true 则表示完成批量处理，结束遍历，return false 则会让 enumerateChildren 继续遍历。enumerateChildren 使用 C++11 的正则表达式来匹配子节点，表达式并不支持 unicode。

enumerateChildren 的搜索字符串由搜索通配符和正则表达式组成，通配符描述了搜索的方向，正则表达式描述了节点名字的匹配规则，关于正则表达式的规则，在第 5 章中有详细介绍。enumerateChildren 包含 3 个搜索通配符。

- //：递归搜索所有的子节点，该通配符只能放在字符串的最前面。
- ..：搜索当前节点的父节点，只能放在字符串的最后，并且前接/。/..会被替换为"[[:alnum:]]+/"插入到搜索字符串最前面，且不能重复拼接，如/../../..。
- /：搜索当前节点的子节点，可以放在除字符串开头之外的任何位置。

下面是一些搜索字符串的拼写规则。

- enumerateChildren("//MyName", ...)：使用了递归搜索通配符//，递归搜索当前节点的所有子节点，找出所有名字为 MyName 的节点。
- enumerateChildren("[[:alnum:]]+", ...)：没有使用搜索通配符，遍历搜索当前节点下

的所有子节点，包括名字为""的节点。

- enumerateChildren("A[[:digit:]]", ...)：没有使用搜索通配符，搜索名字为 A 后跟一个数字的子节点，如 A0～A9。
- enumerateChildren("Abby/Normal", ...)：使用了子节点搜索通配符/，搜索所有名为 Abby 的子节点，并在该子节点下搜索所有名为 Normal 的子节点。
- enumerateChildren("//Abby/Normal", ...)：使用了递归搜索//和子节点搜索通配符/，递归搜索当前节点下所有名为 Normal，并且父亲为 Abby 的节点。
- enumerateChildren("node[[:digit:]]+", ...)：没有使用搜索通配符，搜索名字为 node 后跟若干数字的子节点，如 node100，node99。
- enumerateChildren("node/..", ...)：使用了子节点搜索/和父节点搜索通配符..，搜索节点树下名为 node 的孙子节点，传入孙子节点到回调中。

注意： 大量的正则匹配执行起来，效率并不高。

6.3.4　节点之间的空间变换

Cocos2d-x 使用 OpenGL 的右手坐标系，在屏幕中 x 向右、y 向上、z 向外，而在游戏中，存在两种类型的空间，即世界空间和节点空间。世界空间是 OpenGL 的一个全局、绝对坐标系，以屏幕的左下角为原点，可以用于描述触屏点击的位置以及辅助空间坐标转换。所有的节点空间都可以被转换为世界空间。

节点空间是节点本地的坐标系，是一个相对坐标系，**每个节点的位置都是相对于父节点坐标系的**，随着父节点的位置变化而变化，保持相对关系。在节点空间中，影响节点位置的，有 3 个外部因素；分别是**父节点的位置、父节点的锚点和父节点的 ContentSize**。

当节点位置为(0,0)时，是处于父节点坐标系的原点，父节点坐标系的原点位于父节点 Content 的左下角。当父节点是一张图片时，原点是图片的左下角，当父节点是一个空的节点时，原点等于父节点所处的位置。父节点的大小是基于 ContentSize 进行计算的，通过 setContentSize 也可以随意设置节点的大小。

父节点的位置可以直接影响到子节点的位置，而在 ContentSize 不为 0 时，锚点的位置也可以通过影响父节点自身的 Content 位置来影响子节点的位置。

使用下面几个函数可以在节点空间和世界空间中进行转换（在 Cocos2d-x 3.0 之后 CCPoint 换成了 Vec2，但本质是一样的）。

```
//将世界空间坐标系转换到节点坐标系
CCPoint convertToNodeSpace(const CCPoint& worldPoint);
//将节点空间坐标系转换到世界坐标系
CCPoint convertToWorldSpace(const CCPoint& nodePoint);
//将世界空间坐标系转换到节点空间坐标系与锚点相对的点
CCPoint convertToNodeSpaceAR(const CCPoint& worldPoint);
//将节点空间坐标系转换到世界空间坐标系与锚点相对的点
CCPoint convertToWorldSpaceAR(const CCPoint& nodePoint);
```

上面的 4 个函数用于在不同的坐标系进行点的转换，后面带 AR 的函数在转换的时候，是考虑了锚点的位置的。在两个坐标系进行转换时，是经过一次遍历，将节点的所有父节点都考虑在内，将每一层的空间矩阵进行计算，最后得出结果。

空间转换函数中，世界坐标的原点为屏幕的左下角，而节点坐标系的原点是节点内容的左下角，当调用的函数后面带 AR 的时候，节点坐标系的原点相当于锚点所在的位置。**不带 AR 和带 AR 的区别是，一个以节点内容左下角为原点，不考虑锚点；而另一个以锚点所在位置为原点。**具体的坐标转换可以参考图 6-8 所示。

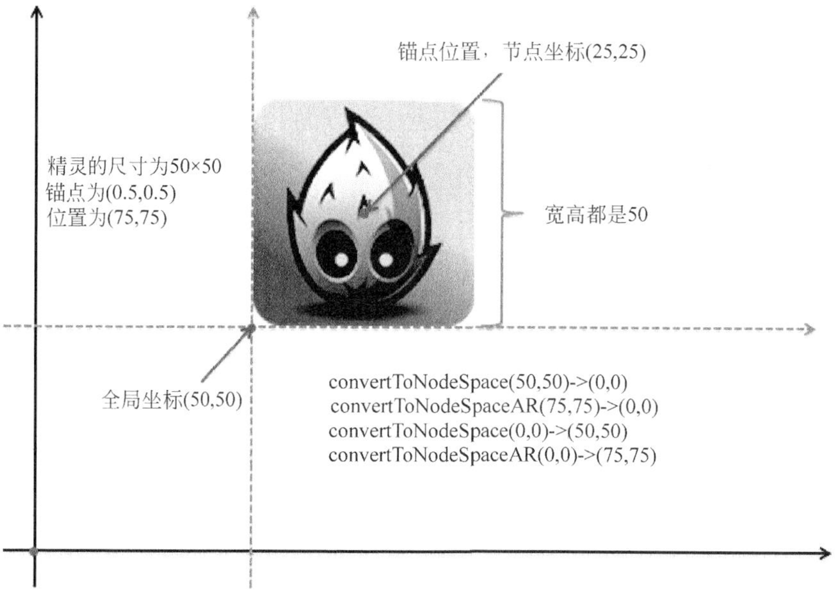

图 6-8　坐标转换

当调用 convertToWorldSpace 从节点空间坐标系转换到世界空间坐标系时，调用 getNodeToWorldTransform 一层层往上计算矩阵，然后依次相乘矩阵，最终得到节点空间坐标系转换到世界空间坐标系的矩阵，然后将传入的坐标点使用该矩阵计算后返回。

当调用 convertToWorldSpaceAR 将节点空间坐标系的坐标转换到世界空间坐标系时，先将坐标加上锚点在节点中的位置_anchorPointInPoints，再执行 convertToWorldSpace。

当调用 convertToNodeSpace 将世界空间坐标系的坐标转换到节点空间坐标系时，先调用 getNodeToWorldTransform 获得节点到世界坐标系的矩阵，然后调用矩阵的 getInversed 方法求出其逆矩阵，也就是世界空间坐标系到节点空间坐标系的矩阵，然后将传入的坐标点使用该矩阵计算后返回。

当调用 convertToNodeSpaceAR 将世界空间坐标系的坐标转换到节点空间坐标系时，先将输入点减去锚点在节点中的位置_anchorPointInPoints，再执行 convertToNodeSpace。

```
//假设 sprite 的纹理是 50*50 像素的图片，锚点默认为(0.5 0.5)，直接添加在场景下，场景位置为(0, 0)
sprite->setPosition(ccp(75, 75));
//将世界空间坐标系 (50, 50) 的位置转换到默认的节点空间坐标系，结果为 (0, 0)
cout<<sprite->convertToNodeSpace(ccp(50,50));
//将世界空间坐标系 (75, 75) 的位置转换到以锚点为原点的节点坐标系，结果为 (0, 0)
cout<<sprite->convertToNodeSpaceAR(ccp(75,75));
//将默认的节点空间坐标系坐标的 (0, 0) 转换到世界空间坐标系中，结果为 (50, 50)
cout<<sprite->convertToWorldSpace(ccp(0,0));
```

```
//将以锚点为原点的节点空间坐标系的 (0, 0) 转换到世界空间坐标系中，结果为 (75, 75)
cout<<sprite->convertToWorldSpaceAR(ccp(0,0));
```

6.4　节点树的渲染

游戏中所有可见的东西都是节点，在游戏运行的时候，每一帧都会调用整个游戏世界最顶层的一个 Node（Scene）的 visit 函数，而该 visit 函数将贯穿到游戏中的所有 Node，访问整棵节点树，决定节点**是否渲染，如何渲染，以及渲染顺序**等。节点的 visit 函数执行流程如下。

- 如果 Visible 属性为 false，直接返回，其下所有子节点都不会显示。
- OpenGL 模型视图矩阵入栈（接下来应用该节点的矩阵变换）。
- 如果 Grid 对象存在且处于激活状态，调用 m_pGrid->beforeDraw()。
- 如果矩阵变化了，则计算出该节点的空间变化矩阵。
- 调用 sortAllChildren 对子节点进行排序，遍历子节点，先访问 ZOrder 小于 0 的节点，再绘制节点，最后访问 ZOrder 大于等于 0 的节点。
- 如果 Grid 对象存在且处于激活状态，调用 m_pGrid->afterDraw(this)。
- OpenGL 模型视图矩阵出栈（清除该节点的矩阵变换）。

在 Cocos2d-x 3.0 中，visit 函数的执行流程发生了一些变化：

- **将原先流程的第 3 步和第 6 步删掉了**，Grid 已经是和具体逻辑相关的内容了，Node 不应该关心它，Grid 抽象到 Node 并不好，因为 Grid 并不是所有 Node 的公共特性。
- 将第 4 步移到了第 1 步之前，矩阵的计算被封装到 Node::processParentFlags 中，当矩阵发生变化时，才会重新计算矩阵，这里不仅缓存了当前节点矩阵，还缓存了计算好的模型视图矩阵，懒惰计算提高了运行效率。
- 绘制节点的操作变为了添加一条渲染命令至渲染器中，由渲染器调用这条渲染命令来完成对节点的绘制，将具体渲染的实现和节点本身剥离开，由专门的渲染器去管理，这样做的好处将在第 15 章中详解。

整个 Node 运行机制的核心就在第 5 步，从最顶层的父节点自上而下地开始进行了一个轮回（递归），游戏对象被有序地渲染出来。

sortAllChildren 会对所有的子节点进行排序，在每次渲染之前对子节点进行排序，sortAllChildren 的调用并不会每次都进行排序，只有当数据发生变化时才进行排序，这是一个优化。

如果在每次数据变动的时候进行排序，若同一帧有 100 个子节点变化，就需要进行 100 次排序，而现在，每次变化只是将 ReorderChildDirty 设置为 true，在 sortAllChildren 中，当 ReorderChildDirty 为 true 时，才进行排序，这种懒惰计算的方法，提高了游戏运行的效率。

排序完之后，Node 先按排序好的子节点的 localZOrder 属性值从小到大进行访问，先访问 localZOrder 小于 0 的，它们会被渲染在最下面，然后渲染自己，最后再渲染 localZOrder 大于等于 0 的。在 Cocos2d-x 2.x 中直接调用 OpenGL 进行渲染，而 Cocos2d-x 3.x 则是依次添加渲染命令到渲染器中。

6.5　节点与组件

组件系统是和节点紧密结合的一个系统，组件是一种很不错的设计模式，将所有的组件都抽象出来，然后让不同的组件实现不同的功能，用很灵活的方式进行组合、复用。每个功能只实现一次，一次实现之后，所有需要实现该功能的对象直接装上这个组件就可以了。组件和组件之间相互独立，只完成自己需要实现的功能，而且设计良好的组件可重用性高。

节点和组件是一个互相包含的关系，但是以节点为主，组件作为一个辅助功能寄生于节点之上，每个节点都有一个组件容器 ComponentContainer。ComponentContainer 管理着所有的组件 Component，而 Component 记录了拥有该组件的节点——Owner，而组件则通过 Owner 引用来操作节点，实现功能。大致结构如图 6-9 所示。

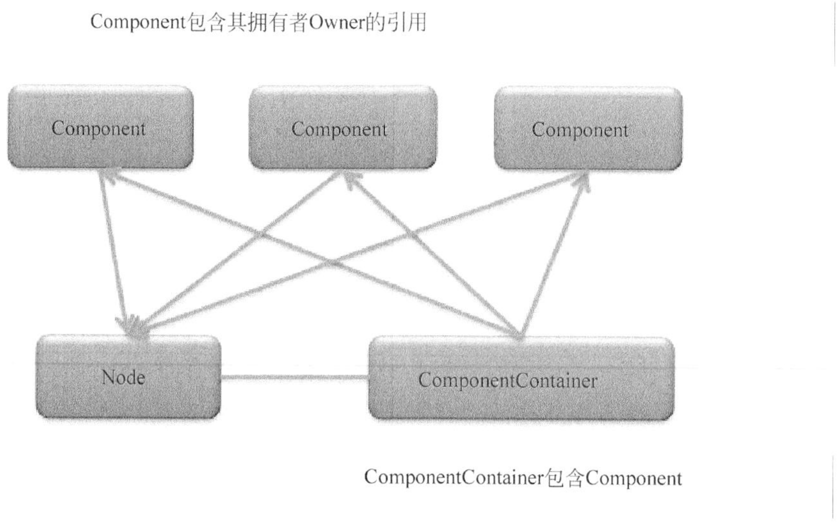

图 6-9　节点与组件

Node 上有各种操作组件的方法，它们都直接调用 ComponentContainer。

- 当添加一个 Component 时，Node 会将 Component 添加到 ComponentContainer 中，然后设置 Node 为 Component 的 Owner，并调用 Component 的 onEnter。
- 当移除一个 Component 时，ComponentContainer 会移除它，并调用其 onExit，然后将其 Owner 设置为 nullptr。
- 当 Node 执行 update 时，ComponentContainer 会驱动所有 Component 的 update 方法。
- 当 Node 被释放时，ComponentContainer 会被释放并清空容器。

组件的添加、删除及更新流程，如图 6-10 所示。

组件的使用很简单，可以使用 Cocos2dx 默认提供的组件，也可以自己实现，与使用 Node 一样，也需要继承于 Component 类。实现好组件之后可以调用节点的 addComponent 方法将组件添加到节点上。可以实现什么组件呢？什么情况下使用组件呢？

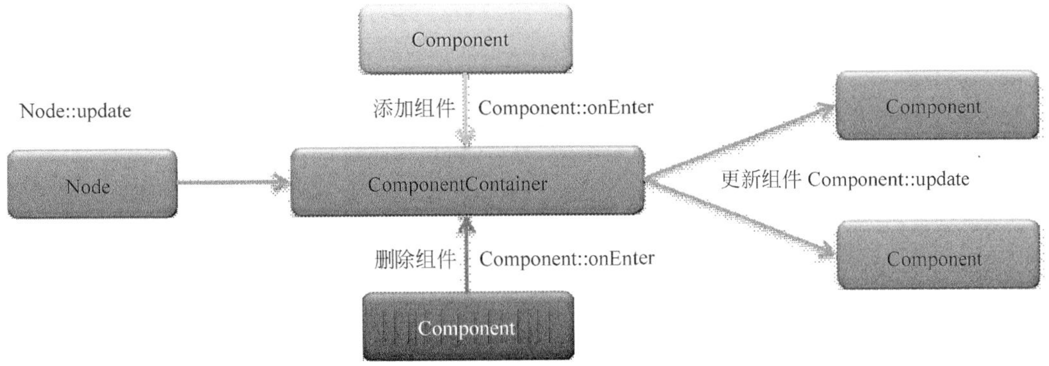

图 6-10　添加，删除与更新组件

使用组件的目的是降低耦合及复用代码，例如，实现一个血条 UI 组件，自动添加血条 UI，并提供操作接口或监听对应的消息，将血量变化的这个功能封装到组件中，所有需要显式血条的对象，就直接添加组件中即可。

例如，实现一个控制器组件，将控制玩家移动的这个功能封装到组件中，当希望控制谁时，就直接为其添加这个控制器组件。

就目前看，Component 系统的实现还是不太严谨的：

- 例如，在 Component 的 update 中删除了组件，那么程序可能会崩溃。
- 例如，组件的 onEnter 和 onExit 可能不会成对出现，当直接移除节点，而不手动删除组件时，组件的 onExit 并不会被调用到。
- 例如，将挂载在 A 上的组件再挂载到 B 上，而不先从 A 移除，那么 A 和 B 都会同时拥有这个组件。

类似这样的问题还有，相信终会被解决，Cocos2d-x 会往更好的方向前进。

第7章　内存管理

内存是一个很宽泛而又很形象的概念，它和程序设计息息相关，也是一个非常基础的概念。对内存的掌控能力可以体现出一个程序员的功力深浅。本章会言简意赅地介绍内存的基本概念，分析一些内存使用不当的问题及其解决方案，研究 Cocos2d-x 的内存管理和使用，以及对内存的优化。本章主要介绍以下内容：

- 内存基础知识。
- 内存泄露、野指针和跨动态链接库的内存使用。
- Cocos2d-x 的引用计数。
- 容器对象的内存管理。
- 复制对象。
- 内存优化。

7.1　内存基础知识

内存卡是计算机中非常重要的硬件，其为计算机提供了内存，而我们的程序都是在内存中运行的。操作系统为每个进程划分了内存空间，每个进程又将内存划分为若干区域，**而程序员可以操作的内存区域，一般称之为堆栈**。

我们在程序中分配内存、使用内存、回收内存。对于内存的分配和回收存在一种误解，认为分配内存是创建了一块内存，而回收是销毁了这块内存。实际上不论你用或不用，内存就在那里。我们的分配，只是在内存中寻找可用的内存块，将其地址返回而已，并不是把这块内存无中生有地创建出来。

分配内存好比入住酒店，当客人要入住时，是给他们分配一个房间，而不是创建一个房间。分配一块大的内存，比分配一块小的内存所需要的时间更多？不一定，因为将视实际情况而定，例如情人节这天约女朋友去看电影，而电影院里所有的单号座位几乎都被订了（这些被订的单号座位就是内存碎片），这种情况下，要找到两个相连的座位就需要更多时间来分配。

7.1.1　内存区域的划分

严格地说，C++将程序的内存分为五个区——**栈、堆、常量存储区、静态存储区和程序代码区**。有争议的一个概念是自由存储区，其和在堆本质上一样，虽然没有找到标准的定义，但在很多的实现中，堆和自由存储区是同一块内存区域。在划分内存区域的概念中，自由存储区本身并没有什么意义，所以在这里将自由存储区视为堆（该问题争议的价值并不大）。

栈是程序**调用函数时系统自动创建的内存空间，在函数返回时“释放”**。栈用于存储函数执行时的局部变量和函数传参，在函数执行完返回时自动释放这些变量。此外，每次调用一个函数，会将当前执行的代码地址进栈，并跳转到被调函数的入口点，这是为了实现当函数执行完时，调用函数的代码可以继续执行。使用栈空间是**非常高效**的，但栈空间的容量**非常有限**，当程序需要占用大量的栈空间而导致栈空间不足时，程序将由于栈溢出而崩溃。

堆是程序运行时，由程序员**动态创建和管理的内存空间**，使用 new 和 malloc 来请求堆内存，用 delete 和 free 来回收。使用 malloc 和 free 所管理的空间有人称之为自由存储区，笔者查找了一些 new 的实现，是使用 malloc 进行内存分配的，而国外一些资料显示，Free Store 自由存储区只是堆的一个别名而已。如果我们使用了 new 和 malloc，而没有回收，就会存在内存泄露，但在**程序退出时操作系统会自动回收它们**（存在一种误解是，分配了堆内存而不释放，在程序退出时就会内存泄露）。

常量存储区是程序启动时自动创建的只读内存空间，用来存储 const 常量以及写在代码中的字符串，如 HelloWorld。

静态存储区是程序启动时自动创建的内存空间，在 main 函数调用之前创建，用来存储静态变量和全局变量，可读可写，但不能动态创建（但在实际应用中，却发现程序启动时并不会自动创建静态变量，而是执行到相关代码时才创建，创建之后在程序退出时才会销毁）。

代码存储区用来存储程序代码二进制内容的一个只读空间，在程序执行的时候，自动读取里面的代码指令。

另外还存在一些误解，“栈空间是由编译器自动分配释放”，“静态/常量存储区的内存是在编译时分配的”，这里存在两个错误！**内存是由操作系统分配的，而不是由编译器分配**。简单地说，编译器做的事情仅仅是将代码翻译并写入一个可执行的二进制文件，本质上就是一个写文件的过程。编译器在编译的时候，会为静态变量和常量计算好所需的空间，并存放在可执行文件的特定字节里，并不会分配内存，**一切程序只有运行起来才占内存**。

7.1.2　new 和 malloc 的区别

- malloc 分配的内存使用 free 来释放，new 分配的内存使用 delete 来释放。
- malloc/free 是 C/C++的**标准库函数**，new/delete 是 C++的**操作符**。
- malloc/free 只分配、释放内存，new/delete 还可以用来创建、释放对象，会**自动执行对象的构造函数和析构函数**。
- new/delete 的写法比 malloc/free 简洁，如 int* p = new int; int* p = (int*)malloc(sizeof(int));。
- new/delete 在创建数组时，特别注意 int* p = new int[100]; 在释放时也有加上[]，delete [] p;。

注意：当我们 new 的是一个对象数组，delete 时没有加上[]，则数组中其他对象的析构函数不会被调用（存在一种误解是，delete 没加上[]则只会释放第一个对象的内存，然后剩余的 99 个对象的内存没有被释放）。

7.1.3　堆和栈的区别

栈空间是调用函数时系统自动分配的一块有限的空间，使用栈空间并不需要程序员分配内存，这些都是系统自动分配的，栈也会自动释放对象。在函数中，传入参数或者定义一个局部变量，都是存放在栈空间上的。例如，int a; float c;都是使用栈空间来存储的。

堆空间是程序在运行中可以动态分配、回收的一块足够大的空间，只要使用 new 或 malloc，就可以在堆上分配内存，如 int* a = new int; int* p = malloc(sizeof(int));，创建和释放都由程序员控制。下面从几个方面对比一下堆和栈的区别。

- 栈是程序启动时分配的一块内存，程序结束时释放，栈上的对象会在函数结束时被自动释放，程序员无法控制。而堆是程序运行时程序员手动创建的内存，手动释放，程序结束时会自动释放未释放的堆内存。由程序员手动管理的堆内存容易出现内存泄露。
- 栈是一块有限的内存空间，当超出容量时，就会出现栈溢出，Linux 下默认的栈空间为 10MB，Windows 下默认的栈空间为 1MB，这个大小可以被修改。堆是一块足够大的内存空间，在 32 位系统下，理论上有 4GB 的空间可用。
- 栈空间的分配是由系统执行的，有专门的指令来操作，根据所需内存的大小直接取出可用内存，因为栈的内存是连续的，所以并不需要查找内存，非常地高效。而堆空间的分配，代价就比较大了，首先会在堆内存中搜索可用的内存块，如果找不到则从用户态切换到内核态，请求操作系统分配内存。因为堆空间并不是连续的，所以反复地分配和释放之后，很容易产生内存碎片。

堆和栈的取舍：**需要更好地控制对象的生命周期，则必须用堆**；需要分配大块的内存，或者要分配的内存大小是动态的，也倾向用堆。其他情况下尽量用栈，以保证安全高效，无内存碎片及内存泄露。

7.1.4　代码分析

下面通过一些代码来加深了解。

```
//在函数 fun 下执行，在栈空间分配了 4 个字节的内存来放指针 p
//在堆空间中分配了 4*100 字节的内存来放动态数组的实际内容
//通过指针 p 可以操作指针指向的堆内存
int* p = new int[100];

//程序启动时在静态存储区分配了 4 个字节的内存来存放指针 p
//程序运行到该代码时在堆空间中分配了 4*100 字节的内存来放动态数组的实际内容
//通过指针 p 可以操作指针指向的堆内存
static int* p = new int[100];
```

内存的基础概念就点到为止，如要深入学习，还有更多的知识需要掌握，如多线程，动态链接库的内存细节，如果读者希望更深入地了解内存，可以学习一些简单的汇编语言，在汇编语言中，这些概念会更加直观地呈现。

7.2 内存泄露、野指针和跨动态链接库的内存使用

7.2.1 内存泄露

内存泄露是使用 C++很容易出现的问题，内存泄露是主观的，严格来说，当一块堆上的内存（或者堆上的对象）不再被用到却没有释放，那么称之为内存泄露。内存泄露是一个隐蔽的慢性病，其不会有明显的异常出现，但随着内存泄露的增加，会越来越难分配到内存，直到所有可用的内存被耗光，最后由于内存不足引发程序崩溃。

例如，在一个函数中新建了一块内存，函数执行结束后没有释放它，而又没有其他指针指向它，也就是说永远控制不到这块内存了，那么这块内存就泄露了。

一个很容易犯的内存泄露错误是这样的，在函数的开始新建一块内存或者一个对象，然后在函数的结束处释放它，一开始并没有问题，但随着功能的修改，在函数中间调整了逻辑，增加了 return 语句，这时候又忘记在 return 之前释放对象，无意间导致了内存泄露。使用栈空间来创建这个对象，可以有效地避免这个问题。

另一个内存泄露的错误是这样的，在一个函数里分配了堆内存，但外部有大量的地方引用到这块内存，谁来删除是一个大问题，结果没有删除这块内存，导致内存泄露。解决这个问题需要使用一个内存分配的原则，谁分配谁释放。另外引用计数也可以很好地解决该问题。

通过一些第三方的工具可以帮助定位内存泄露，如 valgrind、mtrace、debug_new 等，如何使用它们不是本章要阐述的内容，如果怀疑某对象是否存在内存泄露，可以简单地在它的构造函数和析构函数对一个静态变量进行计数，如果在确保不使用它们的情况下，该静态变量不为 0，说明有对象分配了而又没释放，存在内存泄露。通过重载全局的 new 和 delete 操作符也是一个检测内存泄露思路。

7.2.2 野指针

前面说到的第二种内存泄露的情况，如果某个地方释放了内存，那么内存是不泄露了，但是可能引起另外一个野指针的问题。野指针是指使用已经被释放了的指针。这种情况下程序会直接崩溃。

常见的野指针错误是这样的，当释放了一个指针，没有手动将其设置为 NULL，再次使用这个指针而导致崩溃。因此只需要做到，释放后置为 NULL，使用前检查，养成良好的习惯就可以避免。但也有一些是故意不检查，相当于一个断言了，即这个指针必须有效，如果无效的话，就让程序直接崩溃。

另一个野指针的错误就是第二种内存泄露的情况，因为引用的地方太多，导致释放了还在使用的指针。

出现野指针时，只要查找该指针所有的引用，找到谁释放的它，然后通过 log 或者断点调试来定位问题。引用计数也可以很好地避免野指针的问题。

7.2.3　动态链接库的内存

可能有少部分人会碰到这样一个问题，在 Windows 中释放从 Dll 中创建的内存会导致崩溃，而 Linux 则可以正常运行。这实际上是两者的堆实现不同导致的。

在 Windows 下动态链接库和应用程序默认并不是使用同一个堆，Windows 允许一个进程内，存在多个堆，在一个堆中分配的内存在其他堆中释放，这是跨动态链接库释放内存崩溃的根本原因（将 C++运行库设置为多线程调试 DLL(/MDd)或多线程 DLL(/MD)可以避开这个问题。Cocos2dx 默认是这么设置的）。

Linux 的进程只有一个堆，所有的堆内存分配和释放，都是在这个堆上进行操作，所以运行正常。虽然 Linux 允许在链接库外释放链接库所分配的堆内存，但谁分配谁释放是使用内存的一个基本原则。

7.3　Cocos2d-x 的引用计数

引用计数很好地解决了内存泄露和野指针的问题，在 Cocos2d-x 中，实现了引用计数，是非常简洁清晰的实现，其使用非常简单，只包含了 3 个函数 retain、release 和 autorelease。autorelease 是基于引用计数而增加的自动释放功能。

在 Cocos2d-x 3.0 之前的版本中，引用计数的功能是放在 CCObject 的类中，其包含了 lua 脚本相关的内容以及引用计数，在 Cocos2d-x 3.0 之后，引用技术的功能被封装到了 Ref 类中，这个改动使 Ref 的职责更加单一、清晰。虽然还是包含了 lua 脚本相关的内容，但使用了预处理来屏蔽，使其只在使用脚本功能的时候开放。新的 Ref 中还自带了内存泄漏检测功能，开启 CC_USE_MEM_LEAK_DETECTION 宏即可使用内存泄漏检测，其实现与 7.2 节所说的内存泄漏检查方法类似，通过对构造函数和析构函数的处理，来检测内存泄漏。而实际上，只要用好 retain 和 release，基本可以避免 Ref 对象的内存泄漏。

- 构造函数中，引用计数成员变量被设置为 1。
- 当调用 retain 的时候，引用计数自增 1。
- 当调用 release 的时候，引用计数自减 1，并判断引用计数是否为 0，如是则执行 delete this 操作。
- 当调用 autorelease 时，引用技术自增 1，并在切换至下一帧时自动减 1。

在此基础上，当 new 了一个 Ref 对象（CCObject）之后，如果忘记调用 release，是存在内存泄露的。autorelease 函数提供了自动释放的功能，调用 autorelease 函数之后会被添加到自释放池进行管理，而在每一次游戏主循环结束的时候，这些对象都会被执行一次 retain 操作，也就是说，调用了 autorelease 函数之后，可以省略一次 release 调用。但是如果没有对这个对象执行 retain 操作，那么这个对象就会被释放。

```
Ref* a = new Ref();
//做一些其他事情 ... 省略 10 行代码
a->release();
Ref* b = new Ref();
//做一些其他事情... 省略 999 行代码
```

```
//忘记调用对象的 release 方法
Ref* c = new Ref();
c->autorelease();
//做一些其他事情... 省略 999 行代码
```

使用 autorelease 有几个优势：第一，一次设定之后，无须再担心内存泄露的问题；第二，假设需要在多个地方使用，例如 A(); B(); C(); 连续 3 个函数都需要用到它，这个指针在执行了 autorelease 方法之后，就可以在这 3 个函数中随意使用了，如果用 release 来管理，代码会比较难维护，例如，在 A 中创建它，在 C 中释放，当有需求需要把 B 和 C 两个函数的顺序互换，这时在 B 中，程序就会崩溃。

```
Ref* Ref::autorelease()
{
    PoolManager::getInstance()->getCurrentPool()->addObject(this);
    return this;
}
```

autorelase 将自己添加到 PoolManager 的一个 Pool 中，分为两步，第一步是获取 Pool，PoolManager 管理着很多个 Pool，该操作会返回最顶层的一个 Pool；第二步是将对象添加到 Pool 中，原本 Cocos2d-x 2.x 在这里会有对对象进行一次 retain 和 release 操作，Cocos2d-x 3.0 省略掉了这对冗余的操作，直接调用 rector 容器（C++标准库的容器）的 push_back 方法添加到 rector 容器中，此时引用计数不变。

PoolManager 的 clear 函数（原本是 pop 函数）会在每次循环的时候被调用，如 DisplayLinkDirector（原本是 DisplayLinkDirector）的 mainLoop 函数，在完成游戏逻辑之后，将 Pool 的内容清空。

```
void DisplayLinkDirector::mainLoop()
{
    if (_purgeDirectorInNextLoop)
    {
        _purgeDirectorInNextLoop = false;
        purgeDirector();
    }
    else if (! _invalid)
    {
        drawScene();

        //释放对象
        PoolManager::getInstance()->getCurrentPool()->clear();
    }
}
```

clear 将最顶层的 ReleasePool 清空，会将其存放的所有元素做一次 release 操作，并清空容器，到这里，autorelase 的工作就完成了。

```
void AutoreleasePool::clear()
{
    for (const auto &obj : _managedObjectArray)
    {
        obj->release();
    }
    _managedObjectArray.clear();
}
```

只要在任何地方调用 retain，对象就不会被释放。例如，你在一个类的构造函数中创建一个对象，那么可以在析构函数中调用该对象的 release 而不是 delete，这样的好处是，假设有其他地方引用了这个对象，则该对象不会被释放，每个引用到该对象的地方，管好自己就可以了，不用提心吊胆地担心对象不知道在哪里被释放，而且也无须检查是否需要手动释放该对象，引用计数可以确保当该对象没有被引用的时候，能够被及时释放。对上面的内存管理机制做一个总结，就是在这一帧结束的时候对这一帧所有调用了 autorelease 方法的对象执行了一次 release 操作。

retain 和 release 需要成对地出现，一旦调用了该对象的 retain 方法，在不需要使用该对象时，必须调用该对象的release方法。如果没有retain，release就要慎重了。AutoreleasePool 的 clear 则是一个没有 retain 操作而又调用了 release 操作的例子，但这正是 AutoreleasePool 的目的。retain 和 release 需要成对出现，但并不是成对出现的 retain 和 release 操作就没有问题，如果两个对象互相包含，并互相执行了对方的 retain 操作，在双方的析构函数中才会执行对方的 release 操作，因为互相被对方引用着，因此双方的析构函数都不会被调用，两个对象都不会被释放。这种情况下称为 retain 死锁。

在了解 retain 和 release 机制之后，关键的问题是要合理地使用它们，在 7.4 节中将介绍 Cocos2d-x 的容器是怎样使用 retain 和 release 的。

7.4　容器对象的内存管理

Cocos2d-x 常用的容器有 CCArray、CCSet 和 CCDictionary 这 3 种，它们分别是数组、集合以及字典，从 3.0 开始，它们被替换为 Vector、Set 和 Map，原本的 CCArray 是 Cocos2d-x 自己的实现，现在统一都是使用 C++标准库的容器。

CCArray/Vector 相当于一个使用数组实现的容器，对每一个添加进来的对象都会执行一次 retain 操作，而从数组中删除的时候，会调用它们的 release 方法来释放，在数组被删除、析构的时候，或者被重新初始化的时候，会清空所有的对象，并调用它们的 release 方法来释放。**优点是遍历操作高效，使用下标进行随机访问高效，连续的内存，push_back 操作高效；缺点是在内部进行插入和删除效率低，插入的内容超出容量大小时，会产生重新分配、复制、释放等消耗**（可以在创建 vector 时就调用 reserve 方法来指定容器的容量）。

CCDictionary/Map 是一种 key-value 的关联容器，每个被添加到容器中的对象都会被 retain，被删除的对象也会被 release。它以字符串或者整数为索引，以 CCObject*/Ref*为索引对应的值，通过哈希算法根据索引定位到对应的值，Map 的实现则是完全使用了 STL 的 map 容器。**关联容器优点是查找效率高，插入删除也相对高效；缺点是不适合存储非键值对的对象。**STL 的 Map 使用红黑树来实现，默认是按照 Key 的大小自动排序，但无法按照自定义的规则进行排序，如根据 Value 对应结构中的攻击力字段进行排序（map 的 value 嵌套其他容器的指针是一种常用的做法）。

CCSet / Set 是 CCObject 的集合，实际上只是对 STL 的 set 进行了一下简单的封装，主要增加了对容器内元素的 retain 和 release 的调用，在内存的管理上，同 CCDictionary/Map 一致，**优点是查找效率高，插入删除也相对高效，并且可以快速得到两个 set 之间的交集、并集、差集**；但插入和删除的效率低于 list，遍历的效率低于 vector。

Cocos2d-x 对象内存的管理非常简单，只是保证在保存的时候执行 retain 操作，删除的时候执行 release 操作即可。而对于容器，分清容器的优缺点，了解容器使用的数据结构和算法，根据实际情况来选择对应的容器甚至组合容器，来高效地实现功能，是一个合格程序员的基本技能。除了上面的 vector、map、set，常用的还有 list、queue 和 stack 等容器。

7.5 复制对象

CCObject / Clonable 提供 copy 函数来拷贝对象，为什么要拷贝对象？直接赋值不就可以了吗？在 C++中，要对自定义的类使用 '=' 进行赋值，很多情况下都不能如愿，当自定义的类里使用了指针，或者里面的某个成员变量中包含指针，通过直接赋值，是使两个指针指向同一个地址，如你使用了这个对象，但没有执行 retain 和 release 操作，一旦该对象在某处被释放，而你的对象还在使用这个指针，那么程序就会崩溃。

在很多情况下我们需要的是一个新的对象，期望的是值拷贝，而不是指向同一个对象的指针，所以这里提供了拷贝函数 copy，在 copy 函数中，CCObject 直接返回 copyWithZone，CCObject 继承于 CCCopying，CCCopying 的 copyWithZone 是一个虚函数，直接返回 0，在 Clonable 的 copy 则是返回 0。

copy 返回重新 new 出来的一个对象，并且这个对象中的值与源对象一致，现在来看一下 Cocos2d-x 的一些类是怎样做的。下面的代码虽然是 2.x 的代码，但与版本无关的**拷贝对象思想**被很好地表达出来了。

CCString 类 new 了一个新的 CCString，并且将字符串赋给新的 CCString，最后将 new 出来的 CCString 返回。

```
CCObject* CCString::copyWithZone(CCZone* pZone)
{
    CCAssert(pZone == NULL, "CCString should not be inherited.");
    CCString* pStr = new CCString(m_sString.c_str());
    return pStr;
}
```

CCSpriteFrame 的 copyWithZone 创建了一个新的 CCSpriteFrame，并用自己的属性和纹理对其初始化，最后将其返回。

```
CCObject* CCSpriteFrame::copyWithZone(CCZone *pZone)
{
    CC_UNUSED_PARAM(pZone);
    CCSpriteFrame *pCopy = new CCSpriteFrame();

    pCopy->initWithTextureFilename(m_strTextureFilename.c_str(), m_
    obRectInPixels, m_bRotated, m_obOffsetInPixels, m_
    obOriginalSizeInPixels);
    pCopy->setTexture(m_pobTexture);
    return pCopy;
}
```

CCArray 则是创建一个新的数组，将自己的所有元素都添加到要返回的数组中。

```
CCObject* CCArray::copyWithZone(CCZone* pZone)
{
```

```
    CCAssert(pZone == NULL, "CCArray should not be inherited.");
    CCArray* pArray = new CCArray();
    pArray->initWithCapacity(this->data->num > 0 ? this->data->num : 1);

    CCObject* pObj = NULL;
    CCObject* pTmpObj = NULL;
    CCARRAY_FOREACH(this, pObj)
    {
        pTmpObj = pObj->copy();
        pArray->addObject(pTmpObj);
        pTmpObj->release();
    }
    return pArray;
}
```

7.6　内 存 优 化

本节说一说内存优化，内存使用存在什么问题需要优化？如何优化呢？

前面说的使用内存需要注意的一些问题，如内存泄漏、野指针等问题，解决这些问题仅仅保证程序的准确性，解决程序的 BUG，并不是优化。那么，什么是使用内存时存在的问题呢？

频繁使用 new、delete、malloc、free 等方法来创建和释放内存，会带来一定的性能消耗。大量分配大小不规则的内存块，会使内存中存在大量内存碎片（影响内存分配的效率。如 win32 是按照“页”来管理内存的，每一页有 64KB 的内存，当先创建 40KB 的内存，再创建 25KB 的内存，那么这 25KB 第一页已经放不下了，就会放在第二页上，中间空出来的这 24KB 的内存，就是内存碎片）。

使用内存池可以有效地缓解上面的问题带来的性能消耗，内存池是一个内存管理方式，实现内存池，需要实现内存申请、回收等功能。内存池的基本功能如下。

- 内存池使用一个容器将可用的内存块管理起来，当需要分配时，先从容器中查找，找不到再进行 new 操作或 malloc 函数调用。
- 当需要释放时，将内存回收到内存池，由内存池来决定使用 delete 操作或 free 函数释放内存还是放到空闲列表中，减少了 delete/free 调用。
- 在分配内存时，可以考虑一次性分配适量的内存，这种可以保证分配连续、对齐的内存，然后进行切分，方便内存重用。
- 回收内存时，可根据当前空闲内存的总容量来决定是否释放一部分空闲内存，以确保空闲内存的水位不会太高。

下面写一个简单的内存池来实践一下，代码是笔者随意书写的，旨在简单表达出池的概念，尚存在诸多考虑不足和冗余低效的地方。

```
class CMemPool
{
public:
    CMemPool():
        m_extCount(4)
    {
    }
```

```
    //在结束的时候释放所有空闲内存
    ~CMemPool()
    {
        for(auto iterM = m_memMap.begin(); iterM != m_memMap.end(); ++iterM)
        {
            for(auto iterQ = iterM->second.begin(); iterQ != iterM->second.
            end(); ++iterQ)
            {
                free(*iterQ);
            }
        }
        m_memMap.clear();
    }

    //分配内存，如果没有空闲内存就扩展，扩展失败就返回 NULL
    void* allocMem(int size)
    {
        auto iter = m_memMap.find(size);
        if(iter == m_memMap.end() || iter->second->size() == 0)
        {
            if(extendMem(size))
            {
                iter = m_memMap.find(size);
                goto ret;
            }

            return NULL;
        }

ret:
        void* ret = iter->front();
        iter->pop();
        return ret;
    }

    //将内存回收到池中
    void freeMem(int size, void* mem)
    {
        m_memMap[size].push_back(mem);
    }

private:
    //扩展内存，一次性扩展 m_extCount 个内存
    bool extendMem(int size)
    {
        bool ret = false;
        if(m_memMap.find(size) == m_memMap.end())
        {
            m_memMap[size] = std::quque<void*>();
        }

        std::queue<void*>& q = m_memMap[size];
        for(int i = 0; i < m_extCount; ++i)
        {
            void* data = malloc(size);
            if(NULL == data)
            {
                break;
            }
```

```
            q.push_back(data);
            ret = true;
        }

        return ret;
    }

    int m_extCount;
    std::map<int, std::queue<void*>> m_memMap;
}
```

可以将这个内存池放到一个全局对象上管理起来，也可以创建一个单例来包装它，在要分配内存的时候，用来替换 new 和 malloc，但要注意，上面的内存池并不能用于缓存对象，如果希望能够缓存对象该怎么办呢？可以结合 C++的模板，实现一个单例对象池。下面用一个 List 来缓存单例堆栈，大致代码如下：

```
template <typename T>
class CObjectPool
{
    T createObject()
    {
        if(m_ObjectList.size() > 0)
        {
            T ret = *m_ObjectList.begin();
            m_ObjectList.erase(m_ObjectList.begin());
            return ret;
        }
        else
        {
            return new T();
        }
    }
    void freeObject(T obj)
    {
        m_ObjectList.push_back(obj);
    }

private:
    std::list<T> m_ObjectList;
    static CObjectPool* m_Instance;
}
```

单例函数 getInstance 和 destroy 在这里就省略了，使用这个类的时候，可以用下面的这种写法。通过模板，可以自动实现功能相同的 N 种对象池。

```
CObjectPool<Ref*>::getInstance()->createObject();
CObjectPool<int*>::getInstance()->createObject();
CObjectPool<Sprite*>::getInstance()->createObject();
```

第 8 章　场 景 和 层

Scene 和 Layer 是在 Cocos2d-x 中被广泛使用的两种容器节点，一般情况下，所有内容都是构建在它们之上的。

由于功能类似，有时在使用的时候可能会出现难以抉择的情况“是新建一个层呢？还是新建一个场景好呢”。

Layer 和 Scene 除了具体的功能和用法区别外，在概念上，Scene 要比 Layer 高一级，Scene 可以包含多个 Layer，而 Layer 却不能包含 Scene。

Scene 之间是互斥的关系，并不能同时显示（同时只能显示一个场景），而 Layer 之间是可以同时显示的。本章主要介绍以下内容：

- Scene 场景。
- Layer 层。

8.1　Scene 场景

8.1.1　场景和 Director

场景是游戏中最大的容器，在场景之下可以有层、Sprite、文本，以及各种各样的游戏对象。而这所有的一切，都要听从导演的安排，导演决定游戏里要有几幕场景，哪一幕先拍等。我们知道，在游戏启动的时候，导演就坐在那里了，当把场景布置好，游戏就开始了。

Cocos2d-x 的 Scene 类继承于 Node，其存在的目的是为了管理游戏中的对象，在 Node 中实现了子节点的添加删除等功能，所以 Scene 并没有提供什么方法（但最新的版本中，将 Director 中关于场景渲染部分封装到了 Scene 的 render 方法中），只是重写父类的方法。

可以通过继承 Scene，并重写其 init 方法，在 init 中创建游戏对象、设置计划任务等，也可以在 onEnter 函数里做这个事情。两者的区别是，**init 会在 Scene 类被创建出来就执行，而 onEnter 会在 Scene 类被 Director 加载的时候才执行**。

我们的第一个 Scene 通常在 AppDelegate 的 applicationDidFinishLaunching()函数里加载，并把创建好的 Scene 交给 Director，由 Director 来控制场景，我们来分析一下 Director 的运作流程，如何加载 Scene，如何对 Scene 进行管理，Scene 的切换以及期间的内存管理。

Director 提供了以下接口操作场景，在 Cocos2d-x 3.0 之后还提供了 popToSceneStackLevel 来操作场景栈，但最常用的两个函数是 runWithScene 和 replaceScene，其他函数较少用，下面简单介绍一下这些接口。

```
/**进入 Director 的主循环里启动第一个场景
 * 注意是第一个，如果想切换场景的话，不要用这个函数
 * 这个函数调用了 pushScene 以及 startAnimation */
void runWithScene(CCScene *pScene);

/**当有 Scene 在运行的时候，才可以手动调用这个函数，因为需要调用 runWithScene 来启动
*第一个 Scene，这个函数会将 Scene 添加到一个场景栈的顶部进行管理，并将当前场景切换到该
场景*/
void pushScene(CCScene *pScene);

/**栈顶，也就是刚刚调用 push 方法添加当前运行场景（也有可能是先调用 push 方法添加进来再
*调用 replace 方法替换掉）移除，如果当前数组中只有一个 Scene，那么调用这个函数会释放当
前的 Scene 并结束游戏，当有多个 Scene 的时候，从场景栈中移除当前场景，再切换到上一个场
景 */
void popScene(void);

/** 将当前运行的 Scene 强制替换成传入的 Scene，同时替换场景栈中对应的 Scene */
void replaceScene(CCScene *pScene);

/** 获取当前运行的 Scene */
 inline CCScene* getRunningScene(void) { return m_pRunningScene; }

/** 按照顺序 pop 所有的 Scene，直到最底层的 Scene */
void popToRootScene(void);

/** 循环 popScene，直到场景栈中剩下的场景数为 level
 * 如果 level 为 0，直接结束游戏，level 为 1，等同于 popToRootScene */
void popToSceneStackLevel(int level);
```

Director 使用一个场景栈作为容器来管理游戏中的场景，**必须使用 runWithScene 来启动第一个场景**，其会将场景压入栈中，并启动动画播放功能。

当调用 replaceScene 的时候，当前正在运行的场景会被替换，并从场景栈中删除。

pushScene 和 popScene 是一对相应的操作，也是用来替换场景，但 pushScene 会保留当前场景，popScene 会回到上一个场景，pushScene 和 popScene 的特点是不释放被替换的场景，可返回替换前的场景，多次操作可保证顺序。

当你的 scene 现在是一个比较复杂的状态，想要切换到其他场景，并且切换回来还是当前状态，pushScene 和 popScene 会非常有用。大家可以理解为返回上一个场景，而不是替换上一个场景。

如超级玛丽这个游戏，在大场景中碰到一根水管，这时候场景上有各种金币、怪物信息，当使用 pushScene 切换到水管内的隐藏场景获取奖励时，可以通过 popScene 从这个场景回到大场景中。整个场景的保存和恢复变得非常简单，如果不用 pushScene 和 popScene，则需要记录大场景中的数据，然后切换回大场景时手动恢复。

popToRootScene 和 popToSceneStackLevel 用于在场景栈中返回到指定的场景，当场景栈存在非常多的场景时，这两个 popTo 函数可以帮助快速返回指定的场景。

例如，使用 pushScene 压入了主界面、背包界面、商城界面、充值界面等，popTo 函数可以帮助直接回到主界面中，而不需要关心中间 push 了多少个场景。

在场景栈中压入场景带来的好处是便捷的场景保存和恢复，但使用的代价是需要额外的内存占用，根据需求（是否需要保存场景状态）以及内存状况来衡量是否使用 pushScene 和 popScene。在场景栈中可能存在很多场景，但正在运行的只有一个场景，其他的场景都

会占用着内存，场景中所有的对象、图片都不会被释放（场景切换时，需要调用 Director 的 purgeCachedData 来手动清理上一个场景的缓存，否则会一直占着内存）。

假设在一个战斗场景中，意外触发了一个隐藏关卡，玩家需要进入这个隐藏关卡中（Scene），在里面完成这个关卡再退回到原来的场景，因为原场景需要被保存并且暂停，当玩家退回来的时候，所有的怪物还在原先的位置上，那么就需要调用到 pushScene，假设不要求保存这些怪物的信息，或者当玩家进入这个场景的时候，不需要再回到原先的场景了，那么这种情况应用 replaceScene，当原场景和新场景都很大（指占的内存多，不是尺寸大）时，可以手动实现这个场景的保存和恢复，然后用 ReplaceScene 来切换场景。

如图 8-1 展示了场景栈的几种操作，下面仔细分析一下。

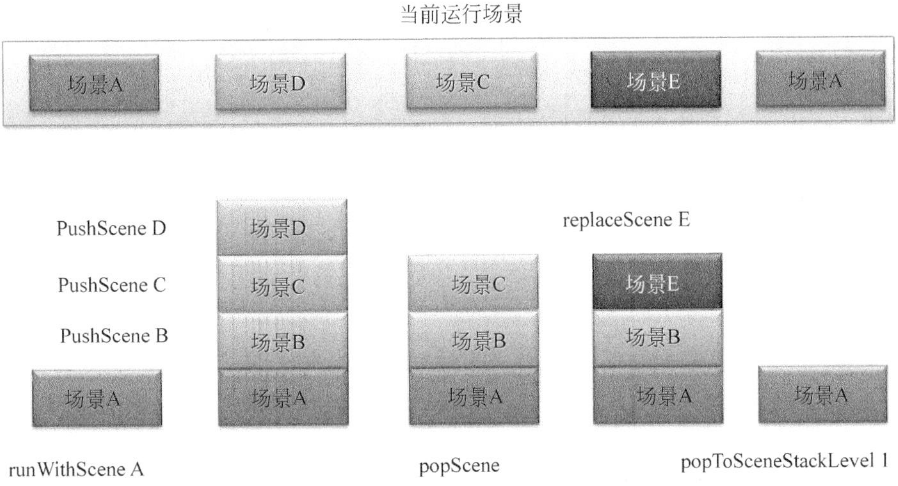

图 8-1　场景栈操作

（1）首先调用了 runWithScene 方法来启动场景 A，此时场景栈中只有场景 A，A 为当前正在运行的场景。

（2）接下来连续调用了 3 次 pushScene，依次将 B、C、D 添加到场景栈中，此时场景栈有 A、B、C、D 这 4 个场景，D 为当前正在运行的场景。

（3）接下来调用了 popScene 方法，该方法会将栈顶的场景移除（正常的移除流程），那么此时场景栈中就只剩下 A、B、C 这 3 个场景了，C 为当前正在运行的场景。

（4）接下来调用 replaceScene 方法，用场景 E 来替换当前运行的场景，也就是场景 C，此时场景栈中剩下的就是 A、B、E 这 3 个场景，E 为当前正在运行的场景。

（5）最后调用了一个 popToSceneStackLevel 方法，传入 1，表示只保留一个场景。那么在场景 A 之上的所有场景都会被顺序退出，最后场景栈中只剩下 A 场景。

8.1.2　切换场景与引用计数

Director 会为场景执行两次 retain 操作，一次是在场景压入场景栈管理起来的时候，对应会在场景从场景栈中删除时执行 release 操作；另外一次是场景运行的时候，对应会在场景停止运行时执行 release 操作。对 retain 和 release 操作很清楚的读者可以跳过下面这几段话。

首先来看 Scene 在运行中的内存状态，创建 Scene 并使用 runWithScene。

- 调用 Scene::create 创建 SceneA，引用计数为 1，在 create 中会调用 autorelease，调用完成之后被添加到对象池中，引用计数不变。
- 调用 runWithScene，会调用 pushScene，将 SceneA 添加到数组管理，此时引用计数为 2。
- 在 drawScene 中调用 setNextScene 将 SceneA 切换进去，SceneA 引用计数为 3。

接下来调用 pushScene 将 SceneB 插进去。

- 调用 Scene::create 创建 SceneB，引用计数为 1，在 create 中会调用 autorelease，调用完成之后被添加到对象池中，引用计数不变。
- 调用 pushScene 将 SceneB 添加到数组尾部，此时 SceneB 引用计数为 2。
- 在 drawScene 调用 setNextScene 切换场景，调用 SceneA 的 onExit，SceneA->release()，此时 SceneA 引用计数为 2。
- 将 SceneB 切换为运行场景，SceneB->retain()，并调用 SceneB 的 onEnter，此时 SceneB 的引用计数为 3。

接下来用 popScene 将最顶层的 SceneB 踢出来。

- 调用 popScene，此时从数组中删除 SceneB，引用计数减去 1，此时 SceneB 的引用计数为 2。
- setNextScene 调用 SceneB->onExit()、SceneB->cleanup()和 SceneB->release()，此时 SceneB 引用计数为 1。
- SceneA 调用 retain()和 onEnter()，此时 SceneA 的引用计数为 3。

调用 replaceScene 来替换当前 Scene。

- 调用 replaceScene 将 SceneB 传入，数组会将 SceneA 从数组中删除，并调用其 release，将 SceneB 插入到数组指定的位置并执行 retain 操作。
- setNextScene 调用 SceneA->onExit()、SceneA->cleanup()和 SceneA->release()，此时 SceneA 引用计数为 1。
- SceneB 调用 retain()和 onEnter()，此时 SceneB 的引用计数为 3。

因为 create 调用了 autorelease，所以在这一帧结束的时候，没有在场景栈中的 SceneA 就会被释放掉（可以在析构函数处打个断点，查看调用堆栈），而在场景栈中的 SceneB，会执行一次 release 使其引用计数-1，当 Director 将其移除时，会将其释放。

从上面的分析可以看出，被执行的 Scene 如果不调用 autorelease 方法就需要手动执行 release 操作，如果新建了 Scene 之后，直接给 Cocos2d-x，是会发生内存泄露的。如果交由 cocos2d-x 来管理，那么在 Scene 被 push、replace 或者 runWithScene 之后可以立即调用 release，否则要在不需要用到 Scene 的时候，手动执行 release 操作，如游戏退出的时候，在某个析构函数里，或者使用 create 来创建一个自动释放的 Scene，可以不关心其 release 操作。

Cocos2d-x 在场景切换的时候，如果用 SceneA 来 Replace SceneA，或者其他任意函数，试图用当前 Scene 来切换当前 Scene，都会在 setNextScene 函数中崩溃，因为这个函数会先将当前运行的 Scene 释放，然后对新的 Scene 进行 retain 操作，这时 Scene 已经被释放了，再对其执行 retain 操作就会报错。

8.1.3　场景切换特效

当游戏中有多个场景的时候，势必会在两个场景之间进行切换，直接调用 replaceScene 是没有任何花哨的效果的，Cocos2d-x 提供了二十多种场景切换特效，可以让两个场景之间的切换变得华丽（这种用法有点像设计模式中的适配器模式）、不管是 replaceScene 还是 pushScene，都能使用这种场景切换特效，当然也可以自己实现。在 TestCpp 的 TransitionsTest 中，可以一一看到这些特效，对其实现感兴趣的读者可以在 CCTransition.cpp 中慢慢品味它们的实现，相信会有所感悟，写出更炫酷的场景切换特效。

本节要了解两点，它怎么用，以及它内部到底做了什么？各种特效的实现很大程度上借用了 CCAction 之力。如果对特效实现的具体细节感兴趣的话，可双击源码，可以在 CCTransition.h 中找到所有的切换特效，这里只介绍它的来龙去脉。下面首先来看一下切换特效如何使用。

```
//创建 scene
CCScene* scene = CCScene::create();
//创建一个显示精灵
CCSprite* sprite = CCSprite::create( "test.png" );
//添加到场景
scene->addChild(sprite);
//创建特效场景
CCScene* rpscene = CCTransitionProgressRadialCCW::create(1.0f,  scene  );
//替换特效场景
CCDirector::sharedDirector()->replaceScene( rpscene );
```

上面的代码实现了一个带特效的场景切换，使用 CCTransitionProgressRadialCCW（继承于 CCTransitionScene 的一种特效，新场景沿着逆时针方向慢慢呈现在眼前），将想要替换的 scene 传进去，然后在 replaceScene（pushScene 也支持场景切换特效）中传入返回的 rpscene，实际上，不论 replace 之后运行的，还是传入的 scene，rpscene 只是一个包装而已。

所有的特效包装 Scene 都继承于 TransitionScene，它的构造函数要求两个参数（有些可能要求更多），一个是单位为秒的时间，另外一个是要替换的 Scene。TransitionScene 的职责是用 newScene 华丽地替换掉 oldScene，这里包含两个关键点，一个是替换的流程，另一个是华丽的表现，场景替换是 Director 的职责，但为了实现华丽的替换，TransitionScene 必须暂时接管这一职责，因为在华丽地切换时，这时候是两个场景共存的，它们共同来完成切换动画。

在实现场景替换时，一个完整的场景替换逻辑，包含了当前运行场景的切出函数 onExitTransitionDidStart、onExit 和 cleanup；将新场景设置为当前运行的场景，以及新场景的切入函数 onEnter 和 onEnterTransitionDidFinish。如果按照正常的场景切换，那么旧场景马上会被清理，所以 TransitionScene 需要控制它们。

Director 的 setNextScene 考虑了 TransitionScene 对场景的切换控制，当要切换的新场景是一个 TransitionScene 时，并不会调用旧场景的切出函数，因为这些会由 TransitionScene 在适当的时候调用。当从一个 TransitionScene 切换到下一个场景时，这个新场景的切入也不会被调用，因为该 TransitionScene 是一个过渡场景，在播放完成之后，必定会切换到过渡完成之后真正想要切换到的场景中，这个新场景也是由 TransitionScene 控制的，TransitionScene 也会在适当的时候调用它们。

TransitionScene 的场景切换分为 3 步骤，第 1 步是从旧场景切换到 TransitionScene，第 2 步是执行过渡动画，第 3 步是从 TransitionScene 切换到新场景。

从旧场景切换到 TransitionScene 时，Director 发现要切换的场景是 TransitionScene 时，不会调用旧场景的切出函数。将当前运行场景切换为 TransitionScene，调用 TransitionScene 的 onEnter，在 onEnter 中，调用旧场景的 onExitTransitionDidStart 表示正在退出，调用新场景的 onEnter 表示新场景正在进入。在 TransitionScene 的子类中，会在 onEnter 中调用 runAction 开始播放动画，在动画播放结束后会回调 TransitionScene::finish 。

在执行过渡动画时，TransitionScene 会调用两个场景的 visit，因为这时只有 TransitionScene 在运行，而两个场景又不是作为它的子节点存在，所以在 TransitionScene::draw 中访问这两个场景，以同时渲染它们 。

在过渡动画播放结束时，会回调 TransitionScene::finish，finish 会重置两个场景，并在下一帧执行场景的替换及清除，Director 会调用 TransitionScene 的切出函数，并切换场景，最后并不会调用新场景的切入函数。新场景的 onEnter 已经在 TransitionScene::onEnter 中调用了。TransitionScene 的 onExit 会调用旧场景的 onExit，表示旧场景已经退出了，调用新场景的 onEnterTransitionDidFinish，表示新场景已经完成进入了。这时根据场景的切换类型（replace / push）决定是否执行场景的 cleanup 方法进行清理工作。在 TransitionScene 的 cleanup 方法中会执行旧场景的 cleanup 方法。到这里就完成了完整的切换。

如图 8-2 所示，对比了正常切换，普通 Scene 到 TransitionScene，以及 TransitionScene 到普通 Scene 的切换流程，流程从上到下顺序执行，黑色部分内容表示不符合条件未执行。

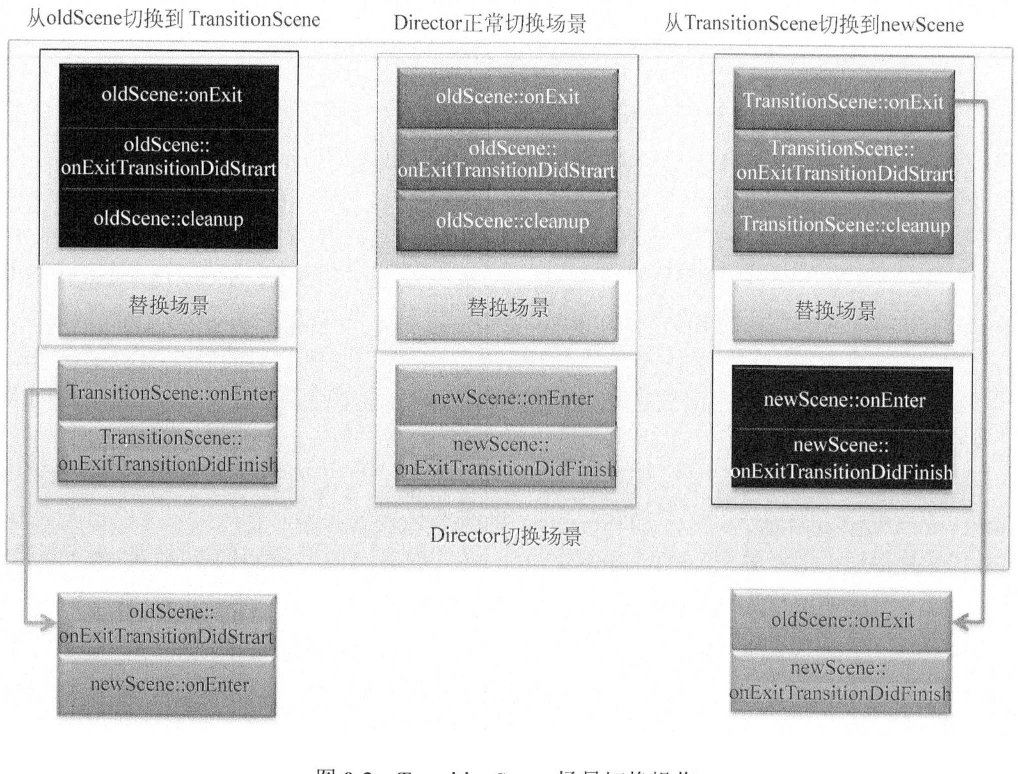

图 8-2　TransitionScene 场景切换操作

在这里梳理一下，Scene1 通过 TransitionScene 到 Scene2 切换的过程中，TransitionScene、Scene1 和 Scene2 相关切入切出函数的调用顺序如下：

```
Scene 1 onEnter
Scene 1 onEnterTransitionDidFinish

//调用替换场景.......
TransitionScene onEnter
   Scene 1 onExitTransitionDidStart
   Scene 2 onEnter
TransitionScene onEnterTransitionDidFinish

//播放动画.......
TransitionScene onExitTransitionDidStart
TransitionScene onExit
   Scene 1 onExit
   Scene 2 onEnterTransitionDidFinish
```

了解完 TransitionScene 的流程之后，来看看代码，最关键的代码是 Director 切换场景时，配合 TransitionScene 部分的代码（这里体现了 TransitionScene 切换的特殊待遇），以及 TransitionScene 开始播放动画，并在过渡动画播放完之后完成最终切换的代码（这里可以看到 TransitionScene 的内部流程，帮助进行扩展）。

在 Director 的 setNextScene 函数中，可以看到下面这段代码。

```
void Director::setNextScene()
{
   //通过转换判断，_runningScene 和_nextScene 是否是 TransitionScene
   bool runningIsTransition = dynamic_cast<TransitionScene*>
   (_runningScene) != nullptr;
   bool newIsTransition = dynamic_cast<TransitionScene*>(_nextScene) !=
nullptr;

   //如果 newIsTransition 为 true 则不执行_runningScene 的切出函数
    if (! newIsTransition)
    {
       if (_runningScene)
       {
          _runningScene->onExitTransitionDidStart();
          _runningScene->onExit();
       }

       if (_sendCleanupToScene && _runningScene)
       {
          _runningScene->cleanup();
       }
    }

   //场景切换，进行安全的 retain 和 release
   if (_runningScene)
   {
      _runningScene->release();
   }
   _runningScene = _nextScene;
   _nextScene->retain();
   _nextScene = nullptr;

   //如果 runningIsTransition 为 true 则不执行_runningScene 的切入函数
```

```
    if ((! runningIsTransition) && _runningScene)
    {
        _runningScene->onEnter();
        _runningScene->onEnterTransitionDidFinish();
    }
}
```

此时，_runningScene 和_nextScene 当然不是 NULL，那么这两个变量都是 true 吗？并不是的，我们知道，切换一个 CCTransitionScene 场景，会触发两次场景的切换（一般场景只会切换一次），第一次是 Scene1 到 CCTransitionScene 的切换，此时 newIsTransition 为 true；第二次是从 CCTransitionScene 切换到 Scene2，此时 runningIsTransition 为 true。

仔细看上面的语法，使用了 C++的 dynamic_cast，这个 dynamic_cast 在转换时，如果要转换的指针不是 TransitionScene*类型，那么转化出来的指针是 NULL。dynamic_cast 是用来进行安全转换的，一般的子类指针可以转化成父类的指针，但父类指针转换成子类指针时，如果这个指针指向的不是期望类型的子类对象，dynamic_cast 会安全地返回 NULL。当将要运行的场景是 TransitionScene 时，第二个转换成功，newIsTransition 为 true，不会调用 runningScene 的 onExitTransitionDidStart 和 onExit。当从 TransitionScene 切换回最终场景时，runningScene 是 TransitionScene，这时第一个转换成功，runningIsTransition 为 true，不会调用新场景的 onEnter 和 onEnterTransitionDidFinish。Director 做完其工作后，剩下的就是 TransitionScene 的工作了。

每个 TransitionScene 子类的实现，都是在 onEnter 里做文章，首先调用父类 TransitionScene 的 onEnter，然后让要切换的两个 Scene 根据传入的时间，调用两个场景的 runAction，两个场景执行对应的过渡动画效果。这里需要注意的有两点，即时间和 finish。动作执行的时间要把控在传入的时间之内，一般是控制在传入的时间点上。作为即将切入的场景还需在所有动画播放完之后，执行 TransitionScene 的 finish 方法。一般会通过一个 SequenceAction 来控制场景顺序执行动画以及 finish 方法。下面来看一个简单的 TransitionScene 是怎么做的。

```
void TransitionJumpZoom::onEnter()
{
    //调用父类的 onEnter，完成对两个切换场景切入切出函数的初步调用
    TransitionScene::onEnter();
    Size s = Director::getInstance()->getWinSize();

    //为显示做好准备
    _inScene->setScale(0.5f);
    _inScene->setPosition(s.width, 0);
    _inScene->setAnchorPoint(Vec2(0.5f, 0.5f));
    _outScene->setAnchorPoint(Vec2(0.5f, 0.5f));

    //创建动作
    ActionInterval *jump = JumpBy::create(_duration/4, Vec2(-s.width,0),
    s.width/4, 2);
    ActionInterval *scaleIn = ScaleTo::create(_duration/4, 1.0f);
    ActionInterval *scaleOut = ScaleTo::create(_duration/4, 0.5f);
    ActionInterval *jumpZoomOut = (ActionInterval*)(Sequence::create
    (scaleOut, jump, nullptr));
    ActionInterval *jumpZoomIn = (ActionInterval*)(Sequence::create(jump,
scaleIn, nullptr));
    ActionInterval *delay = DelayTime::create(_duration/2);
```

```
    //动画的执行以及最终的 finish 回调
    _outScene->runAction(jumpZoomOut);
    _inScene->runAction
    (
        Sequence::create
        (
            delay,
            jumpZoomIn,
            CallFunc::create(CC_CALLBACK_0(TransitionScene::finish,
            this)),
            nullptr
        )
    );
}
```

最后，在使用 TransitionScene 时，注意几个问题。假设在场景切换动画中间，在其他地方调用了场景切换，会出现什么情况？假设在这期间调用了 PushScene，传入了第三个场景，那么华丽丽的特效动画将会被停止，并直接切换到第三个场景；假设调用的是 PopScene，则程序会直接崩溃；假设调用的是 ReplaceScene，那么第一个场景和第二个场景都会直接消失，替换成第三个场景。这两种强制中断场景动画的操作，都会导致触摸不可用，虽然还可以手动恢复触摸功能，但请不要强制中断场景过渡动画。那么特效场景嵌套切换又会发生什么？也是程序直接崩溃！

8.2　Layer 层

Layer 与 Scene 很相似的一点就是，Layer 在游戏中主要也是作为容器来使用的，但相对于 Scene，Layer 的功能就明确很多了，除了作为一个容器来管理游戏中的对象之外，还可以接受触屏、按键消息和重力感应。Layer 可以在游戏中作为一个 UI 层、背景层或者一个战斗层，Cocos2d-x 同时提供了几个功能更加明确的子类接下来一一介绍。如图 8-3 所示为 Layer 之间的继承关系。

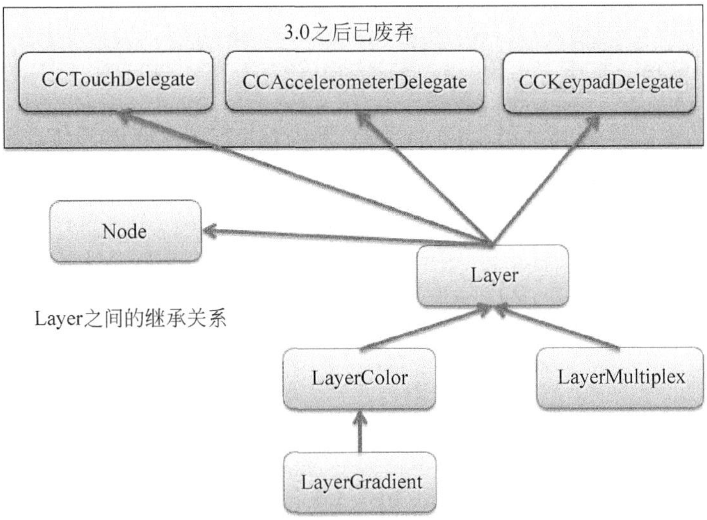

图 8-3　Layer 之间的继承关系

8.2.1　Layer 层详解

Layer 继承于 Node，在 Cocos2d-x 3.0 之前，Layer 继承于 CCTouchDelegate、CCAccelerometerDelegate 以及 CCKeypadDelegate，通过继承 Delegate 来获得各种能力，而 Cocos2d-x 3.0 之后，这些能力通过各种 EventListener 来获取。Node 让 Layer 具备子节点管理的功能，CCTouchDelegate / EventListener 让 Layer 可以处理触屏消息，CCAccelerometerDelegate / EventListenerAcceleration 让 Layer 能够获取重力感应输入，CCKeypadDelegate / EventListenerKeyboard 能让 Layer 能接收相应的键盘按钮消息，如 Ardroid 的后退按钮。

Cocos2d-x 的触摸处理分为单点处理 ONE_BY_ONE 和多点处理 ALL_AT_ONCE 两种模式，这两种模式的区别体现在多点触摸时，ONE_BY_ONE 会针对每一个触点进行回调，ALL_AT_ONCE 会调用处理同一时刻的所有触点。Layer 实现了这两种触摸处理函数的接口，并且有默认的实现，当注册了脚本对象时，默认会执行脚本来处理。

使用 Layer 的触摸处理需要关注 3 个方面，即是否启用触摸、触摸模式和是否开启点击吞噬。Layer 类提供了 setTouchEnabled 函数来注册触屏事件，默认情况下 Layer 是不开启触屏监听的，在其 setTouchEnabled 函数中，会根据当前的触摸模式（旧版本是根据 isMultiTouches()）来决定使用哪种触摸处理，默认的模式是多点处理 ALL_AT_ONCE。setTouchMode 可以选择模式。

在单点处理 ONE_BY_ONE 模式下，可以选择是否开启点击吞噬_swallowsTouches，默认情况下是开启的，通过调用 setSwallowsTouches（该接口在旧版本并没有提供）可以修改，当其为 true 时，在 onTouchBegan 返回 true 之后，后面的触摸监听者就不会再得到该事件了，具体内容将在第 18 章介绍。

调用 setAccelerometerEnabled 可以开启重力感应，通过重写 Layer 的 didAccelerate 接口，来处理重力消息。和触摸对象不同的是，重力感应监听对象只允许存在一个，而触碰监听对象没有数量限制，具体如何使用重力感应，将在第 20 章介绍。

调用 setKeypadEnabled 能够开启监听键盘消息，在 Cocos2d-x 3.0 之前可以注册任意数量的键盘监听对象到监听器上，在 Cocos2d-x 3.0 之后，则只能注册一个，在手机上其只能处理两个按钮的消息，一个是菜单按钮，另一个是后退按钮。在 Layer 中，可以重写下面两个回调函数来处理后退按钮和菜单按钮的键盘消息：

```
virtual void keyBackClicked()
virtual void keyMenuClicked()
```

这两个函数不提供任何参数，只传达一个信息：按钮被按下了，由于有些型号的手机可能并没有这些按钮，如 iPhone 就没有后退按钮，所以不要太过依赖它们。

8.2.2　LayerColor 颜色层详解

LayerColor 是一个有颜色的层，Cocos2d-x 3.0 之前其继承了 CCLayer、CCRGBAProtocol 和 CCBlendProtocol，Cocos2d-x 3.0 之后只继承 Layer 和 BlendProtocol。Layer 是一个无显

示的层，只有其子节点可以被显示出来，但 LayerColor 可以被显示，而且有大小，可以设置颜色、透明度及混合模式，Layer 虽然也有大小，但其本身没有可显示的内容。

在构造函数中，需要传入一个 Color4B 对象来描述颜色信息，也可以传入长和宽（可选），默认的长宽是屏幕的大小。

```
static LayerColor * create(const Color4B& color, GLfloat width, GLfloat height);
static LayerColor * create(const Color4B& color);
```

LayerColor 提供以下几个函数来修改 ContentSize，并更新显示区域。

```
void changeWidth(GLfloat w);
void changeHeight(GLfloat h);
void changeWidthAndHeight(GLfloat w ,GLfloat h);
```

Layer 提供以下函数来设置图层的颜色属性。

```
/** 设置图层的颜色属性*/
void setColor(Color3B color)
/** 设置图层的透明属性*/
void setOpacity(GLubyte opacity)
/** 设置图层的混合属性*/
void setBlendFunc(BlendFunc blend)
```

8.2.3　LayerGradient 渐变层详解

LayerGradient 继承于 LayerColor，和 LayerColor 不同的是，LayerColor 是纯色，而 LayerGradient 可以实现渐变颜色，在游戏中可以作为一个渐变层来使用，在 LayerGradient 构造函数中，有 3 个参数，分别是起始颜色、结束颜色以及一个 CCPoint / Vec2 对象，表示渐变的方向。LayerGradient 是覆盖整个层的线性渐变，熟悉 Photoshop 的读者知道 Photoshop 提供了线性、径向、角度和对称等各种渐变模式，在这里只实现了最简单的线性渐变模式，如图 8-4 所示。

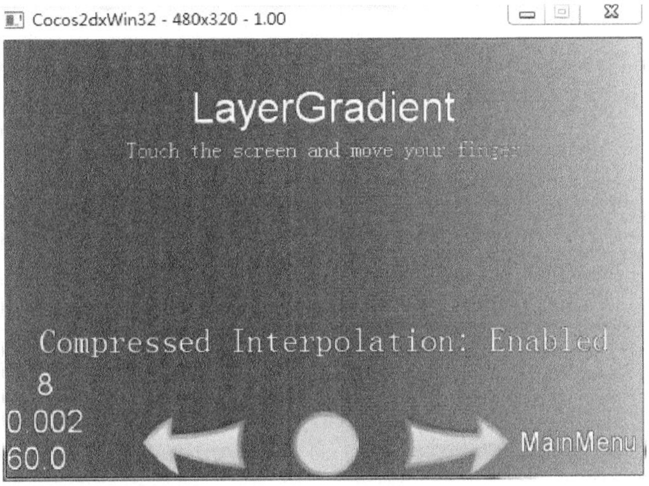

图 8-4　LayerGradient 渐变模式

LayerGradient 只有起点颜色和终点颜色，但并没有让开发者设置起点或者终点，因为 LayerGradient 的渐变是从层的边缘到另一边的边缘，渐变的方向这里被称为 Vector，是一个 CCPoint / Vec2 类型，表示从原点开始的一个方向，例如(1, 0)表示从左到右，(0, –1)表示从上到下。Vector 表示的是一个方向，并不是一条矢量的线段，所以(0, –100)同样表示从上到下，LayerGradient 根据方向和颜色来计算渐变。

除了起点颜色和终点颜色之外，LayerGradient 对这两个颜色都提供了设置透明度的功能，起点和终点的颜色分别对应一个透明度，当起点和终点颜色一致时，可以实现渐变透明的效果。LayerGradient 是通过设置四边形 4 个顶点的颜色值来实现渐变的。setCompressedInterpolation 可以设置渐变颜色的插值，从表面上看启用插值的色彩要比没有启用插值鲜艳一些。LayerGradient 的主要函数如下（这些 set 方法也有对应的 get 方法）：

```
/** 设置 LayerGradient 的起始颜色 */
void setStartColor(const ccColor4B& start)
/** 设置 LayerGradient 的结束颜色 */
void setEndColor(const ccColor4B& end)
/** 设置 LayerGradient 的起始透明度 */
void setStartOpacity(GLubyte start)
/** 设置 LayerGradient 的结束透明度 */
void setEndOpacity(GLubyte end)
/** 设置 LayerGradient 的渐变方向 */
void setVector(CCPoint vec)
```

8.2.4 LayerMultiplex 复合层详解

LayerMultiplex 是一种复合 Layer，继承于 Layer，可以由多个 Layer 组成，主要用于管理 Layer，LayerMultiplex 可以同时添加多个子层到缓冲区，但一次只显示一个子层。

```
/** 添加一个子层到数组中 */
void addLayer(CCLayer* layer);
/** 切换到第 n 个子层 */
void switchTo(unsigned int n);
/** 切换到第 n 个子层并释放当前的子层 */
void switchToAndReleaseMe(unsigned int n);
```

LayerMultiplex 虽然可以添加很多的子层，但实际显示的只有一个子层，可以在多个子层之间进行切换。

第9章 精灵详解

Sprite 中文名是精灵，在游戏中扮演着重要的角色，其可以是一张背景，一个英雄，也可以是一把武器。

Sprite 是一种实现了图片显示的基本功能的节点对象，在场景中可以很方便地用其显示要显示的内容。平时经常将 Sprite 作为一个显示对象来使用，本章主要介绍 Sprite、SpriteFrame、SpriteCache，以及 SpriteBatchNode 的使用，本章主要介绍以下内容：

- Sprite 详解。
- SpriteFrame 和 SpriteFrameCache 详解。
- SpriteBatchNode 详解。

9.1 Sprite 详解

Sprite 继承于 Node 和 TextureProtocol（在 Cocos2d-x 3.0 之前 Sprite 还继承 CCRGBAProtocol，在 CCRGBAProtocol 中实现颜色、透明度的设置），Node 赋予了其一系列位置、缩放、旋转、颜色、节点管理等基础功能。TextureProtocol 则定义了纹理相关的接口。

9.1.1 使用 Sprite

Sprite 有两种常用的用法：

直接使用，只将 Sprite 作为一个普通的显示节点使用，由外部的逻辑或使用 Action 来控制这个 Sprite。

继承扩展，通过继承 Sprite，将 Sprite 作为一个游戏对象使用，相关的逻辑写在 init、onEnter、onExit、update 等回调中。

9.1.2 创建 Sprite

通过 Sprite 的 create 静态方法可以创建 Sprite 对象，Cocos2d-x 3.0 之前通过 new 也可以创建 Sprite 对象，但 Cocos2d-x 3.0 之后，Sprite 的构造函数和析构函数被设置为 protected 权限，不能创建和删除。但通过继承 Sprite 得来的显示对象不受此限制（使用 new 创建的对象需要注意初始化和释放的问题）。

可以使用一张图片来创建 Sprite，也可以只使用这张图片的一部分矩形范围，创建 Sprite 的接口如下。

```
//创建一个没有纹理的 Sprite
static Sprite* create();

//传入一张图片的路径，使用该张图片创建一个 Sprite
//Sprite 的大小为该图片的大小
static Sprite* create(const std::string& filename);

//传入一张图片的路径以及一个矩形，创建一个 Sprite
//Sprite 会显示该图片在指定的矩形范围的部分
static Sprite* create(const std::string& filename, const Rect& rect);

//使用一个 Texture2D 对象创建一个 Sprite
//Sprite 显示整个纹理对象
static Sprite* createWithTexture(Texture2D *texture);

//使用一个 Texture2D 对象及一个矩形，创建一个 Sprite
//Sprite 显示纹理对象在指定的矩形范围的部分，rotated 将旋转这个矩形范围
static Sprite* createWithTexture(Texture2D *texture, const Rect& rect, l
rotated=false);

//使用一个 SpriteFrame 对象来创建一个 Sprite
//SpriteFrame 包含了纹理和矩形等信息
static Sprite* createWithSpriteFrame(SpriteFrame *spriteFrame);

//使用一个 SpriteFrame 对象的名字来创建一个 Sprite
//这里会根据名字从 SpriteFrameCache 中获取 SpriteFrame 对象
//使用 plist 加载的图集会被分割开然后放到 SpriteFrameCache 中
    static    Sprite*    createWithSpriteFrameName(const    std::string&
spriteFrameName);
```

在创建 Sprite 的时候，应该使用封装来**避免在代码中直接出现图片完整路径名**，这样对于整理图片目录，以及在不同平台使用不同的纹理压缩格式都很方便。

尽量使用 Plist 图集，可以使用配置表来管理图片路径（配置表可由工具生成），通过 ID 来加载对应的纹理是一种比较重度的方法，适合用于管理大量纹理。如果你只是做一个类似 2048 的小游戏，就不需要太讲究了（封装和把控也需要适度，根据项目的规模来把控）。

9.1.3　初始化流程

前面整理了各种创建 Sprite 的接口，可以归为 3 大类，即根据文件、纹理、帧来创建 Sprite，这里简单梳理一下各个 create 背后的流程，整个流程一旦出现资源获取不到的情况，马上会被断言停住，以此来确保资源存在和路径的正确。

不论是 SpriteFrame 还是 Texture，都**使用了 Cache 来保证资源只有一份**，可以被所有的对象共用。TextureCache 在资源没有被加载的情况下会自动加载资源，而 SpriteFrame 在搜索失败的时候并不会自动加载资源。

Sprite 的初始化流程如图 9-1 所示，所有的初始化最终都会执行到 initWithTexture 进行初始化，设置 texture、textureRect、flip、color、blendFunc 和 Anchor 等显示相关的属性，并设置默认的 Shader 为 SHADER_NAME_POSITION_TEXTURE_COLOR_NO_MVP。

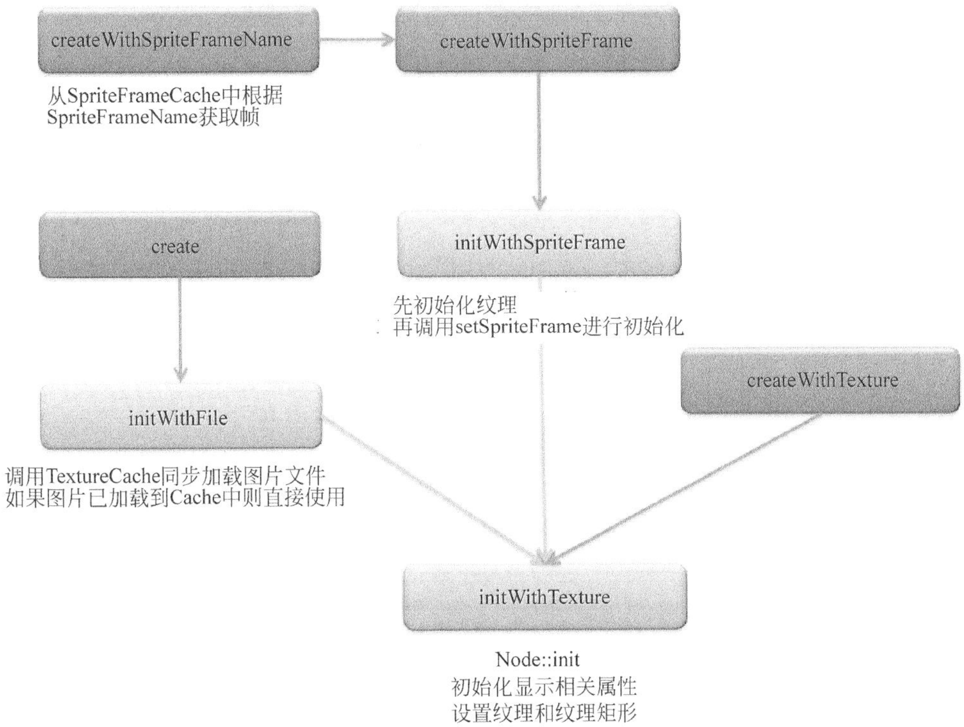

图 9-1　Sprite 初始化流程

9.1.4　设置纹理

Cocos2d-x 使用 Texture2D 来封装纹理，Sprite 作为一个显示对象，使用 Texture2D 来渲染纹理，并且将纹理包装成一个显示对象。创建 Sprite 时，Sprite 会根据传入的纹理进行纹理设置，如果纹理为空，Sprite 默认会设置一张 2×2 的白色纹理，并且设置自身的尺寸为 0。通过下面几个接口可以设置 Sprite 与纹理相关的内容。

```
//为 Sprite 设置新的纹理，并且设置 TextureRect 为整个纹理的大小
virtual void setTexture(const std::string &filename );

//为 Sprite 设置新的纹理，但不会改变 Sprite 的 TextureRect 属性
virtual void setTexture(Texture2D *texture) override;

//更新 Sprite 对应的纹理矩形范围，默认不旋转，不裁剪
virtual void setTextureRect(const Rect& rect);

//更新 Sprite 对应的纹理矩形范围，是否旋转 90°以及裁剪尺寸
virtual void setTextureRect(const Rect& rect, bool rotated, const Size&
untrimmedSize);
```

当使用同一个 Texture2D 创建不同的 Sprite 时，并不会创建多个 Texture2D 对象，纹理只存在一份，多个 Sprite 对象使用同一份纹理进行渲染。Texture2D 会缓存在 TextureCache 中。在这里如果设置了 SpriteBatchNode，要设置的纹理与 SpriteBatchNode 的纹理不一致时，该操作会导致程序崩溃。

TextureRect 作为 Sprite 的一个属性可以让 Sprite 指定显示 Texture 的一部分，多数情况下这个属性等于整张图片的完整大小，通过 setTextureRect（起始点，尺寸）可以进行调整，如果希望显示 Texture 右上角的内容，可以将 Rect 的起始点和尺寸都设置为图片尺寸的一半，如图 9-2 所示。

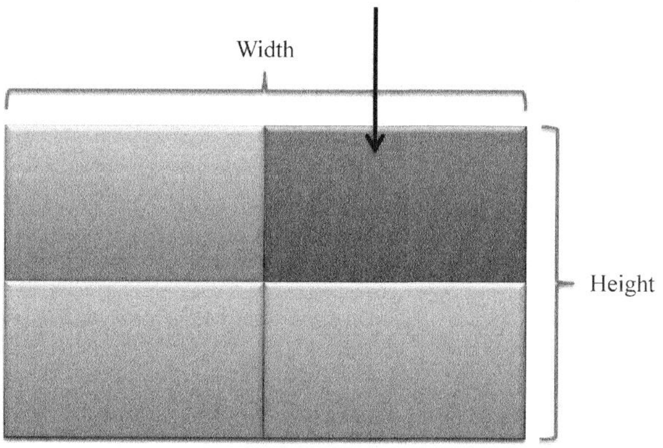

图 9-2　设置 TextureRect 的范围

9.1.5　渲染

在 Sprite::draw 中，只做两件事，首先是检测 Sprite 是否可见，如果不可见则不进行渲染，如果可见添加一个 Quad 渲染命令来渲染图元。渲染命令会根据当前 Sprite 的 ZOrder、纹理、Shader、颜色混合以及矩阵信息来渲染。这里仅仅是添加命令，真正的渲染由 Render 来执行，具体将在第 15 章中讲解。

```
void Sprite::draw(Renderer *renderer, const Mat4 &transform, uint32_t flags)
{
    //当矩阵没有发生变化时，不做多余的计算
   _insideBounds = (flags & FLAGS_TRANSFORM_DIRTY) ? renderer->
   checkVisibility(transform, _contentSize) : _insideBounds;

    if(_insideBounds)
    {
        _quadCommand.init(_globalZOrder, _texture->getName(),
       getGLProgramState(), _blendFunc, &_quad, 1, transform);
        renderer->addCommand(&_quadCommand);
    }
}
```

9.2　SpriteFrame 和 SpriteFrameCache 详解

9.2.1　SpriteFrame 详解

SpriteFrame 是一个用于描述 Sprite 显示内容的类，可以让 Sprite 方便地设置显示内容，

常用于表示一个大图集里的一张小图或一组帧动画中一帧的内容，包含纹理对象，是否旋转和矩形等信息，用于确定图片的具体大小和位置（使用 TexturePacker 和 CocoStudio 等工具可以方便地生成 Plist 图集文件）。

可以使用 SpriteFrame 来创建一个 Sprite 对象，Sprite 对象会按照 SpriteFrame 所指定的信息显示，也可以在运行时，动态调用 Sprite 对象的 setSpriteFrame 来更新 Sprite 对象的显示内容（旧版本使用 setDisplayFrame 来设置 SpriteFrame）。

```
SpriteFrame *frame = SpriteFrame::createWithTexture(texture, rect);
sprite->setSpriteFrame(frame);
```

通过 setSpriteFrame 和 setTexture 都可以为 Sprite 设置要显示的内容，但 Texture 是一个具体的纹理，如果我们需要显示这个纹理其中的一部分，则还需要使用 setTextureRect 来指定范围，而 SpriteFrame 则封装好了这一切。但在实际使用中，一般很少调用这两个函数。

在使用的过程中，Texture 一般会对应一个图片文件，而 SpriteFrame 一般对应一个 Plist 图集中的一小块图片。

使用 Texture 还是 SpriteFrame 来创建 Sprite，是由所使用的图片类型是单张图片，还是 Plist 图集而定，但 SpriteFrame 最终还是依赖 Texture 来显示。

9.2.2 SpriteFrameCache 详解

TextureCache 被用于缓存所有的 Texture，SpriteFrame 与之相似，使用了一个 SpriteFrameCache 来缓存 SpriteFrame，SpriteFrameCache 缓存的只是帧信息，而每一个 SpriteFrame 所对应的 Texture，还是缓存在 TextureCache 中。

SpriteFrameCache 是一个单例，管理着所有的 SpriteFrame，支持加载和卸载 Plist 图集，使用 addSpriteFramesWithFile 传入 Plist 文件路径，即可自动加载 Plist 图集。SpriteFrameCache 会解析 Plist 文件，根据文件的信息及对应的图片，自动创建 SpriteFrame 并加载图片。

而 removeSpriteFramesFromFile 可以将指定的 Plist 的所有 SpriteFrame 卸载。通过 getSpriteFrameByName 方法可以使用指定的名字来获取 SpriteFrame。以下代码演示了如何使用 SpriteFrameCache 来加载一个 Plist 图集，并使用 Plist 中的一个碎图来创建 Sprite。

```
//加载 Plist 图集
SpriteFrameCache::getInstance()->addSpriteFramesWithFile("animations/
grossini.plist");
//调用 Sprite 的方法，传入已加载的 Plist 图集中一张图片的名字，来创建一个 Sprite 对象
    Sprite*sprite = Sprite::createWithSpriteFrameName("grossini_dance_01.
    png");
```

SpriteFrame 的名字等于在制作图集时，图集中每一个图片的文件名，注意**所有的 SpriteFrame 的名字都不能重名**。另外 SpriteFrame **并不支持异步加载**，但可以将 Plist 所对应的图片在 TextureCache 中异步加载来提高 SpriteFrame 加载文件的效率。

9.2.3 SpriteFrameCache 加载流程

SpriteFrameCache 提供了若干加载 Plist 文件的接口，可以划分为两类，一类是单独加

载 Plist 文件，另一类是加载 Plist 文件以及指定的纹理。后者流程简单很多，只需要执行下面的第（1）、（2）、（5）3 个步骤。

（1）SpriteFrameCache 在加载一个 Plist 文件时，首先会判断是否已经加载过该 Plist 文件，如果没有则继续。

（2）调用 FileUtils 的 getValueMapFromFile 读取 Plist 文件（原本是 CCDictionary 自身从磁盘读取 Plist 文件）。

（3）获取其 metadata，metadata 本身也是一个 ValueMap 对象，从 metadata 中取出 Plist 对应的图片名。

（4）如果存在图片名则直接使用，否则尝试加载与 Plist 文件名同名的 png 图片。

（5）当加载图片成功或图片已经在 Cache 中，则将 Plist 中所有的 SpriteFrame 创建出来并添加到 SpriteFrameCache 中。

（6）如果 SpriteFrame 的名字已经存在，则不进行替换而是跳过，添加下一个 SpriteFrame。

当纹理占用内存过大时，往往会调用 TextureCache 的 removeUnusedTextures 来清理已经无用的纹理，**但如果纹理被 SpriteFrame 引用，则是不会被释放的**，即使该 SpriteFrame 目前没有在使用，但其还在 SpriteFrameCache 中，而 SpriteFrame 对 Texture 进行了一次 Retain 操作。

所以在 removeUnusedTextures 之前，需要先调用 SpriteFrameCache 的 removeUnusedSpriteFrames。当然这种情况下，**一次性调用 Director::purgeCachedData 是最妥当的做法**。

使用 Plist 文件来创建 SpriteFrame 最容易出现的一个问题是 Plist 中的碎图重名的问题，应该保证所有的图片名字都不一样。这里说的不一样，**指所有 Plist 的碎图，都不能有一样的名字**。

例如序列帧动画中，Attack_001.png —— Attack_011.png 是第一个角色的攻击动作，第二个角色也使用这一命名，最后打包成 Role1.plist 和 Role2.plist。当 Role1.plist 加载成功之后，Role2.plist 中，与 Role1.plist 同名的部分图片不会被加载到 SpriteFrameCache 中。任何 Plist 图集都需要遵循这一规则，不能重名，包括 UI 图集、骨骼动画图集和序列帧动画图集等。

9.3　SpriteBatchNode 详解

SpriteBatchNode 是一种特殊的节点，作用是**使用合并批次的方法来优化 Sprite 的渲染效率**，在 Cocos2d-x 3.0 的自动批处理渲染出来之前，SpriteBatchNode 是渲染效率优化的重要手段。

通过添加大量的 Sprite 作为子节点，在 SpriteBatchNode 内部控制所有子节点的渲染，SpriteBatchNode 本身并不进行渲染，只是优化子节点的渲染，当需要渲染的子节点越多，优化就越明显。

使用 SpriteBatchNode 有诸多的限制，在 Cocos2d-x 3.0 之后，很多情况下，并不需要使用 SpriteBatchNode 也可以得到同样高效的渲染。

9.3.1 创建 SpriteBatchNode

使用两个接口可以创建 SpriteBatchNode。SpriteBatchNode 需要一个纹理，传入纹理对象或图片文件都是可以的，如果可以预测 SpriteBatchNode 有多少个子节点，可以传入 capacity。该 capacity 用于初始化 TextureAtlas 的最大容量，在容量不够用的时候，会自动增长。

```
//使用一个 Texture2D 对象来创建 SpriteBatchNode，DEFAULT_CAPACITY 是 29
//这是一个魔数，表示 TextureAtlas 的默认最大容量，在运行时，当子节点数量超过最大容量，会增加 33%的容量
static SpriteBatchNode* createWithTexture(Texture2D* tex, ssize_t capacity = DEFAULT_CAPACITY);

//可以使用 png、jpeg、pvr 和 etc 等格式的文件来创建 SpriteBatchNode
//这个接口会先加载图片，然后使用 Texture2D 来创建 SpriteBatchNode
static SpriteBatchNode* create(const std::string& fileImage, ssize_t capacity = DEFAULT_CAPACITY);
```

9.3.2 添加与删除 SpriteBatchNode

SpriteBatchNode 的添加和删除接口与普通的 Node 一样，都是通过 addChild 和 removeChild 来操作。SpriteBatchNode 使用 TextureAtlas 来渲染，每个被 AddChild 到 SpriteBatchNode 中的节点，都需要对应**同一个 Texture 对象**才能被添加，添加为子节点之后会将 Sprite 添加到 TextureAtlas 中，并且将 SpriteBatchNode 设置到 Sprite 中。

在每次渲染时，SpriteBatchNode 提交一个批渲染命令，将 TextureAtlas 提交，在该命令执行时，会一次性渲染 TextureAtlas 中的所有 Sprite（所以 SpriteBatchNode 下的 Sprite 将不会被访问到）。

所有 Sprite 和 SpriteBatchNode 的 addChild 和 insertChild，最终都会调用 SpriteBatchNode::appendChild 来做以下特殊处理：

- ❑ 通过 Sprite::setBatchNode 将子节点的 BatchNode 设置为当前的 Sprite 节点。
- ❑ 当 TextureAtlas 的容量满了的情况下，动态地扩充 TextureAtlas 的容量。
- ❑ 调用 TextureAtlas::**insertQuad** 将 Sprite 的 quad 添加到图集中。
- ❑ 循环调用 appendChild，将所有 Sprite 的**所有子节点都添加进来**。

虽然将 Sprite 的所有子节点都添加到 TextureAtlas 中，但 SpriteBatchNode 的子节点只有调用 SpriteBatchNode 的 addChild 添加进来的那个 Sprite，Sprite 下的所有节点仍然保持原有的父子关系。

当调用 removeChild 进行删除子节点时，会先将该子节点所在 TextureAtlas 的 Quad 删除，遍历递归该节点的所有子节点，做同样的处理，再调用 Node 的 removeChild 函数删除子节点。

9.3.3 使用 SpriteBatchNode

可以使用一个 Texture2D 对象或者一个图片文件来创建一个 SpriteBatchNode，这个纹

理可以是一个 Plist 图集对应的纹理，当使用该纹理来创建 SpriteBatchNode 时，所有使用该图集的 Sprite 都可以被添加到 SpriteBatchNode 之下，享受批渲染带来的性能提升。示例代码如下：

```
SpriteBatchNode* batch = SpriteBatchNode::create("Images/grossini_dance_
atlas.png", 10);
addChild(batch);

Sprite* sprite = Sprite::createWithTexture(batch->getTexture(), Rect(85*1,
121*1, 85, 121));
sprite->setPosition( Vec2( x, y ) );
batch->addChild(sprite);
```

SpriteBatchNode 常用于 UI、背景、粒子效果以及由多张图片组成的精灵。一般常把 UI 的图片整合为一个图集，然后所有的 UISprite 添加到 SpriteBatchNode 下，每个 UISprite 设置自己的位置信息，这样既提高了效率，每个 UI 也都可以很好地显示出来。但并不是使用一个图集来渲染多个对象时才用 SpriteBatchNode，粒子系统中的 SpriteBatchNode 则只需要一张贴图。当一个 Sprite 被添加到 BatchNode 中，那么这个 Sprite 就会具备以下特性：

- 优点：**Sprite 的渲染效率大大提升**，特别是当其有非常多子节点时。带有 100 个子节点的普通 Sprite 在渲染的时候，会执行 100 次 OpenGL 的渲染调用，以渲染所有的子节点。而 SpriteBatchNode 只执行一次 OpenGL 渲染调用，这就是两者的性能差别。
- 缺点：无法使用摄像机的一些特性（如 OrbitCamera Action），无法使用基于网格的一些动作（如 Lens、Ripple、Twirl），Alias / Antialias 属性属于 SpriteBatchNode，所以不能单独操作。Blend 混合功能也不能直接操作。所有的子节点位于一个节点下，**无法和其他的对象进行穿插渲染**，因为不能在两个 BatchSprite 中间插入一个使用其他纹理的 Sprite。

所以是否使用 SpriteBatchNode 需要进行权衡：

- 使用了 SpriteBatchNode 是否会让程序的一些需求实现不了（主要是渲染顺序，以及难以处理各种对象的前后遮挡是 SpriteBatchNode 最大的痛点）？
- 使用 SpriteBatchNode 对提升渲染效率的性价比高不高（合并的批次太少的话，影响不大）？
- 是否因为 OpenGL 渲染调用过多而导致性能下降（优化需要针对瓶颈）？
- 使用了 Cocos2d-x 3.0 以上的版本，是否还需要 SpriteBatchNode（当需要手动且明确地进行批渲染时）？

在使用 BatchNode 的时候，图片限制以及层级的前后遮挡是最主要的问题，在一张地图中，玩家穿过各种物体，如树林等，需要和场景中的物件有一个前后顺序。

使用 Cocos2d-x 3.0 之前的版本，可以用这样的思路来解决问题：使用两个 BatchNode，一个在角色之上，一个在角色之下，当角色移动到 Y 轴更高的位置时，因为位置的变化并不会改变角色的层级，原先 Y 轴坐标在角色坐标之上的对象（假设是另外一个角色 B），在角色的 Y 轴坐标增加之后，其 Y 轴坐标可能会低于角色，这时它们的先后层级关系就会发生错误（角色的脚可能会踩在角色 B 的脸上）。

为了解决这个问题，需要在对象的 Y 轴坐标穿过场景中的其他对象时更新这些对象的层级。一般情况下，可以通过设置这些对象的 ZOrder 属性来使其位于角色之前（当角色往下移动则应该是使这些对象位于角色之后）。但使用 BatchNode 优化了渲染之后，就难以随心所欲地控制它们的层级关系，这使得设置 ZOrder 难以达到预期的效果，所以需要将这些对象从角色身后移动到角色身前（或角色身前移动到角色身后）。这就需要使用两个 BatchNode，一个层级位于角色之前，一个层级位于角色之后，然后将对象在两个 BatchNode 之间移动来实现这个效果。

那么如何将一个对象从一个 BatchNode 中移动到另外一个 BatchNode 中呢？首先需要对这个对象进行一次 retain 操作（否则下一个步骤会将该对象释放），然后将对象从当前的 BatchNode 中移除，再将其添加到另外一个 BatchNode 中，最后调用对象的 release 方法即可（消除前面的 retain 操作，避免内存泄漏）。

如果存在多个对象需要在场景中移动，则需要使用更多的 BatchNode 对层级进行规划。在场景的 update 方法中，根据场景中的对象来动态地计算层级，并将对象移动到对应层级的 BatchNode 中，来保证使用 BatchNode 优化渲染的同时能够正确地显示，这就和 Cocos2d-x 3.0 的自动批处理很类似了。

第 10 章　动 作 系 统

Action 系统是 Cocos2d-x 中非常棒的特性，可以让 Node 执行各种各样的效果，Action 提供了非常丰富的效果，并且只需要非常少量的代码就可以看到这些效果。如果你需要 3 行代码才能使一张图片显示出来，那么使用 Action 只需要一行代码就可以让图片动起来。**熟练掌握 Action，可以极大地提高开发效率！**本章主要介绍以下内容：

- 使用 Action。
- Action 整体框架。
- Action 运行流程。
- Action 的分类。

10.1　使用 Action

使用 Action 的方法非常简单，在 Node 中执行 Action，Node 可以是一个精灵、一段文本、一个粒子系统等等，任何 Node 都可以执行 Action，调用 Node 的 runAction 方法（但并非所有的 Action 都会生效，如 Node 本身没有显示图片的功能，所以无法执行一个帧动画 Action），传入将要执行的 Action 即可。

例如，下面的代码会让 myActor 节点执行一个“在 2 秒内移动到(0,0)位置”的 Action：

```
sprite->runAction(MoveTo::create(2.0f, Vec2(0, 0)));
```

runAction 有几个特性需要注意：

- 多次调用 runAction，会同步执行多个 **Action**。
- **一个 Action 对象只能被执行一次**，如果需要让多个对象执行该 Action，可创建多个。
- 只有当对象被挂载到场景中的时候，Action 才会执行。
- 当对象从场景中移除的时候，cleanup 参数将决定是否销毁其动作。

当希望结束一个动作的时候，调用 Node 的 stopAction 方法，传入希望结束的 Action 对象，在大多数情况下，往往没有保存这个 Action 对象的指针，所以有了 stopActionByTag 和 stopAllActions 函数，在这里简单介绍一下。

```
//停止所有的Action，并清空动作列表
void stopAllActions();

//停止传入的Action，并将其从动作列表中移除
void stopAction(Action* action);

//停止一个指定Tag的Action
```

```
void stopActionByTag(int tag);

//停止所有指定 Tag 的 Action
void stopAllActionsByTag(int tag);
```

使用 Action 的时候还需要注意以下问题。

当你需要同时运行多个 Action 的时候，请注意正在运行的 Action。两个 Action 可能会有冲突，例如，一个向左移动的 Action 和向右移动的 Action 同时运行会互相抵消（MoveBy），再如，两个动画 Action 同时运行，角色会在两组动画中间快速地切换。这些会相互影响到的 Action，可以通过为 Action **设置 Tag**，在播放新的 Action 之前，先停止前一个 Action。

当创建了一个 Action 之后，如希望这个 Action 被执行多次，需要调用这个 Action 的 clone 方法来复制多个新的 Action 对象（调用 Action 的 clone 方法，但并非所有的 Action 都支持 clone 操作），或者创建多个同样的 Action，来让 Node 执行，因为 Action 对象被执行时，只能有一个执行者，同一个 Action 对象不允许同时被执行多次。

关于 Action 的暂停和恢复，Node 提供了比较少的控制，只有暂停所有 Action 的方法，如 Node::pauseScheduleAndActions 和 ActionManager::pauseTarget，并没有暂停单个 Action 的方法。

10.2　Action 整体框架

Action 的整体框架可以分为 4 部分：Node、Action、ActionManager 和 Schedule 等，如图 10-1 所示。

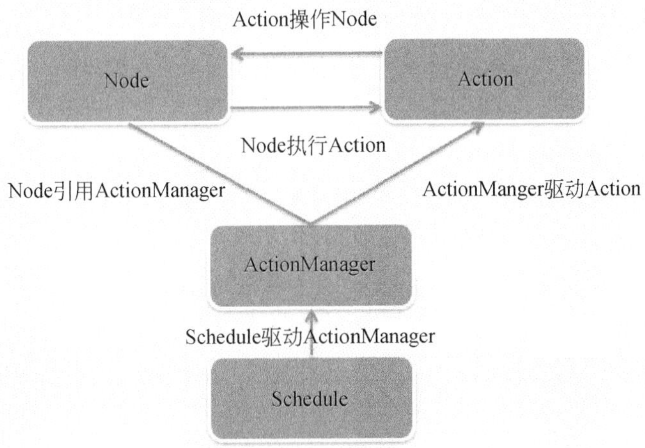

图 10-1　Action 框架

- Node：Node 封装了一些接口，一般会创建一个具体的 Action 对象，然后交由 Node 来执行，也可以操作 Node 来停止 Action，所有的 Action 都直接交由 ActionManager 来执行和管理，Node 只是一层简单的封装，以及将 Action 和 Node 关联起来。每个 Node 都可以运行 N 个 Action。
- Action：**Action 内部通过操作 Node，实现了各种 Action 效果**。每个 Action 只能

操作一个 Node（但可以实现一个操作很多 Node 的 Action），一般操作的 Node 就是执行 runAction 的 Node。

- ActionManager：ActionManager 类似 Schedule，它管理着 Action，驱动 Action 执行。全局所有的 Node 是共用一个 ActionManager。
- Schedule：Schedule 会驱动 ActionManager 执行。所以 **Schedule 执行的时间缩放、暂停、恢复等操作会直接影响到所有的 Action。**

下面详细介绍一下 Action 和 ActionManager 这两个类。

10.2.1　Action 类

Action 类继承于 Ref，其有一个 int 类型的 Tag 变量，用以区分其他 Action；有两个 Node 类型的 Target 变量，用于 Action 的执行，分别是 Target 和 OriginalTarget，其中 OriginalTarget 是 Action 的执行者，也可以叫发起者，Target 是 Action 所影响的目标对象，一般这两个 Target 都相等，也可以通过 setTarget 和 setOriginalTarget 来设置它们。基本上所有的 Action 都是对 Target 对象生效（也可以在 NodeA 发起一个 Action，由这个 Action 来操作 NodeB），以下是 Action 的成员函数。

- startWithTarget(Node* pTarget) 方法：将 Target 以及 OriginalTarget 都设置为 pTarget。
- update(float time) 方法：表示进度的更新，time 取值范围从 0～1，表示动作执行的进度，不是两帧之间的时间差，0 表示刚刚开始执行，0.5 表示执行到一半，1 表示动作执行完毕。
- step(float dt)方法：在每帧更新时会被回调，dt 为上一帧到这一帧所逝去的毫秒数。
- isDone()方法：用于判断动作是否结束。
- stop()方法：用于停止动作，但不要手动调用该函数，如果想停止动作，可调用 target->stopAction(action)。
- reverse()方法：用于返回一个相反的动作，该动作是一个 create 出来的全新动作（并不是所有的 Action 都支持 reverse 方法）。
- clone()方法：用于复制一个一样的动作，该动作是一个全新的动作。

10.2.2　ActionManager 类

ActionManager 类继承于 Ref，其使用一个哈希容器来存放 Action 对象，可以将这个哈希容器看作为 Target，也就是以 **Node 为 Key**，以 **Action 数组为 Value** 的一个容器。

每个 Target 都对应着一组 Action，ActionManager 保证了在 Action 运行中动态添加删除 Action 的安全性。

ActionManager 并没有优先级的概念，其只负责将 Action 执行完，而不注重 Target 之间 Action 执行的先后顺序（按照 ActionManager 的实现，Target 运行多个 Action 时，会按照执行的顺序来执行）。

ActionManager 提供了暂停与恢复 Action 的接口：

- pauseTarget 暂停某个 target，只是将 target 对应元素的 paused 设置为 true。
- resumeTarget 恢复某个暂停的 target，将 paused 属性设置为 false。
- pauseAllRunningActions 将暂停所有正在运行的 Action，并将它们添加到一个 Set 中返回。
- resumeTargets 将一个 Set 传入，恢复里面所有的 Action，主要用于恢复 pauseAllRunningActions 所暂停的 Action。

ActionManager 还提供了删除 Action 的接口：

- removeAction 从列表中获取这个动作的 OriginalTarget，并将这个 Target 的动作删除。
- removeAllActionsFromTarget 删除这个 Target 的所有动作。
- removeActionByTag 根据传入的 Target 和 Tag 来删除对应的 Action。
- removeAllActions 删除所有的动作。

10.3　Action 运行流程

当使用节点的 runAction 方法运行一个 Action 时，这个 Action 会被添加到 ActionManager 中。每一帧 ActionManager 的 update 方法都会驱动所有的 Action 执行，直到 Action 执行完毕。Action 的运行流程如图 10-2 所示。

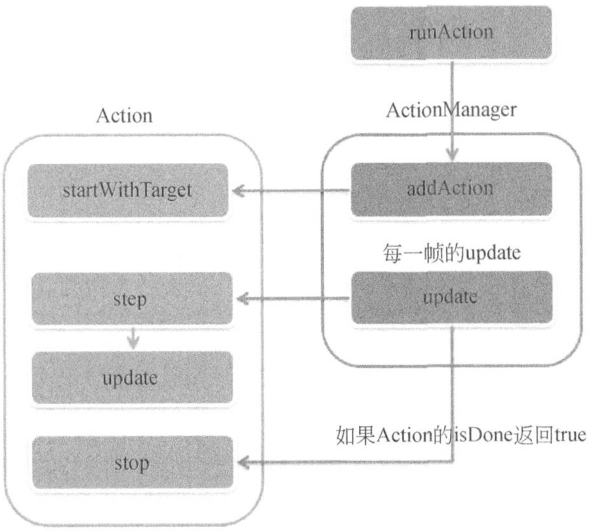

图 10-2　Action 的运行流程

当要执行一个 Action 时，会先把 Action 创建出来，然后调用 Node 的 runAction 传入，而 Node 只是调用了 ActionManager 的 addAction 方法，将 Action 交由 ActionManager 进行管理，并将自身的指针以及自身的运行状态传入。**当 Node 的_running 为 false 时，添加的 Action 会处于暂停状态。**

```
Action * Node::runAction(Action* action)
{
    CCASSERT( action != nullptr, "Argument must be non-nil");
    _actionManager->addAction(action, this, !_running);
    return action;
}
```

ActionManager::addAction 会在自身的哈希容器中找到与 Node 匹配的 Action 数组，如果找不到则创建一个并将 Action 添加进去，这时会对 Node 进行一次 retain（将 Node 从 ActionManager 中移除时，ActionManager 会调用 Node 的 release）；如果找到则直接追加在数组尾部。

最后调用 Action 的 startWithTarget 来设置 Action 的 Target 和 OriginalTarget，并做其他的一些初始化的工作。

```
void ActionManager::addAction(Action *action, Node *target, bool paused)
{
    CCASSERT(action != nullptr, "");
    CCASSERT(target != nullptr, "");

    tHashElement *element = nullptr;
    //需要转换为 Ref 指针，因为是作为 Ref 指针保存的
    Ref *tmp = target;
    HASH_FIND_PTR(_targets, &tmp, element);
    if (! element)
    {
        element = (tHashElement*)calloc(sizeof(*element), 1);
        element->paused = paused;
        target->retain();
        element->target = target;
        HASH_ADD_PTR(_targets, target, element);
    }

     actionAllocWithHashElement(element);

     CCASSERT(! ccArrayContainsObject(element->actions, action), "");
     ccArrayAppendObject(element->actions, action);

     action->startWithTarget(target);
}
```

当 Action 被添加进去之后，Schedule 会在每一帧执行一次 ActionManager 的 update，在 update 中，ActionManager 会安全地遍历所有的 Action，这里的安全是指，在遍历的过程中动态添加删除 Action 的安全性。

对于每个正常执行的 Action 会按照下面的流程运行：调用 step 来驱动 Action，基本所有 Action 的 step 都会调用 Action 的 update，step 是一层封装，而 **update 才是实际的 Action 逻辑**。每次 step 之后都会根据 isDone 判断 Action 是否执行完毕。如果执行完毕则调用 Action 的 stop 执行一些清理工作，**并调用 removeAction 方法将该 Action 移除**。

注意 Action 的 stop 只是重置 Action 内部状态，并不是真正的结束 Action。另外，当一个 Node 的所有 Action 都结束时（包括正常执行结束和被手动结束），该 Node 会执行一次 release 操作，与首次添加执行的 retain 操作配对。

```
_currentTarget->currentAction->step(dt);
if (_currentTarget->currentAction->isDone())
```

```
{
    _currentTarget->currentAction->stop();
    removeAction(action);
}
```

了解了 Action 和 ActionManager 之间的运行流程之后，下面来分析一下几个不同类型的 Action 的具体实现。

10.3.1　瞬时动作 ActionInstant

瞬时动作的实现非常简单，只是在 update 函数中操纵对象的属性，和直接操纵对象的属性没有区别,那为什么要存在瞬时动作呢？这是为了方便在组合动作中操纵对象的属性，瞬时动作的 isDone 永远返回 true，而瞬时动作的 reverse 返回一个设置相反属性的 Action，如 Hide 的 reverse 是 Show。

```
void Hide::update(float time)
{
    _target->setVisible(false);
}
```

瞬时动作的流程完全按照普通 Action 的流程执行：

```
startWithTarget -> step -> update -> isDone -> release
```

10.3.2　持续动作 ActionInterval

持续动作指在一段时间内慢慢完成的动作，其有几个重要的属性：**Duration 表示动作持续的时间，Elapsed 表示动作已经执行的时间**。在它每一帧的 step 中，根据 Elapsed / Duration 的值来调用 update，该值的范围被限制在 0～1 之间。这里以 MoveBy 为例，在 startWithTarget 中先计算出起点到终点的距离，然后**在 update 中不断地更新位置**。

```
void MoveBy::update(float t)
{
    if (_target)
    {
#if CC_ENABLE_STACKABLE_ACTIONS
        Vec2 currentPos = _target->getPosition();
        Vec2 diff = currentPos - _previousPosition;
        _startPosition = _startPosition + diff;
        Vec2 newPos = _startPosition + (_positionDelta * t);
        _target->setPosition(newPos);
        _previousPosition = newPos;
#else
        _target->setPosition(_startPosition + _positionDelta * t);
#endif // CC_ENABLE_STACKABLE_ACTIONS
    }
}
```

因为 float 传进来的最大值是 1，所以 Target 的 Position 会被妥妥地移动到指定位置。CC_ENABLE_STACKABLE_ACTIONS 是一个宏，用于支持动作叠加，即让多个 Action 能够和谐地在同时一时间操作一个对象。

与 MoveBy 相对应的 MoveTo 并不支持 reverse 方法，因为其语意没有相反。不像

MoveBy 和 RotateBy 这种相对的操作，其是一个绝对的操作。

持续动作的执行流程如下：

```
startWithTarget->step->update（时间未结束则等待下一帧的 step）->isDone ->
release
```

10.3.3　组合动作

组合动作继承于 ActionInterval，Spawn 同步和 Sequence 顺序是协调多个动作执行顺序的组合动作，通过一层封装来调整其他 Action 的执行规则。

Spawn 比较简单，可以传入多个 FiniteTimeAction（包含了瞬时动作和持续动作），在 update 函数中，调用所有 Action 的 update 函数。其是取持续时间最长的 Action 的时间为准，当到达这个时间时，该 Spawn 才算结束。而时间不足最长持续时间的，则追加了一个 TimeDelay 到其尾部。

笔者个人觉得这种做法没有必要。根据目前看到的代码，在后面补齐 TimeDelay，仅仅是为了在执行 reverse 操作的时候，可以准确地得到一个时间各方面完全相反的 Action。例如，原动作是向上移动 10 秒钟，向左移动 5 秒钟的同步，执行是同时向上、向左移动，5 秒后只是向上移动。而 reverse 得到的动作是，向下移动 5 秒，之后同时向下，右移动 5 秒。

Sequence 是笔者用得最多的一个 Action 了，因为其很实用！传入多个 FiniteTimeAction，按照传入的顺序依次执行它们，在 Spawn 做时间填充的时候，用到了 Sequence。在创建 Sequence 对象的时候，是将所有的动作两两分组，第一个 Action 和后面所有的 Action 作为两个 Action 在第一组，第二个 Action 和后面所有的 Action 在一组，依次类推，很有递归的味道。

在执行的时候，先执行 Action1，Action1 执行完执行 Action 组 2，Action 组 2 包含了 Action2 和剩下的 Action，执行完 Action2 之后，执行 Action 组 2 剩余的 Action 组 3，所以在执行一个复杂 Sequence 的时候，你会发现执行到最后一个 Action 时，是在非常深的一个函数堆栈中。在 Spawn 中其实也用了类似的方法来实现，两两配对，递归执行，虽然用起来感觉很不错，但是代码的实现上给人一种不太舒服的感觉。

Sequence 和 Spawn 的创建流程如下：

```
Action1，Action2，Action3，Action4....初始化为
{Action1，{Action2，{Action3，{Action4， ...}}}}。
```

{}表示括号里的所有 Action 作为一个 Action。

Spawn 的更新流程如下：

```
Action1->update, Action 组 2->update{Action2->update, Action 组 3->update{}}
```

Sequence 的更新流程与其类似，只是下一个 Action 的 update 需要等到上一个 Action 的 isDone 函数被调用之后才开始执行。

RepeatForever 和 Repeat 则没有那么复杂，只是将一个 Action 重复执行 N 次。

10.3.4　函数动作

函数动作继承于 ActionInstant，一系列的函数动作本质上都是一样的，都是对类的成

员函数进行回调，不一样的只是参数不同而已，函数动作对于不同的输入参数，都会将参数保存为自己的成员函数并执行 retain 操作，除了传入 void*的数据除外，假设在这个 Action 执行之前，void*数据被释放了，那么程序是可能会直接崩溃。

函数动作的运行流程非常简单：

```
initWithTarget -> step -> update -> execute -> release
```

execute 会根据传入的对象和成员函数回调，以及保存的参数，来执行这个回调函数。

10.3.5　时间动作

时间动作一般用得比较少，可以在击杀 BOSS 的时候，使用一个时间动作，将 BOSS 的死亡动作慢速播放，造成慢镜头播放的效果，在希望动作执行速度能够忽快忽慢的任意地方，都可以调用时间动作来实现通过控制另一个 Action 的 update 函数，在传入的时间参数中通过控制时间，来控制动作的播放速度。

10.4　Action 的分类

Action 系统有非常多的类，如图 10-3 所示，在 Action 系统中可以划分为很多类别的动作，下面来了解一下这些动作，先来看看直接继承于 Action 的 3 个类。

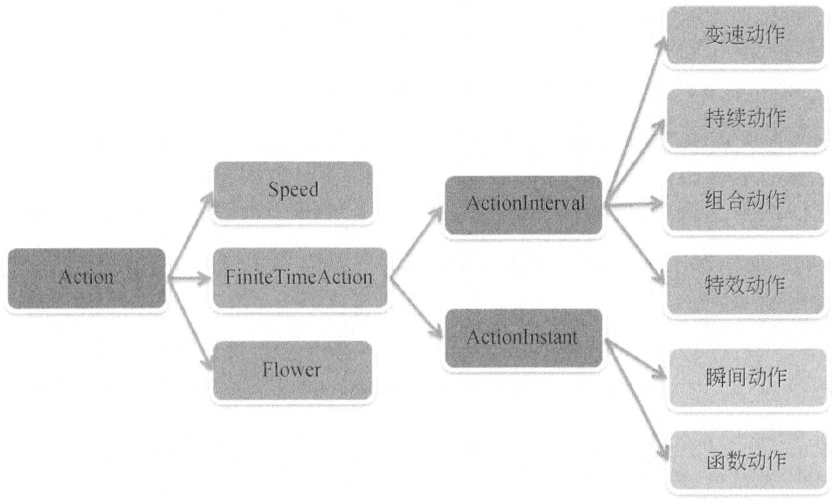

图 10-3　Action 分类

1. FiniteTimeAction

FiniteTimeAction 类是一个人丁兴旺的抽象类，其只提供了一些接口，但并没有真正去实现。除了 Speed 和 Flower，其他的 Action 都继承于该类。该类和时间相关，内部有一个 float 变量_duration（持续时间），表示这个动作是在有限的时间内执行，变量的默认值是

0，单位为秒。通过 getDuration 和 setDuration 接口进行操作。该类的两个子类 ActionInterval 和 ActionInstant 将大部分动作划分为瞬间动作和持续动作。

2. Speed类

Speed 类用于控制单个 Action 的速度，可以制造出慢动作回放或者快播效果。Speed 包含一个内嵌的 Action InnerAction，Speed 的工作就是控制这个 InnerAction 的变化速度，可以在 create、setInnerAction 和 initWithAction 等函数中进行设置。在运动中，可以动态地调用 setSpeed 函数来设置它的速度，取值的效果如下。

- 值大于 1，Action 加速执行，等于 2 时是 2 倍速度。
- 值等于 1，Action 按照正常速度执行。
- 值小于 1 且大于 0，Action 减速执行，此时可营造慢动作效果，0.5 时是二分之一的速度。
- 值等于 0，Action 不执行（暂停状态）。
- 值小于 0，Action 逆向执行，假设动作执行了一段时间，则逆向最多回到原点，如果该动作未执行，逆向无效果。

在 Speed 内部，是通过 step 调用内部 Action 的 step，在传入的时间参数乘以 Speed 实现的。如果通过一些数学函数动态计算并设置它的速度，可以达到忽快忽慢的效果。

其实，Speed 类的功能与后面的变速动作相同，只是多提供了一个动态设置速度的接口，原理相同。

3. Flower类

Flower 类是一个相机跟随类，用于在角色移动时将视角跟随角色移动。在 Cocos2d-x 中，视角的跟随一般是用整个场景移动来实现的，Cocos2d-x 3.0 之后，通过控制摄像机，可以更灵活地控制视野。Flower 并没有改变摄像机，而是重新设置了整个场景的位置，在 step 函数中根据跟随目标的位置，对整个场景的位置进行更新，可以看到跟随的目标永远是在屏幕中间（除了移动到边缘时，背景停止跟随，目标可以移动到最边缘的地方）。Flower 仅仅调整场景的位置，不影响跟随目标的位置，可以看作是目标在一张纸上，每次目标移动时，Flower 将纸对应地移动，使目标一直位于屏幕中间。当目标超出场景的限制范围时，Flower 将不再跟随，直到目标重新回到限制范围内。

Flower 的调用比较特殊，因为 runAction 不是 Sprite 调用的，而是由场景来调用，以场景作为一个调用者，而视野要跟踪的对象作为参数传入给 Flower，可以传入一个额外的参数到 Flower 中，以一个矩形范围来限制对象的移动范围。一般的 2D 游戏在平面上的空间是有限的，当玩家移动到边缘的时候，开发者不希望玩家看到游戏场景外的东西，场景是一片漆黑，显得很不和谐。所以 Flower 允许开发者传入一个最大的矩形来限制镜头的移动范围。如果不要这个矩形限制也可以，例如开发者的游戏的空间是无限大小，在其移动范围的视野内，都贴着纹理。

```
//场景执行 Follow Action，跟随主角 hero 移动，跟随范围限制在指定的矩形范围内
scene->runAction(Follow::create(hero, Rect(0, 0, width, height)));
```

下面将常用的 Action 按照其实现的功能进行分类，大致可以分为以下几类。

10.4.1　瞬间动作

这些动作是直接修改目标属性的动作，看上去似乎无用，但在各种动作组合运用的时候就会发现它们的方便之处。如表 10-1 所示为 Cocos2d-x 中所有的瞬时动作。

表 10-1　瞬间动作

动　作　名	构造函数参数	功　　能
Show	×	设置对象隐藏
Hide	×	设置对象显示
FlipX	bool	设置对象是否绕 X 轴翻转
FlipY	bool	设置对象是否绕 Y 轴翻转
Place	Vec2	设置对象位置
ToggleVisibility	×	切换对象的显示状态（隐藏）

10.4.2　持续动作

持续动作有一个特点，即都是在有限的时间内，产生某种变化。以下动作可能最常用且有着丰富的效果，所有的动作都要求传入一个以秒为单位的时间。如表 10-2 所示为 Cocos2d-x 中所有的持续动作。

表 10-2　持续动作

动作名	构造函数参数	功　　能
RotateTo	float 持续时间，float 角度	在单位时间内，将目标旋转到某个角度
RotateBy	float 持续时间，float 角度	在单位时间内，将目标旋转某个角度
MoveTo	float 持续时间，Vec2 位置	在单位时间内，将目标移动到某个位置
MoveBy	float 持续时间，Vec2 偏移量	在单位时间内，将目标移动一段距离
SkewTo	float 持续时间，float X 轴倾斜，float Y 轴倾斜	在单位时间内，将目标倾斜到某个角度
SkewBy	float 持续时间，float X 轴倾斜，float Y 轴倾斜	在单位时间内，将目标倾斜某个角度
JumpTo	float 持续时间，Vec2 位置，float 跳跃的高度，int 跳跃的次数	在单位时间内，将目标跳跃移动到指定位置
JumpBy	float 持续时间，Vec2 偏移位置，float 跳跃的高度，unsigned int 跳跃的次数	在单位时间内，将目标跳跃移动一段距离
BezierTo	float 持续时间，ccBezierConfig 贝塞尔曲线配置	在单位时间内，将目标按照指定的贝塞尔曲线移动到指定位置
BezierBy	float 持续时间，ccBezierConfig 贝塞尔曲线配置	在单位时间内，将目标按照指定的贝塞尔曲线移动一段距离
ScaleTo	float 持续时间，float X 轴缩放，float Y 轴缩放	在单位时间内，缩放到指定的大小
ScaleBy	float 持续时间，float X 轴缩放，float Y 轴缩放	在单位时间内，将目标缩放指定的大小
Blink	float 持续时间，unsigned int 次数	在单位时间内，将目标闪烁指定次数
FadeIn	float 持续时间	在单位时间内，将目标的透明度从 0 提升到 255
FadeOut	float 持续时间	在单位时间内，将目标的透明度从 255 降低到 0

续表

动作名	构造函数参数	功　　能
FadeTo	float 持续时间，Glubyte 透明度	在单位时间内，将目标从当前透明度变化到指定透明度
TintTo	float 持续时间，Glubyte 红，Glubyte 绿，Glubyte 蓝	在单位时间内，将目标变化到指定颜色
TintBy	float 持续时间，Glubyte 红，Glubyte 绿，Glubyte 蓝	在单位时间内，将目标的颜色进行变化

- 关于 To 和 By：所有的 XXXTo 系列动作都是从当前状态变化到指定的状态，这是一个绝对的变化，且没有 reverse Action，所有的 XXXBy 都是从当前状态变化指定的量，且有 reverse Action。
- 关于 Bezier：ccBezierConfig 包含 3 个变量分别是两个控制点和一个结束点，Bezier 会将当前对象从当前位置移动至结束点，通过控制点来控制曲线的弯曲。
- 关于 Skew：Skew 是用 2D 效果实现的倾斜，直接调用 Node 的 SetSkewX / Y 函数。
- 关于 Rotate：Cocos2d-x 3.0 之后，Rotate 也支持 3D 的旋转，create 的时候可以传入 Vec3 控制 3D 旋转。

10.4.3　组合动作

组合动作需要依赖于其他动作，用于将其他动作组合起来，让它们按照一定的规律运行，组合动作都是继承于 ActionInterval。如表 10-3 所示为 Cocos2d-x 中所有的组合动作。

表 10-3　组合动作

动　作　名	构造函数参数	功　　能
Sequence	FiniteTimeAction *动作 1, 动作 2...	将一系列动作按照顺序执行
Repeat	FiniteTimeAction *动作, unsigned int 次数	将一个动作重复 N 次
RepeatForever	ActionInterval *动作	将一个动作不断地重复
Spawn	FiniteTimeAction *动作 1, 动作 2...	将一系列动作同步执行

当需要创建一个组合动作将两个以上的动作添加进来的时候，**需要在动作的最后加上 NULL 来标记结束**。

10.4.4　变速动作

变速动作和组合动作类似的一点是其本身并没有任何动作的效果，只是对其他 Action 起到一个辅助的作用，和 SpeedAction 异曲同工，变速动作也是 ActionInterval 这一类的。如表 10-4 所示为 Cocos2d-x 中所有的变速动作。

表 10-4　变速动作

动　作　名	构造函数参数	功　　能
EaseIn	ActionInterval* 动作, float 速率	动作运动速度由慢到快呈线性变换
EaseOut	ActionInterval* 动作, float 速率	动作运动速度由快到慢呈线性变换
EaseInOut	ActionInterval* 动作, float 速率	动作运动速度由慢到快再到慢呈线性变换
EaseExponentialIn	ActionInterval* 动作	动作运动速度由慢到快呈指数级别变换
EaseExponentialOut	ActionInterval* 动作	动作运动速度由快到慢呈指数级别变换

续表

动 作 名	构造函数参数	功 能
EaseExponentialInOut	ActionInterval* 动作	动作运动速度由慢到快再到慢呈指数级别变换
EaseSineIn	ActionInterval* 动作	动作运动速度由慢到快呈正弦曲线变换
EaseSineOut	ActionInterval* 动作	动作运动速度由快到慢呈正弦曲线变换
EaseSineInOut	ActionInterval* 动作	动作运动速度由慢到快再到慢呈正弦曲线变换
EaseElasticIn	ActionInterval* 动作, float 周期	动作运动速度由慢到快呈弹性变换
EaseElasticOut	ActionInterval* 动作, float 周期	动作运动速度由快到慢呈弹性变换
EaseElasticInOut	ActionInterval* 动作, float 周期	动作运动速度由慢到快再到慢呈弹性变换
EaseBounceIn	ActionInterval* 动作	动作运动速度由慢到快呈反弹变换
EaseBounceOut	ActionInterval* 动作	动作运动速度由快到慢呈反弹变换
EaseBounceInOut	ActionInterval* 动作	动作运动速度由慢到快再到慢呈反弹变换
EaseBackIn	ActionInterval* 动作	动作运动速度由负到快
EaseBackOut	ActionInterval* 动作	动作运动速度由快到负
EaseBackInOut	ActionInterval* 动作	动作运动速度由负到快再到负

10.4.5　扩展动作

1. 动画

Animate 用于实现逐帧动画，通过传入一个 Animation 对象，来对动画进行逐帧播放。Animation 对象包含了该组动画的相关信息，单帧的播放时间，总的帧数和每一帧对应的纹理。Animate 初始化时，会将这些数据全部计算出来。Animate 在执行完一轮动画的播放之后，动画就停止了。

当动画开始播放的时候，Animate 会从第一帧开始，并将第一帧的纹理设置为自己的纹理，而动画结束的时候，Animate 也将回到第一帧。在 Animate 的 update 函数中，会根据每一帧的时间来对帧数进行切换，每一帧都调用 setDisplayFrame 来更新对象到新的纹理。Animate 的 reverse 是通过逆序当前 Animation 对象的 Frames 数组，组成一个新的、顺序相反的 Animation 对象。关于游戏开发中动画的详细运用将在第 11 章中详细介绍。

2. 目标动作

目标动作可以在 runAction 时令其他对象执行动作，TargetedAction 需要传入 Node 和 FiniteTimeAction 指针，可以让 Node 执行 FiniteTimeAction，在序列动作的时候非常有用，例如，在一组序列中有多个对象需要运动，开发者希望把它们放在一个 Sequence 对象中，但是执行的时候，只能是 A->runAction(seq); 也就是这些动作只能应用到 A 上面，如果使用 TargetedAction 的话，就可以在 Sequence 对象中，将 B、C、D 等其他对象的 Action 在一组序列中运行。代码如下：

```
//在 2 秒钟内从当前位置跳跃到新位置(0,100)，按照 100 的高度进行 3 次跳跃
//1 秒钟内 360° 旋转的动作
JumpBy* jump1 = JumpBy::create(2, Vec2(0, 100), 100, 3);
RotateBy* rot1 =  RotateBy::create(1, 360);
```

```
//两个目标动作，这个动作的执行者是 B
TargetedAction *t1 = TargetedAction::create(B, jump1);
TargetedAction *t2 = TargetedAction::create(B, rot1);

//动作序列组合，由 A 来执行，但 TargetedAction 会让 B 执行 jump1 和 rot1
//A 也会执行 jump1 和 rot1，但这两个对象已经被 TargetedAction 使用了，因此只能复制一个新对象出来
Sequence* seq = (Sequence*)Sequence::create(jump1->clone(), t1, rot1->clone(), t2, NULL);
RepeatForever *always = RepeatForever::create(seq);
 A->runAction(always);
```

3．时间倒退

ReverseTime 和 Reverse 效果类似，但 Reverse 是返回一个相反的新动作，ReverseTime 则是让当前的动作从 100%倒转至 1%，其 update 调用子动作的 update，将 1- time 传入，update 的参数表示动作执行的百分比，1 表示百分之百。

4．时间延迟

DelayTime 将让玩家空等一段时间，当然，这段时间并不是阻塞的，程序将同时执行其他动作，将其放在 Sequence 里面可以得到类似计时器的效果。

5．CallFunc系列

CallFunc 系列算是最特殊的一系列动作了，因为该系列动作并没有做出任何动作，只是方便让玩家控制动作。每个函数动作对象，对应一个对象及其回调函数。在动作开始、执行到一半或者结束之后，调用回调函数，以达到想要的目的。

如表 10-5 中所示的 4 个函数动作的区别只是传入的参数列表不同，其中 CallFuncN 和 CallFuncND 的回调函数中的 Node 对象，都是将 pSelectorTarget 传入。所以，如果传入一个并非继承于 Node 的 Ref，在后面的处理过程中将会出错。在 CallFunc 的 Update 函数中调用 execute，通过函数对象和函数指针调用回调函数 (m_pSelectorTarget->*m_pCallFunc)();。

表 10-5　CallFunc函数动作

动　作　名	构造函数参数	功　　能
CallFunc	Ref* pSelectorTarget, SEL_CallFunc selector	typedef void (Ref::*SEL_CallFunc)()
CallFuncN	Ref* pSelectorTarget, SEL_CallFuncN selector	typedef void (Ref::*SEL_CallFuncN)(Node*);
CallFuncND	Ref* pSelectorTarget, SEL_CallFuncND selector, void* d	typedef void (Ref::*SEL_CallFuncND)(Node*, void*);
CallFuncO	Ref* pSelectorTarget, SEL_CallFuncO selector, Ref* pObject	typedef void (Ref::*SEL_CallFuncO)(Ref*);

Cocos2d-x 3.0 之后，只剩下了 CallFunc 和 CallFuncN，并且添加了 C++11 的匿名函数支持，逐步废弃了原先的成员函数指针 selector 封装，而改用 lambda 匿名函数，同时使用了 CC_CALLBACK_1（还有后缀为 0、2、3 的宏）来替代 SEL_CallFuncN 系列，如下面的代码：

```
Action* action = Sequence::create(
```

```
    MoveBy::create(2.0f, Vec2(150,0)),
    CallFuncN::create( CC_CALLBACK_1(ActionCallFuncN::callback, this)),
    nullptr);
sprite->runAction(action);
```

10.4.6　特效动作

特效动作和特效网格动作是通过一系列计算，来改变顶点位置而制造出各种各样的效果，在 Cocos2d-x 3.0 之前，一个普通的 Node 即可执行该动作，为了使其支持这些动作，导致 Node 内部添加了许多与其相关的代码，甚是冗余，而 3.0 之后将这部分功能剥离开，转移到 NodeGrid 类上，使 Node 的代码简洁了一些。如果使用这些特效动作，就需要创建一个 NodeGrid，调用其的 runAction 来执行。所有添加到 NodeGrid 下的节点，都会被该动作影响。

- OrbitCamera 摄像机环绕特效，可将 2D 对象在 3D 世界中进行立体的旋转，在 Orbitcamera 的 update 方法中通过目标节点的透视矩阵来实现特效，特效是基于球面坐标系实现的，该特效可以模拟叶子翻滚的效果，运行效果如图 10-4 所示。示例代码如下：

```
ActionInterval*  orbit = OrbitCamera::actionWithDuration(2,1, 0, 0, 180,
0, 0);
```

参数列表解析：

float t、float radius、float deltaRadius、float angleZ、float deltaAngleZ、float angleX 和 float deltaAngleX，分别表示时间（以秒为单位）、起始半径、半径偏移、起始 Z 角度、Z 角度偏移、起始 X 角度和 X 角度偏移。

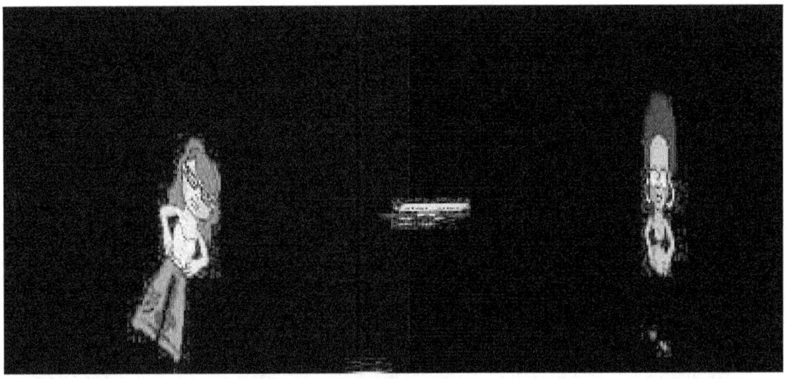

图 10-4　OrbitCamera 效果

当这些图片在 3D 的世界中与 2D 世界中的图片发生遮蔽的时候，可以用 Director::getInstance()->setDepthTest(false)。

CCActionGrid3D.h 文件定义了 3D 网格特效 Action。

- Waves3D：3D 旗帜翻滚的效果，效率极低，运行效果如图 10-5 所示。示例代码如下：

```
Waves3D::create(5, 40, Size(15,10), t);
```

参数列表解析：

int wav、float amp、const Size& gridSize 和 float duration，分别表示跳动的次数、跳动的幅度、网格对象和跳动的时间。

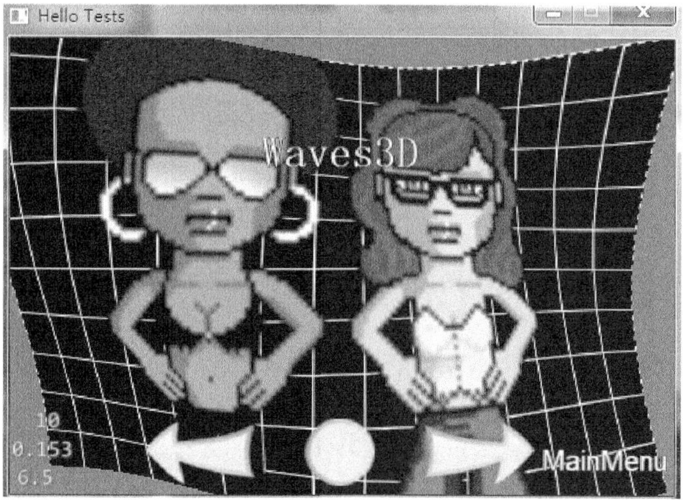

图 10-5　Waves3D 效果

- FlipX3D：3D 翻转的效果，顺着 X 轴翻转，运行效果如图 10-6 所示。示例代码如下：

```
FlipX3D::create(t);
```

参数 float duration 表示翻转的时间。

图 10-6　FlipX3D 效果

- FlipY3D：3D 翻转的效果，顺着 Y 轴翻转，运行效果如图 10-7 所示。示例代码如下：

```
FlipY3D::create(t);
```

参数 float duration 表示翻转的时间。

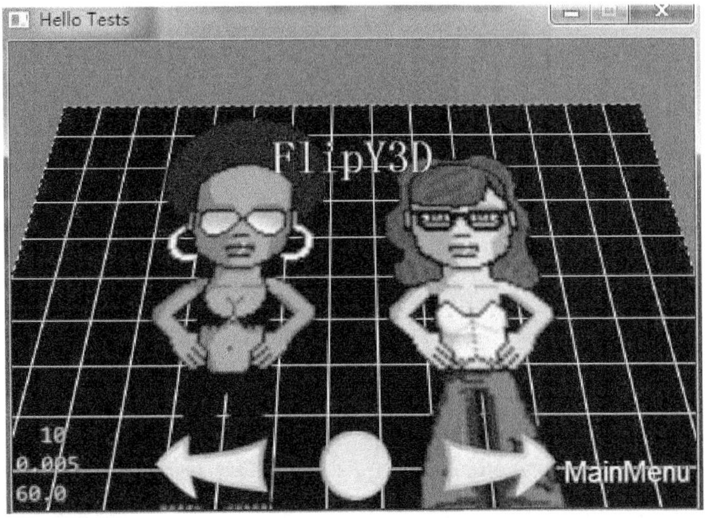

图 10-7　FlipY3D 效果

- Lens3D：3D 透镜效果。示例代码如下：

```
Lens3D::create(Vec2(size.width/2,size.height/2), 240, Size(15,10), t);
```

参数列表解析：

const CCPoint& pos、float r、const Size& gridSize 和 float duration，分别表示透镜中点、透镜的半径、网格对象和透镜时间。

- Ripple3D：3D 涟漪效果。示例代码如下：

```
Ripple3D::create(Vec2(size.width/2,size.height/2), 240, 4, 160, Size(32,24), t);
```

参数列表解析：

const CCPoint& pos、float r、int wav、float amp、const Size& gridSize 和 float duration，分别表示涟漪的中点、涟漪的半径、涟漪的波数、幅度（两波之间的距离）、网格对象和持续时间。

- Shaky3D：3D 摇晃效果。示例代码如下：

```
Shaky3D::create(5, false, Size(15,10), t);
```

参数列表解析：

int range、bool shakeZ、const Size& gridSize 和 float duration，分别表示摇晃的范围、是否对 Z 轴摇晃、网格对象和持续时间。

- Liquid 流体效果，运行效果如图 10-8 所示。示例代码如下：

```
Liquid::create(4, 20, Size(16,12), t);
```

参数列表解析：

int wav、float amp、const Size& gridSize 和 float duration，分别表示流动的波数、流动的幅度、网格对象和持续时间。

- Waves 2D 波浪效果，运行效果如图 10-9 所示。示例代码如下：

```
Waves::create(4, 20, true, true, Size(16,12), t);
```

图 10-8　Liquid 效果

参数列表解析：

int wav、float amp、bool h、bool v、const Size& gridSize 和 float duration，分别表示流动的波数、流动的幅度、是否水平翻滚、是否垂直翻滚、网格对象和持续时间。

图 10-9　Waves 效果

- Twirl 旋转扭曲效果，运行效果如图 10-10 所示。示例代码如下：

```
Twirl::create(Vec2(size.width/2, size.height/2), 1, 2.5f, Size(12,8), t);
```

参数列表解析：

Vec2 pos、int t、float amp、const Size& gridSize 和 float duration，分别表示扭转的中

点、扭转的次数、扭转的幅度、网格对象和持续时间。

图 10-10　Twirl 效果

- ❑ PageTurn3D 翻页效果，运行效果如图 10-11 所示。示例代码如下：

```
PageTurn3D::create(Size(15,10), t);
```

参数 const Size& gridSize 和 float time，分别表示网格对象和翻页时间。

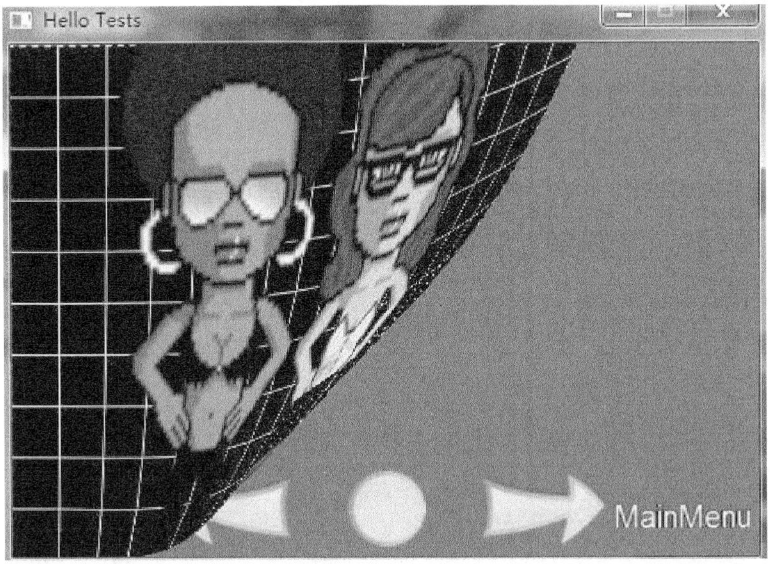

图 10-11　PageTurn3D 效果

以下特效动作为网格片动作，和前面的网格特效的区别在于，下面的网格是破裂的网格，每个小网格都是一个 Tile 对象，它们被定义在 CCActionTiledGrid.h 头文件中。

- ❑ ShakyTiles3D：3D 瓦片抖动效果。示例代码如下：

```
ShakyTiles3D::create(5, false, Size(16,12), t);
```

参数列表解析：

int nRange、bool bShakeZ、const Size& gridSize 和 float duration，分别表示抖动范围（每个瓦片上下左右移动的最大像素）、是否在 Z 轴抖动、网格对象和持续时间。

- ShatteredTiles3D：3D 瓦片碎裂效果。示例代码如下：

```
ShatteredTiles3D::create(5, false, Size(16,12), t);
```

参数列表解析：

int nRange、bool bShakeZ、const Size& gridSize 和 float duration，分别表示抖动范围（每个瓦片上下左右移动的最大像素）、是否在 Z 轴抖动、网格对象和持续时间。

- ShuffleTiles：瓦片洗牌效果。示例代码如下：

```
ShuffleTiles::create(25, Size(16,12), t);
```

参数 int s、const Size& gridSize 和 float duration，分别表示随机种子、网格对象和持续时间。

- FadeOutTRTiles：从左下角向右上角淡出。示例代码如下：

```
FadeOutTRTiles::create(Size(16,12), t);
```

参数 const Size& gridSize 和 float duration，分别表示网格对象和持续时间。

- FadeOutBLTiles：从右上角向左下角淡出。示例代码如下：

```
FadeOutBLTiles::create(Size(16,12), t);
```

参数 const Size& gridSize 和 float duration，分别表示网格对象和持续时间。

- FadeOutUpTiles：由下向上淡出效果，运行效果如图 10-12 所示。

```
FadeOutUpTiles::create(Size(16,12), t);
```

参数 const Size& gridSize 和 float duration，分别表示网格对象和持续时间。

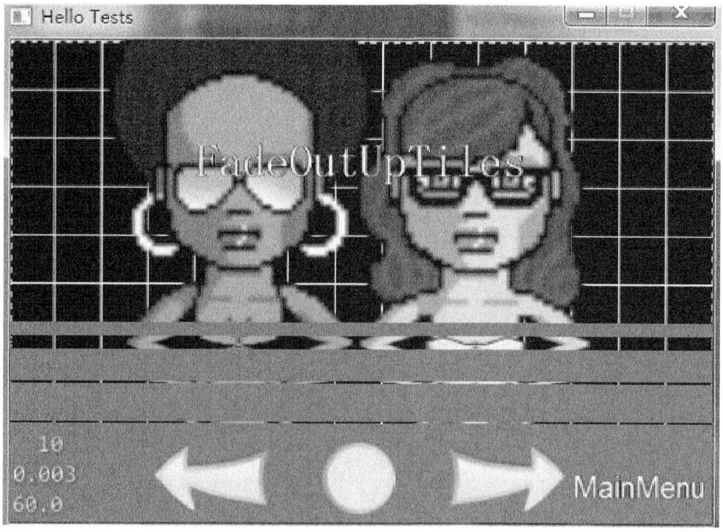

图 10-12　FadeOutUpTiles 效果

- FadeOutDownTiles：百叶窗向下拉，由上向下淡出效果。示例代码如下：

```
FadeOutDownTiles::create(Size(16,12), t);
```

参数 const Size& gridSize 和 float duration，分别表示网格对象和持续时间。

- TurnOffTiles：瓦片关闭效果。示例代码如下：

```
TurnOffTiles::create(25, Size(48,32) , t);
```

参数 int s、const Size& gridSize 和 float duration，分别表示随机种子、网格对象和持续时间。

- WavesTiles3D：3D 瓦片玻璃翻滚效果。示例代码如下：

```
WavesTiles3D::create(4, 120, Size(15,10), t);
```

参数列表解析：

int wav、float amp、const Size& gridSize 和 float duration，分别表示流动的波数、流动的幅度、网格对象和持续时间。

- JumpTiles3D：3D 瓦片跳跃效果。示例代码如下：

```
JumpTiles3D::create(2, 30, Size(15,10), t);
```

参数列表解析：

int j、float amp、const Size& gridSize 和 float duration，分别表示跳跃次数、sin 震荡幅度、网格对象和持续时间。

- SplitRows：水平切割效果，运行效果如图 10-13 所示。示例代码如下：

```
SplitRows::create(9, t);
```

参数 int nRows 和 float duration，分别表示水平切割行数和持续时间。

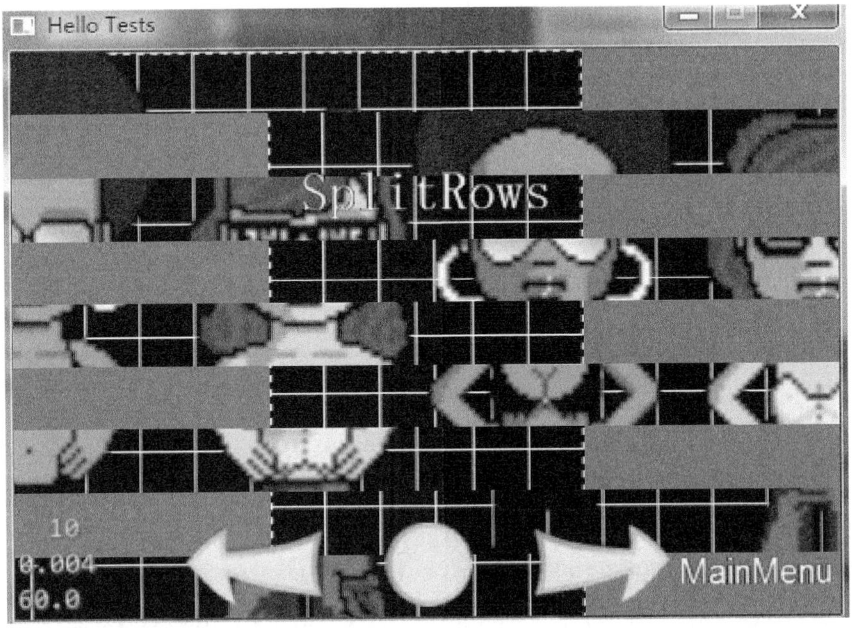

图 10-13　SplitRows 效果

- SplitCols：垂直切割效果，运行效果如图 10-14 所示。示例代码如下：

```
SplitCols::create(9, t);
```

参数 int nCols 和 float duration，分别表示垂直切割行数和持续时间。

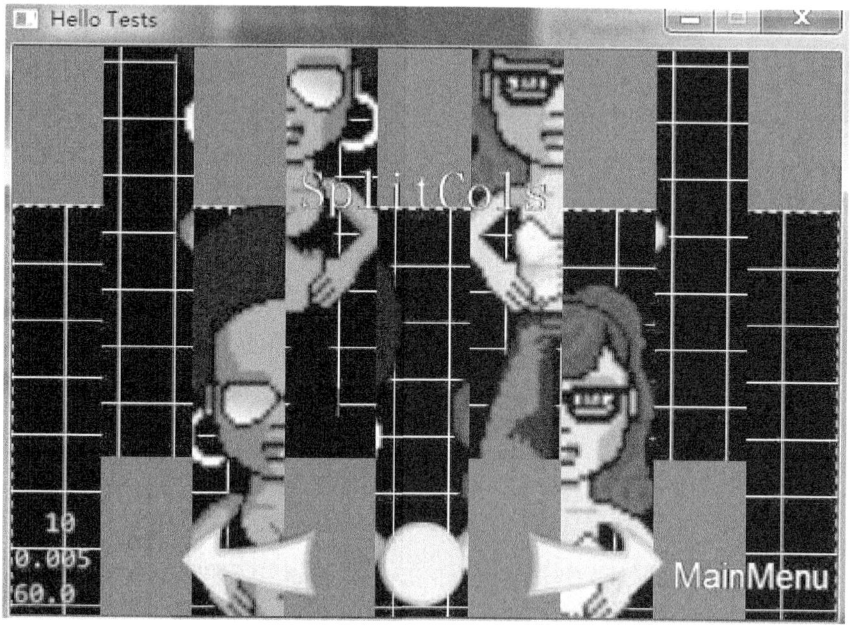

图 10-14　SplitCols 效果

以下是网格动作的一些辅助动作，定义在 CCActionGrid.h 中，它们需要与实际的 GridAction 组合使用才能发生效果。

- Grid3DAction：所有 3D 网格特效动作的基类。
- TiledGrid3DAction：所有 3D 网格片特效动作的基类，也继承于 Grid3DAction 。
- AccelDeccelAmplitude：先增强，再减缓幅度。
- AccelAmplitude：增强幅度。
- DeccelAmplitude：减缓幅度。
- StopGrid：暂停网格特效。
- ReuseGrid：恢复网格特效。

ActionTween 是一个补间动作，类似 Flash 里的补间动画，其可以平滑地修改一个对象的属性，例如，将对象的 width 属性在 2 秒的时间里，从 200 放大到 300，可以这样做：

```
target->runAction(CCActionTween::actionWithDuration(2, "width", 200, 300))
```

需要注意的是，这里的 target 是继承了 ActionTweenDelegate 。ProgressTo 和 ProgressFromTo 不是 3D 网格类的特效，而是一种 2D 特效，可以实现 Sprite 的各种显示效果。例如技能 CD 的时候，技能图标上会有一个遮罩，随着 CD 时间顺时针消失，或者从上到下消失，Progress 动作可以让一个 Sprite 轻松地实现这种效果。最后，最好打开 TestCpp 的 EffectsAdvancedTest、EffectsTest、ActionsEaseTest、ActionsProgressTest 以及 ActionsTest 观察一下，动起来的效果是最直观的。

第 11 章　播 放 动 画

动画是由位移、形变、色变三种变化组成的，Cocos2d-x 的 Action 系统提供了大量控制简单动画的 Action（如 MoveBy、ScaleBy）。动画是游戏中是非常重要的一个元素，需要更加专业的美术人员来制作动画，而不是由程序员在代码中执行各种各样的 Action 来播放动画。

在游戏开发中，经常用到的动画播放技术有两种，**一种是帧动画，另一种是骨骼动画。** 帧动画是历史悠久的动画，使用一系列的图片，在播放的时候轮流切换图片。帧动画的使用和制作都比较简单，但需要的资源量比较大，并且在实现换装等功能上存在先天不足。

骨骼动画是基于帧动画进化而来的一种动画播放方式，关于骨骼动画，在第 29 章中有详细的介绍，本章主要介绍帧动画。

在实际开发中，建议全部使用骨骼动画，这样会节省资源，方便后期的维护，但帧动画也还会用到。在骨骼动画中也包含了帧动画，本章会讲解帧动画的使用、原理，并分享一些经验，最后顺便介绍一下非常实用的进度动画。本章主要介绍以下内容：

- 播放帧动画。
- 创建 Animation。
- 帧动画框架剖析。
- 进度动画。

11.1　播放帧动画

帧动画的播放非常简单，首先需要创建一个 Animation 对象，该 Animation 对象保存了帧动画的动画信息，如每一帧的图片以及播放时间等。使用 Animation 动画信息，来创建一个 Animate 帧动画 Action，然后在 Sprite 中调用 runAction 来执行 Animate，即可播放动画。

```
//（1）先将所有的帧加载进来，放到一个数组中
//SpriteFrame::create 传入图片名以及该帧对应的矩形大小
auto frames = new Vector<SpriteFrame*>();
frames->pushBack(SpriteFrame::create("animation.png", rect1));
frames->pushBack(SpriteFrame::create("animation.png", rect2));
frames->pushBack(SpriteFrame::create("animation.png", rect3));

//（2）用所有的帧来创建 Animation 对象
//第二个参数表示每两帧之间的间隔时间，单位为秒
auto animation = Animation::create(frames);
delete frames;
```

```
//（3）用 Animate 创建动画对象，然后让 sprite 运行这个动画
sprite->runAction(Animate::create(animation));
```

Cocos2d-x 3.0 之前的版本需要先创建一个 Array 来存放一组 SpriteFrame，然后用这个容器来创建 Animation，与上面的方法类似，但这种方法会导致额外的内存分配和释放，所以我们应该使用另一种方法来创建 Animation。另外，上面这段代码每次创建都会有额外的 SpriteFrame 被创建，Cocos2d-x 提供了 SpriteFrameCache 来缓存 SpriteFrame，因此应该使用 SpriteFrameCache 来管理 SpriteFrame。代码如下：

```
//加载 Plist 文件，解析 SpriteFrame 到 SpriteFrameCache 中，这里的 Plist 由 TP 工具生成
SpriteFrameCache::getInstance()->addSpriteFramesWithFile("player01.plist");

//创建 Animation，并将每一帧添加到 Animation 对象中
int frameCount = 15;
auto animation = Animation::create();
for( int i=1; i<frameCount; i++)
{
    char szName[100] = {0};
    sprintf(szName, "animation01_%02d.png", i);
    auto frame = SpriteFrameCache::getInstance()->getSpriteFrameByName
    (szName);
    animation->addSpriteFrame(frame);
}

//设置动画的播放间隔
animation->setDelayPerUnit(2.8f / 14.0f);
animation->setRestoreOriginalFrame(true);

//用 Animate 创建动画对象，然后让 sprite 运行这个动画
sprite->runAction(Animate::create(animation));
```

Cocos2d-x 3.0 版本带来了自定义帧动画事件的功能，**可以在播放到某一帧动画时触发一个事件**，可以监听这个事件执行一些逻辑，如攻击动画的攻击效果并不是在整个动画播放完才触发，而是在视觉上攻击到了对方的时候触发。可以在对应的 AnimationFrame 中设置相应的信息来开启事件触发功能，并监听一个事件，代码如下：

```
//info 的内容将会在触发事件时作为参数传入
ValueMap info;
info["FrameId"] = Value("Frame5");
//获取 animation 的指定帧，并设置 UserInfo，只有设置了 UserInfo 才会触发帧事件
animation->getFrames().at(5)->setUserInfo(info);

//接下来播放动画
sprite->runAction(Animate::create(animation));

//监听 AnimationFrameDisplayedNotification 事件，这是 Cocos2d-x 定义的一个字符串消息，在播放到动画帧被播放时会触发该事件
_frameDisplayedListener = EventListenerCustom::create
(AnimationFrameDisplayedNotification, [](EventCustom * event)
{
   //事件传入 DisplayedEventInfo 指针，包含播放动画的对象以及动画的自定义信息
   auto userData = static_cast<AnimationFrame::DisplayedEventInfo*>
  (event->getUserData());
```

```
    log("target %p with data %s", userData->target, Value(userData->
    userInfo).getDescription().c_str());
});

//将监听方法注册到事件监听中
_eventDispatcher->addEventListenerWithFixedPriority(_frameDisplayedList
ener, -1);
```

需要注意的是，监听了帧事件之后，**所有播放到这一帧动画的对象，都会触发该事件**，所以需要通过 target 以及 userInfo 信息来进行筛选辨别。

11.2　创建 Animation

我们知道，创建 Animation 需要一组 SpriteFrame，按照前面的方法来创建 SpriteFrame 并不具有通用性，而且很麻烦，在需要创建大量的帧动画时，手动创建 SpriteFrame 数组的开发效率极低。能否通过一个简单的方法，传入少量的信息，就可以自动创建一个 Animation 对象或者 Animate 对象来提高开发效率呢？下面就介绍两种方法。

11.2.1　基于 Plist 文件自动创建 Animation

自动创建 Animation 最简单的方法就是，规范命名规则和制作规范，使这个资源可以很方便地被程序加载，遵循规范来输出美术资源，对程序和美术，都是没有坏处的。

前面创建 Animation 的代码存在 3 处变化，只要将这 3 处变化封装起来，就可以得到一个自动创建 Animation 的方法。第 1 处变化是帧的数量，不能保证所有动画都是 15 帧；第 2 处变化是 Plist 文件和 SpriteFrame 的名字，每个动画所对应的名字都不一样；第 3 处变化是动画的播放间隔。

帧的数量以及 SpriteFrame 的名字可以直接从 TP 生成的 Plist 文件中获取，而动画的播放间隔是可以统一的，通过添加一个参数，并为参数设置默认值即可，所以函数原型应该如下所示。

```
Animation* createAnimation(const string& plist, float delayPerUnit = 0.06f);
```

接下来的问题是如何获取 SpriteFrame 的名字，定义规范是最轻松的方法，我们定义一个动画每一帧的图片，都以 XXX_001.png - XXX_999.png 这样的方式命名，实际上在输出序列帧时，Flash 或其他软件默认就是以这种格式输出的，所以不需要去关注数字的部分，在制作 Plist 时，只要将 Plist 文件名定义为 XXX.plist，自然可以通过 Plist 文件名来确定 SpriteFrame 的名字。将 XXX.plist 调整为 XXX_001.png 这样的名字，就可以获取 SpriteFrame 了。

我们还需要知道这个 Plist 有多少帧，这时需要简单地解析一下 Plist 文件，通过 Plist 文件解析出来字典的 frames 下标，可以获取 Plist 文件中的所有帧，通过这个容器的大小，就可以知道有多少帧了。createAnimation 方法如下：

```
Animation* createAnimation(const string& plist, float delayPerUnit)
{
    if(plist.empty()) return nullptr;
```

```
    //获取总帧数
    string fullPath = FileUtils::getInstance()->fullPathForFilename
    (plist);
    ValueMap dict = FileUtils::getInstance()->getValueMapFromFile
    (fullPath);
    int frameCount = dict["frames"].asValueMap().size();
    if(0 == frameCount) return nullptr;

    //先加载 Plist 到 SpriteFrameCache
    SpriteFrameCache::getInstance()->addSpriteFramesWithFile(plist);

    //获取前缀 XXX_
    int pos = plist.find_last_of('_');
    if(-1 == pos) return nullptr;
    string prefix = plist.substr(0, pos + 1);

    auto animation = Animation::create();
    for(int i = 0; i < frameCount; ++i)
    {
        //根据 i 组成 001～999 这样的下标字符串
        string index = TtoStr<int>(i, 3, '0');
        //获取前缀 + 下标 + 格式的 SpriteFrame
        auto frame = SpriteFrameCache::getInstance()->
        getSpriteFrameByName(
            prefix + index + ".png");
        animation->addSpriteFrame(frame);
    }

    //设置动画的播放间隔
    animation->setDelayPerUnit(delayPerUnit);
    animation->setRestoreOriginalFrame(true);
    return animation;
}
```

前面用到了一个 TtoStr 的模板方法，因为开发者经常会有各种类型转字符串需求，所以个人封装了一系列模板方法到工具类中以方便使用。

TtoStr 是其中一个，该方法有 3 个参数，第 1 个是需要转换的数字，第 2 个是字符串的长度，第 3 个是如果长度不足，需要填充的字符。当传入(1, 3, '0')时，TtoStr 会将 1 转成字符串"1"，由于长度不足 3，所以会将字符串填充为"001"。TtoStr 的代码如下：

```
template<class T>
inline std::string TtoStr(T num, int width, char fill)
{
    std::string ret;
    std::stringstream st;
    st.width(width);
    st.fill(fill);
    st << num;
    st >> ret;
    return ret;
}
```

唯一不足的一点是**完全找不到生成 Animation.plist 的工具**，或许 Cocos2d-x 的 Animation.plist 是人工手动生成的，所以就找不到对应的工具，但规则并不复杂，我们可以制作一个。这里笔者是通过另外一种方法来实现自动创建动画，就是直接解析 TexturePacker 生成的 Plist 文件。

11.2.2　解析 TexturePacker 的 Plist 文件

前面的代码可重用性高了不少，并且也方便扩展，方便使用，但这是针对规范好的资源，如果资源前期没有规范好，或者使用的规范无法套用前面的规则，那么我们可以让 createAnimation 方法更“聪明”一点，就是不根据命名规则而是直接解析 Plist 文件。

首先来看一下 TP 生成的 Plist 文件，Plist 文件是一种基于 XML 的文件格式，全称为 Mac OS X Property List File，广泛用于 Mac 上，Cocos2d-x 沿用 Cocos2d 的做法，使用 Plist 来存取数据。Plist 包含以下几种类型，如图 11-1 所示。TP 生成的动画 Plist 主要用到了<dict> <integer> <real>，在高级卷的**配置文件**一章中详细介绍了 Plist 文件的读写。

<string>	字符串
<real>	浮点
<integer>	整数
<true>	真
<false>	假
<data>	数据
<array>	数组
<dict>	键值对

图 11-1　Plist 的数据类型

一个 Plist 文件的结构是一个巨大的字典，其包含两个大字典，一个是 Frames 字典，以 frames 为 key，保存了所有帧的详细信息。另一个是 metadata 字典，保存了该 Plist 文件的格式等共用信息。

```
<?xml version="1.0" encoding="UTF-8"?>
<!DOCTYPE plist PUBLIC "-//Apple Computer//DTD PLIST 1.0//EN" "http://www.
apple.com/DTDs/PropertyList-1.0.dtd">
<plist version="1.0">
    <dict>
        <key>frames</key>
        <dict>
            <key>player01.png</key>
            <dict>
                <key>frame</key>
                <string>{{2,2},{960,640}}</string>
                <key>offset</key>
                <string>{0,0}</string>
                <key>rotated</key>
                <false/>
                <key>sourceColorRect</key>
                <string>{{0,0},{960,640}}</string>
                <key>sourceSize</key>
```

```
                <string>{960,640}</string>
            </dict>
            <key>player02.png</key>
            <dict>
                <key>frame</key>
                <string>{{964,637},{125,42}}</string>
                <key>offset</key>
                <string>{0,0}</string>
                <key>rotated</key>
                <true/>
                <key>sourceColorRect</key>
                <string>{{0,0},{125,42}}</string>
                <key>sourceSize</key>
                <string>{125,42}</string>
            </dict>
        </dict>

        <key>metadata</key>
        <dict>
            <key>format</key>
            <integer>2</integer>
            <key>realTextureFileName</key>
            <string>123123.png</string>
            <key>size</key>
            <string>{1024,2048}</string>
            <key>smartupdate</key>
             <string>$TexturePacker:SmartUpdate:caa4143c32186032888dcc06c
            0b9594d$</string>
            <key>textureFileName</key>
            <string>123123.png</string>
        </dict>
    </dict>
</plist>
```

前面是用 TexturePacker 生成的一个 Plist 文件，文件的最上层是一个 dict，在 dict 下面有两个 dict，第一个 dict 的 key 是 frames，在 key 下面，用一个 dict 作为容器来包含若干个 dict，最底层的每个 dict 表示每一帧的信息：

```
<key>player02.png</key> key 为每一帧的名字
<dict>
    <key>frame</key>
    <string>{{964,637},{125,42}}</string> 所在的矩形位置
    <key>offset</key>
    <string>{0,0}</string> 位置偏移
    <key>rotated</key>
    <true/> 是否旋转
    <key>sourceColorRect</key>
    <string>{{0,0},{125,42}}</string> 矩形大小
    <key>sourceSize</key>
    <string>{125,42}</string> 原始纹理大小
</dict>
```

另外一个 dict 的 key 是 metadata，主要存放关于 Plist 文件的一些描述信息，如纹理是哪一张、纹理名、纹理大小，以及 Plist 格式等，前面介绍的这种格式的 format 属性为 2，Cocos2d-x 官方例子自带了一些 plist，里面有其他格式的 Plist 动画文件。这里只需要知道 Frames 下面的 FrameName 就可以了，**通过遍历 Frames 字典来添加所有的帧到 Animation 中**。

```
Animation* createAnimation(const string& plist, float delayPerUnit)
```

```
{
    if(plist.empty()) return nullptr;

    //加载 Plist 到 SpriteFrameCache
    auto cache = SpriteFrameCache::getInstance();
    cache->addSpriteFramesWithFile(plist);

    //获取字典
    string fullPath = FileUtils::getInstance()->fullPathForFilename(plist);
    ValueMap dict = FileUtils::getInstance()->getValueMapFromFile(fullPath);
    //遍历所有的帧
    ValueMap& frames = dict["frames"].asValueMap();
    auto animation = Animation::create();
    for(auto item : frames)
    {
        auto frame = cache->getSpriteFrameByName(item->first);
        animation->addSpriteFrame(frame);
    }

    //设置动画的播放间隔
    animation->setDelayPerUnit(delayPerUnit);
    animation->setRestoreOriginalFrame(true);
    return animation;
}
```

前面的代码存在一个问题，由于 ValueMap 是使用 unordered_map 来存储的，所以这里动画插入的顺序是乱的，最后播放出来的序列也会是错乱的。如果使用 map 来存储的话，则动画会根据从小到大的顺序进行排序。那么 Cocos2d-x 2.x 的版本使用 Dictionary 来解析动画的结果如何呢？在 Android 和 Windows 平台下都是正常的，但在 iOS 下会出现乱序。因为 Android 和 Windows 的 Dictionary 实现是有序的，而 iOS 下是使用自带的 Dictionary，这个是无序的。在知道了顺序问题之后，只需要对 frames 的 key 进行排序，按照从小到大的顺序添加到 Animation 中即可。

这里可以直接将所有内容插入到一个 map 中，但这种做法不太恰当，所以来进行一下排序，直接使用一个栈上的 vector 容器，将所有的 key 都添加到 vector 中，再调用 sort 方法进行排序，最后遍历排序完的 vector 即可。排序部分代码如下：

```
vector<string> sortVec;
for(auto item : frames)
{
    sortVec.push_back(item->first);
}
sort(sortVec.begin(), sortVec.end());

for(auto item : sortVec)
{
    auto frame = cache->getSpriteFrameByName(item);
    animation->addSpriteFrame(frame);
}
```

11.2.3　使用 AnimationCache

创建 Animation 的另一个选择就是 AnimationCache，通过传入另一种格式的 Plist，可以直接、批量地生成 Animation 对象，AnimationCache 的本质与前面提供的封装函数一样，其依赖于 SpriteFrameCache 的纹理，而本身并不加载纹理，只是通过解析 Plist，获取到所有帧的名称，然后从 SpriteFrameCache 中获取它们。Animation 是可以复用的对象，所以可以使用 **AnimationCache 将 Animation 缓存起来，避免重复创建**。在上面创建 Animation 的过程中，也可以手动将 Animation 缓存起来（不一定要使用 AnimationCache），达到重用的目的。

使用以下接口可以创建 Animation 对象：

```
//传入一个 Plist 文件，创建动画并缓存
void addAnimationsWithFile(const std::string& plist);
//传入一个 ValueMap 创建动画并缓存
void addAnimationsWithDictionary(const ValueMap& dictionary,const std::
string& plist);
//手动添加一个动画（覆盖式添加）
void addAnimation(Animation *animation, const std::string& name);
```

使用以下接口可以获得 Animation 对象并删除：

```
//通过动画的名字获取动画对象
Animation* getAnimation(const std::string& plist);
//通过动画的名字删除动画对象
void removeAnimation(const std::string& plist);
```

之所以没有使用 AnimationCache，而是自己解析 Plist，是因为没有找到 Animation Plist 的生成工具，虽然它很方便使用，格式也很简单。我们可以自己编写一些简单的脚本或工具来生成 Animation Plist（在 CSDN 上看到有这样的工具，但未试用），另外也可以考虑使用 TexturePacker 的自定义数据文件格式来导出 Animation Plist，这里就不详细介绍了。

11.2.4　经验分享

前面的 3 种思路并不受限于引擎的版本，在 Cocos2d-x 3.x、2.x 甚至 1.x 的版本中都是可以通用的，只需要调整一下接口，使其能够编译通过即可。下面分享一些动画使用的经验。

首先是位置对齐的问题，这里的对齐包含两个对齐，一个是尺寸对齐，另一个是锚点对齐。尺寸对齐要求一组序列帧导出按照统一的尺寸，而不能是最小尺寸。

如果开发者的序列帧导出的是最小尺寸，那么在播放的时候会发现动画上下飘动不连贯。这个问题一般会在第一次导出序列帧时发生，运行后发现该问题。如果序列帧的尺寸都一样，那么这个问题会被隐藏起来，在美术人员提供了一套尺寸不一的序列帧时才发现动画出问题了。

一个尺寸标准应该应用于一个对象的所有序列帧动画，否则在切换序列帧动画时，还是会出现这样的问题。

锚点对齐的问题一般出现在角色动画上，当需要在一个平面上放置多个角色时，我们希望位置 Y 轴相等的角色是站在同一条横线上。这里的站在，意义是角色的着落点即脚底，能够在视觉上对齐。将锚点设置为(0.5,0)并不能解决这个问题，如某个角色的动画需要在脚下出现新的东西，那么这个锚点就与脚下不对齐了。

这里有两种方案，第一种是将脚固定在图片 Y 轴 20%的位置，这种方案对于美术人员

执行起来，相对比较痛苦；第二种是固定脚下有 X 像素的空间，在设置锚点时通过 X / 图片的高度，即可得到锚点 Y 轴的位置。

命名问题在第 9 章中有说到，在这里再次强调。所有动画的所有帧，都不能出现重复的帧名，在不同的目录下也不允许存在，否则只有第一次被加载的 Plist 的帧会被添加，其他的都不会被加载到 SpriteFrameCache 中。

使用 ID 来管理动画会得到莫大的方便，在 Animation 的基础上再封一层，使用 ID 来加载动画，而不用动画名字来加载动画，ID 与动画文件使用配置进行管理。另外在 Sprite 之上再封装一层 AnimateSprite，抽出所有游戏对象的动画播放行为。在之前的项目中，这样的做法会带来以下便利：

- 在 ID 的规则上，定义了公共动画 ID（攻击、死亡、移动等），使用对象 ID * 100 + 动画 ID 得到一个唯一的动画 ID，来管理动画。
- 在各种状态之间进行切换播放时，AnimateSprite 只需要一个 playAnimate 方法传入要播放的动作 ID，AnimateSprite 自动进行切换播放。
- 允许同一个 ID 的对象有不同的表现，只需要替换 ID 与动画文件的映射（可用于两个场景的对象一样，但表现不一样）。
- 可以方便地在 AnimateSprite 的动画播放动作中，播放相应的音效，将音效以相同的 ID 进行配置，如果存在对应动画 ID 的音效则播放。

11.3　帧动画框架剖析

11.3.1　帧动画系统结构

帧动画的整体结构如图 11-2 所示。在 Cocos2d-x 中，通过 Sprite 执行 Animate 来播放帧动画，需要使用 Animation 对象来创建 Animate。Animate 负责执行根据动画帧的间隔时间来更新 Sprite 的显示。而 Animation 记录了整个动画所有的 AnimationFrame。每个 AnimationFrame 都会对应一个 SpriteFrame，并记录了一些时间信息用于辅助动画播放。

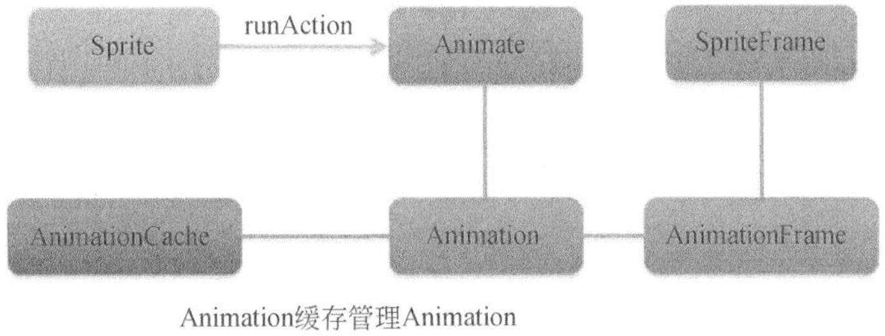

图 11-2　帧动画系统结构

Sprite 可以运行多个 Animate，但 Animate 之间会有冲突，当多个 Animate 动作同时执行时，会相互覆盖。每个 Animate 都需要一个 Animation 对象，但一个 **Animation 可以被多个 Animate 对象重用**，所以使用 AnimationCache 可以避免额外的 Animation 的创建和销毁。Animate 则不能被多个 Sprite 对象重用，这点在第 10 章中有重点强调。

11.3.2　Animate 运行流程

整个动画运行流程最关键的地方全在 Animate 动作中，在 Animate 初始化的时候，执行 initWithAnimation，会获取 Animation 的 Duration，这个 Duration 指的是循环一次所需的时间，而该时间乘以 Animation 的 Loops 得到的是整个 Animate 动画的执行时间。保存 Animation 对象的引用，将 Animation 对象的 Frames 缓存到 Animate 中，并计算好每一帧动画的播放时机。

Animate 开始播放时，会获取第一帧的 SpriteFrame，初始化序列帧计算的一些变量。在 Animate 的 update 中实现了一轮动画的播放，update 传入的是动画播放的进度，进度为 1 时表示动画播放结束。Animate 不支持永久循环，仅支持有限的循环次数，可以再使用 RepeatForever 来实现无限循环动画播放。Animate 的 update 实现了帧事件的触发、动画帧更新、动画循环等功能，代码如下：

```
void Animate::update(float t)
{
    //只处理 t < 1.0f 的情况，当 t == 1 的时候，动画已经播放结束了
    if( t < 1.0f ) {
        //动画可以播放N轮，默认为只播放一轮，假设播放两轮，则getLoops为2，与帧数无关
        t *= _animation->getLoops();

        //通过计算得出当前是在N轮播放中的第几轮
         //如果是新的一轮，增加已播放轮数计数，并重置到第一帧
        unsigned int loopNumber = (unsigned int)t;
        if( loopNumber > _executedLoops ) {
            _nextFrame = 0;
            _executedLoops++;
        }

        //取余数，使 t 在 0~1.0 之间
        t = fmodf(t, 1.0f);
    }

    //获取所有的帧及帧总数
    auto frames = _animation->getFrames();
    auto numberOfFrames = frames.size();
    SpriteFrame *frameToDisplay = nullptr;

    //从当前帧开始，到结束帧的遍历
    for( int i=_nextFrame; i < numberOfFrames; i++ ) {
        //获取帧切换的百分比，例如在1/2处切换为0.5
        float splitTime = _splitTimes->at(i);

        //如果这一帧应该被播放
        if( splitTime <= t ) {
             //更新frame，并自增偏移
            AnimationFrame* frame = frames.at(i);
            frameToDisplay = frame->getSpriteFrame();
            static_cast<Sprite*>(_target)->setSpriteFrame(frameToDisplay);

            //如果AnimationFrame存在UserInfo对象，则进入触发帧事件的逻辑
```

```
                const ValueMap& dict = frame->getUserInfo();
                if ( !dict.empty() )
                {
                    if (_frameDisplayedEvent == nullptr)
                _frameDisplayedEvent = new (std::nothrow) EventCustom
                (AnimationFrameDisplayedNotification);

                //初始化帧事件的参数
                    _frameDisplayedEventInfo.target = _target;
                    _frameDisplayedEventInfo.userInfo = &dict;
                    _frameDisplayedEvent->setUserData(&_frameDisplayedEventInfo);
                    //触发帧事件
                    Director::getInstance()->getEventDispatcher()->dispatchEv
                    ent(_frameDisplayedEvent);
                }
                _nextFrame = i+1;
            }
            else {
                break;
            }
        }
}
```

11.4　进度动画

Cocos2d-x 的动作系统提供了很多动画效果，正如前面看到的帧动画和动作动画，这里还有一种比较特殊的动画，称为进度动画，其非常适合用来做进度更新和 CD 更新等效果。

进度动画是**随着进度更新 Sprite，将一个 Sprite 逐渐显示完整的动画**（也包含从完整更新到不完整）。例如，释放一个技能之后，技能在 CD（冷却）状态，那么在技能上会有一个黑色的遮罩，按照顺时针的方向旋转，旋转一圈之后遮罩消失。进度动画支持多种效果，如逆时针旋转，水平或垂直刷新，从中间向四周扩散等。**进度动画主要由 Sprite 节点、Progress 动作和 ProgressTimer 节点组成**。Sprite 作为完整的显示内容，Progress 动作控制动画的进度，ProgressTimer 节点则根据进度来控制 Sprite 的显示。如果不希望由 Progress 动作控制进度，可以手动操作 ProgressTimer 来控制进度。

Progress 动作有两个，即 ProgressTo 和 ProgressFromTo，这两个 Action 都继承于 ActionInterval，它们根据持续时间描述进度的发展，ProgressTo 描述在规定时间内，平滑地从 0 运算到指定的值，ProgressFromTo 描述在规定的时间内，平滑地从指定地起始值运算到结束值。

```
//从 0～100
ProgressTo *to = ProgressTo::create(2, 100);
//从 50～100
ProgressFromTo *fromto = ProgressTo::create(2, 50, 100);
```

ProgressTimer 继承于 Node，实现了各种进度效果的展示，结合一个 Progress Action 和一个 Sprite 对象来实现特效，在构造函数的时候需要传入一个 Sprite 作为实际的显示对象，然后设置 ProgressTimer 的特效，最后调用 runAction 来执行 Progress Action 即可。

ProgressTimer 有两种进度模式，一种是半径扫描模式 RADIAL，另外一种是进度条模式 BAR，在这两种模式下，Midpoint 这一属性有着不同的效果。

当处于 RADIAL 模式的时候，ProgressTimer 以 MidPoint 为圆心，MidPoint 的 x 和 y 取值范围在 0～1 之间，当超出这个范围时无效，默认 RADIAL 是以 MidPoint 为圆心顺时针方向旋转，当设置 IsReverseDirection 为 true 时，方向改为逆时针。

当处于 BAR 模式的时候，MidPoint 表示起点位置：

- 从左到右设置为 ccp(0, y)。
- 从右到左设置为 ccp(1, y)。
- 从下到上设置为 ccp(x, 0)。
- 从上到下设置为 ccp(x, 1)。

在 BAR 模式下设置 BarChangeRate 可以修改 ProgressTimer 的更新速率，当设置为一个零点 ccp(0, 0)的时候，不会有任何变化，当设置了 X 的值大于 0 时，会根据 MidPoint 的值，在 X 轴上进行扩展，设置 Y 轴也类似。

- BarChangeRate 设置为 ccp(0, 0)，图片保持 100%的形态无变化。
- BarChangeRate 设置为 ccp(1, 0)，图片根据 MidPoint 向 X 轴扩展 100%。
- BarChangeRate 设置为 ccp(0, 1)，图片根据 MidPoint 向 Y 轴扩展 100%。
- BarChangeRate 设置为 ccp(1, 1)，图片根据 MidPoint 同时向 X 和 Y 轴扩展 100%。
- BarChangeRate 设置为 ccp(0.3, 0.3)，图片根据 MidPoint 同时向 X 和 Y 轴扩展 30%（在 70%的位置开始，如 MidPoint 设置为 ccp(0, 0)，BarChangeRate 是 ccp(0.3, 0)，图片一开始就显示左边的 70%，然后慢慢向右边扩展，直到 100%）。

下面来看示例代码。

11.4.1　半径扫描效果

半径扫描效果如图 11-3 所示，以锚点为圆心进行旋转扫描。

```
Size s = Director::getInstance()->getWinSize();
//传入持续时间，总百分比
ProgressTo *to1 = ProgressTo::create(2, 100);
ProgressTo *to2 = ProgressTo::create(2, 100);

//创建 ProgressTimer
ProgressTimer *left = ProgressTimer::create(Sprite::create
("MySprite1.png"));
//设置进度类型为半径扫描，默认为顺时针
left->setType(RADIAL);
addChild(left);
left->setPosition(Vec2(100, s.height/2));
left->runAction( RepeatForever::create(to1));

//创建 ProgressTimer
ProgressTimer *right = ProgressTimer::create(Sprite::create
("MySprite2.png"));
//设置进度类型为半径扫描
right->setType(RADIAL);
//设置为相反方向，逆时针方向旋转
right->setReverseProgress(true);
```

```
addChild(right);
right->setPosition(Vec2(s.width-100, s.height/2));
right->runAction( RepeatForever::create(to2));
```

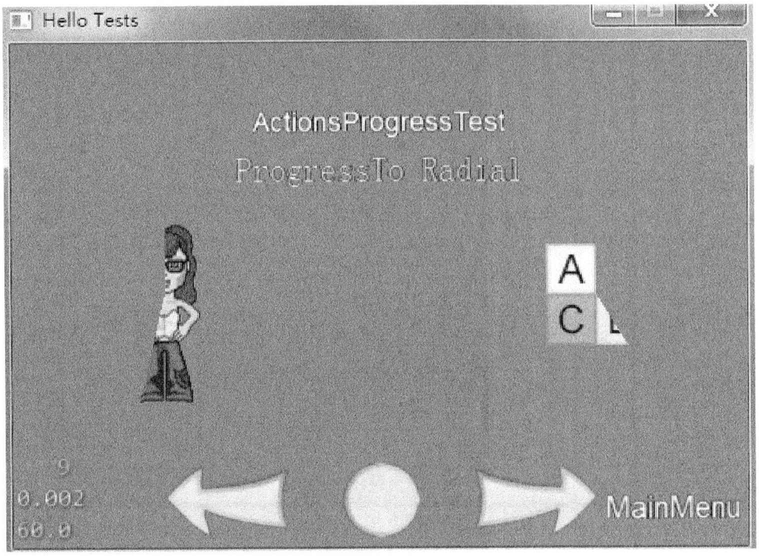

11-3　半径扫描效果

11.4.2　水平扫描效果

水平扫描效果如图 11-4 所示，在水平方向，从左到右或从右到左进行扫描。

```
Size s = Director::getInstance()->getWinSize();

//传入持续时间，总百分比
ProgressTo *to1 = ProgressTo::create(2, 100);
ProgressTo *to2 = ProgressTo::create(2, 100);

ProgressTimer *left = ProgressTimer::create(Sprite::create
("MySprite1.png"));
//设置进度类型为进度条方式
left->setType(BAR);
//设置进度条的起点为左边，x = 0 表示左，x = 1 表示右边
left->setMidpoint(Vec2(0,0));
//设置进度条的变化方式为水平方向从 0%～100%，垂直方向没有任何变化
left->setBarChangeRate(Vec2(1, 0));
addChild(left);
left->setPosition(Vec2(100, s.height/2));
left->runAction( RepeatForever::create(to1));

ProgressTimer *right = ProgressTimer::create(Sprite::create("MySprite2.
png"));
//设置进度类型为进度条方式
right->setType(BAR);
//设置进度条的起点为右边，x = 0 表示左，x = 1 表示右边
right->setMidpoint(Vec2(1, 0));
//设置进度条的变化方式为水平方向从 0%～100%，垂直方向没有任何变化
right->setBarChangeRate(Vec2(1, 0));
```

```
addChild(right);
right->setPosition(Vec2(s.width-100, s.height/2));
right->runAction( RepeatForever::create(to2));
```

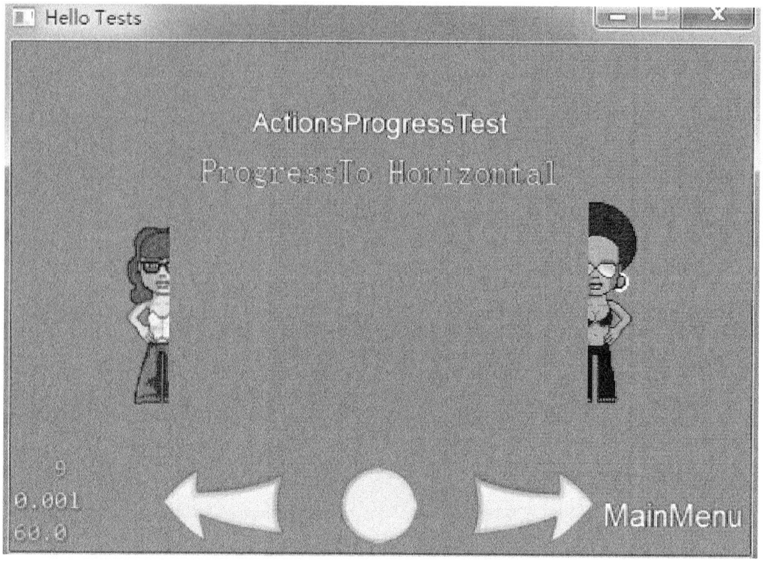

图 11-4　水平扫描效果

11.4.3　垂直扫描效果

代码同水平扫描效果类似，只是在 **setMidpoint** 和 **setBarChangeRate** 的参数中，**x** 和 **y** 互换位置，原理相同。效果如图 11-5 所示。

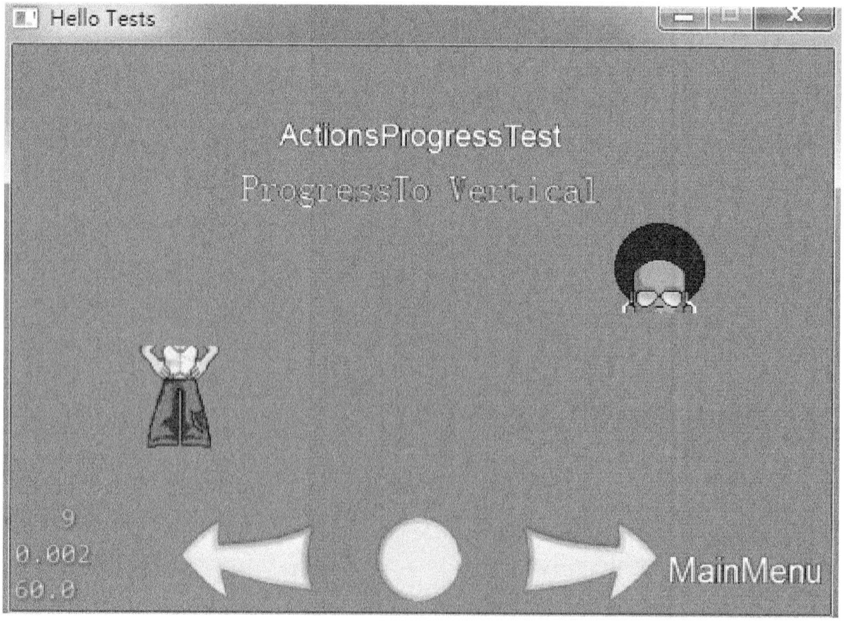

图 11-5　垂直扫描效果

11.4.4 四边扩散/收缩效果

四边扩散，收缩效果是水平扫描和垂直扫描效果的结合体，关键在于灵活地运用 **setMidpoint** 以及 **setBarChangeRate** 来达到这一效果。效果如图 11-6 所示。

```
Size s = Director::getInstance()->getWinSize();

ProgressTo *to = ProgressTo::create(2, 100);

//第一，从中间向左右扩散的效果
ProgressTimer *left = ProgressTimer::create(Sprite::create
("MySprite1.png"));
left->setType(BAR);
left->setMidpoint(Vec2(0.5f, 0.5f));
//在 X 轴，水平方向上扩展
left->setBarChangeRate(Vec2(1, 0));
addChild(left);
left->setPosition(Vec2(100, s.height/2));
left->runAction(RepeatForever::create((ActionInterval
*)to->copy()->autorelease()));

//第二，从中间向上下左右扩散的效果
ProgressTimer*middle
= ProgressTimer::create(Sprite::create("MySprite2.png"));
middle->setType(BAR);
//以精灵的中心为起点
middle->setMidpoint(Vec2(0.5f, 0.5f));
//在 X 轴和 Y 轴上同时扩展
middle->setBarChangeRate(Vec2(1,1));
addChild(middle);
middle->setPosition(Vec2(s.width/2, s.height/2));
middle->runAction(RepeatForever::create((ActionInterval
*)to->copy()->autorelease()));

//第三，从中间向上下扩散的效果
ProgressTimer*right
= ProgressTimer::create(Sprite::create("MySprite3.png"));
right->setType(BAR);
//以精灵的中心为起点
right->setMidpoint(Vec2(0.5f, 0.5f));
//在 Y 轴，垂直方向上扩展
right->setBarChangeRate(Vec2(0, 1));
addChild(right);
right->setPosition(Vec2(s.width-100, s.height/2));
right->runAction(RepeatForever::create((ActionInterval
*)to->copy()->autorelease()));
```

以下是半径扫描模式下，设置不同的 Midpoint 的效果，在该模式下，设置的 Midpoint 会成为扫描的圆心，如图 11-7 所示。

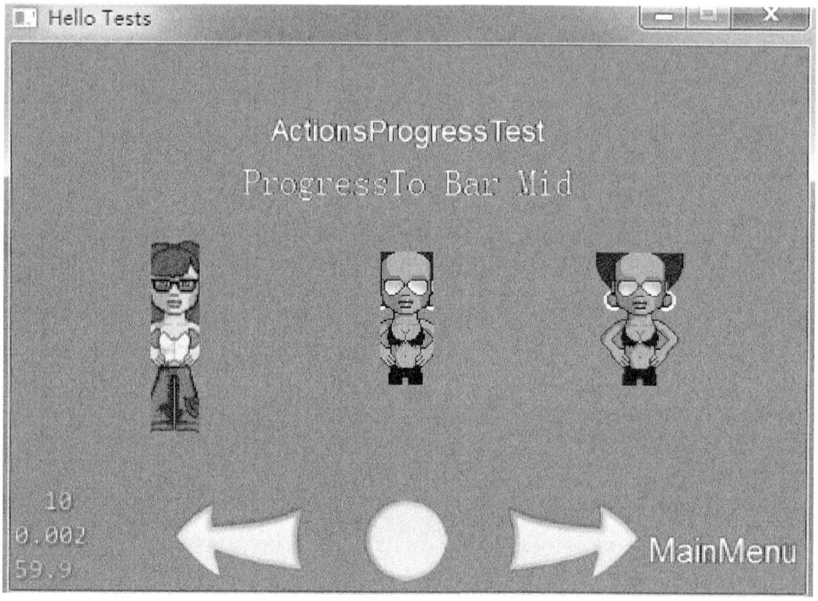

图 11-6　四边扩散/收缩效果

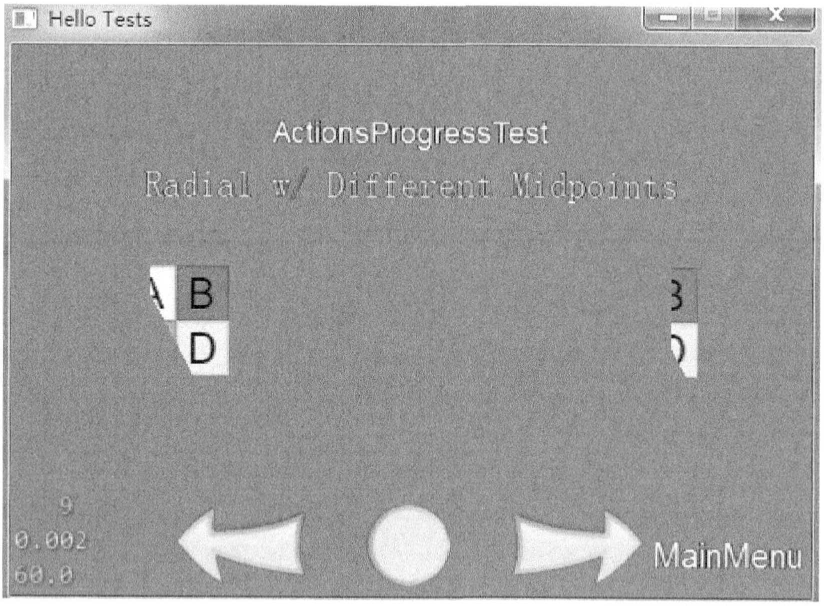

图 11-7　设置 MidPoint 的半径扫描效果

第12章 纹理详解

纹理是游戏开发中一个非常重要的话题，特别是对于大型游戏的开发，控制好纹理至关重要。图片往往占据了一个游戏中的大部分内存和游戏安装包的体积，纹理的加载也经常是游戏卡住的原因，纹理的渲染也是影响游戏运行效率的因素，如何使用纹理来实现各种各样的效果，如何管理纹理，更高效地加载、渲染纹理，在不同的平台上如何根据平台的特性更好地使用纹理，这些都是本章要讨论的内容。

纹理是加载到内存中，用于渲染的一组图像数据。将一个纹理应用到一个图元表面的操作，称之为纹理贴图。纹理有1D、2D、3D纹理，1D纹理是一条线，2D纹理是N条线组成的平面，3D纹理则是由N个平面一层一层叠起来的立体空间。

纹理和图像是两个很相近的概念，但图像的概念更广泛。纹素是纹理元素的简称，是纹理空间中的基本单元，图像由像素排列而成，纹理则是由纹素排列而成。使用图片生成纹理之后，像素转换成了纹素，同样保存着颜色数据，但像素作为一个测量单位，而纹素存在于一个虚拟无尺寸的数学坐标系中，无论纹理对应图像的尺寸大小是多少，纹理尺寸永远是从0～1，纹理坐标系中，S、T、R这3个轴分别对应三维坐标系的X、Y、Z这3个轴。

本章会涉及OpenGL中纹理相关的知识，以及在Cocos2d-x中的使用与管理，将详细介绍常用的纹理格式、纹理压缩，以及一些纹理相关的优化方法。本章主要介绍以下内容：

- 在Cocos2d-x中使用纹理。
- 管理纹理。
- 纹理格式。
- 纹理压缩。

12.1 在Cocos2d-x中使用纹理

在Cocos2d-x中，纹理被封装到了Texture2D中，Texture2D是Sprite以及一切可显示对象的基础，除了基础图元，其他一切可显示对象最底层都是基于Texture2D，它主要提供图片解析、纹理生成以及纹理渲染等基础功能。虽然在多数情况下不需要直接操作到Texture2D对象，但还是有必要了解Texture2D可以做什么，以及如何使用Texture2D，因为我们需要做得更好（对初学者而言，本节可以跳过的）。

12.1.1 Texture的初始化

使用new来手动创建一个Texture2D对象之后，可以通过initWithData（传入加载到内存中的二进制数据）、initWithImage（传入一个加载了内存的 Image 对象）和 initWithString（传入一个字符串，使用平台相关的方法来创建该字符串的纹理）初始化 Texture2D。但一般情况下是直接创建 Sprite，通过 Sprite 间接地创建纹理，或者使用 TextureCache 的 addImage 函数来返回一个纹理对象。

```
//从 TextureCache 中加载纹理
Texture2D *tex1 = TextureCache::getInstance()->addImage("test.png");

//手动创建纹理，一般不建议这么做
Texture2D *tex2 = new Texture2D();
tex2->initWithString("String Texture", "Arial", 24);

//在创建精灵时自动会创建纹理
Sprite *sp = Sprite::create("test.png");
```

Texture2D 会根据外部传入的纹理数据初始化纹理，也就是说，其不负责纹理文件的读取，只负责纹理文件的解析，Texture2D 实现了 initWithData、initWithMipMaps、initWithImage 和 initWithString 几种初始化接口。不论是哪个接口，最终都会调用到 initWithMipMaps。下面来看一下 Texture2D 内部的初始化流程。

Texture2D 的初始化主要考虑 3 个问题：MipMap（稍后介绍）、纹理压缩和纹理格式转换。在初始化的过程中，会调用 OpenGL 函数将整个纹理的内存复制一遍，OpenGL 是基于 CS 模式的，解析好的内存位于 Client 空间中，通过调用 glTexImage2D 或 glCompressedTexImage2D 接口来将纹理数据传输到 Server 空间中，也就是 OpenGL 的内部。

MipMap 意味着这个纹理有多张图片，而且是多张内容一样但尺寸不一样的图片，这是为了**提高渲染的质量和效率**，但显然会**增加额外的内存**，这种技术也被称为 LOD（Level of Details）。如果纹理使用了 MipMap，Tcxturc2D 将不支持转换该纹理格式。

对于压缩的纹理，Texture2D 会调用不同的 OpenGL 接口来处理，压缩的纹理和 MipMap 并不冲突，是非常不错的选择。

纹理格式转换会发生在普通的纹理上，从格式 A 转到格式 B 的时候，Texture2D 会分配额外的大块内存来存储转换后的纹理，在此次加载完成之后释放。

12.1.2　纹理和 Sprite 的关系

Sprite 是依赖纹理来进行渲染的，纹理描述了要渲染的数据是怎样的，即要渲染的东西。而 Sprite 描述了要渲染的方法是怎样的，即如何渲染。

一个 Sprite 只可以对应一张纹理，或者一张纹理中的一部分，对应多张的情况，可以使用子节点来进行组合，而一张纹理可以对应多个 Sprite，这实现了数据的复用。

12.1.3　POT 和 NPOT

POT 和 NPOT 在这里指的是图片的宽和高，POT 是 Power Of Two 的缩写，表示图片的宽和高都是 2 的幂（乘方的结果），NOPT 是 Non Power Of Two 的缩写，表示图片的宽和高不需要是 2 的幂。

为了方便对齐处理，早期的设备要求要渲染的图片的宽高为 POT，如果使用了 NPOT 的图片，渲染会出现异常（如显示不出来或者图片被严重拉伸），所以使用 POT 纹理的主要目的是兼容旧的设备。另外，由于字节对齐，可能也会给纹理的渲染带来一点效率提升。

那么，多旧的设备才需要使用 POT 纹理来进行兼容呢？iPhone 3GS（2009 年发布）之前的 iOS 设备是不支持 NPOT 的，Android 设备目前还没有发现不支持 NPOT 的。

使用 NPOT 有什么好处呢？其最大的好处就是节省内存空间。将一张 POT 图片调整为 NPOT 图片，图片本身占用的磁盘空间没什么变化，但加载该图片所需的内存会少很多。

POT 和 NPOT 最大的区别就是，由于 POT 需要按照 2 的幂来对齐，所以需要占用额外的白边，也就是透明部分，这部分不会占用多少磁盘空间，但在加载到内存中时，会占用大量的内存。

NPOT 允许 Texture Packer 等工具更好地压缩纹理，**将图片的空白处尽量塞满，来达到优化内存的作用**。另外，在 Apple 的 iOS 4.x 之前存在一个关于 MipMap 的 BUG，会导致使用 POT 纹理会占用额外的内存。

如果需要使用 NPOT 纹理，对于 1.x 的 Cocos2d-x 版本，需要在 ccConfig.h 文件中开启对 NPOT 的支持 —— #define CC_TEXTURE_NPOT_SUPPORT 1。

12.1.4　纹理混合 Blend

纹理混合决定了在同一个位置，叠加渲染多种颜色时的最终颜色。正常情况下，**任何绘制操作只会是被丢弃或者完全覆盖**，如果希望纹理叠加在一起时能够看到颜色混合的效果，那么就需要使用 OpenGL 的混合功能。

OpenGL 在渲染时，会将颜色值放到 OpenGL 的颜色缓冲区，并将**每个片段**的深度值放到 OpenGL 的深度缓冲区中。当关闭深度测试时，颜色会直接被替换，而开启深度测试时，离摄像机更近的片段的颜色会覆盖原先的颜色。而开启了 OpenGL 的混合功能，这些颜色的组合方式不同可以产生各种各样的混合效果。

颜色混合通过 glEnable(GL_BLEND)开启，使用 glDisable(GL_BLEND)关闭。在开启时，将要渲染的颜色（源颜色）会和颜色缓冲区中当前的颜色（目标颜色）进行一次混合运算，并将运算后的最终值存入颜色缓冲区中。颜色计算指对颜色的 RGBA 值进行计算（浮点数，范围为 0～1），运算默认遵循以下公式：

最终颜色 Cf =(源颜色 Cs×源颜色的混色参数 S) + (目标颜色 Cd×目标颜色的混色参数 D)

混色参数使用 glBlendFunc(GLenum S, GLenum D)进行设置，S 和 D 表示源颜色和目标颜色的混色参数**枚举**。常用的枚举值如图 12-1 所示。

通过设置源颜色和目标颜色的混色参数枚举，可以调整颜色混合的效果，另外，还可以调整颜色计算的公式，默认的操作是对（源颜色×源颜色的混色参数）和（目标颜色×目标颜色的混色参数）进行相加，在公式中的参数 Cf 为 Color Final，Cs 为 Color src，Cd 为 Color dst，通过调用 glBlendEquation(GLenum mode) 函数可以改变公式的操作，mode 作为枚举值有的意义，如图 12-2 所示。

枚举	RGBA	含义
GL_ZERO	0,0,0,0	RGBA全为0，黑色
GL_ONE	1,1,1,1	RGBA全为1，白色
GL_SRC_COLOR	Rs,Gs,Bs,As	使用源颜色的RGBA
GL_DST_COLOR	Rd,Gd,Bd.Ad	使用目标颜色的RGBA
GL_SRC_ALPHA	As,As,As,As	使用源颜色的透明度
GL_DST_ALPHA	Ad,Ad,Ad,Ad	使用目标颜色的透明度
GL_ONE_MINUS_SRC_COLOR	1-Rs,1-Gs,1-Bs,1-As	1减去源颜色
GL_ONE_MINUS_DST_COLOR	1-Rd,1-Gd,1-Bd,1-Ad	1减去目标颜色
GL_ONE_MINUS_SRC_ALPHA	1-As,1-As,1-As,1-As	1减去源颜色的透明度
GL_ONE_MINUS_DST_ALPHA	1-Ad,1-Ad,1-Ad,1-Ad	1减去目标颜色的透明度

图 12-1　混色参数含义

GL_FUNC_ADD	(Cs * S) + (Cd * D)
GL_FUNC_SUBTRACT	(Cs * S) - (Cd * D)
GL_FUNC_REVERSE_SUBTRACT	(Cd * D) - (Cs * S)
GL_MIN	min(Cs,Cd)
GL_MAX	max(Cs,Cd)

图 12-2　混合操作枚举

在 Cocos2d-x 中所有继承于 BlendProtocol 的显示对象，如 Sprite、Layer、Armature、ParticleSystem 等，都可以通过下面两个接口来设置和查询纹理混合。

```
//设置 BlendFunc
void setBlendFunc(const BlendFunc &blendFunc)
//获取 BlendFunc
const BlendFunc &getBlendFunc()
```

BlendFunc 是 Cocos2d-x 对 OpenGL 混合参数的一个封装，可以通过操作其 src 和 dst 成员变量来设置混色参数，并定义了以下 4 个静态常量来表示 4 种常用的混色参数组合。

```
//禁用混合 {GL_ONE, GL_ZERO}
static const BlendFunc DISABLE;
//Alpha 预乘的混合 {GL_ONE, GL_ONE_MINUS_SRC_ALPHA}
static const BlendFunc ALPHA_PREMULTIPLIED;
//没有使用 Alpha 预乘的混合 {GL_SRC_ALPHA, GL_ONE_MINUS_SRC_ALPHA}
static const BlendFunc ALPHA_NON_PREMULTIPLIED;
//叠加混合 {GL_SRC_ALPHA, GL_ONE}
static const BlendFunc ADDITIVE;
```

12.1.5　Alpha 预乘

当使用颜色混合的时候，多数情况下都会执行源颜色乘以混色参数的操作，对常用的 Alpha 混合，需要先将 RGB 的值乘以自己的 Alpha。Alpha 预乘的意思是在导出图片资源的时候，RGB 的值就已经算好了。这样在进行 Alpha 混合的时候就可以减少计算量，从而提高效率。

纹理的 Alpha 预乘，可以在 Texture Packer 导出图片时，选中 Premultiply alpha 复选框，这样可以导出预乘了 Alpha 的图片，如图 12-3 所示。在 Texture2D 解析图片时，会根据图片信息来确定该纹理是否进行了预乘，并设置自身的_hasPremultipliedAlpha 属性，当使用 Texture2D 进行混色渲染时，会根据 Texture2D 是否进行了预乘来决定要使用的 BlendFunc。

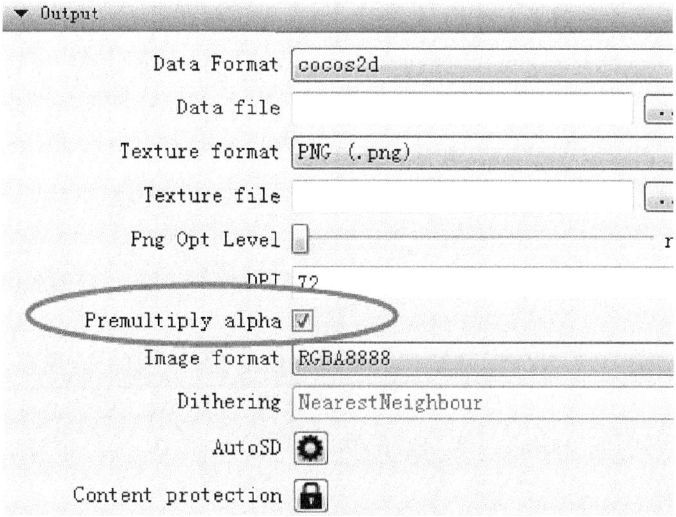

图 12-3　Alpha 预乘

12.1.6　纹理参数

使用 glTexParameter 函数来设置纹理参数，可以影响纹理的渲染规则和纹理贴图的行为。glTexParameter 函数一共有 4 个，分别表示 4 种不同的参数数据类型：

```
//设置 GLfloat 类型的纹理参数
void glTexParameterf(GLenum target, GLenum pname, GLfloat param);
//设置 GLint 类型的纹理参数
void glTexParameteri(GLenum target, GLenum pname, GLint param);
//设置 GLfloat *类型的纹理参数
void glTexParameterfv(GLenum target, GLenum pname, GLfloat *param);
//设置 GLint *类型的纹理参数
void glTexParameteriv(GLenum target, GLenum pname, GLint *param);
```

其中，target 表示参数要应用在哪个纹理模式上，值可以为 GL_TEXTURE_1D、GL_TEXTURE_2D 和 GL_TEXTURE_3D，pname 指定了要设置的纹理参数名称，param 指定了纹理参数的值。

在 Cocos2d-x 中将纹理参数封装到了 Texture2D 中，使用 Texture2D 的 void setTexParameters(const TexParams& texParams) 方法传入一个 TexParams 对象可以设置纹理过滤和环绕的参数。

```
typedef struct _TexParams
{
    GLuint    minFilter;
```

```
    GLuint    magFilter;
    GLuint    wrapS;
    GLuint    wrapT;
}TexParams;
```

12.1.7　纹理过滤 Texture Filter

在使用纹理时，纹理经常会被拉伸或收缩（如将纹理贴到一个多边形上，或进行缩放），**根据一个拉伸或收缩的纹理贴图计算颜色片段的过程称为纹理过滤**。OpenGL 使用放大过滤器来处理纹理拉伸的情况，使用缩小过滤器来处理纹理收缩的情况。可以使用 glTexParameter 来设置放大过滤器和缩小过滤器的过滤方法。

- 纹理参数 GL_TEXTURE_MAG_FILTER 为放大过滤器。
- 纹理参数 GL_TEXTURE_MIN_FILTER 为缩小过滤器。

可以为这两个基本过滤器指定线性过滤和最邻近过滤方法，只需要为 glTexParameteri 的 param 赋值即可。

- GL_NEAREST 为最邻近过滤，**最快速但过滤效果较差**，会失真。
- GL_LINEAR 为线性过滤，**少许额外的开销，但效果会好很多**。

下面是某本书中的 Demo，图 12-4 使用了 GL_NEAREST 过滤，图 12-5 使用了 GL_LINEAR 过滤。

图 12-4　Nearest 过滤

图 12-5　Linear 过滤

通过对比可以发现，使用了 GL_NEAREST 过滤的图片像素颗粒明显，而使用了 GL_LINEAR 过滤的图片则好很多。

在 Cocos2d-x 的 TestCpp 中，Texture2DTest 的"AntiAlias / Alias textures"也是使用了线性过滤来优化渲染效果，在 Demo 中通过放大两个纹理，效果如图 12-6 所示。可以明显地看到，右边的人物比左边的人物锯齿要严重很多，因为左边使用了线性过滤，而右边使用了最邻近过滤（这是默认设置）。

通过调用 Texture2D 的 setAntiAliasTexParameters，可以让纹理拥有抗锯齿的能力，setAntiAliasTexParameters 内部设置了纹理的过滤器为线性过滤。而 Texture2D 的

setAliasTexParameters 将纹理的过滤器设置为最邻近过滤。

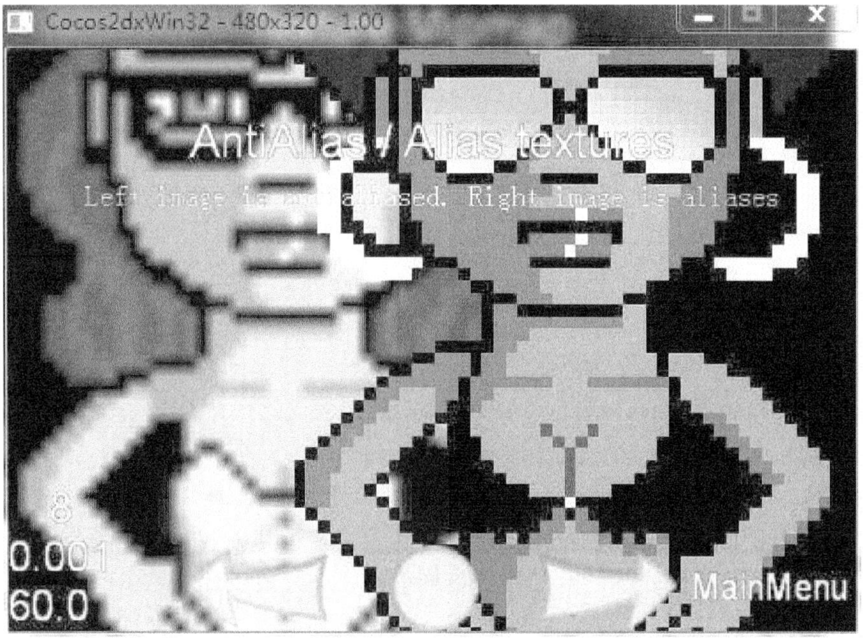

图 12-6　抗锯齿

除了前面两种基本纹理过滤之外，还有一种被广泛支持的 OpenGL 扩展——各向异性过滤，可以极大地提高纹理过滤的质量（虽然在 Cocos2d-x 中一般用不到）。3D 物体表面与摄像机的夹角造成的纹理扭曲被称为各向异性，而各向异性过滤是考虑了观察角度的纹理过滤。

下面是使用了各向异性过滤和普通过滤的对比图。图 12-7 使用了各向异性过滤，而图 12-8 没有，可以看到图 12-8 隧道的远处是模糊的。

图 12-7　各向异性过滤

图 12-8　线性过滤

使用各向异性过滤的 3 个步骤如下。

（1）查询是否支持各向异性过滤扩展：

```
gltIsExtSupported("GL_EXT_texture_filter_anisotropic");
```

（2）获取各向异性过滤所支持的最大常量：

```
GLfloat fLargest; glGetFloatv(GL_MAX_TEXTURE_MAX_ANISOTROPY_EXT, &fLargest);
```

（3）设置纹理参数：

```
glTexParameterf(GL_TEXTURE_2D, GL_MAX_TEXTURE_MAX_ANISOTROPY_EXT, fLargest);
```

12.1.8　纹理环绕

正常情况下，纹理坐标的范围是 0～1，当指定的纹理坐标在范围之外时，OpenGL 会根据当前的纹理环绕模式来处理，环绕模式有以下几种。

- GL_REPEAT：重复环绕。
- GL_CLAMP：截取环绕。
- GL_CLAMP_TO_EDGE：截取到边缘环绕。
- GL_CLAMP_TO_BORDER：截取到边框环绕。

GL_REPEAT 可以使用一小块纹理来重复地绘制一大片内容，再平铺到一个大的几何平面上。如果没有重复环绕功能，要实现这样的效果就只能创建非常多的 Sprite 来进行拼接，或者直接使用一张巨大的图片，不管哪种做法，都没有重复环绕简洁、高效。

Cocos2d-x 的 TestCpp 中，Texture2DTest 的“Texture GL_REPEAT”例子演示了在 Cocos2d-x 中如何使用纹理重复环绕。

为纹理设置如下的纹理参数，然后设定纹理的显示区域（这个矩形远远大于这个图片的大小，表示整个贴图背景的大小），效果如图 12-9 所示，纹理必须是 POT 图片，即宽和高都是 2 的幂，否则程序会崩溃。代码如下：

```
auto sprite = Sprite::create("Images/pattern1.png", Rect(0, 0, 4096, 4096));
Texture2D::TexParams params = {GL_LINEAR, GL_LINEAR, GL_REPEAT, GL_REPEAT};
sprite->getTexture()->setTexParameters(params);
```

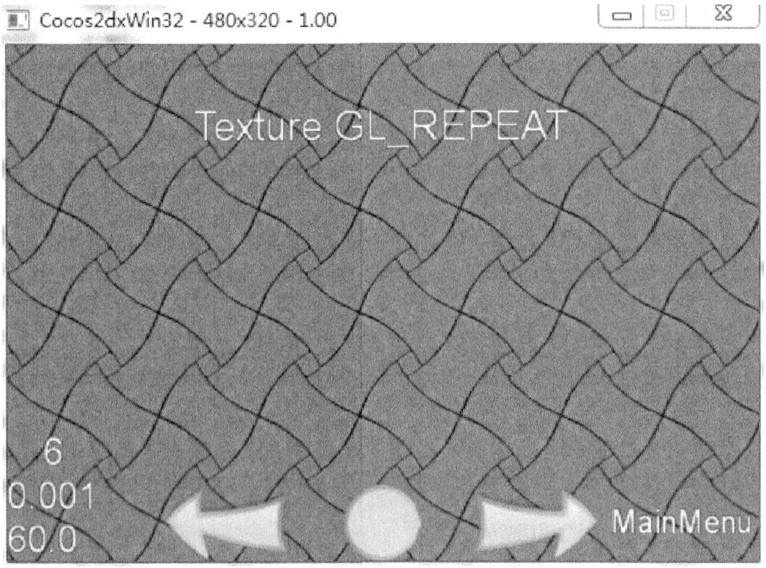

图 12-9　GL_REPEAT 环绕

为什么会有 3 种截取环绕模式呢？纹理环绕对于纹理贴图的边缘如何进行纹理过滤有着非常大的影响！当使用线性过滤时，需要计算纹理坐标周围像素的平均值，重复环绕可以非常简单地得到处理，而截取环绕则会有多种情况。那么这 3 种截取环绕模式又有什么区别呢？下面可以看一下不同的截取环绕模式的效果。

- GL_CLAMP 对范围外的纹理坐标使用边界纹理单元和边界像素融合后的值，效果如图 12-10 所示。
- GL_CLAMP_TO_EDGE 强制对范围外的纹理坐标使用边界像素，即沿着合法的纹理单元的最后一行或者最后一列进行采样，效果如图 12-11 所示。
- GL_CLAMP_TO_BORDER 对范围外的纹理只使用边界纹理单元，效果如图 12-12 所示。

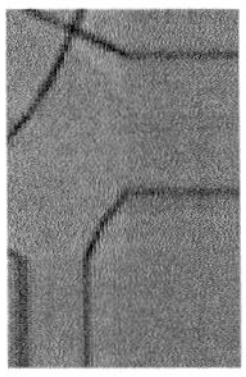
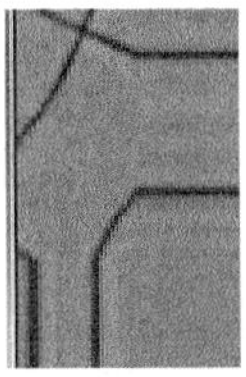
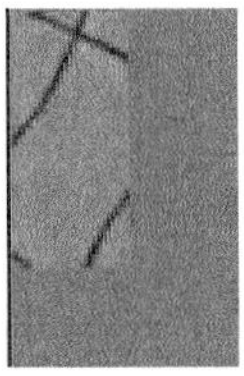

图 12-10　GL_CLAMP 效果　图 12-11 GL_CLAMP_TO_EDGE 效果　图 12-12 GL_CLAMP_TO_BORDER 效果

边界纹理单元是围绕在纹理边缘的额外的行和列，与纹理图形一起被加载，默认是透明颜色，可以看到 GL_CLAMP 的纹理边缘是半透明的颜色，因为边界纹理单元和最边缘的纹理像素进行了融合。当在拼接一些纹理时，如果纹理交接的边缘处出现了缝隙痕迹，可以设置 GL_CLAMP_TO_EDGE 模式来解决。前面说过，在纹理的坐标系中，S、T、R 这 3 个轴分别对应三维坐标系的 X、Y、Z3 个轴。而使用纹理环绕时，需要指定是哪个方向的纹理环绕。

- GL_TEXTURE_WRAP_S 纹理环绕方向 S。
- GL_TEXTURE_WRAP_T 纹理环绕方向 T。
- GL_TEXTURE_WRAP_R 纹理环绕方向 R。

12.1.9　Mip 贴图

使用 Mip 贴图可以提高渲染性能以及渲染的效果，主要是为了解决纹理进行缩放时的闪烁效果（如锯齿假影效果），**以及提高纹理缩放时的纹理过滤效率**。

当对一张巨大的纹理进行缩小时，纹理过滤会对整张纹理进行计算，但屏幕显示的只是很小的一部分，这将造成性能的浪费。

Mip 贴图使用多张不同分辨率的纹理（分为多个层），根据当前纹理在屏幕上的实际尺寸来决定使用高清版还是低清版的纹理进行渲染。但因为使用了多张不同分辨率的纹理，所以 Mip 贴图会导致额外的内存占用。

那么，应该如何使用 Mip 贴图呢？第一种方法是通过多次调用 glTexImage 函数来加载，通过指定 level 参数来决定当前加载的图像处于 Mip 的哪一层。层数从 0 开始，在没有使用 Mip 贴图的情况下，只有第 0 层的纹理会被加载。为了使用 Mip 贴图，所有的 Mip 层都必须加载，可以设置 GL_TEXTURE_BASE_LEVEL 和 GL_TEXTURE_MAX_LEVEL

纹理参数来指定只加载需要的 Mip 层。

```
glTexParameteri(GL_TEXTURE_2D, GL_TEXTURE_BASE_LEVEL, 0);
glTexParameteri(GL_TEXTURE_2D, GL_TEXTURE_MAX_LEVEL, 4);
```

手动加载 Mip 贴图需要准备多张从大到小的图片，非常麻烦，并且还需要额外的图片资源，OpenGL 另外提供了一种简单的方法，使用 void glGenerateMipmap(GLenum target)根据基础纹理**自动生成其他的 Mip 层**，非常方便。一般，传入 GL_TEXTURE_2D 作为 target 参数。

在 Mip 贴图中的纹理过滤中，可以使用以下过滤模式，只有使用了 Mip 贴图的过滤模式，Mip 贴图才会真正生效。

- GL_NEAREST：在 Mip 基层执行最邻近过滤。
- GL_LINEAR：在 Mip 基层执行线性过滤。
- GL_NEAREST_MIPMAP_NEAREST：选择最邻近的 Mip 层，执行最邻近过滤。
- GL_NEAREST_MIPMAP_LINEAR：在 Mip 层之间执行线性插补，并执行最邻近过滤。
- GL_LINEAR_MIPMAP_NEAREST：选择最邻近的 Mip 层，执行线性过滤。
- GL_LINEAR_MIPMAP_LINEAR：在 Mip 层之间执行线性插补，并执行线性过滤。

在 Cocos2d-x 中使用 Mip 贴图时，需要调用 Texture2D 的 generateMipmap 函数，以及置纹理过滤的参数为 Mip 过滤。Cocos2d-x 的 TestCpp 中，Texture2DTest 的"Texture Mipmap"例子演示了 Mip 贴图的使用效果，如图 12-13 所示。仔细观察可以发现左边使用了 Mip 贴图的精灵显示更加平滑了，而右边没有使用 Mip 贴图的精灵在缩放的过程中存在较强烈的锯齿感。使用 Mip 贴图的代码如下：

```
texture0->generateMipmap();
Texture2D::TexParams texParams =
{
   GL_LINEAR_MIPMAP_LINEAR,
   GL_LINEAR,
   GL_CLAMP_TO_EDGE,
   GL_CLAMP_TO_EDGE
};
texture0->setTexParameters(texParams);
```

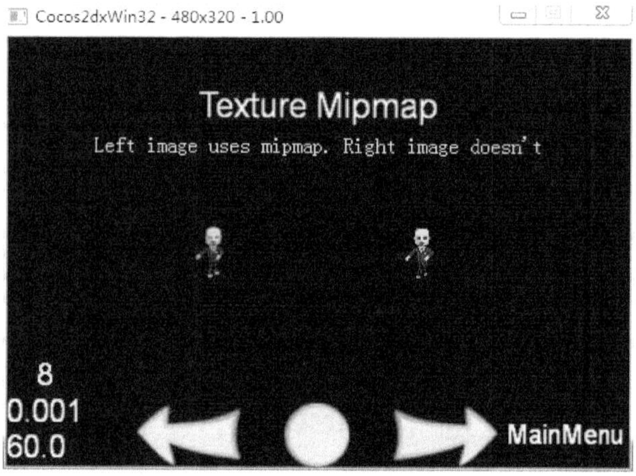

图 12-13　Texture Mipmap 效果

12.1.10　渲染纹理

Texture2D 提供了在指定坐标处渲染纹理，以及在矩形范围内渲染纹理的功能，想要手动渲染 Texture2D 纹理，首先需要创建纹理，然后在节点的 draw 函数中，调用纹理对象的 drawAtPoint 或 drawInRect 方法执行渲染。

如果是 Cocos2d-x 3.0 之后的版本，需要创建一个 CustomCommand 渲染命令，添加到 renderer 中，在渲染命令的回调中执行纹理的 drawAtPoint 或 drawInRect（在第 15 章中将详细介绍）。渲染的位置会根据当前的变换矩阵进行计算，也就是说位置坐标是基于当前节点坐标系的。

drawAtPoint 将在传入的点上，按照纹理本身的大小进行绘制，渲染的点的位置是经过矩阵变换后的位置，该点对应纹理的左下角。该函数相当于宽和高都等于纹理尺寸的 drawInRect。

drawInRect 将根据当前的纹理参数，在一个矩形范围内绘制整张纹理，可以传入任意大小的一个矩形，纹理会根据矩形进行缩放，渲染的效果如图 12-14 所示。

```
void TextureDrawInRect::draw(Renderer *renderer, const Mat4 &transform,
uint32_t flags)
{
    TextureDemo::draw(renderer, transform, flags);

    //初始化 CustomCommand 并添加到 renderer 中
    _renderCmd.init(_globalZOrder);
    _renderCmd.func = CC_CALLBACK_0(TextureDrawInRect::onDraw, this,
    transform, flags);
    renderer->addCommand(&_renderCmd);
}

void TextureDrawInRect::onDraw(const Mat4 &transform, uint32_t flags)
{
    Director* director = Director::getInstance();
    CCASSERT(nullptr != director, "Director is null when seting matrix
    stack");
    director->pushMatrix(MATRIX_STACK_TYPE::MATRIX_STACK_MODELVIEW);
    director->loadMatrix(MATRIX_STACK_TYPE::MATRIX_STACK_MODELVIEW,
    transform);

    auto s = Director::getInstance()->getWinSize();

    //在指定的矩形中渲染整张图片
    auto rect1 = Rect( s.width/2 - 80, 20, _tex1->getContentSize().width *
    0.5f, _tex1->getContentSize().height *2 );
   auto rect2 = Rect( s.width/2 + 80, s.height/2, _tex1->getContentSize().
   width * 2, _tex1->getContentSize().height * 0.5f );
    _tex1->drawInRect(rect1);
    _Tex2F->drawInRect(rect2);

    director->popMatrix(MATRIX_STACK_TYPE::MATRIX_STACK_MODELVIEW);
}
```

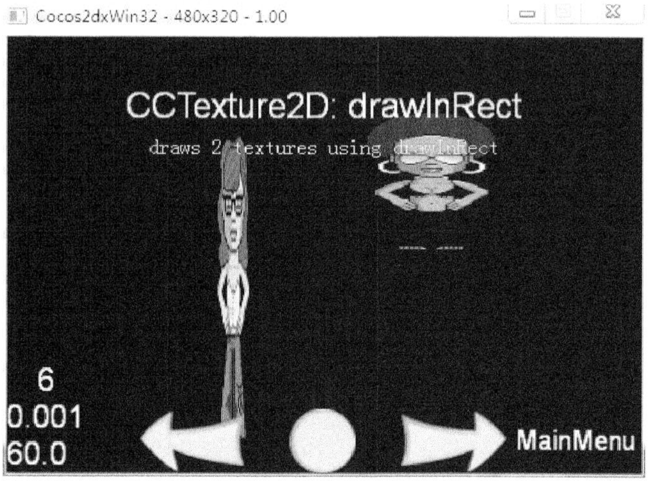

图 12-14　drawInRect 效果

12.2　管 理 纹 理

本节来学习纹理的管理，本节的内容比在 Cocos2d-x 中使用纹理更加实用一些，因为多数情况下是在不知不觉间使用的纹理，并没有直接对纹理进行操作。

Cocos2d-x 中对纹理的管理，很大程度上就是对内存的管理，因为一般纹理占用的内存是最多的。Cocos2d-x 提供了 TextureCache 来管理纹理，本节会介绍 TextureCache 的使用，纹理的生命周期，如何管理纹理以及加载纹理的技巧和异步加载。只有了解了函数背后的细节，才能知道应该注意的问题。

12.2.1　使用 TextureCache 管理纹理

TextureCache 作为一个管理纹理的单例，在 3.x 之后，需要从 Director 中获取它，而不是直接调用 TextureCache 的 getInstance 方法（该方法将会被废弃），TextureCache 内部会以纹理的名字作为 key，这里的名字指的是通过 fullPathForFilename 转换后的图片文件的完整路径。

从文件名到 key 的转换由 TextureCache 自动完成，不需要关心，所有的 Sprite 对应的纹理默认都在 TextureCache 中，当使用一张图片创建了很多个同样的 Sprite 对象时，Texture2D 对象只会有一个，所有 Sprite 都是共用这个 Texture2D 对象。下面先介绍 TextureCache 的接口：

```
//根据传入的 filepath，加载并返回 Texture2D
//当纹理已被加载时直接返回
Texture2D* addImage(const std::string &filepath);

//根据传入的 filepath，异步加载 Texture2D，加载完成后回调 callback
//当纹理已经被加载时直接回调 callback
virtual void addImageAsync(const std::string &filepath, const std::
```

```
function<void(Texture2D*)>& callback);

//解绑正在异步加载的 filename 文件的回调，该文件加载完成之后回调不会被调用
virtual void unbindImageAsync(const std::string &filename);

//解绑所有正在异步加载的图片的回调
virtual void unbindAllImageAsync();

//根据 Image 对象和 key 来创建一个 Texture2D 对象并返回
//当指定的 key 没有对应 Texture2D 对象才会创建新的 Texture2D，如果有则直接返回
//这个 key 不会被转换为完整路径，只是一个单纯的 key
Texture2D* addImage(Image *image, const std::string &key);

//根据 key 来获取 Texture2D，如果找不到，则会将其转换为完整路径然后再次查找
Texture2D* getTextureForKey(const std::string& key) const;

//重新加载对应纹理的图片，如果没有加载该纹理，则直接加载
//如果存在该 Texture2D 对象，则对该纹理调用 initWithImage 重新初始化该纹理
//该方法可用于更新资源后重新刷新纹理，但在 3.3 版本的代码中发现内存泄漏 BUG，使用 new
操作符创建了 Image 对象之后并没有被释放
bool reloadTexture(const std::string& fileName);

//清除所有的纹理，对所有的纹理调用 release
//并从 cache 中清除
void removeAllTextures();

//清除所有当前没有被外部引用到的纹理，该操作会使用纹理
//当进入了一个新的场景时可以调用该方法来清理
void removeUnusedTextures();

//遍历所有被 cache 的纹理，如果找到与 texture 匹配的纹理，则删除
void removeTexture(Texture2D* texture);

//根据纹理的名字来删除纹理
void removeTextureForKey(const std::string &key);

//输出当前 cache 中所有纹理的详细信息以及占用的内存总量
std::string getCachedTextureInfo() const;
```

在管理纹理之前，需要先了解一下纹理资源的生命周期。纹理的加载接下来会详细介绍，这里要了解的是加载之后的事情。加载完之后就会使用它，用完之后应该删除。

当将纹理加载到 TextureCache 中时，除非明确地调用删除纹理的方法，否则，纹理会在程序结束的时候，才由 Cocos2d-x 来进行释放。当游戏从场景 A 切换到场景 B，这时候场景 A 中的所有纹理仍然在内存中，如果没有管理好它们，那么程序的内存很快就会用完。

清理纹理的一个简单的原则是，**这个纹理在接下来的短时间内不会再用到**。

因此切换场景时显然是一个清理纹理的好时机，应该在新场景的 onEnter 中调用 TextureCache 的 removeUnusedTextures，如果在旧场景的 onExit 中调用或者在新场景的 init 中调用，则会有很多东西清理不干净。场景切换的流程如下：

（1）创建新场景，并调用新场景的 init 初始化。

（2）调用 Director 的 replaceScene 切换场景。

（3）旧场景执行 onExit 回调。

（4）释放旧场景。

（5）执行新场景的 onEnter 回调。

而新场景的 init 和旧场景的 onExit 都位于释放旧场景之前，这时候场景中的 Sprite 还引用着 texture 对象，直到 Sprite 被析构。调用 removeAllTextures 可以将所有的纹理都清理干净，但这可能不是我们想要的结果。removeUnusedTextures 应该在加载新场景的资源之前调用，以保证内存的峰值不会过高，例如旧场景的纹理占据了 100MB 的内存，而新场景需要 80MB 的内存，如果先加载新场景的纹理，再卸载旧场景的纹理，那么峰值就会达到 180MB，对于一些内存较小的设备而言，这是致命的。

另外，如果是希望比较干净地清理内存，removeUnusedTextures 并不是一个最佳的选择，应该使用 Director 的 **purgeCachedData** 方法，将不需要的缓存清理干净。因为当使用 Plist 图片时，SpriteFrameCache 中的 SpriteFrame 也对 Texture2D 进行了 retain 操作，因此所有不需要再使用的图集都不会被释放。另外 purgeCachedData 中也对 Font 和 FontAtlas 进行了清理，而这正是所需要的。

```
Director::getInstance()->purgeCachedData();
```

看到这里，读者是不是迫不及待地想为所有场景的 onEnter 回调加上前面的这句代码？如果场景之间切换的频率非常高，并且场景中的资源并没有占用过多的内存，那么保留这些缓存反而会更好。写程序应该去解决一些实际问题，而不是解决一些凭空想象的问题。预测问题也应该根据实际情况进行推测。

如果在运行中调用 removeUnusedTextures 或者 removeAllTextures 会不会出现这样的问题：屏幕中使用了这个纹理的对象因为纹理被释放了而一下子变黑了？不必担心这个问题，因为 Sprite 对 Texture2D 已经进行了 retain 操作，从 Cache 中删除的后果就是**再要创建一个这样的 Sprite 时，会重新创建纹理。**而对使用旧 Texture2D 的 Sprite 不会有任何影响。但这种情况下是不应该去清除 Cache 的，从逻辑上看可能没有问题，但实际上重新加载纹理可能会导致卡顿，而且一个同样的纹理在内存中存在两份是不可原谅的事情。

将 Cache 中的资源清理掉之后，再次需要使用这个资源时，会从磁盘中重新加载。当使用 purgeCachedData 或 removeUnusedTextures 来清理资源时，有可能清理了这些资源，这将导致一些冗余的操作，影响加载的效率，如从 Cache 中删除一张图片，然后又马上去加载它，这是有可能发生的。

有两种方法可以避免这样的尴尬，第一种是摒弃 purgeCachedData 或 removeUnusedTextures，手动清除 Cache 中的纹理，另外一种是在清除之前，将接下来还要使用的纹理手动调用它们的 retian 方法，清理完之后再调用它们的 release 方法，可以根据实际情况决定使用哪种方法，而简单的封装会使这个操作变得更轻松。

12.2.2　使用 TextureCache 加载纹理

当调用 TextureCache 的 addImage 方法时，TextureCache 会判断是否已经加载过该纹理，如果没有则进行加载，创建 Texture2D，加载的流程如下：

（1）判断要加载的纹理是否已经在缓存中。

（2）如果不是则使用 new 操作符创建一个 Image 对象，并调用 initWithImageFile 进行初始化。

（3）完成 Image 的初始化之后，new 一个 Texture2D 并调用 initWithImage 进行初始化。

（4）完成 Texture2D 的初始化之后将 Texture2D 插入缓存 Map 中，并释放 Image。

（5）由于没有对 Texture2D 调用 autorelease 或 release，所以 Texture2D 的引用计数为 1。

接下来看看 Image 的 initWithImageFile 做了什么？

```
bool Image::initWithImageFile(const std::string& path)
{
    bool ret = false;
    //转换文件名为完整路径，并从文件中读取数据
    _filePath = FileUtils::getInstance()->fullPathForFilename(path);
    Data data = FileUtils::getInstance()->getDataFromFile(_filePath);

    if (!data.isNull())
    {
        ret = initWithImageData(data.getBytes(), data.getSize());
    }
    return ret;
}
```

Data 是一个普通的临时变量，里面保存了从 malloc 分配的内存指针，从图片文件中读取出来的数据就放在这块内存中，getDataFromFile 调用了 getData 方法，这是一个平台相关的方法，在 Windows 下会直接读取图片文件，填充到 Data 中并返回，但在 Android 和 iOS 下，会从数据包中将图片解压出来，并填充到 Data 中。

```
Data FileUtils::getDataFromFile(const std::string& filename)
{
    return getData(filename, false);
}
```

可以看到，这里返回的 Data 并不是一个指针，getData 函数中的 Data 临时变量会在函数返回之后被释放。看到这里读者可能会疑惑，如果这样的话，Data 所包含的内存不就被释放了吗？Data 的析构函数中是会释放其所管理的内存的，我们知道在函数返回的时候，会生成一个临时对象，当返回值赋给这个临时对象的时候，应该会调用 Data 的=操作符或者拷贝构造函数，在这里 Data 会重新调用 malloc 申请一块内存，将传入的 Data 内部的指针复制过来，那这样不就产生了没必要的内存浪费了吗？

实际上并没有，因为在这里 Data 使用了**右值引用**，在 Data 的**移动构造函数**中，将原始 Data 变量的内存指针保存到了外部接收的 Data 对象中，并且将它的内存指针置为了 nullptr，当临时变量的析构函数被调用时，并不会去释放内存，因为指针已经为空。所以在这里 getDataFromFile 分配了图片文件存储所需的内存。这时候的图片仍然处于压缩状态。

```
//Data 的移动构造函数
Data::Data(Data&& other) :
_bytes(nullptr),
_size(0)
{
    CCLOGINFO("In the move constructor of Data.");
    move(other);
}
void Data::move(Data& other)
{
    _bytes = other._bytes;
```

```
    _size = other._size;
    other._bytes = nullptr;
    other._size = 0;
}
```

接下来，在 initWithImageData 中，首先会判断图片是否经过了 ccz 或 gzip 压缩，如果是则进行解压，这时**会分配一块更大的内存**，来保存解压后的图片文件，这块内存的大小是图片进行压缩之前的文件大小，并且会**在处理完成之后立即释放**。如果图片没有经过压缩，那么是不会额外分配这块内存的。

在我们拿到最终的图片文件之后，会检测该图片是何种格式，并根据图片文件的格式，进行相应的解压。这次解压会分配一块内存，这块内存是最大的内存，存储了每个点的像素内容。这时候 PNG、JPG 等普通文件格式会按照自己的压缩算法进行解压，解压到分配的这块内存中，内存会存在 Image 的成员变量_data 中，在完成图片解析之后返回。

而对于 ETC、PVR 等纹理压缩格式的处理，则要简单很多，如果硬件支持这种纹理压缩格式，那么这里会分配一块与图片文件差不多大小的内存，然后直接复制过来。

实际上这个内存的分配和复制是可以避免的，只要取出 Data 指针之后将 Data 内部的指针置为空即可。即使这里分配了内存，但分配的内存要比非压缩纹理格式少得多，并且没有解压的计算。当然，这些的前提是硬件支持这种纹理压缩格式。如果硬件不支持，Cocos2d-x 提供了软解压的支持，但这就与普通的非压缩纹理格式差不多了。

Image 的初始化到这里算是完成了，它完成了图片格式解析的工作，将图片文件转换成了可以用来渲染的纹理内存。

接下来看 Texture2D 的 initWithImage，其会根据 3 种情况进行初始化，第一种是 Image 中存在多张 Mip 贴图的情况，其会为一个纹理生成多层的贴图。第二种是使用了纹理压缩的，会直接生成纹理。第三种情况是，如果 Texture2D 的 g_defaultAlphaPixelFormat 不为 NONE 或 AUTO，并且图片的像素格式为 I8、AI88、RGB888、RGBA8888，并且像素格式不为 g_defaultAlphaPixelFormat，则会转换成 g_defaultAlphaPixelFormat 所表示的像素格式。这个转换又会进行一次内存分配，转换所分配的内存会在初始化完成后释放。

接下来最终会调用到 Texture2D 的 initWithMipmaps，在 initWithMipmaps 中，如果 Texture2D 已经生成了一张纹理，那么会调用 GL::deleteTexture 先将这张纹理删除，再调用 glGenTextures 生成一张纹理，绑定并设置纹理参数。如果是压缩纹理，会调用 glCompressedTexImage2D，而普通纹理则会调用 glTexImage2D 将最终的这块纹理内存传输到 OpenGL 的空间中。最后将分配的内存依次释放，这时只有 OpenGL 内部存储的纹理占用内存了。这里简单总结一下纹理加载过程中的内存申请以及释放，整个流程如图 12-15 所示。

有人建议不要连续地在同一帧中加载纹理，应该平摊到多帧中，以避免在加载的时候，内存的峰值过高，严格来说这种做法并不准确，但这个建议是有道理的。首先来看内存问题，在一个纹理加载完成之后，除了存储在 OpenGL 中的纹理内存，其他的内存都被释放了，也许在早先的版本，这些内存使用了 autorelease，这有可能导致一些内存在这一帧结束后才释放，但现在的释放是非常及时的（当然，很多地方还可以做得更好）。所以对一切说法都要有怀疑精神，**比了解细节更重要的是，分析细节的能力**。

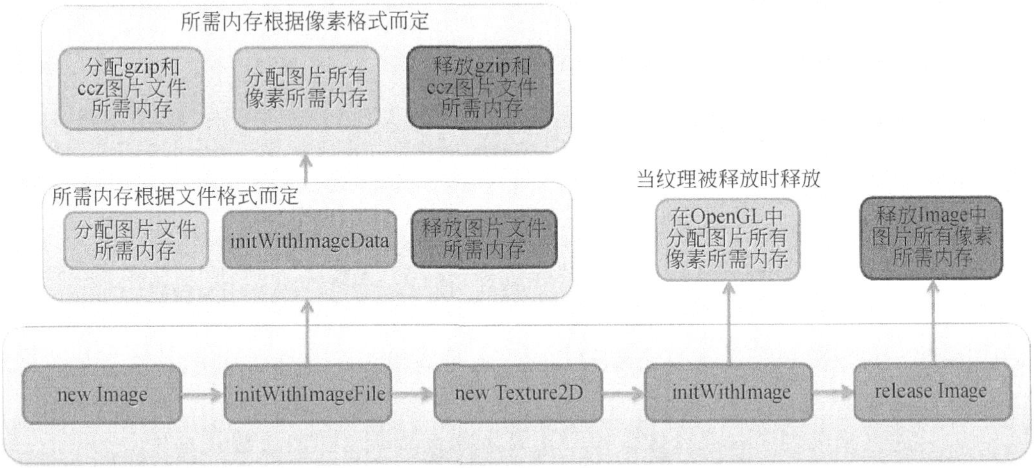

图 12-15 加载纹理占用内存分析

既然在同一帧中连续加载纹理不会导致内存的峰值过高，为什么还要平摊到多帧中来加载呢？这主要是为了减少游戏的卡顿，因为每两帧之间会有一点点睡眠时间，利用好睡眠时间，可以让加载稍微好一点，但更好的方法是使用异步加载。另外，一般的做法是在进入场景之前，先将该场景所需的纹理加载好，对于一些 Plist 文件，也可以先将 Plist 对应的图片预加载进来，来提高后面加载 Plist 的效率。但有一些图片如果在场景中用到的概率比较低，那么就要考虑是否将这样的纹理预加载进来了。

纹理的初始化完成后，最终的纹理数据被存储到了 OpenGL 中，那么具体是被存储到哪一块内存中呢？接下来的内容属于个人的思考推测，因为不知道 OpenGL 的底层实现，所以只能是推测。

我们知道，大部分的移动设备和 PC 都存在两块内存区域，就是**内存和显存**。而 OpenGL 的底层，是一个基于 CS 模型（Client-Server）的状态机。可以简单地理解为 Client 占用了内存，Client 端主要由 CPU 负责。而 Server 占用了显存（实际情况要复杂很多，如有些设备是直接使用内存来作为显存），Server 端主要由 GPU 负责。

当要渲染一个图片时，调用的 OpenGL 绘制方法会从 Client 层向 Server 层发起请求，这时可能导致一张图片从内存被发送到显存。这样的一个事件会存在一定的性能消耗。当然，OpenGL 在显存中肯定是会有相应的 Cache 机制，但显存有限，所以一定会出现显存不足的情况。这时 OpenGL 就会将显存中无用的纹理清除，然后将即将渲染的纹理传输到显存中。

根据上面的推测，可以得出一些结论，就是显存越大，渲染的效率越高，因为可以缓存更多的纹理。显卡的带宽越高，渲染的效率越高，因为纹理从内存传输到显卡的速度会更快。渲染大的纹理，比渲染小的纹理更慢，因为要传输更多的数据到显卡上。也就是说，DrawCall 有大有小，并不只看数量指标。每台设备的渲染效率都与其显卡设备密切相关，且存在较大的差异。就算是同样的设备，同样的 DrawCall 数量，由于 DrawCall 渲染内容的顺序，也可能导致较大的差别。

例如，要渲染 A、B、C 这 3 张图片各 100 次，而显存中只能存下一张图片，如果按照 A、B、C 的顺序渲染 100 次，中间就会发生 300 次传输纹理到显存中的事件。如果是 A

渲染 100 次，B 渲染 100 次，最后 C 渲染 100 次，那么中间就只会发生 3 次纹理传输的事件。

12.2.3　异步加载纹理

在 Cocos2d-x 中，异步加载的代码非常简单，仅仅需要调用一个函数就可以实现，调用 addImageAsync，Cocos2d-x 会创建一条线程来执行异步加载，传入想要加载的纹理和加载完成的回调函数，当纹理被加载到内存中的时候，在主线程中等待的回调函数会被触发，在回调函数中可以处理图片加载完成的代码。先来了解一下 Cocos2d-x 的异步加载做了什么。

（1）首先判断纹理是否已经加载好，如果是则直接调用回调函数并返回。

（2）接下来判断队列是否为空，如果是则创建队列以及线程，并 Schedule 自己的 addImageAsyncCallBack 方法。

（3）将要加载的纹理插入队列的尾部，线程会开始加载。

（4）在线程中，依次加载队列中的纹理，如果纹理已经加载好则跳过加载步骤。

（5）所有纹理加载完成之后，清空释放队列，结束线程。

（6）在主线程的 addImageAsyncCallBack 回调中，根据加载完的 Image 创建 Texture2D 并执行回调。

（7）当所有纹理都加载完成之后，addImageAsyncCallBack 会注销自己。

首先，连续调用 addImageAsync 只会创建一条线程，**同一时间内只存在一条线程**，但可以调用 addImageAsync 添加多个同样的纹理。正常来说不会出现重复加载同一个纹理的情况，但如果连续异步加载一个比较小的纹理，在主线程处理该纹理之前，加载线程就已经开始执行加载第二个纹理了，那么这时候第一个纹理会被替换掉，并且发生内存泄漏（这是当前 3.3 版本的 BUG）。当然，规规矩矩地使用是很难出现这个 BUG 的。使用方法如下：

```
//传入自己的回调函数即可，当然也可以使用匿名函数
Director::getInstance()->getTextureCache()->addImageAsync(
    "Images/background.png", CC_CALLBACK_1(TextureAsync::imageLoaded,
    this));
```

在哪里调用异步加载是一个关于调用的代码如何写的问题，也是一个如何把资源加载前、加载中、加载完成连成一条线的问题。使用了异步加载，代码肯定不能像原来那样：

```
MyScene::init()
{
     LoadResource();
     ...
     initGame();
}
```

而应该是：

```
MyScene::init()
{
     LoadResourceAsyn();
}
```

在 LoadResourceAsyn 结束的时候调用 initGame，以确保资源加载完毕之后才开始初始化游戏，在资源加载的过程中，可以显示 Loading 界面，在异步加载的过程中更新 Loading。

12.3 纹理格式

纹理格式应该一分为二来看，一个是**图片文件的存储格式**（严格来说这并不是纹理格式），也就是我们可以看到的图片文件，对于存储格式，我们最关心两个问题，一个是**图片文件占用的磁盘空间的大小**（文件有多大），一个是**图片品质的高低**（清晰否）。这取决于图片文件的压缩率是否够高，以及压缩算法是否有损。此外，**加载该图片文件的速度**、引擎是否支持，是否能够解析该文件也是关注的指标之一。

另外一个是**纹理在内存中的存储格式，也称为显示格式**，这种格式是类似 RGBA8888、RGB565 之类的格式，对于显示格式，最关心的问题就是**占用内存的大小**，也就是图片文件加载之后，解压出来放到内存中的图片占用的内存大小、每个像素在内存中的格式，以及这种显示格式下的图片清晰度是否能够接受、平台是否支持。

本节将介绍一些常用的纹理格式，Cocos2d-x 支持 JPG、PNG、TIFF、TGA、Webp 几种图片格式，以及纹理压缩文件格式 PVR、ETC、S3TC、ATITC。对于特殊纹理压缩格式，后面的内容中专门介绍。

JPG 的压缩率非常高，但 JPG 是有损压缩，虽然 JPG 的文件比较小，同时显示效果也比较差，且不支持透明通道。最让人不能接受的是，将一个 JPG 图片加载到内存中，占用的内存与 PNG 相同，但画质却相差甚多，并且解压所需的时间比较多，在加载的时候，需要占用大量额外的内存。JPG 的主要应用领域是 Web 方面。

PNG 格式的纹理的压缩比例还是不错的，无损压缩，而且支持透明通道，对于质量要求不太高的图片，可以用图片处理工具直接生成 16 位的 PNG 纹理。

TIFF 格式是比较复杂的格式，最常用于印刷和扫描，提供了自定义颜色控件，可以存储多幅图形，还可以扩展和修改标准定义。

TGA 文件也是无损压缩，用于存储高质量的图像，支持透明通道，结构简单，支持各种不规则的图形，在工业、影视领域应用广泛。

Webp 是谷歌开发出来用于替代 PNG 的格式，也是一种有损的压缩格式，并且在相同的质量下体积比 JPG 小 40%。但编码压缩的时间比 JPG 长 8 倍。Webp 当前在移动设备上的加载效率比较低，需要花费较长时间。

实际上并没有必要对图片文件进行压缩，因为**在压缩 IPA 或 APK 包的时候，会自动进行压缩**，因此如果再次进行压缩，不但压缩率不高，达不到期望的压缩效果，而且使用时需要进行多次解压。如果使用普通的图片格式，可以选择以下像素格式，像素格式决定了纹理所占用的内存大小，以及图片显示的质量，下面是 Cocos2d-x 所支持的主要像素格式。

- ❑ BGRA8888 32 位纹理，效果非常好，兼容性高。
- ❑ RGBA8888 32 位纹理，效果非常好，兼容性比较差。
- ❑ RGB888 24 位纹理，效果非常好，不支持透明通道。
- ❑ RGB565 16 位纹理，效果较好，不支持透明通道。

- RGBA4444 16 位纹理，色彩比 RGB5A1 略差，但半透明效果良好。
- RGB5A1 16 位纹理，色彩较好，但半透明效果差，透明通道仅用于镂空。

很多开发者只关注图片文件的大小，以及图片显示的效果是否符合需求，而忽略了图片所占内存的大小，或者将图片文件的大小以及图片所占内存的大小混为一谈。

我们知道，一个图片文件所存储的空间，以及这张图片加载到内存之后所占用的内存是不一样的，那么这两者之间的差距有多少呢？以一张简单的 PNG 图片为例，图片的尺寸为 512×512，图片的颜色为 32 位的 RGBA8888，那么这样的图片所占的存储空间有多大呢？2.97KB，如图 12-16 所示。这样的图片放到内存中会占用多大的内存呢？1MB！这中间的差距是否非常大？你是否会将这张图片视为一张微不足道的小图片？

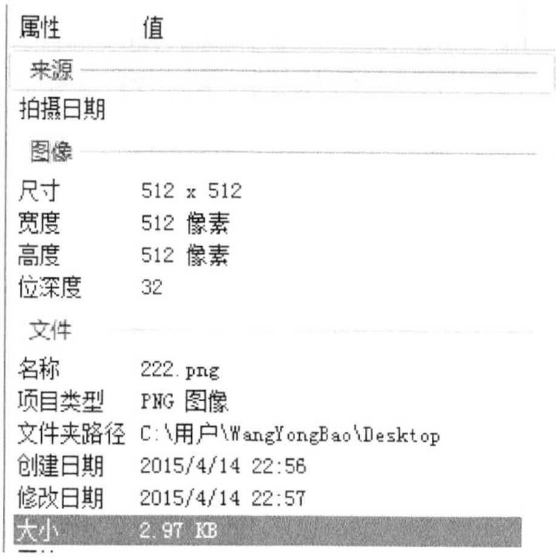

图 12-16　图片文件

我们来先来看看 1MB 的内存是怎样算出来的。图片是由一个一个的像素组成的，那么 512×512 尺寸的图片，就有 512×512 个像素点，每个像素点占 32 位，也就是 4 个字节的内存，根据公式 bytes = width×height×bitsPerPixel / 8，代入这张图片的宽高和像素的位数，可以得到 512×512×32/8，也就是 1048576 个字节，除以 1024 就是 1024KB，再除以 1024 就是 1MB。**这就是为什么只有 20MB 的图片资源，却可能占了近 200MB 的内存的原因。**

所以，**决定图片占用多少内存的，是图片的尺寸，以及图片的像素格式。那么决定图片所占用的存储空间大小的是什么呢？是图片的文件格式，以及图片的内容丰富程度。**图片的文件格式决定了以何种方式来压缩图片，如 JPG 比 PNG 压缩率高，而 Webp 又比 JPG 压缩率高。图片内容越简单，压缩率越高，而越复杂的图片，压缩率越低，当然，图片的像素格式和尺寸也参与决定了图片所占用的存储空间大小。

没错，我们很容易根据一张图片在磁盘空间所占的大小来判断这张图片是大还是小，而忽略了这张图片可能占用的内存，这里要告诉你另外一个事实，就是你看到的图片大小并不是打包之后的图片大小。当将游戏打包成 APK 和 IPA 包时，图片是经过了 zip 压缩的，这张图片会增加多少游戏包的体积，不要直接看图片的大小，而要看这个图片打包成 zip 之后的大小。当然，这个方法也不是非常准确，但比直接看图片大小要准确得多。

这里只是希望读者了解，费尽心思压缩后的图片，最后进行打包的时候，未必比不压缩的情况下体积更小。有的人对图片先进行了一次 zip 打包，那么在打包游戏安装包的时候，相当于对这个图片进行了两次 zip 压缩，压缩率可想而知，并且加载的时候也会导致额外的消耗。

在图片质量要求不是特别高的情况下，应该尽量使用 16 位的纹理，这样可以有效地节省图片占用的内存以及图片的大小，减少一般的开销，但 16 位图在显示一些比较平滑的渐变颜色时会比较糟糕，如图 12-17 和图 12-18 所示。

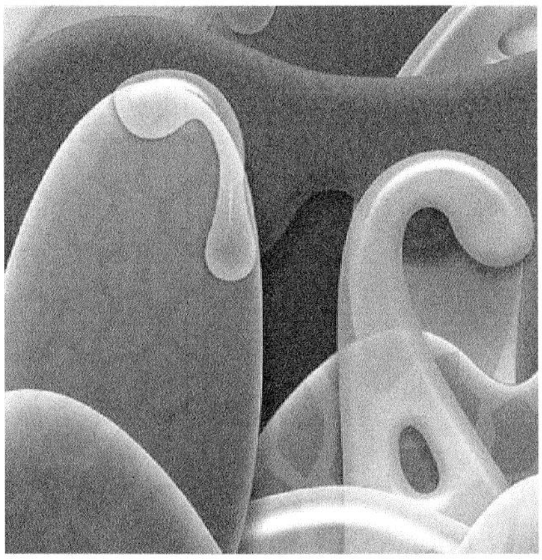

图 12-17　原图

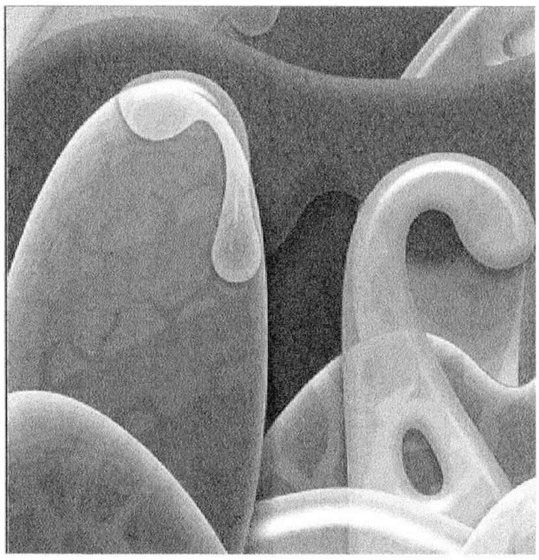

图 12-18　16 位 RGBA4444

TexturePacker 的抖动选项可以很好地优化这个问题，在 TexturePacker 中选择 Dithering 选项，如图 12-19 所示。对于带透明通道的图片，可以选择 **FloydSteinbergAlpha** 选项，而不带透明通道的图片，可以选择 **FloydSteinberg**。当然，读者也可以尝试一下其他的选项。

图 12-19　Dithering 选项

可以发现，图 12-20 中抖动之后的图片和图 12-21 中的原图的效果已经很接近了。

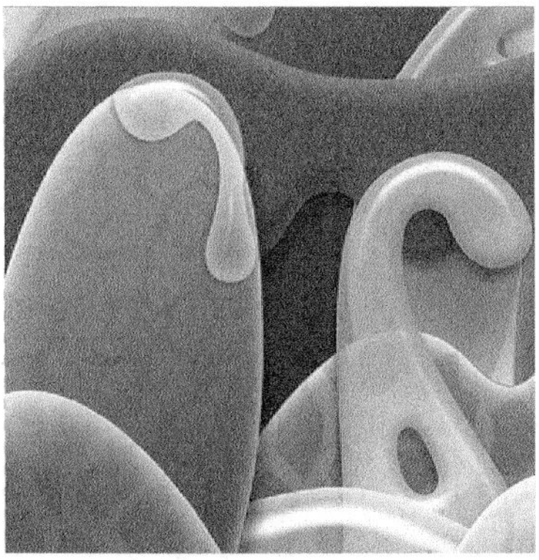

图 12-20　16 位图抖动后的 RGBA4444

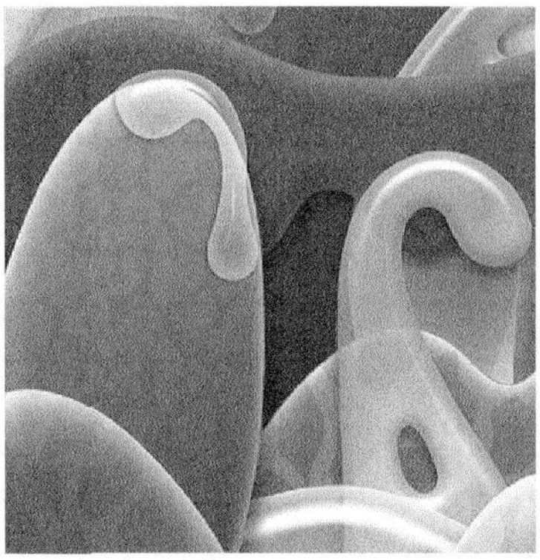

图 12-21　原图

12.4　纹 理 压 缩

纹理压缩是一种专门为在计算机图形渲染系统中存储纹理而使用的图像压缩技术，与普通图形压缩算法的不同之处在于，**纹理压缩算法为纹素的随机存取做了优化。**纹理压缩的特点是解压速度快，在渲染管线的执行过程中可以高效地解压，从而使压缩纹理在内存中保持压缩的状态，允许对某一纹素进行随机访问，访问到时，只有少量纹素被读取和解压，不需要对整个纹理进行解压。

由于人眼的不精确性，图像渲染更适合使用有损的数据压缩。对于压缩的速度要求并不高，一般在游戏外用工具进行压缩，在程序中直接使用。

纹理压缩的主要目的是为了节省内存（也可以起到压缩文件大小的作用），纹理压缩可以**让更多的纹理装入图形硬件**中（也就是显卡），这在移动平台上非常重要，移动设备上支持 OpenGL ES 的显卡，都支持一种或多种纹理压缩格式。

在 OpenGL 中缓存更多的纹理，在纹理比较多的情况下，能提高整体的渲染效率。在加载时，压缩纹理比正常纹理占用更小的内存，拥有更快的加载速度。在纹理贴图中，已压缩的纹理和未压缩的纹理使用起来基本没有区别。

随机存取指的是下标操作，将整张图片数据视为一个二维数组，通过 image[x][y]来确定一个像素的位置，当然，这个操作是 OpenGL 渲染纹理的时候执行的。为什么压缩纹理比正常纹理加载要快呢？回顾前面纹理加载流程可以知道，正常纹理在加载的时候需要开辟内存进行解析，将文件解压成可渲染的像素格式，解析的目的是为了能够支持下标操作，只有支持下标操作才能用于渲染。而压缩纹理只需要进行非常简单的解析，而不需要解压。少了开辟内存和解压的操作，加载效率自然快了很多。而压缩纹理在磁盘上所占用的存储空间，就是其所需的内存空间，因为压缩纹理可以直接用于渲染。

除了占用内存以及加载速度之外，另一个非常关心的一个问题就是，这个纹理压缩文件有多大呢？这里还是用一张 512×512 的 PNG 图片来进行比较，使用 ETC 格式来进行对比，PNG 图片占 2.97KB，而 ETC 图片占了 128KB。是否感觉差距挺大的，如果将这个数据等比增长，那么 ETC 纹理压缩大约会比 PNG 多占 40 倍的空间。但前面讲过要看图片的大小，请看**图片进行 zip 压缩后的大小**，PNG 在 zip 压缩后是 1.92KB，而 ETC 在压缩之后是 1.72KB，反而比 PNG 占用更少的空间。

另外，因为我们对比的图片是比较简单的图片，而越复杂的图片，占用的空间越大，因为压缩率越低。而纹理压缩不一样，**压缩纹理的图片大小只与压缩格式以及尺寸相关，**对 ETC 而言，512×512 的图片，大小恒为 128KB。而内容稍微丰富一些的 PNG 图片，很容易就超过这个大小了。

OpenGL ES 3.0 带来了很多新的特性，其中一项是使用统一的纹理压缩格式 ETC，而在这之前，纹理压缩格式包含了 S3TC、PVPRTC 和 ETC 等格式，没有一个统一的标准，不同的硬件对这些格式的支持也不同。下面整理了各种纹理压缩格式的特性、像素格式、内存占用以及相关平台。但很多旧的设备并不支持 OpenGL ES 3.0，所以为了兼容旧的设备，在 OpenGL ES 3.0 大力推广之前，还需要针对不同平台进行纹理压缩。

12.4.1　纹理压缩格式对比

- PVRTC：PowerVR 系列 GPU 支持，移动平台上主要用于 iOS，压缩率最高，图像质量好。但 PVRTC 限制图片必须是正方形的 POT 纹理。
- ATITC：高通 Adreno 系列 GPU 支持，来自以前的 ATI，排他性较强，压缩率和质量也没有特别出色的地方。
- DXTC / S3TC：NVIDIA Tegra 系列，VivanteGC 系列，DXTC 和 S3TC 是同一种压缩格式，是在 DirectX 和 OpenGL 中的两个称呼，具有不错的压缩率，主要用于 PC 和 WinPhone 平台。
- ETC1：ARM 的 Mali 系列 GPU 支持，前面 4 个也支持，是 OpenGL ES 图形标准的一部分，安卓平台广泛支持 ETC 压缩的 GPU 加速，缺点是不支持 Alpha 通道。ETC1 需要注意的是，部分显卡不支持 NPOT 的 ETC1 纹理，所以尽量使用 POT 的纹理。

另外，ETC2 和 ASTC 是新出的压缩标准，ETC2 相比 ETC1，弥补了不支持 Alpha 通道的缺陷，并且各方面都有提升。ASTC 则比 S3TC 具有更高的压缩速度和图片质量，但目前支持它们的设备还不多。

ETC1 扩展名为 GL_OES_compressed_ETC1_RGB8_texture，加载压缩纹理时，internal format 参数支持以下格式：

- GL_ETC1_RGB8_OES（像素的格式为 RGB，每个像素 0.5 个字节）。

PVRTC 扩展名为 GL_IMG_texture_compression_pvrtc，加载压缩纹理时，internal format 参数支持以下格式：

- GL_COMPRESSED_RGB_PVRTC_4BPPV1_IMG（像素的格式为 RGB，每个像素 0.5 个字节）。
- GL_COMPRESSED_RGB_PVRTC_2BPPV1_IMG（像素的格式为 RGB，每个像素 0.25 个字节）。
- GL_COMPRESSED_RGBA_PVRTC_4BPPV1_IMG（像素的格式为 RGBA，每个像素 0.5 个字节）。
- GL_COMPRESSED_RGBA_PVRTC_2BPPV1_IMG（像素的格式为 RGBA，每个像素 0.25 个字节）。

ATITC 扩展名为 GL_ATI_texture_compression_atitc，加载压缩纹理时，internal format 参数支持以下格式：

- GL_ATC_RGB_AMD（像素的格式为 RGB，每个像素 0.5 个字节）。
- GL_ATC_RGBA_EXPLICIT_ALPHA_AMD（像素的格式为 RGBA，每个像素 1 个字节）。
- GL_ATC_RGBA_INTERPOLATED_ALPHA_AMD（像素的格式为 RGBA，每个像素 1 个字节）。

S3TC 扩展名 GL_EXT_texture_compression_dxt1 和 GL_EXT_texture_compression_s3tc，加载压缩纹理时，internal format 参数支持以下格式：

- GL_COMPRESSED_RGB_S3TC_DXT1（像素的格式为 RGB，每个像素 0.5 个字节）。

- GL_COMPRESSED_RGBA_S3TC_DXT1（像素的格式为 RGBA，每个像素 0.5 个字节）。
- GL_COMPRESSED_RGBA_S3TC_DXT3（像素的格式为 RGBA，每个像素 1 个字节）。
- GL_COMPRESSED_RGBA_S3TC_DXT5（像素的格式为 RGBA，每个像素 1 个字节）。

以上压缩纹理格式每个像素大小相对 ARGB8888 格式的比例，最高压缩比是 16:1，最低压缩比是 4:1，对于减小纹理的数据容量有明显作用，相应在显存带宽上也有明显优势，从而提高了游戏的运行效率。

普通纹理和压缩纹理所占用的内存，以及渲染效果对比如图 12-22 所示，图 12-22 中的 PNG 是 16 位的 PNG 图片。

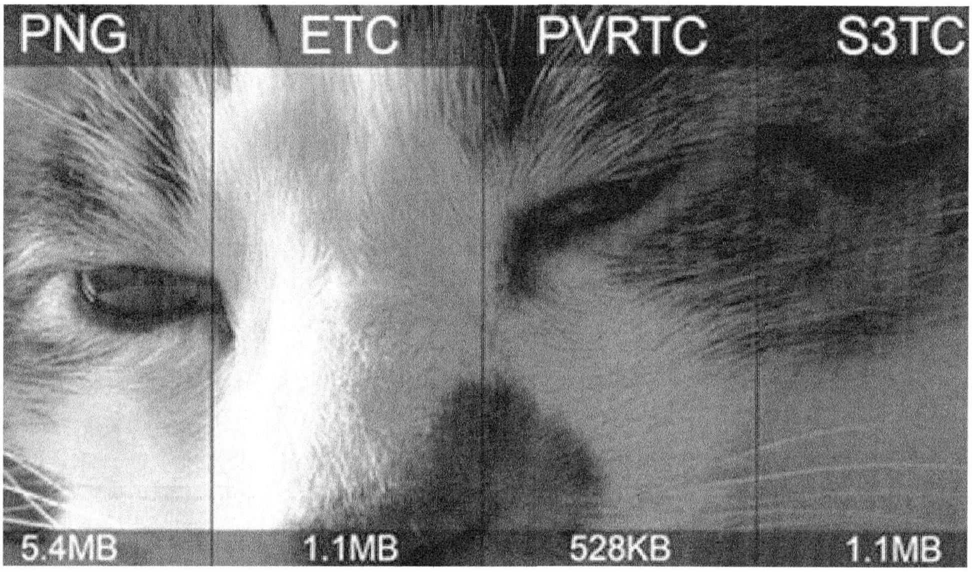

图 12-22　图片质量对比

12.4.2　在 Cocos2d-x 中使用纹理压缩

在 Cocos2d-x 中，如何使用压缩纹理呢？因为纹理压缩是需要硬件支持的，所以硬件是否支持这种纹理是首要问题，在 Configuration 中可以判断是否支持这种纹理压缩格式。如果不支持也没关系，Cocos2d-x 为开发者做了软解压的处理，也就是转化成普通的纹理格式，所以即使不支持，也可以进行正常的渲染（这在早期的 Cocos2d-x 版本中是不支持的）。

如果硬件不支持纹理压缩，而开发者又使用了这种纹理压缩，Cocos2d-x 会有日志警告输出。下面这些方法可以帮助判断是否能够支持指定的纹理压缩格式。当然，也可以手动查询 OpenGL 是否支持该扩展，扩展名在前面已经给出。

```
Configuration::getInstance()->supportsPVRTC();
Configuration::getInstance()->supportsETC() ;
Configuration::getInstance()->supportsS3TC();
Configuration::getInstance()->supportsATITC();
```

不论是否支持纹理压缩，在使用的时候都非常简单，与使用普通的 PNG 图片一样，在加载纹理或者创建 Sprite 的时候，只需要将图片名字传进去即可。开发者可以使用 TexturePacker 将纹理进行压缩，得到想要的纹理格式。

在使用纹理压缩时，最好将资源用配表之类的工具管理起来，在不同平台的游戏打包时，使用不同的纹理压缩格式。一般可以根据平台来决定，iOS 包使用 PVRTC，WinPhone 包使用 S3TC，Android 包使用 ETC，因为 ETC 是所有安卓设备都支持的纹理压缩格式。

但是 ETC1 并不支持 Alpha 通道，所以我们可以通过一些折中的手段让 ETC1 支持 Alpha 通道。

12.4.3　使 ETC1 支持透明

要使 ETC 支持透明通道有两种方法，一种是使用图集，将 Alpha 通道合并到图集中，通过修改 Shader 来实现；另外一种方法是将 Alpha 通道单独提取出来，然后使用多重纹理，在 Shader 中进行处理。下面我们会在 Cocos2d-x 中演示这两种方法的操作，图集和 Alpha 通道可以用 Mali GPU 纹理压缩工具生成。工具的下载地址是：http://malideveloper.arm.com/cn/develop-for-mali/tools/asset-creation/mali-gpu-texture-compression-tool/#mali-gpu-texture-compression-tool-download。

页面加载完后，单击页面开头处的下载版本会弹出如图 12-23 所示的对话框，根据操作系统来选择要下载哪个安装包。下载该工具需要安装 Java 环境，安装完 Java 环境后可以运行该工具，在 Alpha handing 中可以选择如何处理 Alpha 通道。该工具可以将一个普通的 PNG 图片输出为 ETC 压缩纹理，如图 12-24 所示。

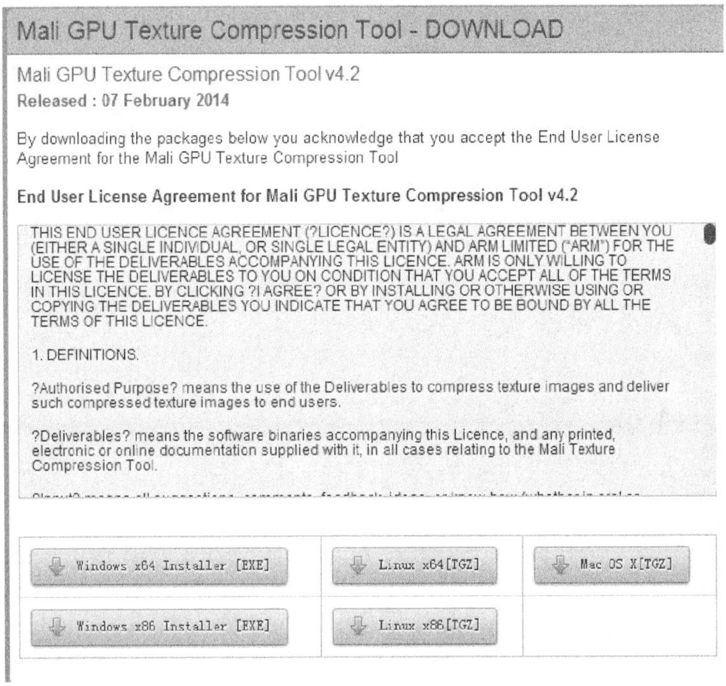

图 12-23　下载纹理压缩工具

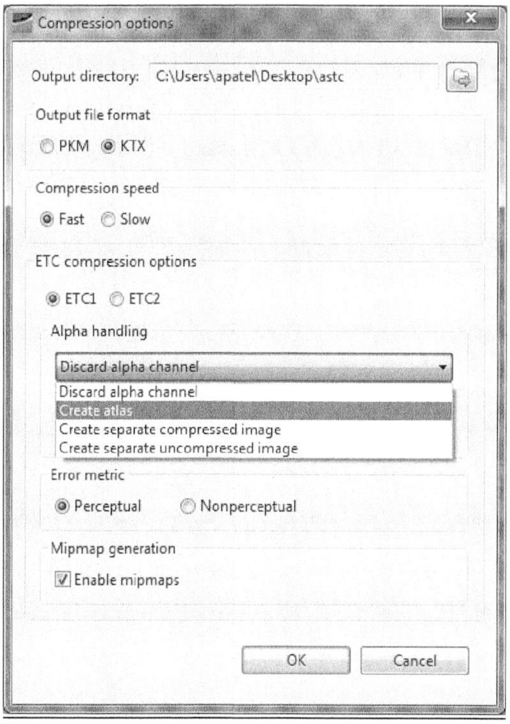

图 12-24　压缩纹理

使用图集方法的好处是改动较少，使用方便，缺点是不能正确地实现纹理环绕，并且容易导致纹理过大。例如，笔者的 PNG 已经是由 N 多张 PNG 组成的 Plist 图集，再将 Alpha 通道抽出来合并为 ETC 图集，图片会变得很大，但对这种图集使用该方法，仍然是能够正常地显示 Alpha。如图 12-25 所示为使用工具合成的 ETC 图集，以及将其进行 Alpha 处理之后的效果。可以看到，图片分为上下两部分，我们的做法是获取黑白部分纹理的颜色，用这个颜色来充当 Alpha 值，并只渲染有内容的部分。

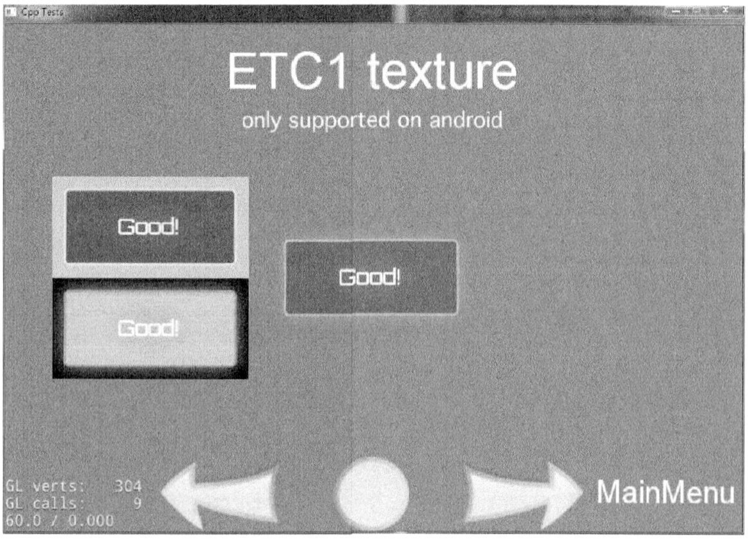

图 12-25　ETC 透明纹理

首先需要两个简单的 Shader 文件，一个顶点渲染器以及一个片段渲染器，顶点渲染器 MyEtcAlpha.vert 内容如下，将要渲染的纹理坐标的 Y 轴偏移 0.5，得出对应的 Alpha 图片的坐标，因为整张图片的高度为 1，偏移一半就是 0.5。

```
attribute vec4 a_position;
attribute vec2 a_texCoord;
varying vec2 v_texCoord;
varying vec2 v_alphaCoord;
void main()
{
    gl_Position = CC_PMatrix * a_position;
    v_texCoord = a_texCoord;
    v_alphaCoord =  v_texCoord + vec2(0.0, 0.5);
}
```

MyEtcAlpha.frag 内容如下，将顶点 Shader 算出来的 v_alphaCoord，也就是对应 Alpha 图的纹理坐标，从图片中取出该坐标点的颜色，根据其 R 值进行判断，如果是白色，则 RGB 都为 1，黑色则 RGB 都为 0，灰色是处于两者之间。我们取出这个颜色，然后将其 R 值作为透明度，也就是最终要渲染的纹理的透明度，并将这个颜色进行渲染。

```
varying vec2 v_texCoord;
varying vec2 v_alphaCoord;
void main()
{
    vec4 v4Colour=texture2D(CC_Texture0, v_texCoord);
    v4Colour.a= texture2D(CC_Texture0, v_alphaCoord).r ;
    gl_FragColor=v4Colour;
}
```

那么，在 Cocos2d-x 中要如何使用上面这两个 Shader 呢？先将脚本和 ETC 图片都放到程序的资源目录下，然后使用下面的代码来使其透明：

```
//加载 ETC 图片，后缀名为 pkm
auto sprite = Sprite::create("testAlpha.pkm");
auto size = Director::getInstance()->getWinSize();
sprite->setPosition(size * 0.5f);

//因为要显示的是一半，所以需要手动设置 TextureRect
//也可以不设置，然后进行缩放，这需要稍微修改一下 Shader
auto rectSize = sprite->getTextureRect().size;
sprite->setTextureRect(Rect(0.0f, 0.0f, rectSize.width, 0.5f * 
rectSize.height));

//设置 Blend，如果没有设置，透明通道不会生效
sprite->setBlendFunc(cocos2d::BlendFunc::ALPHA_NON_PREMULTIPLIED);

//创建 Shader，并设置给 sprite
GLProgram* program = GLProgram::createWithFilenames("MyEtcAlpha.vert",
"MyEtcAlpha.frag");
sprite->setGLProgram(program);
addChild(sprite);
```

如果不希望使用 setTextureRect 方法，可以将 MyEtcAlpha.vert 中的 v_texCoord = a_texCoord;修改为 v_texCoord = a_texCoord * vec2(1.0, 0.5);，然后再把代码中的 setTextureRect 去掉，这样就不需要设置 Rect 了，但需要将图片的 Y 轴方向缩小一半才能

得到所期望的显示，如图 12-26 所示。

图 12-26　去掉 setTextureRect

另外，如果将 setBlendFunc 去掉，那么显示的结果将不会透明，会是如图 12-27 所示的效果。

图 12-27　去掉 setBlendFunc

开发者完全有理由不使用 ETC 图集而将透明通道单独分开，可以使用单独的 Alpha 图片或者将 Alpha 通道抽出来，单独生成一张 ETC，工具的其他 Alpha 处理选项是支持这么做的。不论使用的透明通道图片是 Alpha 图还是 ETC，处理都是一样的，即使用多重纹理，因此 Shader 代码要做少许修改。将 MyEtcAlpha.vert 的 main 函数调整如下，去掉 v_alphaCoord 变量。

```
gl_Position = CC_PMatrix * a_position;
v_texCoord = a_texCoord;
```

然后将 MyEtcAlpha.frag 的 main 函数调整如下，对于 Alpha 值，从 CC_Texture1 中取出，也就是第二张纹理，默认的纹理是从 0 开始，因为两张纹理尺寸一样，所以纹理坐标也是一一对应的。这里直接根据相同的纹理坐标，从第二张纹理取出 R 的值作为透明度即可。

```
vec4 v4Colour=texture2D(CC_Texture0,v_texCoord);
v4Colour.a= texture2D(CC_Texture1,v_texCoord).r ;
gl_FragColor=v4Colour;
```

代码也不麻烦，在设置完 Shader 之后，将 Alpha 纹理绑定到第二层纹理中，并将这个纹理设置到 Shader 的 Uniform 中，最后调用 glActiveTexture 重新激活默认的 GL_TEXTURE0。下面的代码只需要在创建时运行一次即可。alphaTex 是 Alpha 通道纹理的 Texture2D 对象。

```
Texture2D* alphaTex = Director::getInstance()->getTextureCache()->
addImage("alphaTex.pkm");
glActiveTexture(GL_TEXTURE1);
glBindTexture(GL_TEXTURE_2D, alphaTex->getName());
sprite->getGLProgramState()->setUniformTexture(GLProgram::UNIFORM_NAME_
SAMPLER1, alphaTex);
glActiveTexture(GL_TEXTURE0);
```

上面的代码对于 Cocos2d-x 3.0 之前的版本，应该也是适用的。本章用到了一些 Shader 方面的知识，但没有详细介绍，如果读者希望详细了解 Shader，在高级卷中的“**使用 Shader**”一章中有比较详细的介绍。

第 13 章 显 示 文 字

Cocos2d-x 提供了 Label（标签）系列节点来实现文字显示的功能，按照文字显示的实现分类我们可以分为以下 3 类：

- ❑ 使用 LabelTTF 创建的 TTF 动态文本标签。
- ❑ 使用 LabelBMFont 创建的 BMFont 图片文本标签。
- ❑ 使用 LabelAtlas 创建的 CharMap 图集文本标签。

Cocos2d-x 3.0 之后整个 Label 框架发生了巨大的变化，但对这 3 种字体予以保留，新增了专门的 Label 来一统“江湖”，Label 字体可以显示以上 3 种标签，并新增了 SystemFont 系统字体的概念。

Label 使用了 FontAtlas 和 FontAtlasCache 来缓存文字对应的纹理以及渲染 Label，大大提高了 Label 创建和更新的效率，并且新增了各种文字显示的功能和效果。本章主要介绍以下内容：

- ❑ 使用 Label。
- ❑ 新 Label 框架剖析。
- ❑ 关于中文显示。
- ❑ 造字工具。

13.1 使用 Label

Label 的使用非常简单，创建一个 Label 节点，进行相应的设置后，添加到场景上即可，本节将介绍 Cocos2d-x 的 4 种 Label 的使用及其特性。

13.1.1 LabelTTF 详解

LabelTTF 是最容易创建的文本标签，不需要额外的资源，直接把要显示的文字、字体名、字号传进去就可以显示了。LabelTTF 的优点是创建方便，支持系统字体（节省资源），可显示的文字内容多；缺点是创建效率较低，文字更新效率低，文字效果较简陋。

LabelTTF 拥有一个其他字体无法比拟的特性，即创**建动态文字**（如玩家聊天的内容，以及玩家的昵称等由玩家输入的文字）。LabelTTF 能显示的字符与所使用的字体文件以及文字的编码格式相关，可以为 LabelTTF 指定 TTF（True Type Font）格式的字体文件，来使其获得显示某种语言或样式的字体能力。

但 3.0 之后的 LabelTTF 被限定为 Label 的 SystemFont，SystemFont 只能使用系统的 TTF 文件，对应 Label 的 STRING_TEXTURE 类型，每次设置新的文字都会调用平台相关

的 Image 方法，重新创建一个纹理来显示，所以 LabelTTF 的更新效率很低。下面先看一下 LabelTTF 的特性。

1. 创建LabelTTF对象

代码如下：

```
//传入要显示的文本、字体、字号
//在显示字符串中加入 \n 可以手动换行
LabelTTF* label1 = LabelTTF::create("李向阳 : \n 封锁越来越紧,说明敌军的末日就要来到了", "Arial", 24);
addChild(label1);
//传入要显示的文本，整个文字的大小尺寸、对齐方式、字体、字号
//Size::ZERO 表示不限制 LabelTTF 的尺寸
LabelTTF* label2 = LabelTTF::create("Hello Wrold", Size::ZERO,
CCTextAlignmentCenter, "Arial", 24);
addChild(label2);
```

2. 上下左右对齐

代码如下：

```
//左右居中对齐，传入 LEFT 和 RIGHT 可以指定为靠左和靠右对齐
label->setHorizontalAlignment(TextHAlignment::CENTER);
//上下居中对齐，该接口貌似对 LabelTTF 无效
label->setVerticalAlignment(TextVAlignment::CENTER);
```

3. 字号、尺寸设置

代码如下：

```
//设置字号为 16
label2->setFontSize(16.0f);
//设置尺寸为 20X30，超出该尺寸的文字将不会被显示
label2->setDimensions(Size(20, 30));
```

该语句会将 Hello World 裁剪为 H，如图 13-1 所示。

```
//设置尺寸为 50X60
label2->setDimensions(Size(50, 60));
```

长度超过 50 的部分 World 会被自动切换到下一行，如图 13-2 所示。

图 13-1　字体尺寸

图 13-2　字体尺寸

4. 字体阴影

enableShadow 方法可以开启阴影，传入阴影偏移、透明度和阴影模糊，效果如图 13-3 所示。而 disableShadow 可以禁用阴影。

```
//启用阴影，传入阴影偏移、透明度、阴影模糊
label2->enableShadow(Size(1.0f, -0.5f), 0.5f, 1.0f);
//禁用阴影
label2->disableShadow();
```

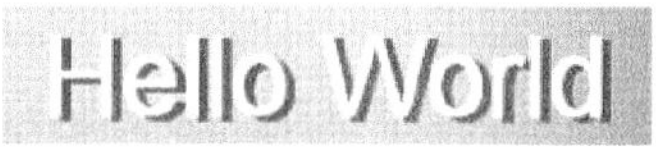

图 13-3　字体阴影

5．文字描边（仅支持iOS和Android）

代码如下：

```
//启用描边，传入颜色和描边大小
label->enableStroke(Color3B::BLUE, 1.0f);
//关闭描边
label->disableStroke();
```

13.1.2　LabelBMFont 详解

LabelBMFont 是使用 FNT 配置文件+图片来显示的一种文本标签，对应 Label 中的 BMFont，效率高于 LabelTTF，但 BMFont 只能显示图片中的字符。使用精美的图片可以显示华丽的文字，而一些工具可以很方便地制作出效果绚丽的文字，生成的文字图片也可以很方便地被美术人员进行美化。

在使用 LabelBMFont 之前，需要先用工具生成一个 FNT 配置以及若干 PNG 图集，当文字填满一个图集时，会自动填充到下一个新的图集。但当前最新版本的 Cocos2d-x 3.3 仅支持一个 **FNT** 对应一张图集，在后面的版本中会支持多张图集。常用的工具有 BMFont（Windows 免费），Glyph Designer（Mac 收费），Hiero（Java 免费，笔者最喜欢的一个）。下面看一下 LabelBMFont 的特性。

1．创建LabelBMFont

代码如下：

```
//传入要显示的文字，fnt 字库文件
LabelBMFont *label = LabelBMFont::create("中国", "fonts/bitmapFontTest3.
fnt");
addChild(label);
```

2．操作单个字符（之后若改变文本内容或换行，会错位）

代码如下：

```
//获取下标为 5 的字符（第 6 个），返回的是 Sprite，并进行操作，可以进行设置，也可以执行
Action
auto labelBMFont = LabelBMFont::create("HelloWorld",
"bitmapFontChinese.fnt");
labelBMFont->getLetter(5)->setColor(Color3B::BLACK);
```

图 13-4　操作单个字符

3．支持自动换行与空格断行（自动换行与手动换行不冲突）

代码如下：

```
//设置字符串长度如超过 100 就自动换行
labelBMFont->setWidth(100.0f);
//根据空格进行断行
labelBMFont->setLineBreakWithoutSpace(true);
```

4．支持文字对齐

代码如下：

```
//所有的文字居中对齐，默认为靠左对齐
labelBMFont->setAlignment(TextHAlignment::CENTER);
```

13.1.3　LabelAtlas 详解

LabelAtlas 常用于显示数字，对应 Label 中的 CharMap。其**优点是效率高，缺点是只能显示有限的 ASCII 字符，功能简陋**，且需要按照 ASCII 码的顺序将字符输出到一张图片中，如图 13-5 所示。

图 13-5　LabelAtlas 效果

在各种 Label 中，LabelAtlas 在功能上显得非常地单一，**不支持如阴影、发光、描边等文字效果，也不支持自动换行，对齐等排版效果**。其对图片有严格的要求，文字位置的偏移是通过 ASCII 码值来计算的，**要求图片按顺序排列，每个字符所占尺寸一致**。后期如果需要调整图片的大小，或者添加新的字符，都是比较麻烦的。所以一般只用 LabelAtlas 来显示数字类的简单文字。Cocos2d-x 3.0 之后可以使用一个简单的 Plist 文件来包装 LabelAtlas 所需的图片以及相关参数，以简化创建 LabelAtlas 的代码。

下面创建一个 LabelAtlas，fonts/tuffy_bold_italic-charmap.png 是一张按照 ASCII 编码顺序整齐排列所有字符的图片，代码如下：

```
//传入要显示的文字，Atlas 图片，单字符宽度，单字符高度，起始 ASCII 字符为空格 ' '，ASCII
码为 0x20
LabelAtlas* label = LabelAtlas::create("123 egg", "fonts/tuffy_bold_
italic-charmap.png", 48, 64, ' ');
label->setString("open gangnam style");
addChild(label);
```

13.1.4　Label 详解

Label 并非以上三者的父类，而是在 3.0 后新增的 Label 类，用于统一规范各种 Label 的使用，是新文字框架的基础。Label 可以很好地显示以上三种文本标签，并支持所有的特效效果以及文本排版功能，是一个全能英雄。但需要注意的是 Label 自身的一些效果有标签类型的限制，以及平台的限制。下面来看一下 Label 的特性。

1．创建Label

Label 的创建接口非常多，可分为 4 类，以下是 4 种不同类型的 LabelType。

```
enum class LabelType
{
        TTF,
        BMFONT,
        CHARMAP,
        STRING_TEXTURE
    };
```

默认的 create 接口会创建 STRING_TEXTURE 类型的标签（LabelTTF 实际创建的是 STRING_TEXTURE 标签，而不是 TTF 标签）。那么这两种标签有什么区别呢？它们本质上是很类似的，主要有两个方面的区别，TTF 使用 FontFile.TTF 资源文件来创建，必须在开发者的资源目录下，STRING_TEXTURE 使用 SystemFontName 系统字体来创建。另外在渲染的时候，TTF 使用 FontAtlas 中的图集来渲染，而 STRING_TEXTURE 每次更新都创建一个新的纹理来显示。需要特别注意的一点是，Label 会为每个 TTF 文件，以及使用到的所有字体尺寸缓存一份纹理，所以**使用同一个 TTF 文件的 Label 尽量使用同一的字体尺寸**。

```
//创建一个空的 Label 对象，默认为 STRING_TEXTURE 类型的标签
Label* Label::create()
//使用文字 text，系统字体名字 font，字体大小以及相关的尺寸和对齐参数来创建
STRING_TEXTURE 类型的标签
static  Label*  createWithSystemFont(const  std::string&  text,  const
std::string& font, float fontSize,
const  Size&  dimensions  =  Size::ZERO,  TextHAlignment  hAlignment  =
TextHAlignment::LEFT,
TextVAlignment vAlignment = TextVAlignment::TOP);
//使用文字 text,TTF 资源文件全名+路径 font,字体大小以及相关的尺寸和对齐参数来创建 TTF
类型的标签
static Label * createWithTTF(const std::string& text, const std::string&
fontFile, float fontSize,
const  Size&  dimensions  =  Size::ZERO,  TextHAlignment  hAlignment  =
TextHAlignment::LEFT,
TextVAlignment vAlignment = TextVAlignment::TOP);
//使用一个 TTFConfig 配置文件和文字 text，对齐，行宽限制来创建 TTF 类型的标签
static Label* createWithTTF(const TTFConfig& ttfConfig, const std::string&
text,
TextHAlignment alignment = TextHAlignment::LEFT, int maxLineWidth = 0);
```

BMFONT 和 CHARMAP 类型的标签分别对应前面的 LabelBMFont 和 LabelAtlas 标签，在这里和 TTF 类似，都是使用 FontAtlas 中的图集来渲染，FontAtlas 也是新文本标签框架中重要的组成部分。

```
//使用 FNT 文件 bmfontFilePath，文本内容 text，以及其他参数来创建 BMFONT 类型的标签
static  Label*  createWithBMFont(const  std::string&  bmfontFilePath,  const
std::string& text, const TextHAlignment& alignment = TextHAlignment::LEFT,
int maxLineWidth = 0, const Vec2& imageOffset = Vec2::ZERO);
```

CHARMAP 除了支持使用图片，纹理以及手动指定字符的宽高和起始字符来创建 Label

之外，还可以使用专门的 Plist 文件来创建 Label，Plist 中记录了对应的图片，字符的宽高和起始字符等信息。

```
static Label * createWithCharMap(const std::string& charMapFile, int itemWidth, int itemHeight, int startCharMap);
static Label * createWithCharMap(Texture2D* texture, int itemWidth, int itemHeight, int startCharMap);
static Label * createWithCharMap(const std::string& plistFile);
```

2. Label特效

Label 支持阴影、发光和描边特效，这些特效只支持 SystemFont 和 TTF 标签，其中 SystemFont 不支持发光特效，且描边特效只在 iOS 和 Android 下生效。而 TTF 标签则没有这些限制。下面的代码演示了这 3 种效果的设置。执行效果如图 13-6 所示。

```
auto label = Label::createWithTTF(ttfConfig,"美好的一天啊", TextHAlignment::CENTER, size.width);
//绿色发光效果
label->enableGlow(Color4B::GREEN);
//紫色描边效果，边宽度为 2
label->enableOutline(Color4B::MAGENTA, 2);
//红色阴影效果，阴影偏移 Size(1, -1)，阴影模糊度为 0
label->enableShadow(Color4B::RED, Size(1, -1), 0);
//禁用所有效果
label->disableEffect();
```

图 13-6　Label 特效

3. Label对齐

代码如下：

```
//设置水平与垂直对齐类型
void setAlignment(TextHAlignment hAlignment,TextVAlignment vAlignment);
//设置与获取水平对齐类型
void setAlignment(TextHAlignment hAlignment) { setAlignment(hAlignment, _vAlignment);}
TextHAlignment getTextAlignment() const { return _hAlignment;}
void setHorizontalAlignment(TextHAlignment hAlignment) { setAlignment(hAlignment, _vAlignment); }
TextHAlignment getHorizontalAlignment() const { return _hAlignment; }
//设置与获取垂直对齐类型
void setVerticalAlignment(TextVAlignment vAlignment) { setAlignment(_hAlignment,vAlignment); }
TextVAlignment getVerticalAlignment() const { return _vAlignment; }
```

图 13-7 演示了 9 个 Label 在同一个位置上，使用相同的尺寸，以及各种对齐方式所展示的效果。

```
//封装一个简易的方法来创建 Label，所有 Label 的位置都位于屏幕中间，并设置尺寸
void addLabel(Node* parent, std::string text, TextHAlignment h,
TextVAlignment v)
{
    auto midPos = Director::getInstance()->getWinSize() * 0.5f;
    auto label = Label::createWithTTF(text, "fonts/arial.ttf", 16);
    label->setPosition(midPos);
    label->setDimensions(300, 200);
    label->setAlignment(h, v);
    parent->addChild(label);
}
//创建 9 个 Label，使用不同的对齐方式
addLabel(this, "Alignment1", TextHAlignment::LEFT, TextVAlignment::TOP);
addLabel(this, "Alignment2", TextHAlignment::CENTER, TextVAlignment::TOP);
addLabel(this, "Alignment3", TextHAlignment::RIGHT, TextVAlignment::TOP);
addLabel(this, "Alignment4", TextHAlignment::LEFT, TextVAlignment::CENTER);
addLabel(this, "Alignment5", TextHAlignment::CENTER, TextVAlignment::CENTER);
addLabel(this, "Alignment6", TextHAlignment::RIGHT, TextVAlignment::CENTER);
addLabel(this, "Alignment7", TextHAlignment::LEFT, TextVAlignment::BOTTOM);
addLabel(this, "Alignment8", TextHAlignment::CENTER, TextVAlignment::BOTTOM);
addLabel(this, "Alignment9", TextHAlignment::RIGHT, TextVAlignment::BOTTOM);
```

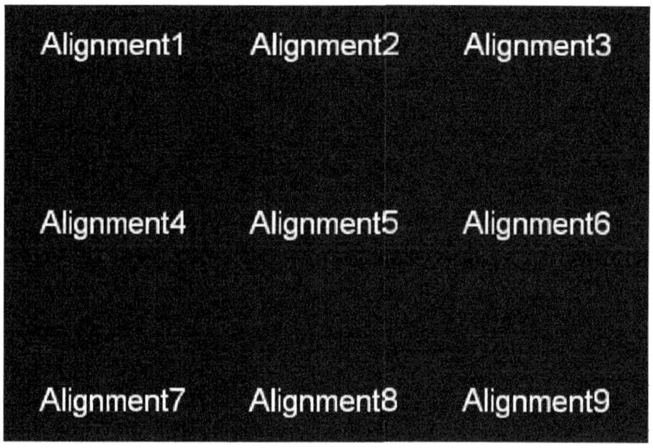

图 13-7　Label 对齐

4．Label尺寸限制

Label 尺寸定义了一个 Label 的尺寸限制以及换行规则，以下方法可以操作未转换的 Label 尺寸，这里的未转换指未被缩放操作影响的原始尺寸。Label 的尺寸决定了 Label 的左右与上下对齐行为。

```
//用于决定自动换行时是否根据空格来自动换行
void setLineBreakWithoutSpace(bool breakWithoutSpace);
//设置 label 最大的行宽，设置为 0 的话需要手动加入\n 进行换行
//maxLineWidth 始终等于 labelWidth
void setMaxLineWidth(unsigned int maxLineWidth);
unsigned int getMaxLineWidth() { return _maxLineWidth;}
//设置与获取未转换的 Label 宽度，具有行宽限制的功能
//当 Label 的宽度不为 0 时，水平对齐功能会根据宽度进行对齐
```

```
void setWidth(unsigned int width) { setDimensions(width,_labelHeight);}
unsigned int getWidth() const { return _labelWidth; }
//设置与获取未转换的 Label 高度，调用 setDimensions 进行设置
//当 Label 的高度不为 0 时，垂直对齐功能会根据高度进行对齐
//Label 的内容超过整个尺寸限制时，不能显示完整
void setHeight(unsigned int height){ setDimensions(_labelWidth,height);}
unsigned int getHeight() const { return _labelHeight;}
//设置与获取未转换的 Label 尺寸大小
void setDimensions(unsigned int width,unsigned int height);
const Size& getDimensions() const{ return _labelDimensions;}
//设置超过 Label 尺寸的文字进行裁剪显示，默认是超出不显示，目前仅支持 TTF 标签
void setClipMarginEnabled(bool clipEnabled) { _clipEnabled = clipEnabled; }
bool isClipMarginEnabled() const { return _clipEnabled; }
//获取字符串的行数
int getStringNumLines() const;
//获取字符串的字符个数，中文英文都算一个
int getStringLength() const;
```

5. Label间距

代码如下：

```
//3.2.0 之后添加的接口，设置行与行之间的间距，不支持 SystemFont
void setLineHeight(float height);
float getLineHeight() const;
//3.2.0 之后添加的接口，设置字与字之间的间距，不支持 SystemFont
void setAdditionalKerning(float space);
float getAdditionalKerning() const;
```

如图 13-8 所示为两个间距和高度不同的 Label 对比。

图 13-8　间距和高度

13.2　新 Label 框架剖析

13.2.1　整体框架

新的 Label 框架主要由 3 部分组成，Label、Font 以及 FontAtlas，如图 13-9 所示。Label

作为面向引擎使用者的显示对象，提供了文本标签的操作方法。Font 作为字体，描述了一个 Font 所能表示的字符集，以及每个字符如何显示，并负责根据 Font 的字集来创建 FontAtlas。FontAtlas 的作用是缓存、管理字集所用的纹理。

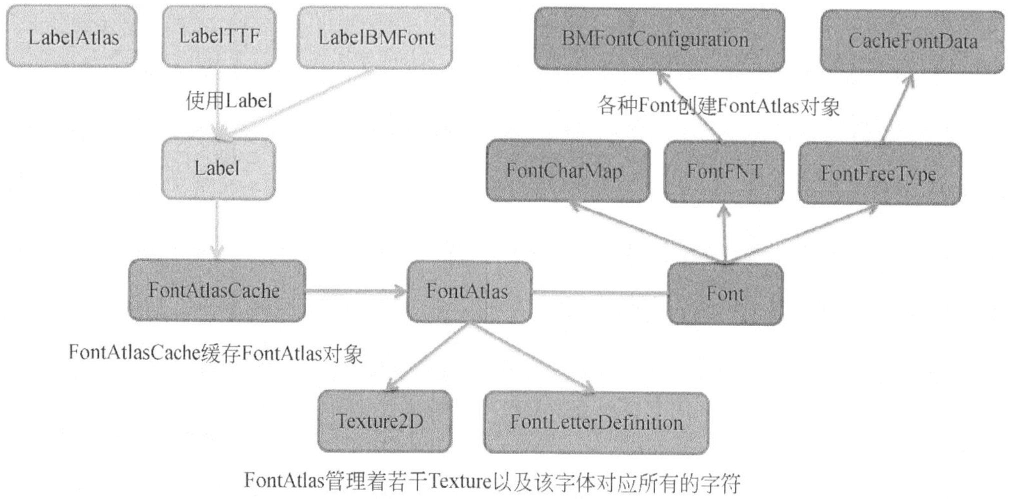

图 13-9　新 Label 框架

在 Label 框架的周边，FontAtlasCache 提供了 FontAtlas 的缓存管理，LabelTextFormatter 则提供了一些 Label 处理的静态辅助方法，如换行、对齐、Label 初始化等。

Label 部分以 Label 为核心，其中 LabelTTF 和 LabelBMFont 都是以 Label 对象为基础进行显示，当前版本的 LabelAtlas 继承于 AtlasNode，并使用 TextureAtlas 进行渲染，并没有继承 Label 的 CharMap。Label 继承于 BatchNode，当 Label 的类型不为 STRING_TEXTURE 时，也使用 TextureAtlas 进行渲染。

Font 直接继承于 Ref，存在 3 种类型的 Font，它们都继承于 Font，这 3 种类型之间最大的区别是创建 FontAtlas 的方式不一样，表示的字符集也不同。Font 定义了 GlyphCollection（字符集）、FontAtlas（文字图集），以及创建 FontAtlas 和设置 GlyphCollection 的接口。

FontCharMap 实现了 LabelAtlas 图片的解析，根据纹理、单字符的宽和高，以及起始字符创建一个 FontAtlas。也可以使用 Plist 文件来创建一个 FontCharMap。FontCharMap 会根据起始字符以及总字符自动计算该字体所能显示的字符，并创建 FontAtlas。

FontFNT 实现了 BMFont 的解析，根据 FNT 文件获得一个 BMFontConfiguration 对象，使用 BMFontConfiguration 和 Texture2D 来创建一个 FontFNT，在创建 FontFNT 时，使用 BMFontConfiguration 中解析到的所有文字及其对应的图片来创建 FontAtlas。

BMFontConfiguration 对应一个 FNT 文件的内容，实现了 FNT 格式解析，将所有的字符及字符对应的图片名、BMFontPadding 属性（文字的边距）以及 BMFontDef 属性（每个字符在图片中的位置等信息）保存起来，提供方便的获取接口（目前 BMFont 只支持单张纹理）。FNT 文件格式的详细介绍可参考 http://www.angelcode.com/products/bmfont/doc/file_format.html 网址。

FontFreeType 实现了 TTF 文件的解析，它使用第三方库 Freetype 来解析 TTF，其内部使用了一个 cache 来缓存 TTF 文件的信息，提供了获取 GlyphBitmap 的方法来得到指定文字的位图，并特殊处理了文字描边。Freetype 是一个开源的跨平台字体引擎，能够解析很多种文字格式。

FontAtlas 为每一种字体对应的图集，首先它缓存并管理了一系列 Texture2D 对象，以及每个字符的 FontLetterDefinition，FontLetterDefinition 定义了字符对应的纹理 ID、UV 坐标、在图片上的尺寸和偏移位置等信息。 Label 可以使用 FontAtlas 来方便地渲染文字。

13.2.2　运行流程

了解 Label 的运行流程等细节后，可以更高效地使用 Label。Label 的运行流程根据是否使用字集 FontAtlas 划分为两种，Label 中只有 STRING_TEXTURE 类型是不使用 FontAtlas 的，Label 的初始化流程是进行各种设置，并设置一些 Dirty 属性，最后在 Label 的 Visit 方法中，根据 Dirty 属性来调用 **updateContent** 进行刷新显示内容。

设置 Label 的显示效果、更新文字等，都会导致文本内容的 Dirty 属性被设置 true，最后触发 updateContent。下面来分析一下这两种流程，大致如图 13-10 所示。

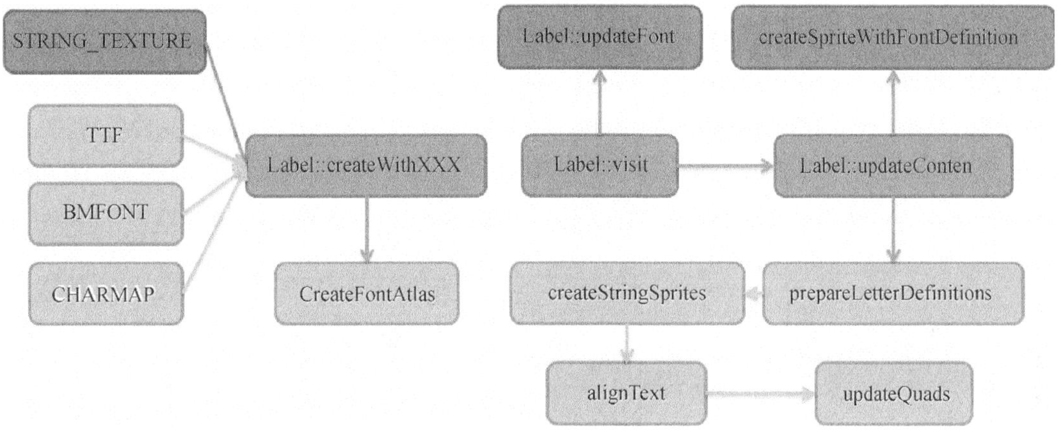

图 13-10　Label 运行流程

13.2.3　STRING_TEXTURE 类型 Label 的运行流程

STRING_TEXTURE 使用一个 textSprite 来显示文本，使用一个 shadowNode 来显示阴影（如果有阴影的话），在 createWithSystemFont 方法中，会先设置系统字体、尺寸、文本内容等相关属性。

在 Visit 中先执行 updateFont，这个方法会清除所有的 batchNode 以及 FontAtlas。然后在 updateContent 中移除 textSprite 以及 shadowNode（如果有），最后调用 createSpriteWithFontDefinition，使用 Texture2D::initWithString 来创建一个字符串纹理，并用该纹理创建 Sprite，赋值给 textSprite，并添加 textSprite 为子节点。

在 Visit 中，对于 STRING_TEXTURE 类型的渲染，Label 会执行 drawTextSprite，drawTextSprite 会根据当前的设置初始化阴影节点 shadowNode，并调用 Visit 方法，然后调用 visit textSprite 完成渲染，因为 textSprite 是用 Texture2D 创建的，作为一个 Sprite，只要

调用 visit 方法就可以正常地显示出来。

13.2.4　使用 FontAtlas 的 Label 的运行流程

TTF、BMFONT 和 CHARMAP 都是使用 FontAtlas 来渲染，所以它们的 create 方法会执行到对应的设置方法中，设置方法的第一步就是获取 **FontAtlas**。进行相应的初始化设置后，由 updateContent 根据设置更新显示内容。

FontAtlas 使用 SpriteBatchNode 进行渲染，Label 本身作为一个 SpriteBatchNode 并不直接用于渲染文字，而是管理更多的 SpriteBatchNode 以及 Letter 节点（调用 getLetter 拆出来的节点）。大家知道，每个 SpriteBatchNode 下面可以有很多的 Sprite，但它们只能共用同一张 Texture，因此在 FontAtlas 中存在同时使用多张图片的情况，在这里就通过多个 SpriteBatchNode 来管理它们。每个字符自身的 TextureId 决定了其绑定的 SpriteBatchNode。

在 updateContent 中先进行了水平字距调整的计算（两个字符之间的距离），使用 FontAtlas 的 Label 会走到 alignText 方法中，先移除所有 batchNode 的所有 Quads，然后调用 FontAtlas 的 **prepareLetterDefinitions** 方法，该方法可能会动态生成新的纹理（只对 TTF 生效）。在这里就会根据新的纹理来对应地创建 batchNode，并添加到自身的 batchNodes 容器进行管理。

接下来调用 LabelTextFormatter::createStringSprites 以及 LabelTextFormatter::alignText，来更新 Label 的字符信息，它们会根据当前的字符内容、设置、换行对齐等信息计算每个字符的显示位置以及显示内容等。最后调用 Label 的 recordPlaceholderInfo 记录到 Label 身上，并更新 Label 的 ContentSize。

接下来先更新 Letters 的信息（调用 getLetter 拆出来的节点），Letter 根据其在字符串中的位置为 TAG，当字符串变短了，首先要把超出的 Letter 移除，然后更新在显示范围内的 Letter 为新的字符（有可能不变）。

最后调用 updateQuads，遍历当前的 _lettersInfo 字符信息，这里是由 recordPlaceholderInfo 记录下的字符信息，将字符逐个调用其对应 BatchNode 的 insertQuadFromSprite 方法，插入到 BatchNode 中。这里并不创建新的 Sprite，而是使用同一个 Sprite 进行设置，将这个 Sprite 索引到不同的 Texture 和 TextureRect，**insertQuadFromSprite** 会根据这些信息插入一个个的 Quad 到 BatchNode 中。

在 Visit 中，使用 FontAtlas 的 Label 会调用 Label::draw 方法，其发送一条 CustomCommand 给 Render，这条命令执行时，会回调 Label::onDraw，在 onDraw 中进行各种 Shader 操作，并最终遍历 batchNode 容器，**执行 batchNode->getTextureAtlas()->drawQuads()来绘制所有的文字**。这里的 batchNode 容器中，包含了 Label 自身的 batchNode，其负责渲染所有的 Letter。

13.2.5　FontAtlas 的创建流程

在初始化使用 FontAtlas 的 Label 时，会根据 Label 的类型调用对应的 getFontAtlas 方法从 FontAtlasCache 中获取 FontAtlas，FontAtlasCache 将所有的 FontAtlas 都放到一个 Map 中进行管理，以一个字符串 FontAtlasName 为 FontAtlas 的 Key。字符串是根据字体文件名

字和 Label 类型生成的，用于匹配 FontAtlas。当找不到 FontAtlas 时，创建对应的 Font 对象来创建 FontAtlas 并添加到 Map 中进行管理。

FontAtlasName 的生成规则根据 Label 类型而有所不同，generateFontName 根据字体文件路径、字体大小、字符集，以及 DistanceField 属性生成 FontAtlasName。这里 TTF 类型的 Label 才会设置字体大小，CHARMAP 和 BMFONT 类型的 Label 默认将字体大小设置为 0。在字符集方面，TTF 类型使用的是 GlyphCollection::DYNAMIC，而其他两种类型的 Lable 使用的是 GlyphCollection::CUSTOM，并且 DistanceField 默认为 false。

根据前面的规则，CHARMAP 和 BMFONT 类型的 Label 只会根据文件名生成 FontAtlasName，例如，使用 getFontAtlasFNT 获取的 BMFONT 类型 Label 的 FontAtlasName 是这样的——"fonts/font01.fnt_CUSTOM_0"。

CHARMAP 拥有 3 个接口来创建 FontAtlas，这里需要特别注意，即使使用的是同一张图片来创建 Label，但是这 3 个入口会生成 3 个不同的 FontAtlas，因为它们的 FontAtlasName 是不一样的，虽然创建了不同的 FontAtlas，但由于纹理是用 TextureCache 进行管理的，所以并不会有 3 个纹理被创建。

TTF 类型的 Label 会根据字体文件、字体大小、DistanceField 属性、是否描边等属性来生成 FontAtlasName，所以同一个 TTF 文件有可能生成下面各种不同的 FontAtlas 对象，TTF 的 FontAtlas 没有 CHARMAP 的 FontAtlas 那么“和谐”，**每一个 TTF 文件的 FontAtlas 都会占一块内存。**

- "fonts/font02.ttf_DYNAMIC_32_outline_1" 尺寸为 32，描边为 1。
- "fonts/font02.ttf_DYNAMIC_df32_outline_0" 尺寸为 32，DistanceField 属性为 true，描边为 0。
- "fonts/font02.ttf_DYNAMIC_32_outline_0" 尺寸为 32，描边为 0。
- "fonts/font02.ttf_DYNAMIC_12_outline_12" 尺寸为 12，描边为 12。

CHARMAP 和 BMFONT 类型的 Label 最终使用的是图片文件，所以它们并没有生成新的图片，而是根据初始化的信息来计算 FontLetterDefinition，并添加到 FontAtlas 中。而 TTF 是由 FontFreeType 根据当前要显示的文本，动态生成的图片，与 STRING_TEXTURE 有些类似，但 **FontFreeType 生成的是图集**，是可以被复用的，而 STRING_TEXUTRE 生成的 Texture 是由 SystemFont 独占的纹理。

FontFreeType 封装了 freeType 的方法来解析 TTF 文件并生成图片，但图片的生成是由 FontAtlas::prepareLetterDefinitions 发起的。

FontAtlas::prepareLetterDefinitions 在**每次绘制新的 TTF 文本**时会被调用，其会判断是否有新的文字被显示，如果有则调用 FontFreeType 的 getGlyphBitmap 方法生成这个文字的图片，并渲染到当前的 page 中对应的位置上（每个 page 为一个 Texture2D）。

如果当前的 page 满了，则会创建一个新的 page 来存放。使用 FontFreeType 的 renderCharAt 方法在 page 上对应的位置绘图。目前，每个 page 的尺寸都是 512×512（在创建图片和渲染图片时，都会有额外的 new 和 delete 出现，这块引擎是可以进行优化的）。流程如图 13-11 所示。

FontFreeType 使用 TTF 文件生成图片，生成图片的功能是直接使用 freeType 库。FontFreeType 内部使用了一个 Cache 来缓存 TTF 文件的数据，每个引用到该字体的 FontFreeType 对象，都会对这块数据执行 retain 操作，在 FontFreeType 析构时对其执行

release 操作。FontFreeType 的生命周期跟随其创建的 FontAtlas 决定，而 FontAtlas 的生命周期又由 Label 以及 FontAtlasCache 决定。

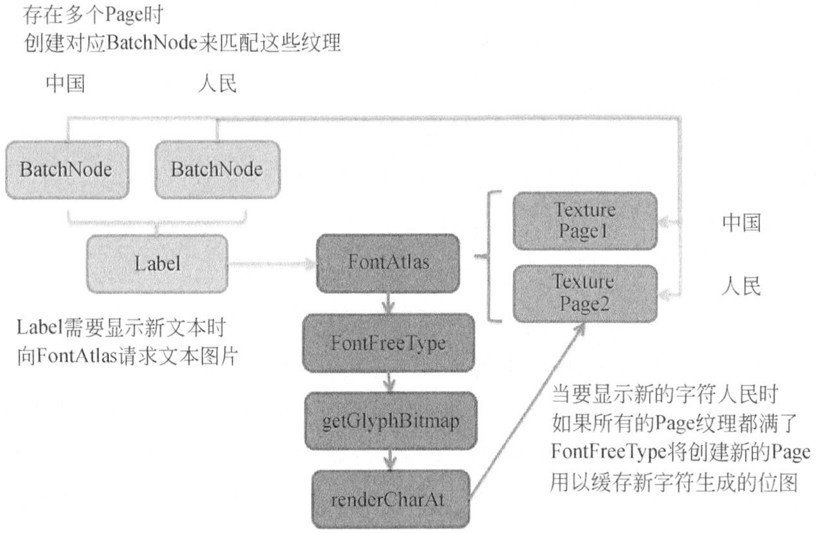

图 13-11　文字图集

当所有使用该 TTF 文件的 Label 被释放时，FontAtlasCache 以及 FontFreeType 内部的 Cache 都会自动清空。当 TTF 文件包含了中文或日文等语言时，会占用较多的内存空间。所有使用同一个 TTF 文件的 FontFreeType 对象会共用一份 TTF 文件数据。

TTF 文件数据是有必要缓存起来的，因为每次需要渲染新的文字时，都需要从 TTF 中解析对应文字的信息并生成图片。**当所有使用该 TTF 文件的 FontFreeType 对象都被析构时，TTF 文件占用的内存会被释放**（当 FontAtlas 会被频繁地创建和移除时，不妨对 FontAtlas 执行 retain 操作，以避免额外的 new 和 delete）。

13.3　关于中文显示

将中文写在代码里，在 Windows 下，由于 VS 默认文件编码格式的问题，会导致在 LabelTTF 中出现乱码，以及 LabelBMFont 崩溃的情况。Cocos2d-x 使用 UTF-8 编码。当文件保存为其他编码格式的时候，文件中的中文字符就会变成乱码。

LabelTTF 是调用系统底层的 API 直接输出文本的，如果文件编码不对，就会出现乱码，如图 13-12 所示。

图 13-12　中文乱码

LabelBMFont 是通过 fnt 字库文件、纹理来显示文字的，但如果使用了错误的编码，或者使用了字库之外的文字，那么程序就会崩溃，如图 13-13 所示。

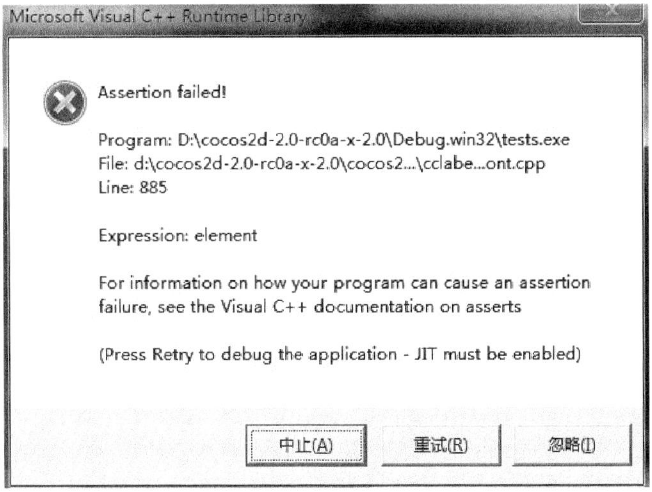

图 13-13　找不到文字

至于 LabelAtlas 的中文显示，则不存在问题，因为它没有中文显示，只能显示简单的 ASCII 码。

下面列举中文显示的 3 种方案，但是笔者参与的所有项目的中文显示都是用的第一种方案，包括参与的 U3D 项目，因为第一种方案会带来非常好的可维护性。

13.3.1　使用中文配置文件 csv/xml/plist

我们将中文放在 strings.plist 中，（也可以存放在 XML 和 CSV 文件下，使用 Notepad++ 等工具可以方便地编辑和转码）文件内容如下：

```
<?xml version="1.0" encoding="UTF-8"?>
<!DOCTYPE plist PUBLIC "-//Apple//DTD PLIST 1.0//EN" "http://www.apple.
com/DTDs/PropertyList-1.0.dtd">
<plist version="1.0">
    <dict>
        <key>chinese1</key>
        <string>美好的一天</string>
    </dict>
</plist>
```

然后在程序中动态地读取出来并显示，此时 LabelTTF 和 LabelBMFont 都是可以正常显示的，当然 LabelBMFont 本身字库要能够显示这些文字。下面是 Cocos2d-x 3.0 之前使用 Plist 文件的写法：

```
CCDictionary *strings = CCDictionary::dictionaryWithContentsOfFile
("fonts/strings.plist");
const char *chinese = ((CCString*)strings->objectForKey("chinese1"))->m_
sString.c_str();
CCLabelTTF *pLable = CCLabelTTF::labelWithString(chinese, "Marker Felt",
30);
```

下面是 Cocos2d-x 3.0 之后的写法：

```
auto strMap = FileUtils::getInstance()->getValueMapFromFile("fonts/
strings.plist");
auto lable = LabelTTF::create(strMap["chinese1"].asString(), "Marker Felt",
30);
```

13.3.2　将代码文件转为 UTF-8 编码

如果不得不把中文写在代码页面上（使用 VS 在 Xcode 下不会有问题），那么就需要“抱着一颗定时炸弹”，在 VS 的 UTF-8 编码下，奇数中文字符串的显示也会出现问题（如：中国可以正常显示，但中国人则显示异常）。在 VS 下可以使用带签名和无签名的 UTF-8 编码，无签名的 UTF-8 才可以显示正确的中文。

接下来让我们“开启这颗定时炸弹”，首先切换到要显示中文的文件，在文件菜单中选择“高级保存选项”，如图 13-14 所示。在弹出的对话框中，选择 UTF-8 无签名的编码格式，再单击“确定”按钮，如图 13-15 所示。

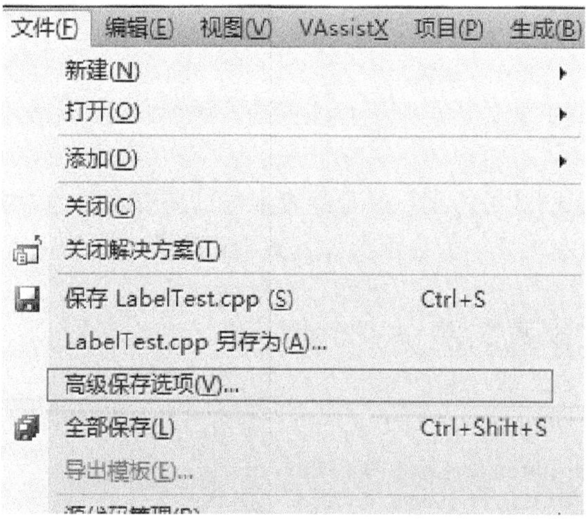

图 13-14　文件菜单

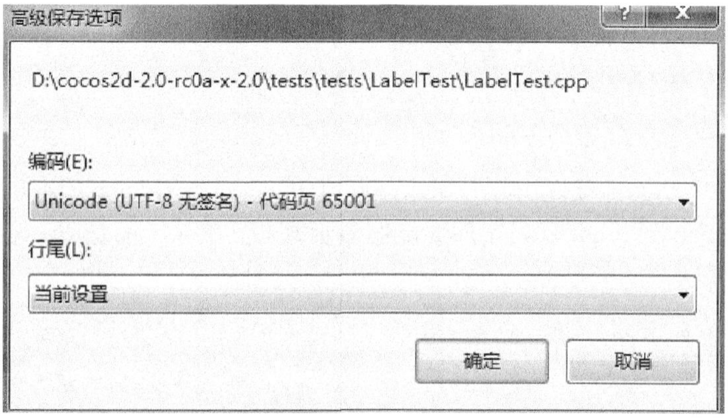

图 13-15 “高级保存选项”对话框

将格式设置为 UTF-8 无签名编码，编译会发现，编译不过去了，警告！这时候好好数一下中文字符，使它们总和为偶数，然后好好检查一下中文注释，在每一句中文注释的结尾处都加上半角的 3 个点，例如“...”，所以建议还是尽量不改编码格式。另外，这些问题在 Mac 下就不是问题了。

13.3.3　使用 iconv 转换中文

在 Cocos2d-x 中，提供一种第三方库的字符编码转换方式，就是 iconv，它是一个轻量级的编码转换库，在 VS 中默认的编码格式是 GB2312，而 Cocos2d-x 需要的是 UTF-8 编码，所以在显示中文的时候需要进行编码转换。

```
#include "iconv.h"
#define MAX_STR 128
//iconv 转换函数
int code_convert(char *from_charset,char *to_charset, const char *inbuf,
unsigned int inlen,char *outbuf, unsigned int outlen)
{
    iconv_t cd;
    const char *temp = inbuf;
    const char **pin = &temp;
    char **pout = &outbuf;

    //创建转换对象
    cd = iconv_open(to_charset,from_charset);

    if(cd==0) return -1;

    memset(outbuf,0,outlen);
    //编码转换
    if(iconv(cd,pin,&inlen,pout,&outlen)==-1)
        return -1;

    iconv_close(cd);

    return 0;
}
//GB2312 编码转换到 UTF-8
std::string g2u(const std::string &str)
{
    char retstr[MAX_STR];
    memset(retstr, 0, sizeof(retstr));
    code_convert("gb2312", "utf-8", str.c_str(), str.length(), retstr,
    sizeof(retstr));
    return string(retstr);
}
//UTF-8 编码转换到 GB2312
std::string u2g(const std::string &str)
{
    char retstr[MAX_STR];
    memset(retstr, 0, sizeof(retstr));
    code_convert("utf-8", "gb2312", str.c_str(), str.length(), retstr,
    sizeof(retstr));
    return string(retstr);
}
std::string text = g2u("大秦帝国");
LabelTTF* pLabel = LabelTTF::create(text.c_str(), "Arial", 12);
```

要使用 iconv 来转换编码，还需要指定头文件路径以及包含 libiconv.lib 库的文件。

13.4 造字工具

在使用 BMFont 的时候，我们可以非常轻易地写出各种华丽的文本，这归功于造字工具。造字工具一般生成一个 fnt 格式的文字索引文件，外加一个 PNG 格式的文字纹理文件，以便在程序中加载。常用的造字工具有以下几种，在这里简单介绍一下 BMFont 和 Hiero 的使用。

- **BMFont (Windows)** 网址 http://www.angelcode.com/products/bmfont。
- **Hiero** 网址 http://n4te.com/hiero/hiero.jnlp。
- Fonteditor 网址 http://code.google.com/p/fonteditor。
- Glyph Designer 网址 http://glyphdesigner.71squared.com/。
- LabelAtlasCreator 网址 http://www.cocos2d-iphone.org/forum/topic/4357。

13.4.1 使用 BMFont 工具

BMFont 造出来的文字比较简单，但可以在 Windows 下直接运行，其界面较简单（如图 13-16 所示），在使用 BMFont 的时候，需要经过以下几步。

（1）配置字体、字库以及要导出的文字属性。

（2）选择要导出的文字。

（3）将文字导出到 fnt 文件。

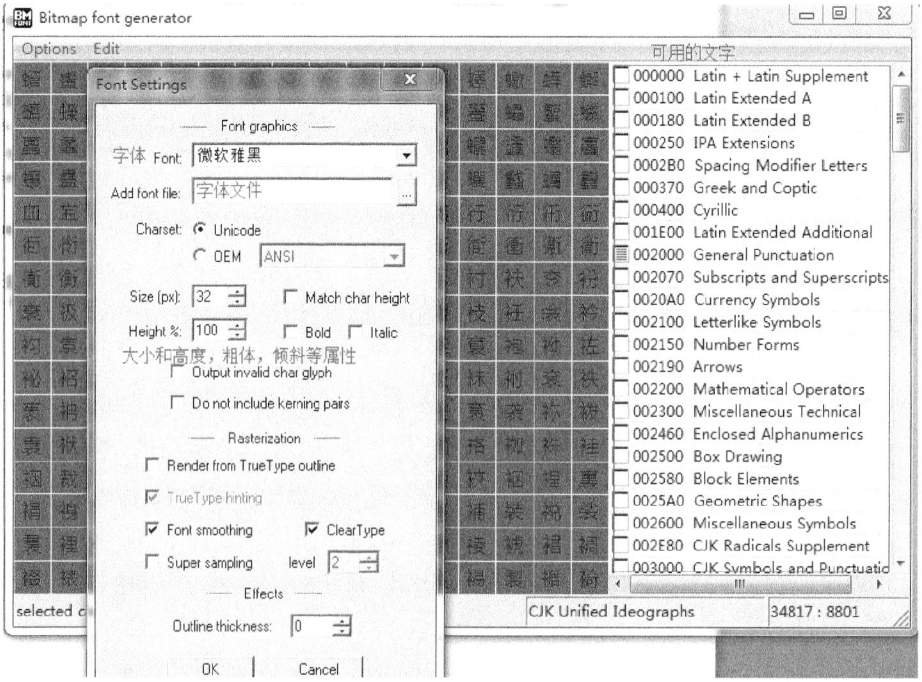

图 13-16　BMFont 工具

选择 Options 菜单中的 FontSettings 选项，可以看到图 13-16 所示的界面，假设要导出中文，在字体选择的时候，需要选择一个中文的字体，例如上面的微软雅黑、黑体、宋体之类，也可以在网上下载字库，然后通过 Add Font File 加载进来。在选择好字体之后，单击“确定”按钮，右边就会多出很多可用的文字。

单击这些新增加的文字，可以选中它们，导出的时候，会一次性将选中的文字全部导出，也可以选中右边的复选框，这样会将该选项对应的文字全部添加进来，如图 13-17 所示。

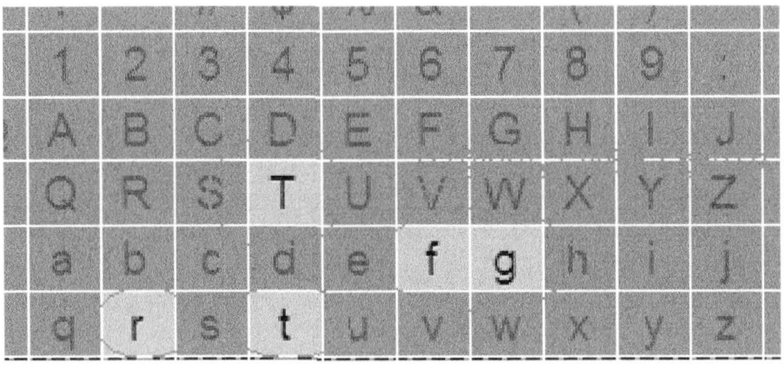

图 13-17　选中文字

选择 Options 菜单中的 Visualize 选项可以预览要导出的字体纹理，如图 13-18 所示。

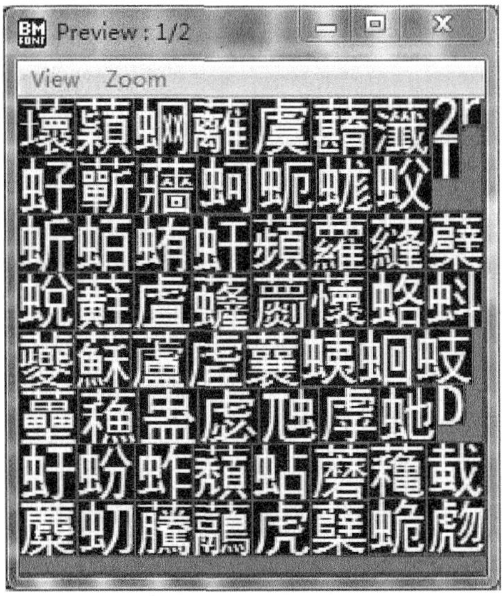

图 13-18　预览文字

前面介绍的这两种方法都不是好方法，第一种方法是一个一个选，太麻烦，第二种方法是一次性选中全部，纹理太大了，浪费磁盘空间和内存，并且会生成多张 PNG（因为一张 PNG 放不下那么多字）。目前 Cocos2d-x 也不支持多张 PNG 的 BMFont。

所以，BMFont 提供了第 3 种方法，通过导入文件的方法，可以将程序中要用到的文本放到一个 txt 文件中，选择 Edit 菜单的 Select chars from file 选项，再选择需要的 txt 文本，就可以在 BMFont 中导入这个文件，此时 BMFont 会自动选取 txt 文件中存在的字符作为将要导出的文字，如图 13-19 所示。

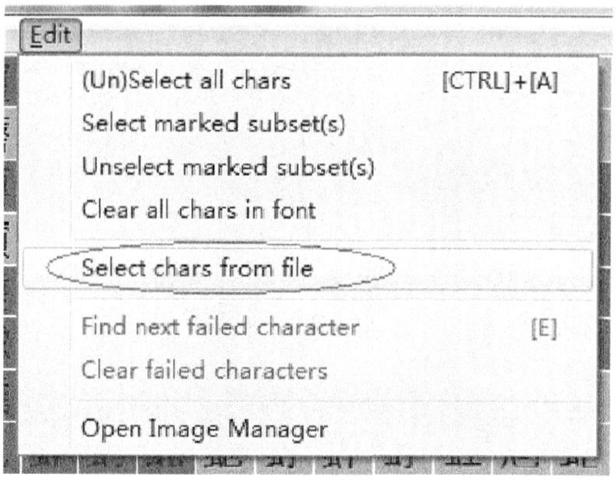

图 13-19　读取文件

如果使用导入文件这种方法（多数情况下都是用该种方法），应该将记录文本的文件保存，以便后续需要添加文字时，不会出现遗漏等问题。

13.4.2　使用 Hiero 工具

Hiero 是一个小巧而强大的造字工具，提供了丰富的效果可以应用在文字上，如设置颜色、渐变、描边、阴影等。

Hiero 下载下来直接可以使用，但运行 Hiero 需要 Java 环境，所以需要先安装 JRE。在 http://www.java.com/en/download/manual.jsp 下载地址中可以选择适合自己操作系统的 JRE 进行下载，此外也可以选择直接在网上搜索 JRE。

安装完 JRE 之后，还需要设置 Java 的安全等级，否则运行该程序时会被拒绝。在控制面板中找到 Java 设置，如果找不到，可能查看方式是以类别查看，单击右侧的“查看方式”下拉列表框，然后在其中选择“大图标”或“小图标”选项，如图 13-20 所示。

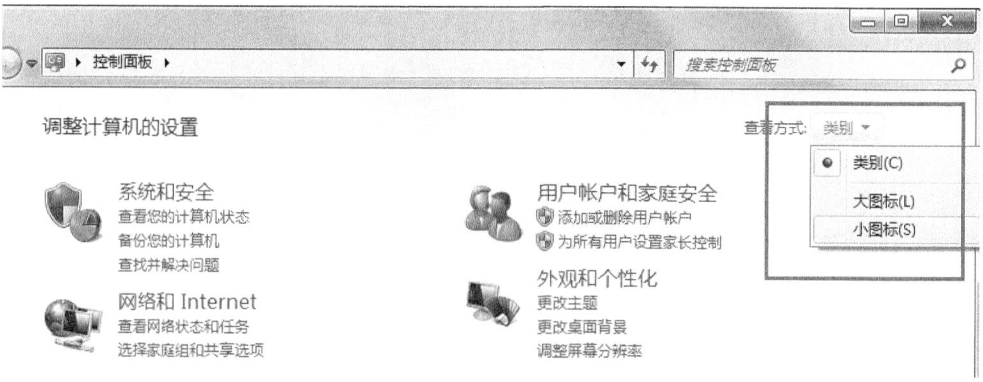

图 13-20　控制面板

找到 Java 图标之后打开它，在“安全”选项卡中，单击“编辑站点列表”按钮，会出现一个对话框，如图 13-21 所示，在其中单击“添加”按钮，在弹出的输入框中输入 Hiero 的网址 http://n4te.com/hiero/hiero.jnlp。

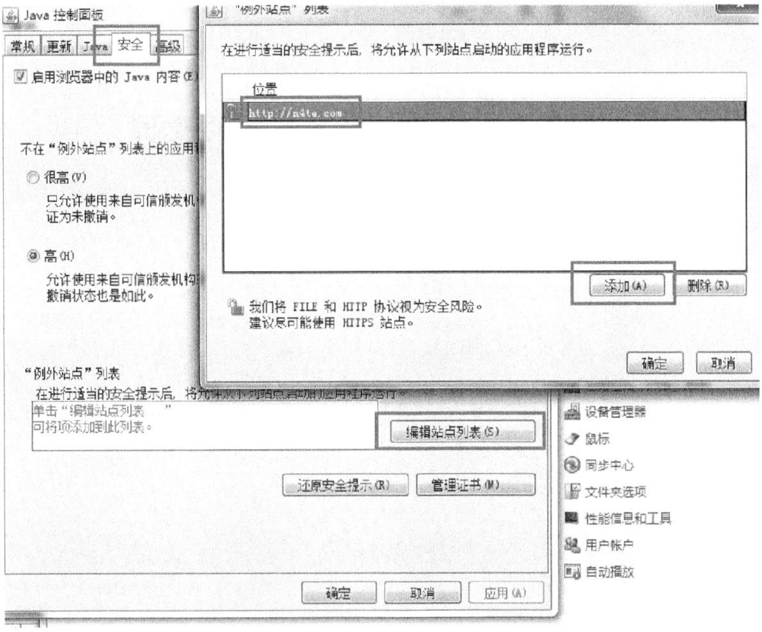

图 13-21　Java 安全设置

然后双击 Hiero 就可以打开了！界面效果如图 13-22 所示，包含了字体、文字、特效、渲染、边距等面板。

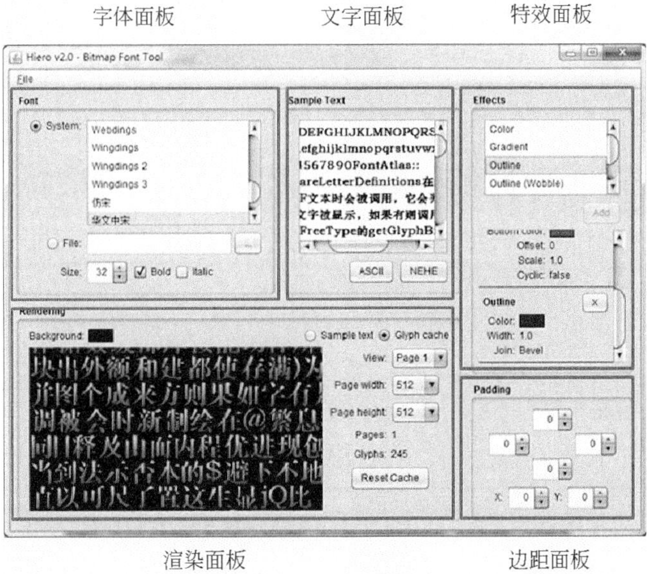

图 13-22　Hiero 界面

在字体面板中，可以选择系统字体，也可以选择自定义的 TTF 文件，另外也可以设置字体的大小，设置粗体或斜体。在文本面板中，可以插入要输出的文字，可以将 TXT 文件的内容粘贴进来。在特效面板中，可以为文字设置颜色、渐变色、描边、阴影等特效，并进行微调。在渲染面板中，可以看到文字的效果，并设置单张 PNG 的尺寸。在边距面板中，可以设置文字上下左右的间距。

编辑完之后，选择 File 菜单的 Save BMFont files（text）选项，或者按 Ctrl+B 快捷键，可以输出程序使用的 fnt 和 PNG 文件，如图 13-23 所示。

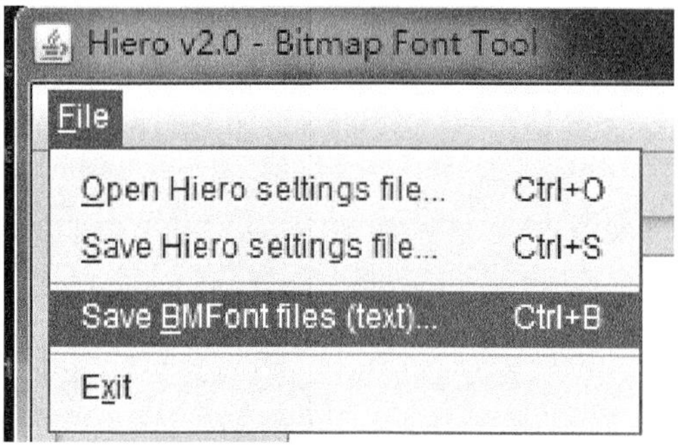

图 13-23　File 菜单

Open Hiero settings file 和 Save Hiero settings file 两个选项可以打开和保存 Hiero 设置，设置包含了当前选择的字体、特效、文字、边距等信息，相当于 Hiero 工程文件。

第 14 章　运 行 机 制

了解 Cocos2d-x 的运行流程，可以帮助你更好地使用 Cocos2d-x，对学习 Cocos2d-x 也是非常有帮助的。Cocos2d-x 可以运行在多个平台上，而为了在多个平台上运行，就需要将各个平台的差异封装起来，这虽然不简单，但也不复杂。

我们介绍 Cocos2d-x 的运行流程，需要分为两层来看，一层是 Cocos2d-x 内部的运行流程，另外一层就是接入各个平台的包装层。本章会简单介绍 Cocos2d-x 在最常用的几个平台下是如何工作的，以及 Cocos2d-x 的内部运行流程。本章主要介绍以下内容：

- Cocos2d-x 内部运行流程。
- Cocos2d-x 在 Windows 下的运行流程。
- Cocos2d-x 在 Android 下的运行流程。
- Cocos2d-x 在 iOS 下的运行流程。

14.1　Cocos2d-x 内部运行流程

Cocos2d-x 的运行流程主要被封装到 Application 和 Director 中，**Application 封装了平台相关的细节**，在不同平台有不同的实现。Application 关注于程序如何运行，以及平台与 Cocos2d-x 的对接，而 Director 则关注于游戏内部逻辑的执行，如场景和 Schedule 的刷新，以及游戏内容的渲染。二者携手控制了整个 Cocos2d-x 的运行流程。

14.1.1　Application 详解

在创建一个 Cocos2d-x 项目的时候，Cocos 会自动生成各个平台的代码，包括一个 HelloWorld 的场景以及 Application 的子类 AppDelegate 对象。AppDelegate 继承于 Application，是 Cocos2d-x 模板自动生成的类。Application 是一个平台相关的类，封装了操作系统的细节（当前系统语言、资源搜索路径、应用程序的主循环）。但 AppDelegate 是平台无关的类，虽然继承于 Application，可以在 AppDelegate 中填写对应的回调代码，或者增加新的方法扩展 AppDelegate。

在程序启动时，AppDelegate 将会被创建，AppDelegate 的 initGLContextAttrs 和 applicationDidFinishLaunching 回调会被执行，在 initGLContextAttrs 中初始化了 OpenGL 的设备配置。而在 applicationDidFinishLaunching 中，会对 Director 进行一些初始化，包括 OpenGL 的初始化，以及资源搜索路径、分辨率、FPS 配置等，然后创建并启动场景，当然，经常在这里修改要启动的场景。但 Director 和 OpenGL 的创建并不一定是由 AppDelegate 执行的，这里与平台相关。

可以在 applicationDidFinishLaunching 中添加一些开发者自己的初始化代码，将“全局”的初始化放在这里，而将“全局”的卸载，放到 AppDelegate 的析构函数中。为什么不将初始化放到构造函数中呢？因为很多初始化可能依赖于 Director 以及 OpenGL，如要预加载一些纹理，如果在 OpenGL 和 Director 初始化之前调用，则初始化就会失败。如果初始化涉及 OpenGL，如预加载一些纹理，那么务必在 OpenGL 完成初始化之后再调用，切忌将代码放在 applicationDidFinishLaunching 函数开头处。如果初始化涉及 HD 资源的路径，则在设置完路径之后再调用初始化。默认生成的 AppDelegate 在 applicationDidFinishLaunching 中执行的任务如下：

- 调用 GLViewImpl::create()创建窗口和 OpenGL 环境，以及分辨率（可以在此调整分辨率适配规则）。
- 设置不同分辨率资源的搜索路径。
- 设置游戏的帧率以及左下角的 FPS 提示开关。
- 让 Director 执行第一个场景。

在程序的更新中，会按照设定的帧频来调用 director 的 mainLoop，也就是逻辑的主循环，并抛出各种输入事件，如鼠标、键盘、触屏等事件。

在程序从前台切换到后台时，applicationDidEnterBackground 会被回调，在这里需要停止动画和音效的播放。在程序从后台切换到前台时，applicationWillEnterForeground 会被回调，在这里需要恢复被停止播放的动画和音效。

前面介绍的四个时机，**程序启动、程序更新以及前后台的相互切换是平台相关的**，在不同平台中，触发的时机不同，执行的流程也不一样，所以这里只介绍在这个时机下 Cocos2d-x 执行了什么，而不讨论这个时机本身。

Application 是个特殊的单例，与一般的单例有两点不同，单例的创建并非由 getInstance 创建，而是由 Cocos2d-x 进行 new 来创建，并且 Application::getInstance 返回的是子类 AppDelegate 的指针，AppDelegate 只允许被实例化一次（重复实例化会触发 sm_pSharedApplication 的断言），当它被实例化时（也就是构造函数被调用的时候），getInstance 的返回值 sm_xxx 变量被设置为 this，而这时的 this 实际是子类对象，因为子类对象创建时会调用父类的构造函数，但此时父类的 this 实际上是子类对象。

```
Application::Application()
: _instance(nullptr)
, _accelTable(nullptr)
{
    _instance = GetModuleHandle(nullptr);
    _animationInterval.QuadPart = 0;
    //断言，只允许初始化一次
    CC_ASSERT(! sm_pSharedApplication);
    //this 指针为子类对象
    sm_pSharedApplication = this;
}
```

Application 的其他职责包含当前平台和当前语言的识别，getTargetPlatform 方法会返回当前的操作系统平台，返回值是 Platform 枚举。getCurrentLanguage 可以返回当前使用的系统语言，来帮助做一些国际化处理。

```
//查询当前的操作系统，返回系统枚举
```

```
virtual Platform getTargetPlatform();
//查询当前的系统语言，返回语言枚举
virtual LanguageType getCurrentLanguage();
//查询当前的系统语言，返回语言名称
virtual const char * getCurrentLanguageCode();
```

有时希望做一些平台的预处理，那么 getTargetPlatform 方法就不适用了，通过判断下面的预定义是否存在可以判断当前平台。

- CC_PLATFORM_MAC
- CC_PLATFORM_IOS
- CC_PLATFORM_ANDROID
- CC_PLATFORM_WIN32
- CC_PLATFORM_LINUX
- CC_PLATFORM_BADA
- CC_PLATFORM_BLACKBERRY
- CC_PLATFORM_WINRT
- CC_PLATFORM_WP8

也可以判断 CC_TARGET_PLATFORM，是否为前面的这些定义，代码如下：

```
#if (CC_TARGET_PLATFORM == CC_PLATFORM_WIN32)
XXXXXXXXXXXXXX
#endif
```

14.1.2 Director 详解

Director 是一个完全与平台无关的类，在 Cocos2d-x 中，负责维护整个游戏的执行，同时管理着一大堆资源，如 Schedule、触摸、重力感应。对用户而言，其就相当于一个大管家，通过这个大管家来控制游戏的运行状态，来使用其各种资源。Director::mainLoop 在游戏的主循环的每一帧中都会调用，在主循环中执行以下流程。

（1）检测是否退出，如果退出，结束当前场景，释放所有单例，清理 OpenGL。

（2）否则对当前场景进行渲染。

mainLoop 函数是 Director 的子类，在 DisplayLinkDirector 中实现的，这里先判断是否退出游戏，在正常运行的情况下，调用 drawScene 进行场景的渲染以及游戏逻辑的执行，在最后可以看到一个 PoolManager 的 clear 函数调用，该函数就是让很多人不解的 autorelease 的生效的地方，所谓 autorelease，就是在这一帧处理完成之后（drawScene），进行一次 release 操作。

```
void DisplayLinkDirector::mainLoop()
{
    if (_purgeDirectorInNextLoop)
    {
        _purgeDirectorInNextLoop = false;
        purgeDirector();
    }
    else if (! _invalid)
    {
        drawScene();
        //释放这些对象
```

```
        PoolManager::getInstance()->getCurrentPool()->clear();
    }
}
```

前面的 mainLoop 中直接调用了 drawScene 函数，顾名思义，在该函数里渲染了场景 ，Director 执行渲染的流程如下：

- ❑ 调用 glClear 清除颜色缓冲区和深度缓冲区，相当于清空显示内容。
- ❑ 如果游戏没有暂停，则执行 schedule 的 update。
- ❑ 如果设置了新场景，则切换到新场景。
- ❑ 获取当前场景的摄像机列表，对非默认摄像机进行渲染，最后再渲染默认摄像机（多个摄像机的情况下，默认摄像机的显示优先级最高）。
- ❑ 摄像机的渲染流程为投影矩阵入栈，设置当前要渲染的摄像机的投影矩阵，Visit 访问当前场景（会将需要渲染的东西发送到渲染器），调用渲染器进行渲染，投影矩阵出栈。
- ❑ 访问 notificationNode（notificationNode 作为通知节点，不显示）。
- ❑ 如果开启了 FPS 状态提示，会在最后渲染左下角进行状态提示。
- ❑ 调用 GLViewImple::swapBuffers()交换缓冲区，刷新屏幕上的内容。

可以发现，除了渲染之外，drawScene 还驱动了场景切换，以及 schedule 更新的逻辑，schedule 的更新会驱动 Action 进行更新。那么应如何使用 Director 呢？

- ❑ 管理场景的执行、替换和场景栈。
- ❑ 提供 FPS 控制以及 FPS 详情显示开关。
- ❑ 管理游戏以及游戏动画的暂停、恢复和结束。
- ❑ 管理游戏的视口、窗口坐标转换和场景缩放。
- ❑ 管理 EventDispatcher、Scheduler 和 TextureCache 等公共资源。
- ❑ Alpha 混合以及深度测试的开关。
- ❑ 管理模型、纹理和投影矩阵。

14.2　Cocos2d-x 在 Windows 下的运行流程

Windows 将应用程序分为控制台应用程序和窗口应用程序两种，二者的区别主要是入口函数不同，而 Cocos2d-x 程序属于窗口应用程序，其入口函数是 winMain 函数，位于 HelloCpp 下的 win32 目录下，main.cpp 启动了 Cocos2d-x，代码如下。

```
int APIENTRY _tWinMain(HINSTANCE hInstance,
                       HINSTANCE hPrevInstance,
                       LPTSTR    lpCmdLine,
                       int       nCmdShow)
{
    UNREFERENCED_PARAMETER(hPrevInstance);
    UNREFERENCED_PARAMETER(lpCmdLine);

    //创建 Application 单例
    AppDelegate app;
    return Application::getInstance()->run();
}
```

_tWinMain 函数作为入口，在函数中实例化 AppDelegate 对象，并调用 Application::run()，在这里调用 app.run 也是一样的。Windows 下，在 Application::run()中，Cocos2d-x 依次做以下几件事：

（1）设置 OpenGL 属性。

（2）回调 AppDelegate::applicationDidFinishLaunching（创建 OpenGL 窗口等）。

（3）循环至 OpenGL 窗口即将被关闭（调用了 Director::end()或强制关闭了窗口）。

（4）在循环中对帧率进行控制，执行 Director::mainLoop()和 GLView::pollEvents()。

（5）如果强制关闭了窗口，会调用 Director::end 和 Director::mainLoop 来完成清理工作（正常的关闭是 end）。

可以看到，Windows 下，Application 的 run 方法触发了 Cocos2d-x 的启动以及更新。在了解了 Cocos2d-x 在 Windows 下如何创建、如何运行、如何结束之后，我们再来了解一下前后台的切换以及键盘单击等事件如何传递到 Cocos2d-x 中。在 Windows 下，applicationDidFinishLaunching 中，GLViewImpl::create 调用了 glfwCreateWindow 创建了窗口（该函数为跨平台 OpenGL 窗口库 GLFW 的一个方法），并设置了窗口的各种回调，调用了 glewInit 初始化 OpenGL，并检查了当前系统是否支持 OpenGL2.0。我们设置的回调，会在窗口接收到各种消息的时候触发。

首先是前后台的概念，在 Windows 下，将一个应用程序缩小到任务栏时，就会触发进入后台的消息；将一个应用程序从任务栏中放大回来，就是触发进入前台的消息；将窗口拖动，或者激活其他窗口，并不会触发前后台的切换消息。当创建完窗口之后，可以使用 glfwSetWindowIconifyCallback 函数对窗口_mainWindow 设置了前后台的切换回调。

```
glfwSetWindowIconifyCallback(_mainWindow,
GLFWEventHandler::onGLFWWindowIconifyCallback);
```

在 GLFWEventHandler::onGLFWWindowIconifyCallback 中，调用了_view 的 onGLFW-WindowIconifyCallback 方法，这里的_view 指的是 GLViewImpl 指针，在 GLViewImpl 的构造函数中，将指针设置到 GLFWEventHandler 的静态变量_view 中，在 GLViewImpl 的析构函数中再将其置空。

```
static void onGLFWWindowIconifyCallback(GLFWwindow* window, int iconified)
{
    if (_view)
    {
        _view->onGLFWWindowIconifyCallback(window, iconified);
    }
}
```

在 GLViewImpl 的 onGLFWWindowIconifyCallback 中，最终调用了 Application 的 applicationDidEnterBackground 和 applicationWillEnterForeground 函数，将前后台切换的消息通知到 Cocos2d-x 中。

```
void  GLViewImpl::onGLFWWindowIconifyCallback(GLFWwindow*  window,  int
iconified)
{
    if (iconified == GL_TRUE)
    {
        Application::getInstance()->applicationDidEnterBackground();
    }
```

```
    else
    {
        Application::getInstance()->applicationWillEnterForeground();
    }
}
```

鼠标与键盘消息也类似，通过 GLFW 的函数注册回调，最后在回调中执行 GLViewImpl 中相应的方法，在 GLViewImpl 的 onGLFWMouseCallBack 和 onGLFWMouseMoveCallBack 中处理了鼠标相关的消息，将 GLFW 发过来的消息转换成 EventMouse，然后获取 Director 的 EventDispatcher，执行其 dispatchEvent 将事件传递到 Cocos2d-x 引擎中。

onGLFWKeyCallback 和 onGLFWCharCallback 则处理来自操作系统的键盘消息，键盘消息需要被派发到 IMEDispatcher 中，这里就不再详述了。

```
IMEDispatcher::sharedDispatcher()->dispatchInsertText( utf8String.c_str
(), utf8String.size() );
```

在这里对 Windows 的运行流程做一个小结，在 WinMain 函数中创建了 Application，而在 Application 的 run 方法中，执行了 AppDelegate 的启动方法，并实现了游戏的主循环及游戏退出。对于 Windows 下的 OpenGL 窗口创建和窗口消息，都是由 GLFW 提供的支持，并在处理窗口消息的回调中，将消息翻译并转发给 Cocos2d-x。

14.3　Cocos2d-x 在 Android 下的运行流程

Android 下的运行流程与 Windows 大不一样，Android 程序主要是使用 Java 进行开发的，使用了 JNI 技术来实现 C++和 Java 语言的互调，使 Cocos2d-x 的 C++代码能够在 Android 下执行，此外，Cocos2d-x 还封装了一个 Java 包，用于 Cocos2d-x 对接 Android 平台。接下来来简单分析一下 Cocos2d-x 在 Android 下的运行流程。

14.3.1　启动游戏

Android 的入口并不是一个 Main 函数，而是一个 Activity，一个 Android 应用程序可以有多个 Activity，可以将 Activity 简单理解为窗口。那么哪个 Activity 是 Android 程序的入口呢？答案是 **AndroidManifest.xml 配置文件中所配置的第一个 Activity**，配置文件通过配置具体 Activity 的类名来指定 Activity。

Cocos2d-x 的 Android 应用程序往往只有一个 Activity，因为不需要其他的窗口。在 Cocos2d-x 生成的 Android 项目中，会自动以项目名生成一个 Activity，在 3.x 版本中统一为 AppActivity，并配置为程序的入口。AndroidManifest.xml 配置文件是 Android 应用程序非常重要的一个配置文件，在后面的章节中还会详细介绍。

```
<?xml version="1.0" encoding="utf-8"?>
<manifest xmlns:android="http://schemas.android.com/apk/res/android"
      package="org.cocos2dx.cpp_empty_test"
      android:versionCode="1"
      android:versionName="1.0">
```

```
    <uses-sdk android:minSdkVersion="9"/>
    <uses-feature android:glEsVersion="0x00020000" />

    <application android:label="@string/app_name"
        android:icon="@drawable/icon">
        <!--告诉 Cocos2dxActivity，我们的 so 的名字是 cpp_empty_test-->
        <meta-data android:name="android.app.lib_name"
                   android:value="cpp_empty_test" />

        <!--入口 Activity 的配置，对应的类名为 AppActivity，窗口全屏无标题栏，水平
        朝向-->
        <activity android:name=".AppActivity"
                  android:label="@string/app_name"
                  android:screenOrientation="landscape"
                  android:theme="@android:style/Theme.NoTitleBar.Fullsc
                  reen"
                  android:configChanges="orientation">

            <!--Intent 参数，Intent 也是 Android 的一个重要概念-->
            <intent-filter>
                <action android:name="android.intent.action.MAIN" />
                <category android:name="android.intent.category.LAUNCHE
                R" />
            </intent-filter>
        </activity>
    </application>

    <!--关于屏幕分辨率支持的配置-->
    <supports-screens android:anyDensity="true"
                      android:smallScreens="true"
                      android:normalScreens="true"
                      android:largeScreens="true"
                      android:xlargeScreens="true"/>
</manifest>
```

自动生成的入口 Activity 或者说 AppActivity 本身继承于 Cocos2dxActivity，当 Android 程序启动时，会先创建它，于是 Cocos2dxActivity 的 onCreate 会被执行，整个程序的入口就在此处。在回调了父类，也就是 Activity 类的 onCreate 函数之后，调用了 onLoadNativeLibraries 来加载 C++逻辑代码，C++代码会被编译成一个 so，也就是 Linux 系统下的动态链接库，然后在 Android 中加载这个 so。在 Android 项目目录下的 jni 目录中的 Android.mk 文件描述了这个 so 生成的规则。

```
protected void onLoadNativeLibraries()
{
    try
    {
        ApplicationInfo ai = getPackageManager().getApplicationInfo
        (getPackageName(), PackageManager.GET_META_DATA);
        Bundle bundle = ai.metaData;
        //根据 AndroidManifest 中的 meta-data 属性，获取到 android.app.lib_name
        属性的值
        //也就是 cpp_empty_test，然后加载这个 so
        String libName = bundle.getString("android.app.lib_name");
        System.loadLibrary(libName);
    } catch (Exception e)
    {
        e.printStackTrace();
```

```
    }
}
```

加载完之后可以在 Java 中通过 JNI 调用 C++的 native 函数，此时 Cocos2dxActivity 进行了一系列的初始化，初始化了 Cocos2dxHandler、Cocos2dxHelper、Cocos2dxVideoHelper、Cocos2dxWebViewHelper 以及其自身。Cocos2dxHandler 只是保存了 Cocos2dxActivity 的实例，并提供了一些弹出窗口的方法，Cocos2dxHelper 则创建了各种资源，如重力感应 Cocos2dxAccelerometer，音乐音效 Cocos2dxMusic 和 Cocos2dxSound，以及初始化了一些全局变量，并提供了一些辅助接口。

在 Cocos2dxActivity 自身的初始化中，创建了 OpenGL 视图 Cocos2dxGLSurfaceView，并添加到一个 FrameLayout 中，FrameLayout 是一个窗口的布局，一个布局中可以包含一组可显示的 UI 内容。接下来调用 getGLContextAttrs 获取 OpenGL 配置参数并保存，为 Cocos2dxGLSurfaceView 创建并设置好 Cocos2dxRenderer 和 Cocos2dxEditText，最后调用 setContentView 设置 FrameLayout，该操作会使 FrameLayout 作为 Activity 的显示内容进行显示。

getGLContextAttrs 是一个 native 方法，会调用 Cocos2dx 封装的 C++native 方法 Java_org_cocos2dx_lib_Cocos2dxActivity_getGLContextAttrs，在这个方法中，调用了 cocos_android_app_init 方法，该方法在 Android 目录下的 jni 目录下的 main.cpp 中实现，该方法中创建了 AppDelegate 指针，当创建 AppDelegate 对象的时候，Application 的 getInstance 将会返回 AppDelegate 指针。

在为 Cocos2dxGLSurfaceView 设置 Cocos2dxRenderer 时，创建了一个 Cocos2dxRenderer 对象，这个时候 AppDelegate 已经被创建出来了，在 Cocos2dxRenderer 的 onSurfaceCreated 回调中，执行了 nativeInit 函数，该函数对应 C++ 中的 Java_org_cocos2dx_lib_Cocos2dxRenderer_nativeInit 原生函数。在该函数中调用了 cocos2d::Application::getInstance()->run()，Android 下 Application 的 run 方法并进行主循环，只是执行了 applicationDidFinishLaunching 回调，游戏的逻辑将由 Cocos2dxRenderer 的 onDrawFrame 进行驱动。到这里，Android 应用程序的启动阶段就结束了。

14.3.2 游戏事件与主循环

前面介绍的 Cocos2dxXXX 对象都是 Cocos2d-x 封装的 Java 类，作为 Java 到 Cocos2d-x 的中间层，通过 JNI 实现在 Java 和 Cocos2d-x 之间的通信。

Cocos2dxGLSurfaceView 继承于 GLSurfaceView，GLSurfaceView 是 Android 的 OpenGL 视图，建立了 Android 的 View 和 OpenGLES 之间的联系，用于在 Android 中显示 OpenGL，Cocos2dxGLSurfaceView 在此基础上处理了文本的输入、游戏的主循环、暂停和恢复，以及触摸消息和按键消息。但这些消息在进行封装之后，最终会统一由 Cocos2dxRenderer 来转发给 Cocos2d-x 进行处理。

在 Cocos2dxGLSurfaceView 的初始化中，创建了 Cocos2dxTextInputWraper，实现了 TextWatcher 和 OnEditorActionListener 接口，在这些接口中接收了 Android 的文本输入消息，并回调 Cocos2dxGLSurfaceView 的相关接口，如 insertText、deleteBackward 等。而这些接口的处理仅仅是简单地转发给 Cocos2dxRenderer，由 Cocos2dxRenderer 的 native 函数

通知到 Cocos2d-x 游戏中。当切换到输入状态时，前面在 Cocos2dxActivity 中创建的 Cocos2dxEditText 将会显示出来，而这时 Cocos2dxTextInputWraper 也将会被注册到 Cocos2dxEditText 上，以监听用户进行文本编辑的事件。

切换到输入状态这一动作，是在 Cocos2d-x 层的 C++代码中触发的，引擎的底层会调用 GLViewImpl 的 setIMEKeyboardState 方法，通过 setKeyboardStateJNI 函数来调用 Java 端的方法，在 jni 目录下的 IMEJni.cpp 中，实现了调用 Cocos2dxGLSurfaceView 的 openIMEKeyboard 和 closeIMEKeyboard 函数来控制输入框的弹出和关闭。下面是 setKeyboardStateJNI 的实现代码：

```
void setKeyboardStateJNI(int bOpen)
{
    if (bOpen)
   {
        openKeyboardJNI();
   } else
   {
        closeKeyboardJNI();
   }
}
void openKeyboardJNI()
{
    JniMethodInfo t;
    if (JniHelper::getStaticMethodInfo(t, "org/cocos2dx/lib/
   Cocos2dxGLSurfaceView", "openIMEKeyboard", "()V")) {
        t.env->CallStaticVoidMethod(t.classID, t.methodID);
        t.env->DeleteLocalRef(t.classID);
    }
}
void closeKeyboardJNI()
{
    JniMethodInfo t;
    if (JniHelper::getStaticMethodInfo(t, "org/cocos2dx/lib/
    Cocos2dxGLSurfaceView", "closeIMEKeyboard", "()V")) {
        t.env->CallStaticVoidMethod(t.classID, t.methodID);
        t.env->DeleteLocalRef(t.classID);
    }
}
```

openKeyboardJNI 和 closeKeyboardJNI 通过 getStaticMethodInfo 获取了 Cocos2dxGL-SurfaceView 的静态方法，然后调用执行。JNI 技术在后面会详细介绍。在 Cocos2dxGL-SurfaceView 的 openIMEKeyboard 和 closeIMEKeyboard 函数中，封装了一个消息，发送给了自己的 sHandler 对象。sHandler 对象的 handleMessage 方法会被触发，根据传入的 msg 参数，决定执行打开还是关闭操作，会为 Cocos2dxEditText 设置或注销 Cocos2dxTextInputWraper，并通过 Context 获取系统服务 INPUT_METHOD_SERVICE，得到 InputMethodManager 对象，调用该对象的 showSoftInput 及 hideSoftInputFromWindow 方法来控制输入框界面的开启和关闭。

```
public static void openIMEKeyboard()
{
    final Message msg = new Message();
    msg.what = Cocos2dxGLSurfaceView.HANDLER_OPEN_IME_KEYBOARD;
    msg.obj = Cocos2dxGLSurfaceView.
    mCocos2dxGLSurfaceView.getContentText();
```

```
    Cocos2dxGLSurfaceView.sHandler.sendMessage(msg);
}

public static void closeIMEKeyboard()
{
    final Message msg = new Message();
    msg.what = Cocos2dxGLSurfaceView.HANDLER_CLOSE_IME_KEYBOARD;
    Cocos2dxGLSurfaceView.sHandler.sendMessage(msg);
}
```

由于 Cocos2dxGLSurfaceView 继承于 GLSurfaceView，所以本身可以重写父类的一些接口：

- onResume：程序恢复。
- onPause：程序暂停。
- onTouchEvent：点击事件。
- onSizeChanged：屏幕尺寸变化事件。
- onKeyDown：物理按键点击事件。

这些事件在 Cocos2dxGLSurfaceView 捕获到之后，都会调用 Cocos2dxRenderer 相应的 native 方法，转发到 Cocos2d-x 中。这些 native 方法的实现位于 Cocos2d-x 引擎中的 platform/android/jni 目录下。这些 native 方法会调用 Application 的回调，通过 EventDispatcher 发送消息。

例如屏幕单击事件，当在屏幕上点击时，Cocos2dxGLSurfaceView 的 onTouchEvent 会被回调（这是 Android 系统的 GLSurfaceView 的虚函数），在回调中调用 Cocos2dxRenderer 的 handleActionDown/Up/Cancel/Move 等方法，将得到的触摸信息 MotionEvent 进行简单封装后传入（MotionEvent 封装了非常详细的触摸信息，如屏幕触摸的压力，可以调用 MotionEvent 对象的 getPressure 方法）。在 handleActionXXX 中，又会调用 nativeTouchesBegin/End/Move/Cancel 等方法，在这些原生方法中（位于 TouchesJni.cpp），通过 Director 获取 OpenGLView，并调用其 handleTouchesXXX 系列方法。到这里，剩下的流程就和其他平台一样了，都是通过 EventDispatcher 发送触摸消息，对应的 Listener 监听处理，也就是在游戏中注册的触摸回调监听对象。

Android 的每次渲染都会调用 Cocos2dxRenderer 的 onDrawFrame，在这个方法中执行逐帧的逻辑及 OpenGL 的渲染，在这里会根据系统事件来计算 Delta，根据设定的帧频来调用 nativeRender，nativeRender 的实现只有一行代码，就是调用 Director 的 mainLoop，mainLoop 中执行了逐帧更新的游戏逻辑，以及游戏的渲染。

```
JNIEXPORT void JNICALL Java_org_cocos2dx_lib_Cocos2dxRenderer_
nativeRender(JNIEnv* env)
{
    cocos2d::Director::getInstance()->mainLoop();
}
```

14.4　Cocos2d-x 在 iOS 下的运行流程

iOS 程序需要使用 Objective-C 语言进行开发，在高级卷的跨平台开发内容中会简单介绍 Objective-C 语言的语法基础。与 Android 不同的是，在 Objective-C 中可以直接调用 C++

语言，Objective-C 文件后缀为.m，但如果使用.mm 作为文件后缀，即可在这个文件中进行 Objective-C 代码与 C++代码的互调。

在 Mac 上使用 Cocoa 架构来编写程序，而在 iOS 上使用的是 Cocoa Touch 架构，二者就好比 OpenGL 和 OpenGL ES，一个是专门用于移动设备开发的版本。Cocos2d-x 也是从 Cocoa 架构发展而来的，为什么称为架构呢？因为该架构下包含了几大框架（或者说类库），有 Foundation、AppKit（Cocoa）及 UIKit（Cocoa Touch）。

iOS 程序的界面功能在这里是基于 UIKit 框架实现的，AppKit 用于开发 Mac 程序，这两个库实现了 iOS 和 Mac 平台下的窗口界面及交互功能。

而 Foundation 是通用的基础类库，提供了如 NSString、NSDictionary 和 NSArray 这样的基础容器。

Cocoa 架构使用了 MVC 模式，开发者将会在各种 Controller 中操纵整个程序的视图以及模型。程序的入口位于 main.m 下的 main 函数中，在该函数中，调用了使用 UIKit 的 UIApplicationMain 方法来创建 UIApplication 实例（这里与 Cocos2d-x 中的 Application 概念相似，AppKit 使用的方法是 NSApplicationMain）。在该方法中传入字符串 @"AppController"，指定程序的主控制器是 AppController 这个类，虽然这里传的是字符串，但 Cocoa 框架底层应该是使用了预处理之类，将字符串转换为代码，指定到 AppController 这个类，@是 Objective-C 语言的特色。

14.4.1　启动游戏

在 UIApplication 启动完成之后，AppController 的 didFinishLaunchingWithOptions 方法将会被调用，在调用之前，我们定义了一个 AppDelegate 的 static 变量，所以在这里调用 Application::getInstance()会返回 AppDelegate 指针，然后调用 app->initGLContextAttrs()初始化 OpenGL 配置参数，并保存到 GLViewImpl 中。创建一个全屏的 UIWindows 用于显示，然后创建 OpenGL 视图 CCEAGLView，这是 Cocos2d-x 封装的一个类，继承于 UIView，实现了在 iOS 下的 OpenGL 渲染，以及处理一些 UI 交互逻辑。创建 RootViewController（也是 Cocos2d-x 封装的类）用于管理 CCEAGLView，并将 CCEAGLView 添加到 UIWindow 中。最后处理一下 Cocos2d-x 层，使用 CCEAGLView 创建出 iOS 下的 GLViewImpl 对象，并调用 Director 单例的 setOpenGLView，将这个 GLViewImpl 对象设置为 Cocos2d-x 的显示视图，然后执行 Application 的 run 方法，进入游戏的主循环。

```
//静态的 AppDelegate 变量
static AppDelegate s_sharedApplication;

- (BOOL)application:(UIApplication *)application didFinishLaunching-
WithOptions:(NSDictionary *)launchOptions {
    //初始化 OpenGL 配置参数
    cocos2d::Application *app = cocos2d::Application::getInstance();
    app->initGLContextAttrs();
    cocos2d::GLViewImpl::convertAttrs();

    //创建一个全屏的窗口 UIWindow
    window = [[UIWindow alloc] initWithFrame: [[UIScreen mainScreen]
    bounds]];
```

```
    //创建一个全屏的 CCEAGLView，用于在 iOS 的 OpenGL 渲染
    CCEAGLView *eaglView = [CCEAGLView viewWithFrame: [window bounds]
                                 pixelFormat: (NSString*)cocos2d::
                                 GLViewImpl::_pixelFormat
                                 depthFormat: cocos2d::GLViewImpl::_
                                 depthFormat
                                 preserveBackbuffer: NO
                                 sharegroup: nil
                              multiSampling: NO
                            numberOfSamples: 0];

    //使用 RootViewController 来管理 CCEAGLView
    viewController = [[RootViewController alloc] initWithNibName:nil
    bundle:nil];
    viewController.wantsFullScreenLayout = YES;
    viewController.view = eaglView;

    //设置 RootViewController 到 UIWindows 窗口中
    if ( [[UIDevice currentDevice].systemVersion floatValue] < 6.0)
    {
        //iOS 6 以上不支持 addSubview 方法
        [window addSubview: viewController.view];
    }
    else
    {
        //在 iOS 6 以上使用 setRootViewController 方法来添加 CCEAGLView 到窗口
        [window setRootViewController:viewController];
    }

    //显示窗口
    [window makeKeyAndVisible];
    //隐藏状态栏
    [[UIApplication sharedApplication] setStatusBarHidden: YES];

    //在创建完 RootViewController 之后，用 eaglView 来创建 GLViewImpl，并设置到
    Director 中
    cocos2d::GLViewImpl *glview = cocos2d::GLViewImpl::createWithEAGLView
    (eaglView);
    cocos2d::Director::getInstance()->setOpenGLView(glview);

    //程序开始运行
    app->run();
    return YES;
}
```

在 CCEAGLView 的 initWithFrame 中创建了 CCES2Renderer 用于执行渲染，在 CCES2Renderer 中完成了 OpenGL 的初始化，创建了 EAGLContext，这是 iOS 下要进行 OpenGL 渲染所必须的。由于 CCEAGLView 继承于 UIView，所以本身可以监听到玩家触摸屏幕以及文本编辑的相关消息，另外还监听了虚拟键盘弹出和关闭的消息。收到这些消息的时候，CCEAGLView 会将这些消息翻译成 Cocos2d-x 内部的消息，并转发到 OpenGLView 中，剩下的处理就与其他平台没有区别了。

重力感应的实现位于 CCDevice-ios.mm 中，iOS 下的 CCAccelerometerDispatcher 继承于 UIAccelerometerDelegate，是一个单例，实现了开启和关闭重力感应监听以及监听重力感应消息的功能， 当开启监听时，在 CCAccelerometerDispatcher 的 accelerometer 方法中，

会调用 Director 的 getEventDispatcher，并将重力消息转发到 Cocos2d-x 中。当要开启或关闭重力监听时，Cocos2d-x 底层会调用 Device 中的 setAccelerometerEnabled 方法，Device 中的方法在不同的平台有不同的实现，而 iOS 下的实现位于 CCDevice-ios.mm 文件（Android 下则是通过 JNI）中。在 iOS 下的实现调用了 CCAccelerometerDispatcher。

```
void Device::setAccelerometerEnabled(bool isEnabled)
{
    [[CCAccelerometerDispatcher sharedAccelerometerDispather]
    setAccelerometerEnabled:isEnabled];
}
```

当程序进行前后台切换的时候，AppController 的 applicationWillEnterForeground，以及 applicationWillEnterBackground 会被调用，然后会执行 Application 的 applicationWillEnter Foreground 以及 applicationWillEnterBackground 回调。

14.4.2　主循环

在 iOS 下，Application 的 run 方法调用了 applicationDidFinishLaunching 以及 Cocos2d-x 封装的 CCDirectorCaller 类的 startMainLoop 方法，在 startMainLoop 中会注册 iOS 下的定时器，以指定的时间间隔来执行游戏逻辑和渲染。

```
int Application::run()
{
    if (applicationDidFinishLaunching())
    {
        //调用 Cocos2d-x 封装的 CCDirectorCaller 类的 startMainLoop 方法
        [[CCDirectorCaller sharedDirectorCaller] startMainLoop];
    }
    return 0;
}
```

在 startMainLoop 方法中，注册了一个 selector，添加到当前的程序循环 NSRunLoop 中，NSRunLoop 会以设置的频率来调用注册的回调函数 doCaller。

```
-(void) startMainLoop
{
    [self stopMainLoop];

    displayLink = [NSClassFromString(@"CADisplayLink") displayLinkWithTarget:
    self selector:@selector(doCaller:)];
    [displayLink setFrameInterval: self.interval];
    [displayLink addToRunLoop:[NSRunLoop currentRunLoop] forMode:
    NSDefaultRunLoopMode];
}
```

在 doCaller 中，调用了 C++代码，获取 Cocos2d-x 引擎中的 Director，并调用其 mainLoop，执行游戏的主循环和渲染。

```
-(void) doCaller: (id) sender
{
    cocos2d::Director* director = cocos2d::Director::getInstance();
    [EAGLContext setCurrentContext: [(CCEAGLView*)director->
    getOpenGLView()->getEAGLView() context]];
    director->mainLoop();
}
```

第 15 章　渲 染 机 制

本章将详细介绍 Cocos2d-x 的渲染机制，本章主要介绍以下内容：

- 渲染树 VS 渲染命令。
- Cocos2d-x 3.0 渲染框架。
- 渲染命令详解。

15.1　渲染树 VS 渲染命令

从 Cocos2d-x 2.x 到 3.0 的一个重要的改进就是使用渲染命令来替换渲染树，新的渲染框架将渲染功能从节点身上剥离开，交由专门的 Renderer 来处理，大大降低了耦合度。**自动合并渲染批次**更是极大提升了渲染效率。

在 3.0 之前，使用 BatchNode 可以大大提升渲染效率，因为 BatchNode 合并了 DrawCall，也就是 OpenGL 渲染调用，DrawCall 这个概念，不仅仅适用于 OpenGL，对于其他渲染引擎而言也是适用的。

我们将 OpenGL 看作客户端和服务端，那么客户端就是应用程序这一层，而服务端就是 OpenGL 底层以及显卡等硬件设备。执行渲染时，由客户端告诉服务端要渲染什么，如何渲染，服务端在接收到指令以及相关数据之后，执行渲染操作。

那么 DrawCall 就是一次客户端到服务端的通信，BatchNode 起到的作用就是，将 N 次通信转换为 1 次，从而节省通信带来的额外开销。但使用批次渲染的对象有若干限制，以便保证渲染的连续。

限制包括**一次渲染只能渲染一张纹理，只能使用统一的混合方式及同一个 Shader，并且该 Shader 不能使用 Uniform**。这些限制其实很好理解，因为在渲染之前需要对它们（纹理、混合以及 Shader）进行设置，设置完之后执行渲染方法，渲染完之后才可以去改变它们。

除了这些限制之外，BatchNode 还有着其他各种限制，如必须挂载在 BatchNode 之下，以及不允许与其他 Node 穿插渲染等，而自动批次渲染则更加灵活（毕竟什么都不用做，就可以享受到性能提升）。

15.1.1　渲染树

场景是由 Node 组成的，层次分明的节点组成了一个树状的结构，而这棵用于渲染的树结构，可以称之为渲染树。当要渲染场景时，在 Director 中会调用场景的 Visit 方法，来访问整棵渲染树，Visit 的顺序是按照节点渲染的先后顺序执行的。

访问每一个节点的时候，所有的子节点都会根据 **ZOrder** 从大到小的顺序（这是一个懒惰排序）来进行访问，先遍历该节点下所有 ZOrder 小于 0 的子节点，然后执行自己的 draw 方法来渲染最后再依次渲染 ZOrder 大于等于 0 的子节点。

每个节点有自己的 draw 方法，对于普通的可显示节点，都需要执行一次渲染调用，除了 BatchNode 比较特殊，其他的子节点都会在一次渲染调用中被渲染出来。在渲染的前后，还需要对 Grid 网格特效进行一些处理（如果使用了该特效）。Node 类的职责太多，破坏了封装，并且由于 draw 方法需要在自己的函数中实现，所以节点本身就需要知道 OpenGL，以及如何使用 OpenGL 进行渲染。如果在这种情况下要替换底层渲染为 DirectX，那么就非常痛苦了，因为 Node 的职责太多了。

下来简单分析一下，访问一棵简单的渲染树进行渲染的流程，这棵树只有一层，包含了 5 个子节点，ZOrder 分别是从 1～5。这 5 个节点中，第 1 和第 2 个节点使用了 Texture1，而剩下的节点使用 Texture2。可以看到，每个节点都执行了一次 DrawCall，如图 15-1 所示。

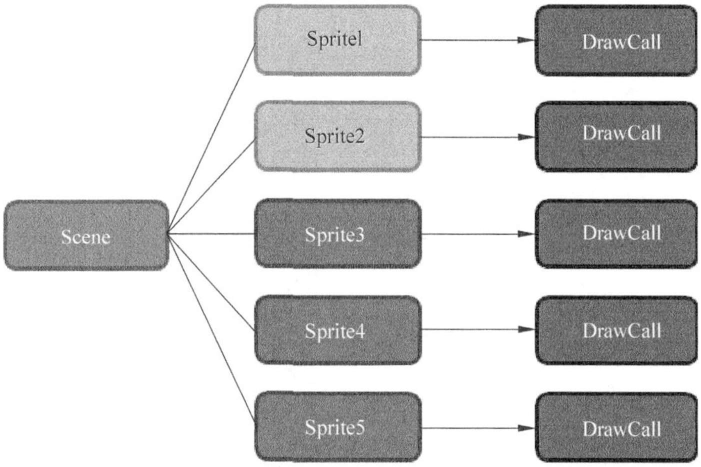

图 15-1　渲染树的 DrawCall

15.1.2　渲染命令

Cocos2d-x 3.0 渲染命令的基础，也是基于节点树，在执行渲染时，会访问当前场景节点，当前场景节点会遍历整个节点树，同样是按照 ZOrder 的先后顺序进行 Visit 的。与渲染树不同的是，draw 方法并不执行渲染，而是添加了一条渲染命令。

```
void Sprite::draw(Renderer *renderer, const Mat4 &transform, uint32_t flags)
{
    //进行了简单的裁减，当节点不可见时直接返回
    _insideBounds = (flags & FLAGS_TRANSFORM_DIRTY) ?
    renderer->checkVisibility(transform, _contentSize) : _insideBounds;

    if(_insideBounds)
    {
      //重新初始化 quadCommand，也就是绘制四边形图元的渲染命令，并传入当前的一些参数
        _quadCommand.init(_globalZOrder, _texture->getName(),
       getGLProgramState(), _blendFunc, &_quad, 1, transform);
        renderer->addCommand(&_quadCommand);
```

```
    }
}
```

前面是 Sprite 的 draw 方法，对于前面的裁剪，checkVisibility 只检测自己是否在显示范围内，而不检测子节点，因为父子节点之间可以是任意的距离，所以**可见性裁剪并不受父子关系影响**，这个操作是每个 Sprite 都会执行的操作。

在初始化完_quadCommand 之后，就将这条渲染指令添加到 Renderer 中，什么时候渲染、是否渲染、如何渲染，这些都是 Renderer 需要关心的，而 Sprite 已经完成了自己的职责。除了自定义的渲染命令之外，使用其他的渲染命令时只需要知道要渲染什么，并不需要知道如何渲染，这样节点树和渲染的实现，就很好地解耦了。

下面来简单分析一下访问简单的节点树，并使用渲染命令进行渲染的流程。虽然看上去多了一些步骤，但耦合度大大降低了，而且这些步骤都是 Cocos2d-x 底层所执行的，上层并不需要关心，而这些额外步骤带来的性能提升却是非常划算的。可以看到，同样的一棵树，在经过了自动批次渲染之后，DrawCall 减少到了两个，如图 15-2 所示。

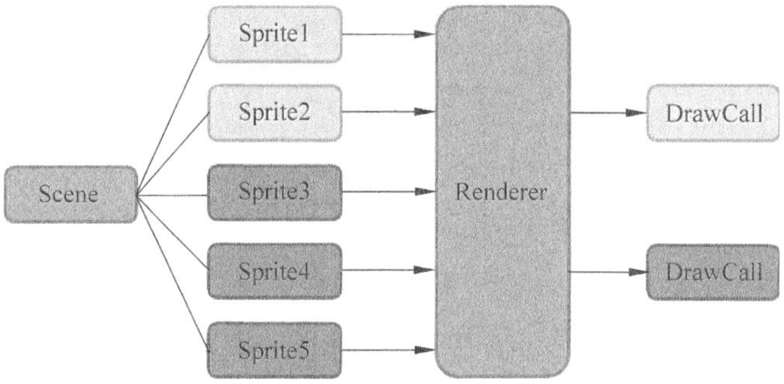

图 15-2　渲染命令

这里需要特别注意的一点是自动合并批次失效的情况，DrawCall 的合并是根据其纹理、Shader 以及 Blend 来合并的，有任何一项不同，都会导致额外的 DrawCall，但如果只使用了两张纹理，并且设置了相同的 Shader 和 Blend，DrawCall 就一定是 2 了吗？这只是自动合并的最优情况，那什么原因会导致其不优呢？那就是渲染的不连续！打断渲染连续性的是穿插，渲染的连续是根据渲染顺序来定的，也就是 Cocos2d-x 中的 ZOrder。

当要连续渲染两个相同的 Sprite 时，它们的 DrawCall 会被 Renderer 合并为一个，也就是图 15-2 所示的 Sprite1 和 Sprite2，如果在它们中间插入另外一个 Sprite，使用的是另外一张纹理，那么 DrawCall 就会变成 3。如果将图 15-2 中的 Sprite2 和 Sprite3 调换位置，那么 DrawCall 就会变成 4，因为无法一次性渲染完，在了解完这个规则之后，可以通过调整 ZOrder 的值及父子节点关系来梳理渲染顺序，从而提高渲染效率，特别是在制作场景、UI 的时候。

15.2　Cocos2d-x 3.0 渲染框架

Cocos2d-x 3.0 的渲染架构主要由 Renderer、RenderQueue 以及 RenderCommand 组成，RenderCommand 负责具体的渲染细节，有多个子类，提供了各种渲染功能，如图 15-3

所示。

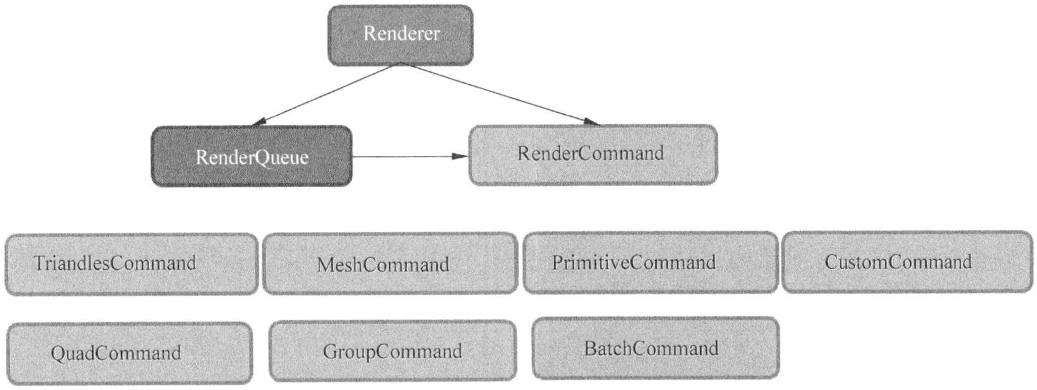

图 15-3 Cocos2d-x 3.0 渲染框架

Renderer 的职责是**管理 RenderQueue 及执行 RenderCommand 进行渲染**。这里包含了 VBO（Vertex Buffer Object 顶点缓冲区对象）和 VAO（Vertex Array Object 顶点数组对象）的初始化以及管理。**VBO 是位于 OpenGL 内部的一大块缓冲区，用于缓存大量顶点信息**，VAO 则包含了一个或多个 VBO。

在比较老旧的 OpenGL 版本中，使用 glBegin、glEnd、glVertex 几个函数来传输要渲染的数据到 OpenGL 中，这种方式效率较低，在渲染时需要将每个顶点的数据都通过 glVertex 方法传递过去，而 VBO 支持以 memcpy 的方法，一次性传输大量的顶点数据，并且缓存在 OpenGL 中。

RenderQueue 有两种，一种是普通的 RenderQueue，另外一种是专门处理 **3D 透明渲染**的 TransparentRenderQueue，二者的职责都是管理 RenderCommand，并对其进行排序，唯一的区别是 RenderQueue 内部根据 RenderCommand 的 Z 值分成了大于 0、小于 0 及等于 0 的 3 个列表，而 TransparentRenderQueue 只有一个列表。

RenderCommand 是一个基类，有多个子类实现，作为渲染架构中的最小单元，描述了渲染所需的基础信息，甚至实现了渲染操作。作为基类，RenderCommand 抽象出了 Type 命令类型、isTransparent 是否透明，以及用于排序的 GlobalOrder。

在 Director 的 init 方法中，Renderer 会被创建出来，在完成 OpenGL 的初始化之后，Director 的 setOpenGLView 方法会被调用，并执行了 Renderer 的 initGLView 方法。在 initGLView 中初始化了 VAO 和 VBO。

在 Director 的 drawScene 方法中，首先会调用 Renderer 的 clearDrawStats，将所有命令队列清空，然后开始访问整个场景，所有需要渲染的对象都会调用 Renderer 的 addRenderCommand 来添加渲染命令到当前的 RenderQueue 中，RenderQueue 重写了 push_back 方法，在添加一条命令的时候，会根据这条命令的类型等信息，将这条命令归类到内部对应的小队列中。每一个 Sprite 在初始化时都会为自己创建一个 RenderCommand，渲染大量 Sprite 需要创建大量的 RenderCommand，所以 Cocos2d-x 使用了 RenderCommandPool 来缓存这些 RenderCommand。在遍历完当前运行的场景之后，执行 Renderer 的 render 函数开始渲染。

Cocos2d-x 3.0 之后引入了摄像机的概念，一般只会有一个默认摄像机，但同时可以存在多个摄像机，如果同时激活多个摄像机的话，在渲染场景时会 Visit 多次场景，并执行多次渲染。

在 Render 的 render 函数中，会先对_renderGroups 中所有的 RenderQueue 进行排序，接下来调用 visitRenderQueue 方法来访问_visitRenderQueue(_renderGroups[0])渲染队列，并调用 flush 将所有在缓冲区中未被渲染的内容渲染出来。visitRenderQueue 会将传入的 RenderQueue 进行渲染，一个 RenderQueue 中，又划分了多个小的队列，可以将其归为两类：2D 物体以及 3D 物体，对于 2D 物体，根据其 ZOrder 的值，划分为小于 0、等于 0 以及大于 0 这 3 小队；而对于 3D 物体，则是以透明和不透明来划分为两队。在渲染 2D 物体的时候会根据设置来控制深度测试开关，而渲染 3D 不透明物体时是默认开启了该开关，渲染 3D 透明物体时则关闭该开关。在渲染时通过遍历对应的子队列，取出所有的命令，调用 processRenderCommand 来执行每一个命令。这几种物体渲染的顺序如下：

（1）2DZ 轴小于 0 的物体：根据设置决定是否开启深度测试。

（2）3D 不透明物体：开启深度测试。

（3）3D 透明物体：关闭深度测试。

（4）2DZ 轴等于 0 的物体：根据设置决定是否开启深度测试。

（5）2DZ 轴大于 0 的物体：根据设置决定是否开启深度测试。

processRenderCommand 中对单个的渲染命令进行处理，对于 MeshCommand、TrianglesCommand 和 QuadCommand，会进行批次合并处理，**只要连续渲染的两个命令的类型相同、材质 ID 相同并且材质 ID 不为 MATERIAL_ID_DO_NOT_BATCH，以及当前待渲染的顶点数量没有超过 65536**，就会将这两个命令要渲染的信息都填充到 VBO 和 VAO 中，直到合并结束才执行渲染（MeshCommand 的合并于当下最新的 Cocos2d-x 3.6 版本并未生效）。

Group 命令是比较特殊的，因为该命令本身只是一个容器并不参与渲染，它的存在是为了实现渲染队列的嵌套结构。GroupCommand 保存了一个 groupId，它与 Renderer 中的_renderGroups 容器的 key（索引）相对应，通过这个 ID 可以对应到容器中的 renderQueue，renderQueue 可以保存任何渲染命令，在执行一条 Group 命令时，Group 对应的所有 RenderQueue 都会被顺序执行（通过 visitRenderQueue 方法执行）。而对于其他的命令，processRenderCommand 只是调用了它们的 execute 方法，由它们自身来决定如何渲染。

通过分析上面的流程，还可以了解到 2D 和 3D 物体的穿插渲染，通过调整 ZOrder 来控制 2D 物体在 3D 物体之前还是之后显示，例如，一些 2D 背景图片需要放到最后，而 2D 的 UI 需要放到最前。另外如果希望在 3D 物体之间插入 2D 物体，则需要设置开启深度测试，但深度测试是一个全局选项，如果只希望对一部分 2D 图片进行深度测试处理，可以使用自定义的渲染命令。

15.3　渲染命令详解

渲染命令是整个渲染架构的最底层单元，它们负责最底层的渲染实现，或者辅助 Renderer 实现渲染（实际上统一由 RenderCommand 来执行渲染会更合理，职责更加分明）。

Cocos2d-x 总共实现了 7 种渲染命令，分别是 TrianglesCommand、QuadCommand、

MeshCommand、GroupCommand、PrimitiveCommand、BatchCommand 以及 CustomCommand。下面介绍各个命令的功能及使用。

TrianglesCommand 是用于渲染一系列三角形的渲染命令，根据 globalOrder（全局 Z 轴坐标）、textureID（纹理 ID）、GLProgramState 要使用的 Shader、BlendFunc 颜色混合、Triangles（一系列三角形顶点信息）以及 Mat4 模型视图矩阵进行初始化。**根据 glProgram、textureId 以及 BlendFunc 生成材质 ID**。也就是说，所有使用同一个 Shader、同一张纹理，以及相同的颜色混合的命令，会生成同一个**材质 ID**，在渲染时，对于材质 ID 相同的命令进行合并处理，也就是将顶点以及顶点索引复制到 VBO 和 VAO，等合并结束之后再进行渲染。材质 ID 的生成规则如下（其他的材质 ID 生成规则相同）：

```
void TrianglesCommand::generateMaterialID()
{
    if(_glProgramState->getUniformCount() > 0)
    {
        _materialID = Renderer::MATERIAL_ID_DO_NOT_BATCH;
    }
    else
    {
        int glProgram = (int)_glProgramState->getGLProgram()->getProgram();
        int intArray[4] = { glProgram, (int)_textureID, (int)_blendType.src,
        (int)_blendType.dst};

        _materialID = XXH32((const void*)intArray, sizeof(intArray), 0);
    }
}
```

可以看到，在生成材质的时候，如果 ProgramState 的 Uniform 数量大于 0，也就是设置了 Uniform，那么材质 ID 就会被赋值为 MATERIAL_ID_DO_NOT_BATCH，这是一个特殊的材质 ID，意为不可批次渲染。因为 Uniform 属于一个 Shader 的变量，每次使用同一个 Shader 进行渲染时，Uniform 都可能不一样，这里进行合并的话，后面设置的变量就会失效。例如，使用一个发光的 Shader 来渲染 3 个 Sprite，分别使用了红、绿、蓝 3 种颜色作为外发光，如果被合并了，那么 3 个不同的 Sprite 只会发同样的一种光。

另外还可以看到，当前要渲染的 Program 对象的指针、纹理 ID、源混合因子和目标混合因子的值被封装到了一个 int 数组中，并生成了一个材质 ID。

QuadCommand 继承 TrianglesCommand，用于渲染一个四边形的图元，QuadCommand 根据 globalOrder 全局 Z 轴坐标、textureID 纹理 ID、GLProgramState、BlendFunc 颜色混合、V3F_C4B_T2F_Quad*一系列顶点信息及 Mat4 模型视图矩阵进行初始化。Sprite、AtlasNode、Skin、ParticlesSystemQuad 等都使用了 QuadCommand 来渲染。

MeshCommand 用于渲染 3D 的模型，包含了大量关于 Shader 设置、灯光、材质、裁剪、深度测试渲染相关的方法。在 3.5 版本之后，MeshCommand 的源码中有支持批次渲染的相关代码，但看样子还没有生效，也许以后会生效。目前只有 Mesh 用到了它。

GroupCommand 是一个辅助渲染命令，用于命令分组，内部只有一个 groupId，这个 ID 对应了 Renderer 中_renderGroups 容器中的一个 RenderQueue，通过 Renderer 中的 GroupCommandManager 来自动分配 groupId，并结合 Renderer 的 pushGroup 和 popGroup 来切换当前 RenderQueue，具体的使用流程如下。

（1）创建并初始化 GroupCommand，此时会为生成一个 GroupID。

（2）将 GroupCommand 添加到 Renderer 中。

（3）调用 Renderer 的 pushGroup，切换当前 RenderQueue。

（4）接下来所有 addCommand 都会添加到当前的 RenderQueue 中。

（5）调用 Renderer 的 popGroup，切换回之前的 RenderQueue。

Cocos2d-x 的 Armature、NodeGrid、RenderTexture、ClippingNode 等都使用了 GroupCommand，一般是将其所有子节点归为一组，进行特殊的渲染处理。

PrimitiveCommand 用于渲染如点、直线、曲线、三角形、圆形、四边形等基础图元，PrimitiveCommand 的初始化需要 globalOrder 全局 Z 轴坐标、textureID 纹理 ID、GLProgramState、BlendFunc 颜色混合及 Mat4 模型视图矩阵这 5 个渲染命令标配参数外，还需要传入一个 Primitive 对象，Primitive 用于描述一个图元的顶点信息，需要注意的是 PrimitiveCommand 并没有 retain 和 release，所以需要自己管理好 Primitive 对象。通过传入一系列顶点信息可以初始化 Primitive，PrimitiveCommand 的渲染最终会调用 Primitive 的 draw 方法。

BatchCommand 用于 BatchNode、Armature 的渲染，只是简单地将原先 BatchCommand 的渲染逻辑封装了一下，内部调用了_textureAtlas->drawQuads()，每个 BatchCommand 都会执行一次 DrawCall，且该 DrawCall 不会被合并（目前是 3.6 版本）。

CustomCommand 命令可以使用 CustomCommand 来完成自定义的渲染，所谓自定义渲染，就是手动使用 OpenGL 代码进行绘制，当前面的渲染命令无法满足需求的时候，就可以使用该命令来进行一些特殊的渲染。

使用 CustomCommand 需要有两个步骤，实现 CustomCommand 的渲染方法并设置为 CustomCommand 的渲染回调，以及将渲染命令添加到 Renderer 中。我们需要在 Node 的 draw 方法中添加渲染命令，这里可以复用一个命令，而不是每次都在 draw 方法中创建一个新的命令，首先对其进行初始化，然后设置渲染的回调，最后将其添加到 renderer 中，这里以 TestCpp 的 ShaderTest 为例：

```
void ShaderNode::draw(Renderer *renderer, constMat4 &transform, uint32_t
flags)
{
    _customCommand.init(_globalZOrder, transform, flags);
    _customCommand.func = CC_CALLBACK_0(ShaderNode::onDraw, this, transform,
   flags);
    renderer->addCommand(&_customCommand);
}
```

在 draw 中指定了 onDraw 方法为渲染回调，在 onDraw 方法中实现自定义的渲染，如果渲染调用 OpenGL 的渲染函数，那么应该调用 CC_INCREMENT_GL_DRAWN_BATCHES_AND_VERTICES，增加渲染调用次数及顶点数，以便统计真实的 DrawCall 和顶点数据。

```
void ShaderNode::onDraw(constMat4 &transform, uint32_t flags)
{
    float w = SIZE_X, h = SIZE_Y;
    GLfloat vertices[12] = {0,0, w,0, w,h, 0,0, 0,h, w,h};
```

```
    auto glProgramState = getGLProgramState();
      glProgramState->setVertexAttribPointer("a_position", 2, GL_FLOAT,
      GL_FALSE, 0, vertices);
    glProgramState->apply(transform);

    glDrawArrays(GL_TRIANGLES, 0, 6);

    CC_INCREMENT_GL_DRAWN_BATCHES_AND_VERTICES(1,6);
}
```

第 16 章　消 息 机 制

事件通知机制是一种是用观察者模式（也有监听者的说法）实现的，用于将事件传递给多个监听对象的机制。事件通知在游戏中其实非常常见，如主角被攻击、死亡，这些事件都会触发一些逻辑的执行（弹出游戏失败界面，记录存档等）。Cocos2d-x 3.0 之前是使用 NotificationCenter 来实现事件通知的，Cocos2d-x 3.0 之后使用了 EventDispatcher 来实现，本章简单介绍事件通知机制，对比 NotificationCenter 和 EventDispatcher 的使用和相关注意事项，以及使用事件通知机制的环境。本章主要介绍以下内容：

- 事件通知。
- NotificationCenter 和 EventDispatcher。
- 内部流程以及注意事项。

16.1　事 件 通 知

实现事件通知有很多种方法，观察者模式是比较优雅的方法，也是很常用的方法，Cocos2d-x 的触屏、按键和重力感应，都是通过观察者模式实现的，这里我们对比一下这些方法，方法有优缺点，有适合使用的情况，没有绝对的好或者坏，一个看起来不怎么漂亮的方法放在某个特殊的问题上，也许可以非常漂亮地解决这个问题，**设计模式**总结了很多解决各种问题的方法，读一读设计模式可以扩展解决问题的思路。

最简单的一种做法是直接通知。

- 实现：分为两个步骤，当事件触发时，第一步直接获取要通知对象的引用，第二步调用对象的方法。
- 优点：代码简单直接，而且在 Cocos2d-x 的节点系统下，获取到指定对象的引用并不是麻烦的事情。
- 缺点：耦合性太大，需要获取到对象的引用，当多个地方触发相同逻辑时，需要将代码复制多份或者封装，应对变化的能力弱，维护成本高。

还有另外一种方法是轮询通知。

- 实现：和直接通知相反，当事件触发时只改变自己的状态，其他关心这个事件的对象则在 update 中判断该对象状态来执行对应的逻辑。
- 优点：代码相对简单，解决了多个地方触发相同逻辑时，需要将代码复制多份或者封装的问题。
- 缺点：耦合性大，所有对象都需要获取到该对象的引用，并且在每一帧的 update 方法中查询、判断，效率较低，维护成本高。

还有一种称之为消息队列的通知机制。

- 实现：和轮询通知有些类似，同 win32 应用程序的消息队列，将所有的事件添加到一个有序的消息队列中，在主循环中对消息队列里的消息进行处理。
- 优点：耦合性较低，将所有的消息放入到一个队列中，将消息发送者和接收者解耦。
- 缺点：消息管理较麻烦，多个对象监听同一消息时，难决定谁来清理消息，所有对象来访问队列或者消息循环主动遍历对象传递消息，效率较低。

最后来看看观察者模式。

- 实现：包含了注册、触发、处理、注销这 4 个步骤，所有关心事件的对象可以注册监听某事件，在事件触发之后回调会被自动执行，不再关心事件时注销即可。
- 优点：耦合性低，效率高，代码清晰，可维护性高。
- 缺点：步骤稍微繁琐一些，使用不当容易出问题。

16.2　NotificationCenter 和 EventDispatcher

前面介绍的都是一些简单的思路，本节主要介绍观察者模式，那么在 Cocos2d-x 中如何使用监听者模式呢？EventDispatcher 整个流程包含 3 个类，第一个是 EventListener，负责监听并实现事件触发后的回调，第二个是 Event，这是一个结构体，用于记录事件内容，作为参数传递到回调中，最后是 EventDispatcher，用来管理事件和触发事件。EventDispatcher 的监听者非常多，可以分为两类，一类是**系统监听者**，该类监听者由引擎负责事件触发，我们只需要编写监听回调即可，如键盘、鼠标、触摸、重力感应等监听；另一类是自定义监听者，该类是有**用户自定义的监听者**，需要用户自己负责触发，接收处理以及消息结构的定义。监听者、事件、分发者的关系如图 16-1 所示。NotificationCenter 是 Cocos2d-x 3.0 之前的消息通知机制，因为功能比较简单，并且效率低下所以没有被广泛使用，最终从 3.0 开始被废弃了。

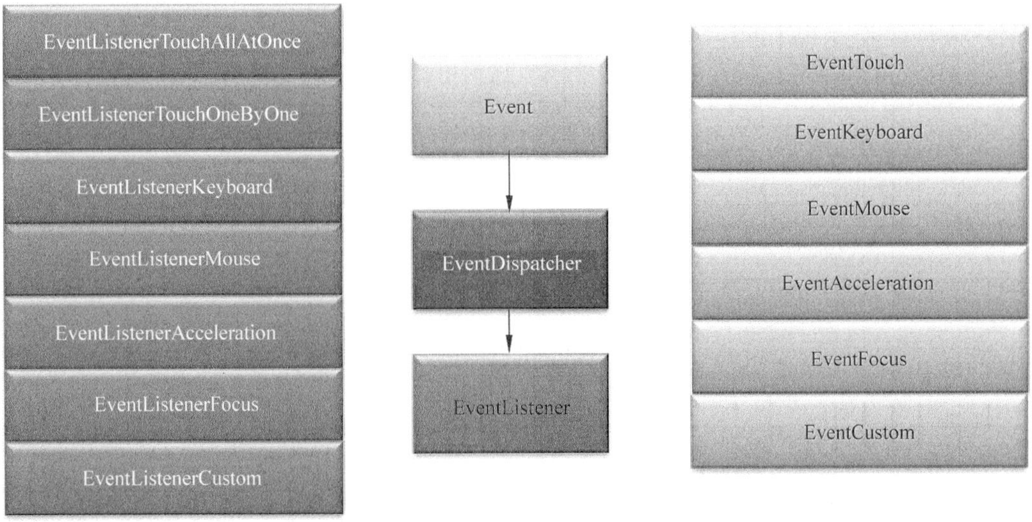

图 16-1　事件与监听者

16.2.1　使用 EventDispatcher

使用 EventDispatcher 的第一步需要创建一个 EventListener，这里创建一个 EventListenerCustom，需要传入两个参数来创建，即要监听的消息名称及消息触发之后的回调，然后将这个监听者注册到 EventDispatcher 中。EventListenerCustom 的回调函数的函数原型是 void callback(EventCustom*)，其他监听者的回调函数原型可以在监听者的头文件中获取到，每种监听者的回调函数原型都不一样，在 Cocos2d-x 3.0 中也可以使用 lamda 表达式来快速编写回调函数。在 Node 及其子类中可以直接使用_eventDispatcher，在 Node 的构造函数中已经将其赋值为 Director::getInstance()->getEventDispatcher()。

```
EventListenerCustom* listener = EventListenerCustom::create
("game_custom_event1", callback);
_eventDispatcher->addEventListenerWithFixedPriority(listener, 1);
```

第二步是在想要触发事件的地方调用 EventDispatcher 触发事件。

```
EventCustom event("game_custom_event1");
_eventDispatcher->dispatchEvent(&event);
```

第三步是在不需要再监听该事件时将监听器从 eventDispatcher 中删除，当不需要再监听该事件时，一定要将监听器从 EventDispatcher 中删除，**在 Node 的析构函数中，会自动调用_eventDispatcher->removeEventListenersForTarget(this); 来清理所有绑定到该节点上的监听者。**

```
_eventDispatcher->removeEventListener(listener);
```

EventDispatcher 除了实现最基本的监听者管理和消息分发外，还实现了消息的优先级，以及监听者与节点的关联，EventDispatcher 的优先级 fixedPriority 分两种，一种是大于 0 或小于 0，另外一种是等于 0，这种优先级位于大于 0 和小于 0 之间，其内部的优先级是和节点的渲染顺序紧密关联的，渲染顺序越前的对象，监听优先级越低（笔者个人认为 EventDispatcher 有些过于臃肿了，类的功能不单一，有些功能应该分离，实现触摸的优先级可以有更简洁的方案来做）。

16.2.2　相关接口

以下是 EventDispatcher 的相关接口，EventDispatcher 提供了各种监听器的添加和删除，以及消息分发、监听优先级等功能。

```
/////////////////////////添加监听者/////////////////////
//添加一个监听特定事件的监听者，传入监听者和指定的节点，fixedPriority 默认为 0
//该函数会将监听者和节点绑定，保持一种联系，方便后面对节点所关联的监听者进行批量操作
void addEventListenerWithSceneGraphPriority(EventListener* listener, Node*
node);

//添加一个监听特定事件的监听者，传入监听者和一个指定的优先级
void  addEventListenerWithFixedPriority(EventListener*  listener,  int
fixedPriority);
```

```
//根据传入的字符串的事件名称以及对应的回调，自动添加一个用户自定义的监听者
EventListenerCustom，fixedPriority 默认为 1
EventListenerCustom* addCustomEventListener(const std::string &eventName,
const std::function<void(EventCustom*)>& callback);

/////////////////////////删除监听者/////////////////////
//移除指定的一个监听者
void removeEventListener(EventListener* listener);

//根据指定的事件类型 listenerType 移除监听者
void removeEventListenersForType(EventListener::Type listenerType);

//根据监听者所绑定的对象移除监听者（通过 addEventListenerWithSceneGraphPriority
指定对应节点）
//如果 recursive 为 true，那么绑定到该节点下所有子节点的监听者也会被移除
void removeEventListenersForTarget(Node* target, bool recursive = false);

//移除监听指定事件名 customEventName 的所有自定义事件监听者
void removeCustomEventListeners(const std::string& customEventName);

//清空所有的事件监听者
void removeAllEventListeners();

/////////////////////暂停和恢复///////////////////////
//所有绑定到 target 节点上的监听者暂停接收事件
//如果 recursive 为 true，绑定在 target 下所有子节点的监听者也会被递归暂停
void pauseEventListenersForTarget(Node* target, bool recursive = false);

//所有绑定到 target 节点上被暂停的监听者恢复接收事件
//如果 recursive 为 true，绑定在 target 下所有子节点的监听者也会被递归恢复
void resumeEventListenersForTarget(Node* target, bool recursive = false);

//////////////////////优先级与禁用消息派发//////////////////////

//为 listener 指定新的监听优先级 fixedPriority
void setPriority(EventListener* listener, int fixedPriority);

//传入 isEnabled 来选择是否启用消息分发，禁用会导致所有消息都分发不出去
void setEnabled(bool isEnabled);

//查询当前 EventDispatcher 是否开启了消息分发
bool isEnabled() const;

///////////////////////分发消息/////////////////////

//分发一个指定的消息，监听该消息的监听者们的回调在该函数内会被执行
void dispatchEvent(Event* event);

//传入事件名和可选的 void*参数，自动调用 dispatchEvent 分发一个 CustomEvent
void    dispatchCustomEvent(const    std::string    &eventName,    void
*optionalUserData = nullptr);
```

16.2.3 其他监听者

- EventListenerTouchOneByOne 单点触摸事件的监听者，Cocos2d-x 在手指或鼠标按下、拖动、释放、中断这 4 种情况下会触发对应的事件。
- EventListenerTouchAllAtOnce 多点触摸事件的监听者，Cocos2d-x 在手指或鼠标按下、拖动、释放、中断这 4 种情况下会触发对应的事件。
- EventListenerMouse 鼠标事件的监听者，Cocos2d-x 在鼠标按键按下、拖动、释放、中轴滚动这 4 种情况下会触发对应的事件。
- EventListenerKeyboard 键盘事件的监听者，Cocos2d-x 在键盘上任意一个按钮按下或松开时会触发对应的事件。
- EventListenerAcceleration 重力感应的监听者，Cocos2d-x 在设备发生重力偏移时，触发对应的事件。
- EventListenerFocus 焦点事件的监听者，Cocos2d-x 在焦点从一个 Widget 转移到另一个 Widget 时，触发对应的事件。

16.2.4 使用 NotificationCenter

NotificationCenter 的使用比 EventDispatcher 简单一些，也分为 3 个步骤，第一步是注册监听，但在这里并不需要创建一个 listener，任何继承于 Ref 的对象都可以是 NotificationCenter 的 listener，只需要将对象的指针和回调传入 NotificationCenter 即可，回调的原型是 void callback(Ref*);，调用 NotificationCenter::getInstance()->addObserver 可以添加一个观察者，其会自动创建一个 NotificationObserver 对象并放到 NotificationCenter 中进行管理。

```
NotificationCenter::getInstance()->addObserver(this, callfuncO_selector
(TestNode::onEvent), "Test", nullptr);
```

第二步是发送消息，调用 postNotification 方法可以发送指定的消息，NotificationCenter 会遍历所有观察者，对监听该消息的观察者进行回调，这个方法有一个重载函数，接受一个 Ref*对象，该方法会在回调时传入该 Ref*对象到观察者的回调中。

```
NotificationCenter::getInstance()->postNotification("Test");
```

第三步是注销，调用 removeObserver 方法将添加的对象和监听的消息传入，并移除该观察者。

```
NotificationCenter::getInstance()->removeObserver(this, "Test");
```

16.3 内部流程以及注意事项

16.3.1 消息的通知流程

消息通知的本质，是对监听该消息的回调函数列表进行遍历，然后依次执行它们的回调函数，通知机制底层应该确保在遍历的过程中，回调函数进行监听者的注册和注销的安全性。EventDispatcher 和 NotificationCenter 都做到了这一点。

EventDispatcher 消息通知的流程相对复杂，因为 EventDispatcher 管理着各种各样的监听者，对于不同的监听者，有不同的处理方式。大致流程如下：

（1）先遍历所有 Dirty 节点（改变 ZOrder 的节点会被置为 Dirty），如果有绑定的监听者，设置该监听者队列为 Dirty。

（2）如果对应的监听者队列为 Dirty，对其按优先级从小到大进行排序，以确保设定的优先级生效。

（3）将事件按照 fixedPriority 从小到大的顺序通知该监听者队列的所有监听者，所有绑定到节点的监听者的 fixedPriority 都为 0，EventDispatcher 会根据所关联节点的 ZOrder 从大到小的顺序进行回调（与渲染顺序相反）。

（4）对该监听者队列进行更新，从队列中删除已经被注销的监听者，并将新的监听者添加进队列。

这里有两个比较特殊的事件，一个是触摸事件的分发，其会特别为 EventListenerTouchOneByOne 列表和 EventListenerTouchAllAtOnce 列表进行特殊处理，以实现单击吞噬和针对不同单击事件的不同处理，具体在第 18 章中详细介绍。另一个是自定义事件的分发，自定义事件和其他事件不同，自定义事件存在多个监听者列表，每个事件名对应一个监听者列表。

NotificationCenter 的消息通知流程**特别低效**！不论是内存分配、复制及遍历判断字符串，效率都不高！可以想象一下，在里面添加数百个监听者，然后一帧再触发几百次事件……如果之前有开发者大量使用其进行消息通知，那么性能的瓶颈多半在此处。

（1）create 一个容器，将当前所有观察者对象复制到该容器中。

（2）对该容器进行遍历，并判断观察者监听的消息是否与派发的消息相等。

（3）如果相等则执行该观察者的回调函数。

（4）autorelease 会在本帧结束时删掉这个容器。

之所以大费周章地将整个监听者列表进行复制，主要是为了解决在监听回调中，执行注册和注销流程导致的崩溃，**因为在遍历容器时对容器动态进行了添加或删除**。

16.3.2　消息的注册流程

当 EventDispatcher 正在遍历时，会先放到一个缓存列表中，在 EventDispatcher 遍历完成之后，一次性添加进来；否则将直接添加到对应的监听者队列中。**如果该监听者的 fixedPriority 为 0，必须关联到一个节点上，否则会触发断言**。而对应地，所有关联到节点的监听者的 fixedPriority 会被强制为 0。**一个 EventListener 只能注册一次，重复注册将触发断言**。可以注销掉然后重新注册，但要对其进行 retain 操作以保证注销时不会被释放。一旦一组监听者队列插入了新的监听者，那么该队列会被置为 Dirty，在下次为该队列分发消息时，会进行一次重新排序。

NotificationCenter 因为在通知时已经不计效率地把整个队列复制了一份，所以在添加时可以肆无忌惮地直接添加到监听者队列中。

16.3.3　消息的注销流程

EventDispatcher 的监听者注销时，会遍历所有监听者列表，找到该对象，然后将其从监听者列表中移除，设置为未注册的监听者，并断开和节点的关联。如果当前 EventDispatcher 没有正在遍历，则直接从队列中删除，如果正在遍历，则什么都不做，EventDispatcher 遍历完成后的更新，会自动删除未注册的监听者。一旦一组监听者队列删除了监听者，那么该队列会被置为 Dirty，在下次为该队列分发消息时，会进行一次重新排序。如果在队列中没有找到该监听者对象，而是在待添加的监听者缓存列表中找到，则会被直接删除。

NotificationCenter 的注册和注销差不多，都是直接遍历监听者队列，然后找到对应的监听对象并删除。

实现一个消息派发类，说难不难，但也不简单，这种类一般都是底层类，所以特别注重两点，一是稳定性，二是效率。主要体现在注册了大量监听者之后，在事件回调中注册、注销，以及连环触发其他的事件等各种复杂的情况下能够不崩溃，并且保证程序运行效率。

16.4　小　　结

消息机制是一个游戏非常重要的基础功能，从效率和安全性各方面看，EventDispatcher 都比 NotificationCenter 有了较大的进步，但笔者个人认为 EventDispatcher 的设计实现并不是太好，首先其内部的实现比较复杂，把各种监听、节点顺序都集合到这个类中并不是很合理。一个类应该尽量保证独立，职责单一；一个消息分发器，应该只负责监听者的管理、消息的派发，以及优先级这几个最纯粹的消息分发功能，不同的需求可以使用不同的分发器来实现。其二是 EventDispatcher 代码冗余度比较高，可读性差，有一部分是第一个问题的原因，其实这块的代码是可以更加清晰、简洁的。

第 17 章 Schedule 详解

定时器是游戏中常用的功能，如游戏的倒计时，每隔一段时间自动刷新怪物，根据玩家的在线时间自动增长经验等等，Cocos2d-x 使用了 Schedule 来实现这一功能。

Schedule 的核心职责是**按照设定的时间执行指定的回调**，Cocos2d-x 中所有与计时相关的内容，最终都依赖于 Schedule 来实现，如 Cocos2d-x 中庞大的 Action 系统。

Schedule 是一个任务调度器，允许在游戏中方便地添加各式各样的定时任务，除了提供添加和删除各种定时任务的功能之外，Schedule 还支持优先级、暂停恢复，以及全局时间缩放等功能。在 Cocos2d 3.0 之后 Schedule 还提供了线程安全的回调。本章主要介绍以下内容：

- Schedule 接口简介。
- Schedule 整体结构与运行流程。
- Schedule 使用过程中的问题。

17.1 Schedule 接口简介

Scheduler 直接继承于 Ref，使用 Schedule 的第一步是需要获取 Ref 的引用，Director 中保存一个全局 Schedule 对象的指针，在 Director 初始化时创建，可以直接使用。Node 在初始化的时候会自动将 Director 中的 Schedule 保存为成员变量，并且提供了一些简单的方法封装，以方便使用。

17.1.1 回调函数

使用 Schedule 的第二步就是编写一个回调，Schedule 可以添加各种定时回调，但对于回调函数的原型是有要求的，目前 Cocos2d-x 3.0 支持 **ccSchedulerFunc 函数回调**和 **SEL_SCHEDULE 对象回调**两种回调方式。ccSchedulerFunc 函数回调的定义如下：

```
typedef std::function<void(float)> ccSchedulerFunc;
```

cSchedulerFunc 是一个 function 类型，这是 C++11 的新特性，对应的函数原型是 void fun(float)。在 Cocos2d-x 3.0 之前，Schedule 只支持 SEL_SCHEDULE 对象回调，定义如下：

```
typedef void (CCObject::*SEL_SCHEDULE)(float);
```

在 Cocos2d-x 3.0 之前的版本中，Schedule 要求回调函数必须是一个 CCObject 的成员函数，且原型是 void fun(float)（CCObject 本身有一个 update 函数，符合该原型，在 ScheduleUpdate 方法中可以以这个方法为默认回调）。

Cocos2d-x 3.0 之后使用了 C++11 的匿名函数，只需要是 void fun(float) 这样的函数原型即可，不需要是 Ref 的成员函数，这为使用匿名函数提供了方便（虽然 3.0 后的 Schedule 也需要同时传入 Target 对象和回调方法，但 Target 主要作为一个关联记录，便于在某对象移除出场景的时候，一并移除其关联的定时回调）。

17.1.2　注册回调

有了 Schedule 对象和回调函数，第三步就是注册定时回调了，可以调用以下几个接口来完成该功能：

```
//注册一个关联到 Target 的函数回调 callback，在 delay 秒后，以 interval 秒一次的频率，执行 repeat + 1 次
//Target 用于关联注册者，callback 为回调函数对象
//interval 为 0 的话，回调函数在每一帧都会被调用
//repeat 会重复执行这个函数 repeat 次，总次数等于 1 次 + 重复次数，使用 CC_REPEAT_FOREVER 可以不断地重复
//delay 表示延迟 delay 秒之后才开始计时，为 0 的话表示不延迟，直接开始计时
//如果 paused 为 true，这个回调需要被 resumed 之后才开始正常执行
//key 用于作为函数回调的标识，用于区分同一个 Target 对象所注册的不同函数回调
void schedule(const ccSchedulerFunc& callback, void *target, float interval, unsigned int repeat, float delay, bool paused, const std::string& key);

//调用 schedule 注册一个函数回调，每隔 interval 秒执行一次
//启动延迟 delay 为 0，重复次数 repeat 为 CC_REPEAT_FOREVER 无限次数
void schedule(const ccSchedulerFunc& callback, void *target, float interval, bool paused, const std::string& key);

//注册一个对象回调，在 delay 秒后，以 interval 秒一次的频率执行 repeat + 1 次
//执行回调时，会调用 target->selector(dt)
void schedule(SEL_SCHEDULE selector, Ref *target, float interval, unsigned int repeat, float delay, bool paused);

//注册一个对象回调，每隔 interval 秒执行一次
void schedule(SEL_SCHEDULE selector, Ref *target, float interval, bool paused);

//注册一个函数回调，以 priority 为优先级，每帧调用 target->update(dt)
void scheduleUpdate(T *target, int priority, bool paused)

//注册一个脚本回调，传入要回调的脚本句柄，每隔 interval 调用一次
//返回一个回调 ID，使用这个回调 ID 可以注销回调
unsigned int scheduleScriptFunc(unsigned int handler, float interval, bool paused);
```

关于注册回调在有几点要注意：

- 对象回调 SEL_SCHEDULE 和函数回调 ccSchedulerFunc 的区别在于，对象回调是执行 Target 的成员函数，而函数回调只是执行函数，函数与 Target 没有直接关系，只用来记录注册者。
- 注册的参数 key 是用于区别一个 Target 对象所注册的不同函数回调，对象回调是根据成员函数指针来判断是否重复。而函数回调之所以需要用 key 来区别，是因

为函数回调可能是一个匿名函数，不方便判断两个匿名函数是否相等。

- 如果一个回调已经被注册，再次调用 schedule **只会更新其 interval 属性**，对象回调根据成员函数指针来判断是否重复，函数回调使用 key 来判断是否重复。
- scheduleUpdate 是比较特殊的回调，是函数回调包裹着对象回调，以函数回调的方式注册，最后在函数回调中执行 Target 对象的成员函数。在 Cocos2d-x 3.0 之前，scheduleUpdate 则是一个纯粹的对象回调。
- scheduleSelector、scheduleUpdateForTarget 等注册函数在 Cocos2d-x 3.0 之后开始废弃，替换为 schedule 和 scheduleUpdate。

17.1.3　注销回调

在需要注销 schedule 的回调时，可以调用以下方法：

```
//注销关联到 target 上，key 相等的函数回调，
void unschedule(const std::string& key, void *target);
//注销关联到 target 对象上，指定函数的对象回调
void unschedule(SEL_SCHEDULE selector, Ref *target);

//注销 target 对象上的 update 回调
void unscheduleUpdate(void *target);

//注销所有关联到 target 对象上的回调，包括 update 回调
void unscheduleAllForTarget(void *target);

//注销所有的回调，慎用
void unscheduleAll(void);

//注销所有优先级低于 minPriority 的回调
//minPriority 必须为 kPriorityNonSystemMin 或者更高的值
void unscheduleAllWithMinPriority(int minPriority);

//传入脚本回调 ID，注销该回调
void unscheduleScriptEntry(unsigned int scheduleScriptEntryID);
```

17.1.4　时间缩放、暂停、恢复

Schedule 还提供了时间缩放（加速播放或减速播放）、暂停与恢复等功能。

```
/获取当前的时间缩放
inline float getTimeScale()

/设置时间缩放，默认为 1.0
//设置小于 1.0 可以营造出慢镜头的效果，0.5 表示原来播放速度的一半
//设置大于 1.0 可以营造出快进效果，2.0 表示原来播放速度的一倍
//设置时间缩放会影响到所有的 action 和 schedule
inline void setTimeScale(float timeScale)

//暂停 Target 对象的所有回调，直到对象被 resumed
void pauseTarget(void *target);
```

```
//恢复 Target 对象所有被暂停的回调
void resumeTarget(void *target);

//询问一个对象当前是否被暂停
 bool isTargetPaused(void *target);

//暂停所有的 schedule 回调，慎用
std::set<void*> pauseAllTargets();

//暂停所有优先级小于 minPriority 的对象
//minPriority 必须为 kPriorityNonSystemMin 或者更高的值
std::set<void*> pauseAllTargetsWithMinPriority(int minPriority);

//恢复传入的 Target 对象列表，用于与 pauseAllSelectors 配对
void resumeTargets(const std::set<void*>& targetsToResume);
```

17.1.5　优先级

只有 update 回调有优先级的概念，其他普通的函数回调或对象回调都没有优先级的概念。在注册一个 update 回调时，可以设置其优先级，前面针对优先级的批量注销和暂停操作，也只适用于 update 回调。**优先级按照数值从小到大的顺序执行，值越小优先级越高**，PRIORITY_SYSTEM 是一个非常小的负数，优先级很高，在使用 Node 的 scheduleUpdate 注册 update 回调时，使用的**默认优先级是 0**。

17.1.6　线程安全

Schedule 还提供了一个比较实用的功能 performFunctionInCocosThread。该功能是 Cocos2d-x 3.0 之后新增的，用于线程安全。在其他线程中使用该方法可以安全地由主线程执行一些逻辑，因为当我们在其他线程中操作 Cocos2d-x 相关内容时，有可能会导致程序崩溃或出现一些渲染错误的问题。

```
//在 Cocos 主线程中执行 function 回调，当需要在其他线程中执行主线程相关的逻辑时调用
//例如使用第三方 SDK 进行登录操作，SDK 在线程中返回登录结果
//这时就需要把结果转到主线程中来处理
void performFunctionInCocosThread( const std::function<void()> &function);
```

17.2　Schedule 整体结构与运行流程

17.2.1　整体结构

Schedule 的整体结构由 Schedule 和 Timer 组成。

- Timer 负责将一个回调封装为一个对象，管理回调的计时、触发、保存回调的状态。一共有 3 种 Timer：TimerTargetSelector 封装了对象回调；TimerTargetCallback 封装了函数回调；TimerScriptHandler 封装了脚本回调。
- Schedule 管理着大量的 Timer，负责注册、注销，以及驱动执行回调等工作，是

Timer 的总调度室。

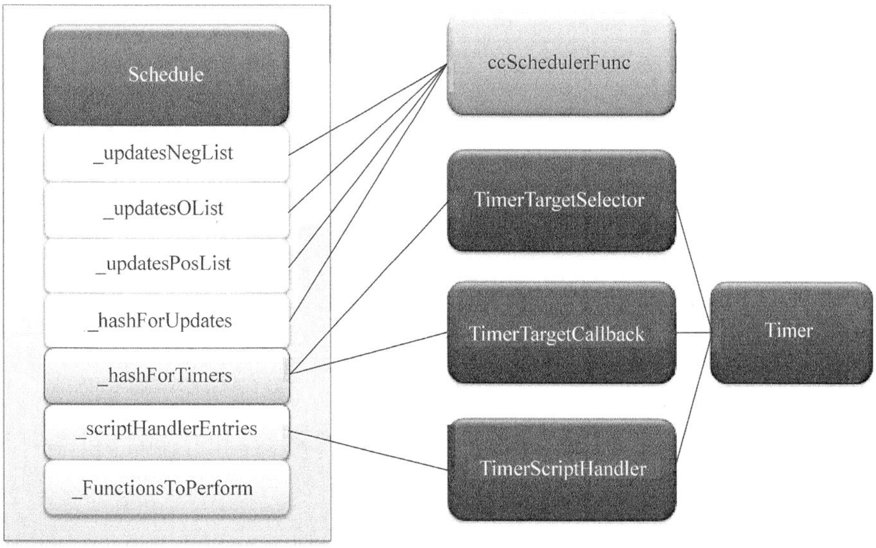

图 17-1　Schedule 结构

如图 17-1 所示，Schedule 内部将回调规划为以下几类进行管理。

- ❑ update 回调，使用 3 个优先级不同的链表_updatesNegList、_updates0List 和_updatesPosList 来管理遍历，再使用一个哈希容器_hashForUpdates 来管理 Target 和 update 回调的联系。
- ❑ 对象回调和函数回调，使用一个哈希容器_hashForTimers 来统一管理回调。
- ❑ 脚本回调，使用一个 vector 容器_scriptHandlerEntries 来管理注册的脚本回调。
- ❑ 执行回调，使用一个 vector 容器_functionsToPerform 来管理来自其他线程注册的一次性执行回调。

17.2.2　外部流程

在 Cocos2d-x 中共用一个 Schedule 对象，该 Schedule 对象由 Director 创建并维护。在 Director 启动的时候，会创建一个 Schedule 对象，通过 Director::setScheduler 可以获取到。可以自己创建一个 Schedule 对象来管理局部的某些计时回调，但一般直接使用全局的 Schedule。

```
bool Director::init(void)
{
    //省略其他代码
    _scheduler = new (std::nothrow) Scheduler();
}
```

Director 在每一帧的主循环中，都会调用全局 Schedule 的 update，来驱动 Schedule 内部的计时回调。

```
if (! _paused)
{
```

```
    _scheduler->update(_deltaTime);
    _eventDispatcher->dispatchEvent(_eventAfterUpdate);
}
```

当 Director 被销毁时（退出游戏的时候），全局的 Schedule 也会被销毁，同时清理 Schedule 自身的所有回调对象。

```
Director::~Director(void)
{
    CC_SAFE_RELEASE(_scheduler);
}
```

17.2.3　更新顺序

我们已经知道 Schedule 内部分为了哪几类回调，以及如何注册、注销这些回调，那么这几类回调之间的执行顺序如何？回调内部的执行顺序又如何呢？如果不了解这些细节，在一些要求严格的执行顺序的代码中，可能会出现一些难以察觉的 BUG。下面通过图 17-2 来分析整个更新流程。

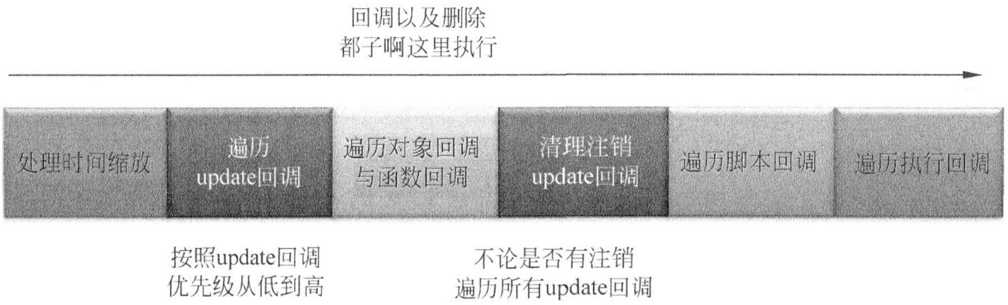

图 17-2　Schedule 的更新

- ❑ 如果_timeScale 不为 1.0，将传入的时间乘以_timeScale 进行缩放 。
- ❑ 按照优先级数值<0，= 0，> 0 的顺序，遍历 Schedule 内部的 3 个 update 回调链表，依次执行每个回调对象的 callback 函数 。
- ❑ 遍历自定义函数对象（对象回调和函数回调）的哈希容器，每个 Target 会有一个 Timers 列表，遍历 Timers 列表的每个节点，并调用它们的 update 函数，如果该回调已被注销，则直接删除该 Timers。
- ❑ 遍历 3 个 update 回调链表，检查每个回调是否被注销，如果是则删除该回调对象 。
- ❑ 如果使用了脚本，遍历执行所有脚本 Timers 的 update，如果回调被注销，则删除对应的回调对象。
- ❑ 如果执行回调列表不为空，则进行锁操作，并取出执行回调的内容，解锁后顺序执行回调。

17.2.4　注册与注销

Schedule 注册与注销需要注意的隐藏细节，主要是安全性和调用时机的细节。

首先是安全性的问题，我们知道，Schedule 的 update 是对回调列表的遍历，然后顺序执行，这时候会涉及在遍历过程中动态地注册和注销 Schedule，那么我们的操作是否安全呢？在遍历的过程中动态地注册和注销都是安全的。对象回调、函数回调和脚本回调会在遍历的过程中被安全地移除，而 update 回调会在遍历完成之后，额外遍历一次，将标记为移除的回调移除（调用 unschedule 进行注销，如果该回调在这一帧未执行，那么该回调就不会被执行）。

最后是调用时机的问题，当注册一个回调时，什么时候会开始进行计时呢？不同的回调在不同的时机注册，开始计时的时机也不同。注册 Schedule 时，主要的时机有以下几个地方（要看最上层的调用）：

- Node 回调中，如 onEnter 和 onExit。
- 单击回调中，如按钮的单击处理。
- 计时回调中，在计时回调内部注册。

Node 回调中注册添加的所有计时回调，都会在**下一帧**开始生效，而单击回调注册添加的所有计时回调，会在**当前帧**开始生效。计时回调中注册的计时回调的情况是最复杂的。不同的回调注册生效时机是不同的，首先根据不同回调的遍历时机，如果在 update 回调中注册了一个函数回调，那么本帧这个函数回调是会生效的。

计时回调间的互相注册遵循这样的规则——顺序先的注册顺序后的回调，本帧执行，顺序后的注册顺序先的回调，下一帧执行。而相同类型的回调注册，则看具体的回调：

- 在脚本回调中注册，当前帧会生效，因为脚本回调是直接插入脚本列表尾部。
- 在函数回调和对象回调中注册其他对象的回调，生效时间不确定，根据哈希遍历规则而定，而注册自身的回调，当前帧会生效。
- 在 update 回调中注册，如果要注册的回调优先级低于等于当前回调的优先级（数值更大），则该帧生效，否则下一帧生效。

隐藏的细节读者略微了解即可，实际用到的情况很少，如果需要严格依赖控制回调的生效时机，那么尽量不要在计时回调中动态注册计时回调，应该避开这个“坑”。

17.3　Schedule 使用过程中的问题

一个很容易困扰我们的问题就是，为什么注册到 Schedule 中的函数没有被执行？这个问题有两种情况，**第一种是 Node 对象处于未激活状态，第二种是游戏暂停了。**

当节点被添加到场景里的时候，就会进入激活状态，而当节点从场景中删除的时候，就会进入非激活状态，甚至直接被销毁。Node 中有一个成员变量_running 来标识这个状态，该变量的改变主要在 onEnter 和 onExit 中，在游戏设计的时候经常会继承，然后重写这两个方法，并且忘记调用父类的 onEnter 和 onExit，那么这个时候状态变量就没有被重置，而 runAction、Schedule 等一系列的函数，在注册 Schedule 时会根据该变量来判断回调是否暂停，默认是非激活状态，所以 Schedule 的回调不会被执行。

Cocos2d-x 3.0 之后与 3.0 之前有一个不同点是，**与 Schedule 关联的节点 Target 变成一个没有 retain 的弱引用**，当在回调外部调用 Target 的 release 方法时，这个 Target 可能真的被释放了，那么回调中对 Target 的任何调用都会导致程序崩溃。如果按照正确的方法来使用 Schedule，那么就不会出现这么糟糕的问题，在这里只需要知道，Schedule 并不会为 Target 对象执行 retain 操作就可以了。

与在外部释放了 Target 相对的是忘记注销匿名函数，你需要将匿名函数关联到一个合适的对象身上，由 Node 来自动管理这些回调是最好的选择，否则需要记住自己注册了什么回调，并在不需要使用的时候手动注销它们。

为了验证 Schedule 的稳定性，笔者使用了各种方法来验证 Schedule，例如，使用未初始化的指针来注册匿名函数，在各种情况下注册注销回调等，从验证的结果来看，Schedule 的实现还是很健壮的。

第 3 篇　UI 与交互篇

第 18 章　触 摸 输 入

触摸是移动设备上最重要的一个交互方式，也是必须掌握的一个交互方式，这种方式表现为通过手指在屏幕上按下、移动、离开来操作设备。此外还有按键输入、重力感应、声音控制等输入方式。本章介绍 Cocos2d-x 封装的一系列 Touch 相关的类，来帮助我们捕获触摸消息。

Cocos2d-x 3.0 之后 EventDispatcher 统一接管了几乎所有底层交互方式的消息转发（**IME 文字输入例外**），在第 16 章中已经详细介绍了 EventDispatcher，本章将围绕触摸输入的核心展开介绍，本章主要介绍以下内容：

- 如何监听触摸消息。
- 触摸输入运行流程。
- 判断点击。
- 多点触摸。
- 点击穿透。

18.1　如何监听触摸消息

18.1.1　监听触摸消息

当手指在屏幕上划动的时候，Cocos2d-x 会捕获到这些事件，并转发到触摸监听者来处理，使用触摸监听者处理触屏事件，需要有以下两个步骤：

（1）创建监听者并实现监听回调。

（2）注册监听者等待事件触发。

首先在 Cocos2d-x 3.0 之前，监听者需要继承各种 Delegate，如 CCTargetedTouchDelegate，然后实现父类的虚函数，Delegate 有专门的 Dispatcher 来管理它，如 CCTouchDispatcher。这种情况下当需要同时监听各种消息时，监听者本身需要使用多继承来继承多个 Delegate。多继承本身是存在比较大的争议的，笔者个人认为应该少用、慎用多继承。

Cocos2d-x 3.0 之后改继承为组合，结合 C++11 的 function 对象，很好地简化了类之间的继承关系。原来希望监听一个消息时，自身必须成为一个监听者，而现在可以很方便地创建一个监听者，由这个监听者专门监听消息。

18.1.2　触摸监听者

触摸监听存在两种监听者，即 EventListenerTouchOneByOne 和 EventListenerTouch-

AllAtOnce，它们分别对应 Cocos2d-x 3.0 之前的 CCTargetedTouchDelegate 和 CCStandard-TouchDelegate。前者的命名更为直观。这两种监听者的区别主要在对点击触摸的处理上，**回调函数的参数类型不同**，在多点触摸时，OneByOne 会将触摸点一个一个地回调，而 AllAtOnce 将一次性传入所有的触摸点。

- EventListenerTouchOneByOne 的回调函数的参数为 Touch*, Event*。每次回调只传入一个触摸对象。
- EventListenerTouchAllAtOnce 的回调函数的参数是 const std::vector<Touch*>&, Event*。每次回调都会传入当前按下的所有触摸对象。

这里可以把 EventListenerTouchOneByOne 简称为 **Target 监听者**，把 EventListener-TouchAllAtOnce 称为 **Standard 监听者**，这也是之前一贯的称呼。

Target 监听者有一个有意思的选项叫点击吞噬 SwallowTouches，即是否独占这个点击事件，如果独占了，那么其他的 Target 监听者便不会接收到这个点击事件了。点击吞噬往往结合优先级来工作，可以应用在多个 UI 重叠时，只点击到最上层的 UI，而不会穿透到下层（点击穿透问题的核心，就是点击吞噬与优先级）。

18.1.3 触摸消息

Cocos2d-x 一共会触发 4 种触摸消息。

- BEGAN：手指按下时触发，回调 onTouchBegan 和 onTouchesBegan。
- MOVED：手指移动时触发，回调 onTouchMoved 和 onTouchesMoved。
- ENDED：手指松开时触发，回调 onTouchEnded 和 onTouchesEnded。
- CANCELLED：触摸中断时触发，回调 onTouchCancelled 和 onTouchesCancelled。

BEGAN 消息触发时，其对应的监听回调返回 true，后续才会接受到这个触摸的其他消息，否则不会再接收到该触摸的回调。而 CANCELLED 消息会在触摸中断的时候触发，有时会忘记处理这个消息，如果不处理这个消息，可能会出现一些逻辑错误。

一个触摸的生命周期为点击 BEGAN——移动 MOVED——松开 ENDED，那么触摸中断是怎么回事呢？如我们点击之后，被其他系统进程切换（如手机来电、手机短信或闹钟切断），那么这个点击是无法执行到松开这一阶段的。

正常的生命周期被中断而没有正确地处理触摸中断消息，可能会出现一些逻辑错误，例如拖曳一个对象到某个位置的时候被中断了，那么这个对象可能会卡在这个位置上。比如当在游戏的商店界面要按下某个按钮来购买一种道具（按住可以自动连续地购买），如果被意外地中断，那么程序会不断地购买这种道具即使松开了手指。

那么如何处理触摸中断事件呢？大部分情况下，将触摸中断同触摸正常结束进行一样的处理就可以了，但有些情况需要在触摸中断事件中撤销一些操作，例如，将一个对象拖曳的过程中被中断时，我们可能更希望这个对象回到原先的位置。

Standard 监听者会接收到所有的事件，但这里需要注意的是，每个触摸都是独立的。当我们两个手指同时按下时，会触发一次 Standard 的 BEGAN 消息，并传入两个触点对象；而如果手指先后按下，则将触发两次 Standard 的 BEGAN，每次只传入一个触点对象。

另外，iOS 默认是关闭多点触摸的，所以为了使多点触摸代码在 iOS 下可以生效，需要开启 iOS 的多点触摸，通过设置 view 的 multipleTouchEnabled 为 YES，或者在

AppController.mm 文件中的 didFinishLaunchingWithOptions 方法内的适当位置添加下面的代码，可以手动开启多点触摸。iOS 版本的 TestCpp 也是这么做的。

```
[eaglView setMultipleTouchEnabled:YES];
```

18.1.4　注册监听

在了解了触摸监听者和触摸消息之后，来看一下如何注册监听，先来回顾一下旧版本的触摸监听注册，这里以 Target 监听者为例，代码如下：

```
//this 需要继承 CCTargetedTouchDelegate，并实现对应的触摸回调，当然这里不传入 this，传入一个 new 出来的对象也是可以的
//addTargetedDelegate 的 3 个参数分别是点击委托对象，也就是 this，优先级—数值越低优先级越高，以及是否吞噬事件
CCDirector::sharedDirector()->getTouchDispatcher()->addTargetedDelegate
(this, 0, true);
```

在 Cocos2d-x 3.0 注册触摸监听需要创建一个 EventListenerTouchOneByOne 触摸监听对象，设置好回调，并添加到 EventDispatcher 中即可，回调可以直接使用成员函数，也可以使用 lambda 匿名函数。代码如下：

```
//代码位于某 Node 节点内，实现了 onTouchBegan 和 onTouchMoved 两个方法
//创建一个 EventListenerTouchOneByOne，并设置 setSwallowTouches（不是必须的）
auto listener = EventListenerTouchOneByOne::create();
listener->setSwallowTouches(true);
//使用成员函数赋值，通过 CC_CALLBACK_2 将成员函数和 this 绑定到一起并赋值给 listener
//CC_CALLBACK_2 会使用 std::bind 来绑定类及其成员函数
//CC_CALLBACK_2 后面的 2 表示函数的参数数量，Cocos2d-x 封装了 0123 这 4 种数量的函数
listener->onTouchBegan = CC_CALLBACK_2(Paddle::onTouchBegan, this);
listener->onTouchMoved = CC_CALLBACK_2(Paddle::onTouchMoved, this);
//也可以使用 lambda 函数来赋值
listener->onTouchEnded = [&](Touch* touch, Event* ev)->void
{
    this->_state = kPaddleStateUngrabbed;
};
//每个 Node 都有一个_eventDispatcher 对象，listener 为监听者对象，this 为当前节点
_eventDispatcher->addEventListenerWithSceneGraphPriority(listener,
this);
```

Cocos2d-x 3.0 之后的触摸监听优先级整合到了 EventDispatcher 中，addEventListenerWithSceneGraphPriority 会使用节点当前的前后遮挡顺序来作为优先级，而 addEventListenerWithFixedPriority 可以使用自定义的优先级，自定义的优先级不能为 0。EventDispatcher 存在一个全局优先级，也就是自定义的优先级。所有 addEventListenerWithSceneGraphPriority 的监听者全局优先级为 0，而它们内部会有一个内部优先级，是根据节点前后顺序来决定的，具体内容可以复习第 16 章。

18.2　触摸输入运行流程

完整的触摸处理可以划分为 3 层，如图 18-1 所示。

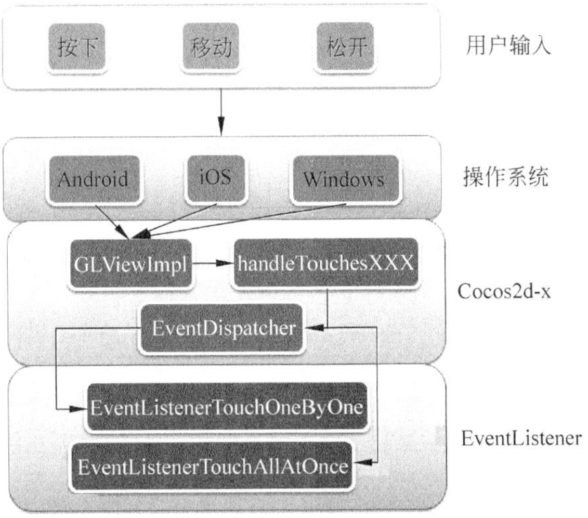

图 18-1　触摸输入运行流程

（1）首先操作系统捕获到用户输入的操作。

（2）GLViewImpl 通过平台相关的接口获得详细数据，并根据操作类型来触发 handleTouchesXXX 函数。

（3）GLView::handleTouchesXXX 函数将所有的触点信息封装成 Touch 对象，放到一个 Set 中，并传给 EventDispatcher。

（4）EventDispatcher 将遍历所有注册进来的 TouchEventListener 对象，按照优先级调用对象的回调函数。

前面简单介绍了触屏消息从用户触摸屏幕到回调处理函数的运行流程，但在第（4）步的时候，有一些细节需要介绍一下，当存在多个点以及多个触摸委托对象的时候，点和对象的关系如何？让我们来详细分析一下 EventDispatcher 如何处理触摸消息。

EventDispatcher 最终会走到 EventDispatcher::dispatchTouchEvent 函数进行处理，dispatchTouchEvent 函数的执行流程如图 18-2 所示。

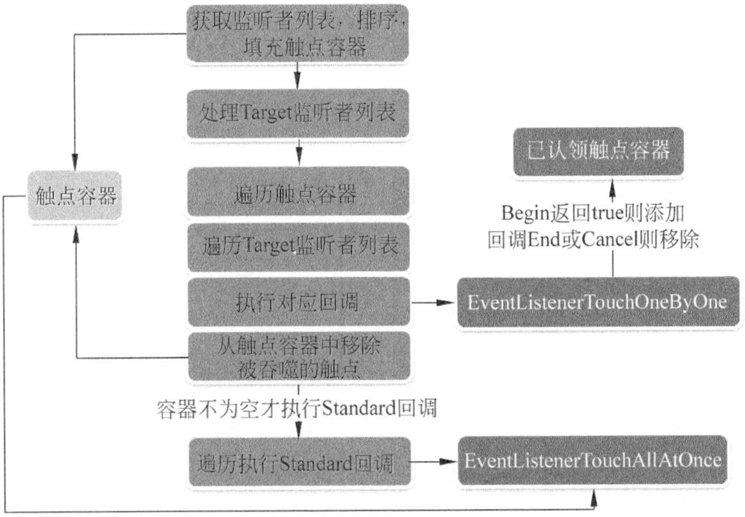

图 18-2　dispatchTouchEvent 函数执行流程

（1）对 Target 和 Standard 两种不同类型的 EventListener 进行排序（当发生变化时才会真正排序）。

（2）将当前所有的触点缓存到一个触点容器中，并获取两种触摸监听者列表。

（3）先处理 Target 监听者，遍历所有的触点，再遍历当前所有的 Target 监听者，执行 Target 监听者的回调。

（4）如果是 BEGAN 事件，则回调 Target 的 onTouchBegan，如果 onTouchBegan 返回 true，则将该触点认领，并添加到 listener 的认领列表中。

（5）如果是其他事件，则查看当前触点是否被 Target 认领了，如是则调用对应的回调，ENDED 和 CANCELLED 事件执行完毕后会将触点从 Target 的认领列表中删除。

（6）如果触点被当前 Target 监听者认领了，且 Target 的_needSwallow 为 true，那么该触点会被吞噬（从触点容器中删除），其他的监听者无法得到该触点。

（7）最后处理所有 StandardEventListener，如果所有的触点都已经被吞噬了，触点容器为空，那么会直接返回，否则执行回调。

通过分析上面的流程，可以总结出几点：

- 触摸回调的执行顺序，先执行 Target 再执行 Standard，内部按照 EventDispatcher 优先级规则执行。
- 在 onTouchBegan 返回 true 时，会认领该触点，认领之后才会接收到该触点的后续消息。
- 认领并吞噬触点会让**优先级比较低**的监听者都无法获得该触点进行处理，达到独占效果。
- EventDispatcher 并不知道是否触点是在对象身上，需要由对象的 onTouchBegan 自行判断。

18.3　判断点击

触摸回调会传递触摸点的位置信息，而更多的需求是需要判断触摸点的位置是否在某个范围内，以此来确定是否点击到了某个对象。Cocos2d-x 不会告诉我们是否点到了对象，它只会告诉玩家摁了屏幕的哪个位置，至于这个位置有没有点到对象，需要自己去判断。而这一判断一般位于 onTouchBegan 回调函数中（如果你只是想要一个判断方法，可以直接看本节最后一小段代码）。

```
bool onTouchBegan(Touch*, Event*);
```

onTouchBegan 有两个参数，第一个是一个 Touch 对象，第二个是一个 Event 对象。Touch 继承于 Ref，包含了以下 5 个成员变量：

```
int _id;                          //触摸 ID，在触摸的时候生成，不会改变
bool _startPointCaptured;         //是否捕获了起始点
Vec2 _startPoint;                 //触摸的起始点坐标
Vec2 _point;                      //当前点坐标
Vec2 _prevPoint;                  //上一个点坐标（移动中）
```

当 onTouchBegan 返回 true 时才会接收到 Move 和 End 消息，一般在这里判断是否点

中对象。首先，在判断的时候是处于节点空间中，而传入的是世界空间的坐标点，那么第一步就是转换，或者把节点空间的点转换到世界空间，**或者把世界空间的点转换到节点空间**。

如图 18-3 所示为一个 Scene，有两个 Sprite 在屏幕上显示，A 的父节点是 Scene，Position 是(100,100)，B 的父节点是 A，Position 是(100,100)。

那么 Scene 的 Position 是（0,0），则 A 在世界坐标的位置是(100,100)，B 的位置是 100+100, 100+100 -> (200,200)，A 和 B 两张图的大小都是 37×37 像素。

如图 18-4 所示，虚线部分表示我们要参与碰撞运算的矩形大小，中间的红点表示其默认的锚点位置，我们知道，在局部坐标系中，锚点位置默认是该局部坐标系的原点，按照矩形左下角为起点，获得以（0,0）为起点的矩形，实际上是我们看到的矩形往右上方向各移动 18.5 个像素的图像。要求出如图 18-4 所示的矩形范围需要做以下运算，这是 TestCpp 中 TouchesTest 演示的如何获取矩形。

```
auto s = getTexture()->getContentSize();
return Rect(-s.width / 2, -s.height / 2, s.width, s.height);
```

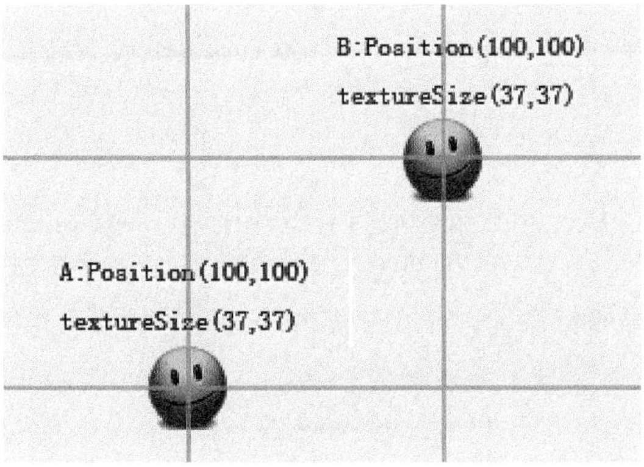

图 18-3　世界坐标系

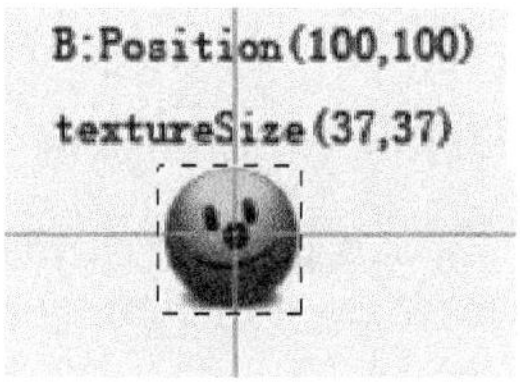

图 18-4　矩形花围

上面这种计算方法存在一个问题，就是当设置了新的锚点之后，这种方法就不灵了，对宽和高除以 2，是按照默认锚点为 0.5 来处理的。要考虑锚点问题的话，应该调整为如下所示。

```
auto s = getTexture()->getContentSize();
return Rect(-s.width * m_tAnchorPoint.x, -s.height * m_tAnchorPoint.y,
s.width, s.height);
```

这样得出的 myrect 在节点坐标系中是以(–18.5,–18.5)为起点，大小 37×37 像素的一个矩形。然后将手指在屏幕上(200,200)的位置点一下，这时传入的 Touch 对象的 point 是(200,200)，所以 convertToNodeSpace 转换为节点空间后，所转换为局部坐标系的位置是(18.5,18.5)，但在刚刚计算出的矩形中，并不是处于锚点所在的位置，而是位于矩形的右上角，convertToNodeSpace 函数转换是以纹理的左下角坐标为原点的，所以需要计算出以锚点为原点的坐标，**使用 convertToNodeSpaceAR 来进行转换**。

上面的所有逻辑可以整理为以下代码：

```
bool Paddle::onTouchBegan(Touch* touch, Event* event)
{
```

```
    //第 1 步计算出矩形
    Size s = getTexture()->getContentSize();
    Rect myrect = Rect(-s.width * m_tAnchorPoint.x, -s.height * m_
    tAnchorPoint.y, s.width, s.height);
    //第 2 步计算出触摸点坐标
    Vec2 pt = convertTouchToNodeSpaceAR(touch);
    //第 3 步判断是否在范围内
    return myrect.containsPoint(pt);
}
```

在多数情况下，上面的代码都可以运行良好，但是上述代码还隐藏着一个问题，上面的判断是**基于纹理的大小**进行判断的，但是 Cocos2d-x 有一种特性，就是一个 Sprite 可以拥有一张很大的图片，但是只显示其中的一部分，如一些序列动画，都是把所有的帧放到同一张图片中，作为一种优化，那么这个 getTexture 函数返回的大小是多大呢？答案是整张图的大小！如果想获得当前显示部分的大小该怎么办？直接使用 getContentSize 的大小即可。可以把上面获取 Size 的代码修改为：

```
Size s = getContentSize();
```

如果对象发生了缩放，计算出来的矩形也是不正确的，需要将 s 乘以缩放系数。

```
s.width *= _scaleX;
s.height *= _scaleY;
```

Cocos2d-x 的 Node 提供了 getBoundingBox 函数来获取自身的包围盒，对 ContentSize 应用节点的矩阵计算，综合考虑了位置、锚点、旋转、缩放等因素，最后计算出一个 AABB 碰撞盒，用于检测。返回的矩形是位于世界坐标系的，可以直接与 Touch 的位置进行判断。

```
// 如果点中对象则返回 true
return getBoundingBox().containsPoint(touch->getLocation());
```

上面的方法都没有很好地解决旋转矩形碰撞检测，想要获取**精确的旋转矩形碰撞检测**，可以使用物理引擎的碰撞查询，也可以另外计算，可参考：http://cn.cocos2d-x.org/tutorial/show?id=1480

18.4　多点触摸

本节分析一下使用多点触摸的一些细节，以及应该如何处理。首先，有一个 Target，这个 Target 是一个可点击的对象，实现了几个功能，当点击到该对象的时候，该对象可以拖动，直到手指松开。

- 第一种情况，多个 TouchPoint 点击在同一个 Target 上。

假设现在有 3 个手指，按在了一个 Target 上，3 个手指同时拖向不同的方向。在拖动的过程中可以看到，Target 的位置在 3 个手指下不断地跳动，从这个手指，跳动到另外一个手指下。**原因：一个 Target 可以同时接受多个 Touch 的消息，如果只希望接受一个 Touch 的消息，在 onTouchBegan 的时候，判断是否已经被点击，如是则直接返回 false。**

- 第二种情况，一个 TouchPoint 点击在多个 Target 上。

假设现在用一个手指摁在了 3 个重叠的 Target 上，会怎样？哪个会被拖动呢？还是 3

个同时被拖动？答案是优先级最高的那个被拖动，如果它们的优先级相同，那么最先注册的那个被拖动。原因：一个 TouchPoint 一旦传入某个 Target 的 **onTouchBegan** 返回 **true，就不会继续传递给其他的 Target 了，EventDispatcher 是按照优先级进行回调的**。

- 第三种情况，多个 TouchPoint 点击在多个 Target 上。

现在用 3 个手指同时按在 3 个重叠的 Target 上，然后往不同的方向移动，会发生什么情况呢？如果没有做第一个问题的那种修改，就会出现第一个问题，3 个点控制一个 Target，如果做了处理的话，3 个点各自拖动着一个 Target，而不会出现 A 挡着 B，所以 B 就没点中的情况。

18.5　点 击 穿 透

点击穿透的问题，虽然在 Cocos2d-x 3.0 之后的版本中已经有了系统性的方案来解决，但之前的版本还是存在该问题，并且在制作 UI 的时候，很容易碰到这样的问题。

例如，我们的场景是一个可以拖动的场景，在该场景中弹出了一个对话框，在对话框中点击，拖动，然后场景跟着被拖动了。**这就是点击穿透，在上层的点击事件穿透到了下层**。这里分两种情况，一种是点在对话框中的 UI 内，如果 UI 注册的事件是不吞噬点击事件，那么场景自然会被拖动；而如果选择了吞噬点击事件，点在对话框的背景上而不是 UI 上，场景也会被拖动。

弹出 UI 时，不希望场景被拖动怎么办？将整个对话框也视为一个按钮，但优先级低于对话框之上的按钮，高于对话框之下的对象。如果希望屏蔽包括对话框之外的地方的点击事件怎么办？在处理好优先级的同时，在对话框的 Begin 事件中不判断点击位置直接返回 true 即可。

优先级结合在 Begin 中 return true，是一个基本思路，接下来是怎样优雅地实现呢？假设使用 Menu 来管理 UI 的话，可以继承一个 Menu 来实现一个可以设定优先级（Menu 的优先级为–128），可以屏蔽点击的 Menu。这里假设继承的 Menu 叫做 MyMenu。

继承 Menu 之后，提供一个设定优先级的接口，这很简单但还不够方便，**使用一个静态变量来自动记录当前最高优先级，会带来很大的便利**，还可以避免一些糟糕的代码。

例如这样的需求，弹出 A 窗口，A 窗口的优先级最高，然后又弹出了一个 B 窗口，这时 B 窗口的优先级最高，接下来再弹出了一个 A 窗口，但这个 A 窗口的优先级要高于原先的 A 和 B 窗口。如果是单纯的 B 优先级高于 A，那么完全可以在 A 和 B 中写死优先级，但动态优先级的功能，是将绝对优先级，转换为相对优先级。

代码可以这样：在 MyMenu 中添加一个静态变量，默认为–128，每次将 MyMenu 注册到 TouchDispatcher 中，自动将该静态变量变为–1，确保每次创建一个新的 MyMenu 都是优先级最高的，也可以手动设置。至于将该变量恢复到–128 的需求也可以实现，但意义不大，也不是我们要讨论的主题。

到这里已经解决了优先级的问题，但还没有解决穿透的问题。穿透问题的解决，仅仅是在 MyMenu 中进行过滤而已，因为 MyMenu 的优先级是最高的，每个点击事件都需要先经过 MyMenu，才会到其他的 Menu 或者 Button 中。如果 MyMenu 希望屏蔽其他的点击，只需要在 Begin 函数中返回 true 即可，当然，在 move 和 end 中也要对应处理一下，因为

Menu 的 move 和 end 是假定已经点到了 Menu 中的 Item，而在这里我们没有点到 Menu 中的 Item 也返回了 true。是否屏蔽比 MyMenu 优先级更低的所有点击，也可以通过设置一个变量，在 Begin 函数中根据该变量来返回。

关于屏蔽的流程是这样的：在 TouchBegin 函数里，先执行 Menu 原先的点击处理，如果处理返回了 true，就直接返回，如果需要返回 false，这时候可以根据自己的需求来处理，如果是全部屏蔽，则直接返回 true，如果希望屏蔽某块区域开放其他区域，可以判断当前点击是否在屏蔽区域内。这样的 MyMenu 可以满足很多的需求。

最后在使用的时候，将原本的 CCMenu::create(item1, item2, item3, NULL); 更改为 MyMenu::create(item1, item2, item3, NULL)即可，改动很小，但注意 MyMenu 也需要实现自己的 create 方法，可以参考 CCMenu 的代码。

总结起来即两句话：**控制好触摸的优先级**，不论是什么点击事件，在底层的 TouchDispatcher 中，都是根据优先级进行处理的；**拿到点击事件之后，按照规则进行屏蔽**，可以有选择性，也可以强制性。

第 19 章　文 本 输 入

文字输入也是常用的 UI 交互，Cocos2d-x 对于文字输入的支持并不是很棒，主要是使用起来较麻烦，且效果不是很好，但 Cocos2d-x 3.0 之后新增了 UIEditBox 控件就改善了不少。

本章不介绍 UIEditBox，Cocos2d-x 3.0 的整个新 UI 系统将在第 22 章中统一介绍，本章核心有两点，第一点是 TextFieldTTF 使用的问题，第二点是 TextFieldTTF 底层的 IME 详解，本章主要介绍以下内容：

- TextFieldTTF 简介。
- 使用 TextFieldTTF。
- 扩展 TextFieldTTF。
- 详解 IME。

19.1　TextFieldTTF 简介

TextFieldTTF 是一个挫挫的文本输入框，为什么说它挫挫呢？因为它的表现实在无法令多数人满意，文本输入这一块的实现确实是有些麻烦，特别是跨多平台的 IME（Input Method Edit），这部分功能是和平台紧密相关的。创建一个正常的 EditBox，在 Windows 下面是通过 WinAPI 创建一个 EditBox，而安卓下更多的是通过编辑 layout.xml 来创建 EditBox，而且不同平台下的文本输入框的表现也大相径庭，Cocos2d-x 提供的这个挫挫文本输入框也不是一件轻松的事，无法使用系统自带的 EdirBox 而自己实现一个 EditorBox，是很痛苦的一件事。

首先来了解一下 TextFieldTTF 的结构，以及 TextFieldTTF 实现了什么，没有实现什么。之所以不先放出使用 TextFieldTTF 的代码，是因为 TextFieldTTF 的使用实际上比想象的更不智能，更加麻烦。

TextFieldTTF 继承于 Label 和 IMEDelegate，通过继承 Label 来实现文字的显示，通过继承 IMEDelegate 来监听玩家的文字输入消息。TextFieldTTF 实现了以下功能：

- 开启和关闭监听键盘输入。
- 同步显示键盘输入的文字（包括删除）。
- 在无输入内容的情况下，显示默认文本。
- 设置文本的颜色。
- 一个 IMEDelegate 所能接收到的回调。

TextFieldTTF **没有实现**以下功能：

- 点击 TextFieldTTF 时进入输入状态。
- 文本输入下标闪烁效果。

- 框选部分输入文本进行编辑。
- 对文本进行复制、粘贴、剪切等操作。
- 包裹文本的输入框。
- 输入内容限制。
- 文字换行、对齐等。

19.2　使用 TextFieldTTF

使用 TextFieldTTF 的流程是：先创建一个 TextFieldTTF 对象，然后在适当的时候调用 attachWithIME 来开启监听文字输入的事件，什么是恰当的时候呢？需要另外注册一个触摸事件监听，来监听是否点击到 TextFieldTTF，或者点击到输入范围。点击到了才调用 attachWithIME 打开键盘。由于 iOS 和 Android 手机一般没有键盘，所以 attachWithIME 会弹出一个软键盘。

```
//创建 TextFieldTTF 对象
TextFieldTTF* ttf = TextFieldTTF::textFieldWithPlaceHolder("<input>",
"Thonburi", 32);
//在适当的时候调用 attachWithIME，一般是在点击到文本框的时候调用，而在点击文本框之外
任意地方的时候，调用 detachWithIME
ttf->attachWithIME();
addChild(ttf);
```

上面介绍了 TextFieldTTF 最基础的用法，TextFieldTTF 的“创建函数”并没有被调整为 create，看来是漏网之鱼，下面来看一下创建 TextFieldTTF 的方法。

```
//使用默认文字 placeholder，指定的尺寸，对齐方式，字体和字号来创建 TextFieldTTF
static   TextFieldTTF   *   textFieldWithPlaceHolder(const   std::string&
placeholder, const Size& dimensions, TextHAlignment alignment, const
std::string& fontName, float fontSize);
//使用默认文字 placeholder，指定的字体和字号来创建 TextFieldTTF
static TextFieldTTF * textFieldWithPlaceHolder(const std::string&
placeholder, const std::string& fontName, float fontSize);
```

TextFieldTTF 存在两个字符串，即_inputText 和_placeHolder，二者需要注意区分，_inputText 是输入的内容，一开始为空，而_placeHolder 是创建 TextFieldTTF 时输入的文字，一般是“请输入用户名”之类的提示语，默认显示。当输入内容之后，TextFieldTTF 会显示我们输入的内容，当把输入的内容清空之后，又会显示默认的提示文字。而 **getString 和 setString 操作的都是_inputText**，并非当前所显示的文字。如果需要操作默认提示语，可以使用 setPlaceHolder 和 getPlaceHolder 方法。

19.3　扩展 TextFieldTTF

由于功能不够用，所以 TextFieldTTF 不得不提供各种扩展来完善它，除了继承 TextFieldTTF 来实现扩展之外，TextFieldTTF 还支持设置一个 TextFieldDelegate 来介入文

本编辑时的一些处理。TextFieldDelegate 提供了一些回调函数，首先是文本输入焦点以及文本内容编辑的回调：

```
//在文本框获得输入焦点时的回调，return true 表示不开启文本输入监听
virtual bool onTextFieldAttachWithIME(TextFieldTTF * pSender);
//在文本框失去焦点时的回调，return true 表示不关闭文本输入监听
virtual bool onTextFieldDetachWithIME(TextFieldTTF * pSender);
//在输入文字时的回调 text 插入的文本内容，nLen 表示内容长度（字节），return true 表示不插入这段文本
virtual bool onTextFieldInsertText(TextFieldTTF * pSender, const char * text, int nLen);
//在删除文字时的回调，return true 表示不删除这段文本
virtual bool onTextFieldDeleteBackward(TextFieldTTF * pSender, const char * delText, int nLen);
```

下面的回调是软键盘弹出或关闭时会执行的回调，在 Windows 上并不会回调这些方法，只有在 Android、iOS 等需要使用软键盘输入的操作系统才会弹出。IMEKeyboardNotificationInfo 是软键盘的信息，描述了软键盘弹出的位置、软键盘的大小以及键盘弹出动画的播放时间，这些信息和回调主要用于帮助在软键盘弹出时，对一些 UI 的位置进行调整。软键盘相关回调与前面的回调不同的是，**所有的 IMEDelegate 都能收到软键盘回调，而上面的文本处理回调只发给当前处于输入状态的 IMEDelegate**。

例如，手机上弹出软键盘时，一些 UI 自动调整到更高的位置，以避免被软键盘挡住，在关闭软键盘时，又恢复原先的布局。

```
//软键盘将要弹出时回调
virtual void keyboardWillShow(IMEKeyboardNotificationInfo& info);
//软键盘已弹出后回调
virtual void keyboardDidShow(IMEKeyboardNotificationInfo& info);
//软键盘即将关闭时回调
virtual void keyboardWillHide(IMEKeyboardNotificationInfo& info);
//软键盘被关闭后回调
virtual void keyboardDidHide(IMEKeyboardNotificationInfo& info);
```

TestCpp 中的 TextFieldTTFActionTest 就是使用了 TextFieldDelegate 来实现一些文字编辑的炫酷效果，为简陋的 TextFieldTTF 雪中送炭。TextFieldTTFActionTest 是这样实现的：

```
//在开启文本输入监听时，执行一个闪烁 Action
bool   TextFieldTTFActionTest::onTextFieldAttachWithIME(TextFieldTTF   *
sender)
{
    _textField->runAction(_textFieldAction);
    return false;
}
//在关闭文本输入监听时，停止闪烁 Action
bool   TextFieldTTFActionTest::onTextFieldDetachWithIME(TextFieldTTF   *
sender)
{
    _textField->stopAction(_textFieldAction);
    _textField->setOpacity(255);
    return false;
}
```

在 onTextFieldInsertText 和 onTextFieldDeleteBackward 中，通过插入或删除的文本来

创建一个新的 Label，让 Label 对象执行一些特效 Action，Action 执行完毕之后移除 Label 对象。Insert 的文本内容为本次输入的文本（可能有多个）。在软键盘中输入 N 个字符，只有最后点击"完成"或确定输入，才会触发文本输入事件，执行 onTextFieldAttachWithIME 回调。通过在这些回调函数的返回值可以左右文字输入的流程。注意，播放动画和 TextFieldTTF 的文字改变是同时发生的，并不是动画播放完再改变 TextFieldTTF 内容，具体流程以下几步。

（1）设计类 A 继承于 TextFieldDelegate 并实现上面的接口。

（2）然后需要执行 A* a = new A()创建一个这样的对象。

（3）将 TextField->setDelegate(a);设置到 TextFieldTTF 对象中 。

（4）最后等待回调被执行。

通过这些回调，在流程上可以改变文字输入监听、软键盘的开启和关闭，以及左右文字输入删除的结果，并且执行适当的效果。

19.4　详解 IME

Cocos2d-x 的 IME 由 IMEDelegate 和 IMEDispatcher 组成，IMEDelegate 定义了文字输入行为相关的虚函数，由子类来实现这些行为，由 IMEDispatcher 调用它们。本节详细介绍 IMEDelegate 和 IMEDispatcher 的结构以及运行流程。结构上可以分为 3 层，如图 19-1 所示。

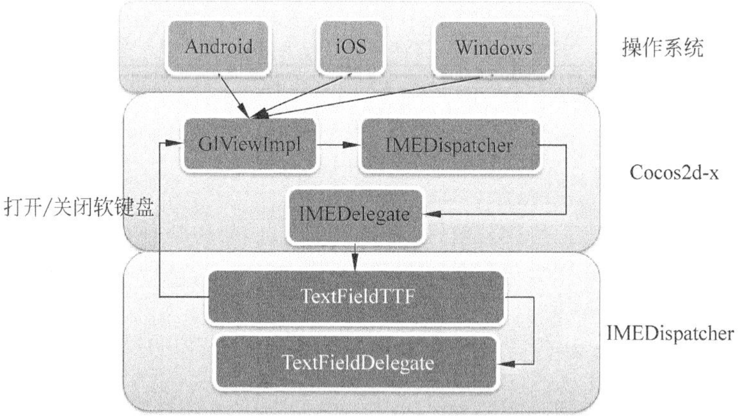

图 19-1　IME 流程图

- 键盘的弹出和关闭、用户的文本编辑操作，都是发生在操作系统这一层的，产生的事件以及相关信息由操作系统转发给 IMEDispatcher。
- IMEDispatcher 管理着若干 IMEDelegate，其负责 IMEDelegate 的切换，以及将消息传达给当前的 IMEDelegate。**IMEDelegate 有多个，但只有一个对象能接收消息处理。**
- IMEDelegate 的子类——TextFieldTTF，负责处理具体的消息，当然，TextFieldDelegate 也会参与到处理的过程中。

IME 比其他交互特殊的一点是，输入由用户发起，而不是由操作系统发起（操作系统仅仅捕获输入事件）。IMEDispatcher 的消息转发如图 19-1 所示，是单向的，仅仅是从操作系统到具体的 IMEDelegate。但是用户的点击输入是由用户发起的，通过调用 attachWithIME 可以进入输入模式，而在用户点击输入框时才会调用 attachWithIME。但 IMEDelegate 的 attachWithIME 并不会弹出软键盘，只是将 IMEDelegate 设置为处理事件的对象。

如果**直接继承 IMEDelegate，并调用 attachWithIME，在手机上是不会弹出软键盘的**。TextFieldTTF 的 attachWithIME（detachWithIME 也类似）函数中，调用了 GLViewImpl 的 setIMEKeyboardState，GLViewImpl 是一个平台相关类，在 Windows 下什么都没有做，因为不需要软键盘。而在 Android 和 iOS 下，会调用对应平台的方法弹出软键盘。

使用 IMEDispatcher 的 attachWithIME 来切换 IMEDelegate 时，会询问当前的 IMEDelegate 的 canDetachWithIME，确保旧的 IMEDelegate 是否可以被切换，并调用新 IMEDelegate 的 canAttachWithIME，询问是否可以进入监听状态，如果结果都为 true，则调用旧 IMEDelegate 的 didDetachWithIME，新 IMEDelegate 的 didAttachWithIME 回调，并将当前 IMEDelegate 设置为新的 IMEDelegate。

```
bool TextFieldTTF::attachWithIME()
{
    bool ret = IMEDelegate::attachWithIME();
    if (ret)
    {
        //open keyboard
        auto pGlView = Director::getInstance()->getOpenGLView();
        pGlView->setIMEKeyboardState(true);
    }
    return ret;
}
```

键盘的弹出和关闭，以及用户在键盘中输入的内容由具体的 GLViewImpl 来转发给 IMEDispatcher，IMEDispatcher 进行简单的判断之后直接回调 IMEDelegate。每个 IMEDelegate 在构造时就将自己添加到 IMEDispatcher 中了，在析构函数中通过 IMEDispatcher 移除。

第 20 章　按钮与重力感应输入

本章要介绍的内容非常轻松实用，主要介绍重力感应和物理按键这两种交互方式。重力感应是手机上极具特色的操作方式，通过摇晃、倾斜手机进行游戏，是非常有趣的体验。而物理按键指的是手机上有限的几个按键的输入，Cocos2d-x 目前只能捕获到菜单键和后退键这两个按键的输入。

本章主要介绍以下内容：

- 重力感应。
- 物理按键。

20.1　重力感应

在 Cocos2d-x 中要获取手机的重力感应输入非常简单，Cocos2d-x 3.0 之前的版本只需要继承 CCAccelerometerDelegate，然后实现 didAccelerate 虚函数，最后设置为 Accelerometer 的委托对象即可。也可以在继承于 CCLayer 的类中，实现 didAccelerate 虚函数，然后再调用 setAccelerometerEnabled 开启重力感应。Accelerometer 只支持一个 Delegate，在 PC 下可以使用键盘的上下左右 4 个方向键来模拟重力加速。TestCpp 的 AccelerometerTest 演示了如何使用重力感应，代码如下：

```
//手动设置为 Accelerometer 的 Delegate
CCDirector::sharedDirector()->getAccelerometer()->setDelegate(this);
//如果继承于 Layer，调用这个方法就可以接收重力消息
setAccelerometerEnabled(true);
```

Cocos2d-x 3.0 之后重力感应的使用发生了很大的改变，首先，从继承 CCAccelerometerDelegate 变成了使用 EventListenerAcceleration；其次，EventDispatcher 并没有限制 EventListenerAcceleration 的数量，所以**可以注册多个 EventListenerAcceleration**。另外，**重力感应现在只能在移动设备上生效**，无法在 PC 上使用方向键来模拟重力加速了；最后，注册了重力加速的监听者，**还需要另外开启重力感应，才能接收到重力感应消息**。代码如下：

```
//创建 EventListenerAcceleration 并注册到 EventDispatcher 中
auto    accelerationListener    =    EventListenerAcceleration::create(CC_
CALLBACK_2(Test::onAcceleration, this));
eventDispatcher->addEventListenerWithSceneGraphPriority(_accelerationLi
stener, this);
//通知设备开启监听重力感应消息
Device::setAccelerometerEnabled(true);
```

调用 Device::setAccelerometerEnabled(true)，设备才会向 Cocos2d-x 发送重力感应消息，而不是 Cocos2d-x 3.0 之前的不断向 Cocos2d-x 发送重力感应消息，传入 false 可以通知设备停止发送重力感应消息。如果使用 Layer 来处理重力感应，那么 Layer 的 setAccelerometerEnabled 内部会自动开启和关闭设备的重力感应消息发送。手动地开启和关闭可以避免在不使用重力感应时，多余的重力感应消息转发处理。

在 didAccelerate 回调函数中，可以得到一个 Acceleration 指针（Cocos2d-x 3.0 还会得到一个 Event 指针，但一般没什么用），Acceleration 记录了玩家当前倾斜手机的详细信息，包含了上次重力采样的时间间隔，以及每个方向轴的重力值，其坐标系和 Cocos2d-x 所用的坐标系是一样的。新旧版本的函数原型如下：

```
//3.0 之前的重力感应回调
virtual void didAccelerate(cocos2d::CCAcceleration* pAccelerationValue);
//3.0 之后的重力感应回调
void didAccelerate(Acceleration*, Event* event);
```

重力感应所使用的坐标系如图 20-1 所示，Acceleration 结构的详细内容如下。

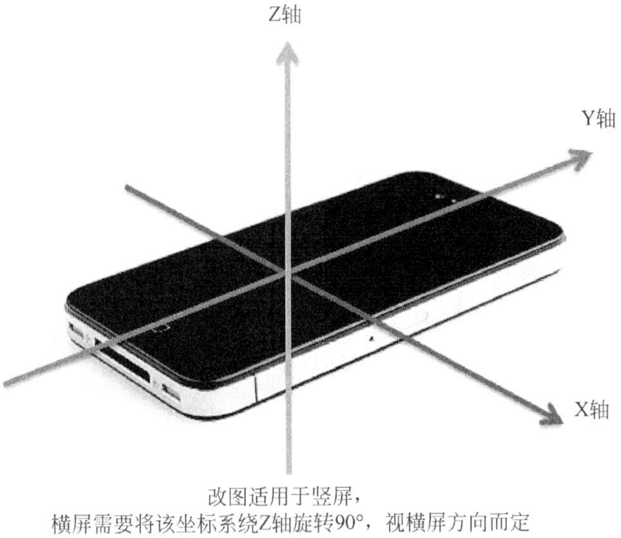
Z轴
Y轴
X轴
改图适用于竖屏，
横屏需要将该坐标系绕Z轴旋转90°，视横屏方向而定

图 20-1　手机上 XYZ 轴

- X 表示手机左右倾斜的值，值范围大约从–1 到 1，–1 表示左边，1 表示右边。
- Y 表示手机上下倾斜的值，值范围大约从–1 到 1，–1 表示下边，1 表示上边。
- Z 表示手机的朝向，值范围大约从–1 到 1，当手机正面朝下时，为–1，正面朝上时，为 1，垂直放置手机时，值为 0（当水平放置时，不管屏幕向上还是向下，X 和 Y 都为 0，需要 Z 来判断）。
- t 是一个时间戳，表示距离上次采集重力信息的时间间隔。

得到了重力信息之后，应该如何使用重力呢?首先要回答两个问题，什么时候会发送重力感应消息? CCAcceleration 中，X，Y，Z 对应的值分别是多少?分别代表什么?

重力感应消息并不是当重力发生变化的时候才发送，而是不断地发送，即使手机一动不动，还是会不断接收到重力感应消息（3.0 需要手动开启之后才会发送重力感应消息）。

当纯粹依靠重力时，值的极限范围大约是 1 左右，而用力摇晃手机时，数值会根据你的力量而增加，力量够大时数值可达到 4 以上。

20.1.1　摇一摇

有时需要通过摇晃手机来实现一些有趣的事情，如微信的摇一摇，通过摇晃手机，来查找好友，例如，一个摇汽水的小游戏，希望玩家尽力摇晃汽水，和朋友比试谁摇得更厉害，这两个小例子看上去很相似，都是摇晃手机，但是在程序实现上的需求却不同。

微信摇一摇，只要求用户做一个摇晃的动作，当检测到用户在摇晃时，即触发摇一摇的功能，通过在一段时间内采集 X、Y、Z 的重力值，将大于 1.5 或小于–1.5 的值记录下来（这些数值是经过摇晃才能产生的数值），如果数值超过设定的阀值，如 300，则触发摇一摇之后的相应代码，伪代码如下：

```
//注册重力感应
initAcceleration........
//在重力感应的回调函数中
if(pAccelerationValue->x > 1.5 || pAccelerationValue->x < -1.5)
 {
     m_rollValue+=pAccelerationValue->x;
}
//Y 和 Z 的代码略........
//如果大于阀值，则执行寻找好友的代码
if(m_rollValue >= 300)
{
     findgay();
}
```

而摇汽水小游戏和这个游戏类似，但是没有阀值的限制，只管累加 m_roolValue，设置一个定时器，时间到后将重力感应的监听注销，根据当前的 m_roolValue 来判断玩家摇晃的力度。需要注意的是，当不需要用到重力感应的时候，需要将重力监听者移除。

20.1.2　多角度倾斜

在玩重力感应游戏的时候，很容易因为保持弯腰低头的姿势而导致酸痛，所以玩家希望用自己喜欢的姿势玩游戏，如躺在床上、站立的，或者坐下的，在程序中加一些小调整，就可以让玩家选择自己喜欢的姿势。现在要让游戏支持以下 4 种姿势：平放手机，45° 斜放手机，90° 直放手机，以及 135° 仰放手机，需要根据姿势对 Y 轴进行调整，而 X 轴不用变化。

一般的游戏依靠重力感应的 X 和 Y 轴来进行移动，而 Z 轴被弃用，如想要根据角度将整个重力感应坐标系进行旋转，就需要借助到 Z 轴。根据 2D 旋转矩阵，旋转坐标系上的一个点，需要借助 X 和 Y 两个轴的值进行旋转，在这里，X 轴将取 Z 轴的值，因为要旋转的坐标系是由 Y 和 Z 组成的坐标系。

2D 坐标系下，将一个点从(X,Y)进行旋转到(newX,newY)的转化公式如下，当要旋转的角度为 0 时：

```
x = x * cosθ - y * sinθ
y = x * sinθ + y * cosθ
```

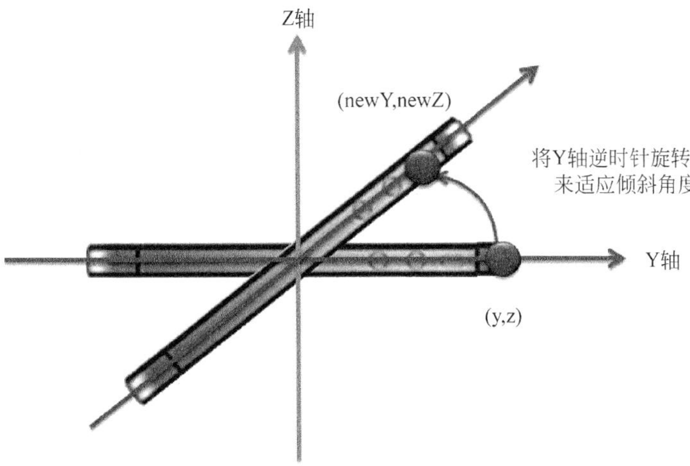

图 20-2　多角度倾斜

现在需要将 Y 轴的重力值旋转–45°，将图 20-2 中的 Y 和 Z 轴转换为 2D 坐标系的 X 和 Y 轴。由于并不使用 Z 轴来计算位置，所以只需要获取旋转后的 Y 轴的值即可，代码如下（sin 和 cos 应该在开始的时候一次性算好，可以节省大量三角函数的调用）：

```
pAccelerationValue->y = pAccelerationValue->z * cosf(DegreeToRadian *
-45.0f) - pAccelerationValue->y * sinf(DegreeToRadian * -45.0f);
```

需要注意的是，三角函数并不接受角度，需要将其**换算为弧度**方能参与计算，下面是用到的两个快速切换角度和弧度的宏。

```
#define RadianToDegree 57.29577951308219756114387622422f
#define DegreeToRadian 0.01745329251994329576923690768489f
```

上面的方法也许可以解决大部分的问题，但是有一个更好的方法能提供给玩家更多的选择，是提供更多的选项按钮吗？那么提供 360 个选项，应该可以解决玩家各种需求了。答案当然不是这样的，可以通过当前的重力信息来判断玩家的舒适姿势，然后根据这个姿势，调整重力值。

在每次进入游戏的时候，先让玩家摆好姿势，在玩家确定了姿势之后，**根据当前 Y 轴的重力值，作为手机平放的参照值**，然后用这个值对玩家的重力输入进行微调，按照上面的代码，只需要获取游戏开始时的 Y 值即可，它等于上面代码中的 DegreeToRadian * -45.0f，因为 Y 值是一个弧度值，所以可以直接用作三角函数计算。

20.2　物理按键

物理按键可以在程序中接收按键消息，Cocos2d-x 3.0 之前我们只可以继承 CCKeypadDelegate，接收回退和菜单按键消息，Cocos2d-x 3.0 之后整合了 PC 键盘消息，并提供了按下和松开两种事件回调，虽然接收的按键消息增加了很多，但手机上的按键并没有增加。也许在后面的版本，Cocos2d-x 也可以处理手机游戏手柄的按键消息。下面先来看一下 Cocos2d-x 3.0 如何监听物理按键消息：

```
//创建一个 EventListenerKeyboard，并设置监听回调
auto listener = EventListenerKeyboard::create();
listener->onKeyPressed = [](EventKeyboard::KeyCode keyCode, Event* event)
{
    CCLOG(buf, "Key %d was pressed!", (int)keyCode);
};
listener->onKeyReleased = [](EventKeyboard::KeyCode keyCode, Event* event)
{
    CCLOG(buf, "Key %d was released!", (int)keyCode);
};
//注册到 EventDispatcher 中
_eventDispatcher->addEventListenerWithSceneGraphPriority(listener,
this);
```

我们经常使用后退键来退出游戏，EventKeyboard::KeyCode 中定义了所有可用的按键信息，KEY_BACK 表示后退键，使用该按键来退出游戏是很多玩家的习惯，但有时也会误点到，所以对于该按键的使用，可以选择在第一次点击时添加一个定时器，在时间内再次点击了后退键，才执行退出，也就是双击生效而不是单击生效。另外，也可以在后退键被点击时，弹出确认退出游戏的 UI。

由于现在的手机多数是以触摸操作为主，所以按键在游戏中并没有派上太大的用场，期望手机游戏手柄能给玩家带来更好的游戏体验。

第 21 章　Menu 和 MenuItem 详解

Cocos2d-x 中最简单、常用的交互方法就是使用 Menu，使用 Menu 和 MenuItem 可以方便地创建我们的按钮，本章将详细介绍 Menu，本章主要介绍以下内容：

- 使用 Menu 和 MenuItem。
- 结构框架与执行流程。
- MenuItem 详解。
- 实现 TabView。

21.1　使用 Menu 和 MenuItem

Menu 和 MenuItem 的使用非常简单，可以先创建一系列的 MenuItem，最后用其创建一个 Menu。**也可以先将 Menu 创建出来，然后将 MenuItem 逐个地添加到 Menu 中。**

```
//创建一个具体的 MenuItem——MenuItemImage
//指定按钮正常状态下和被选中状态下的图片，并传入点击回调函数
auto closeItem = MenuItemImage::create(
                                "CloseNormal.png",
                                "CloseSelected.png",
                                 CC_CALLBACK_1(HelloWorld::menuCloseCal
                                 lback,this));

//用于 create 一个 Menu 对象，不要忘了在最后加上 NULL
auto menu = Menu::create(closeItem, NULL);

this->addChild(menu, 1);

//直接 addChild 到 Menu 下也是可以的
auto item2 = closeItem->clone();
menu->addChild(item2);
```

需要注意的是位置，如果不设置 Menu 的位置直接添加到场景，**默认 Menu 的位置会被设置为屏幕中心**（init 的时候会调用 setPosition，将位置设置为 winSize 的一半）。而 MenuItem 的位置会相对父节点的位置，也就是说直接添加一个 MenuItem 到 Menu 中，会出现在屏幕的中间。如果设置了 Menu 的位置，MenuItem 会根据设置的位置来调整。

21.2　结构框架与执行流程

Menu 和 MenuItem 的类结构如图 21-1 所示，Menu 要求所有的子节点必须是

MenuItem 对象或其子类对象，Menu 管理着若干 MenuItem，主要管理 MenuItem 的状态、布局、回调等，而 MenuItem 只负责如何显示，以及绑定点击回调。

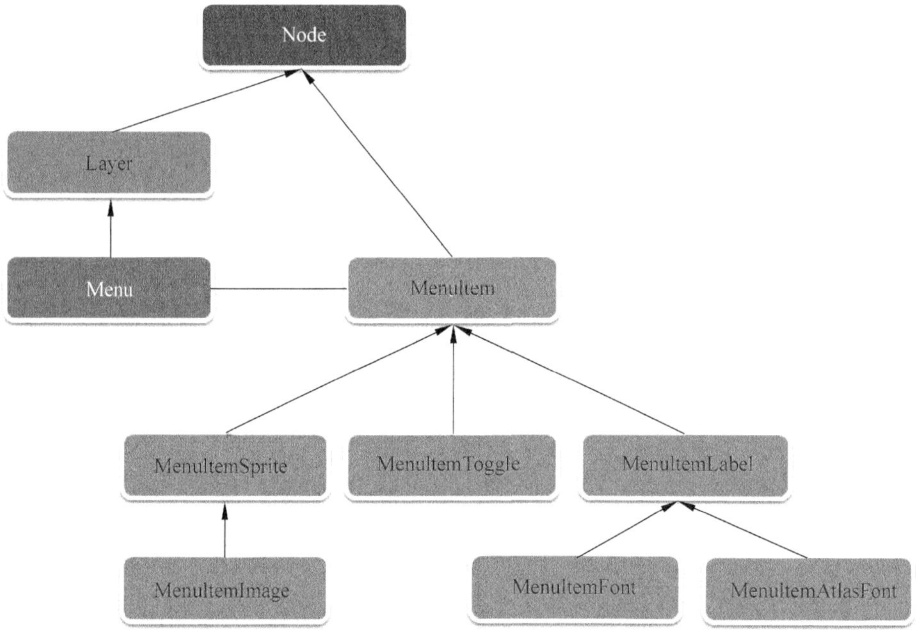

图 21-1　Menu 和 MenuItem 的类图

21.2.1　Menu 详解

Menu 的 setEnabled 和 setVisible 方法都可以禁用、启用菜单，但不一样的是 setEnable 直接注册、注销触摸监听，当 setEnable 为 false 时，只是触摸失效。而 Visible 是在运行中判断过滤，Visible 为 false 则 Menu 不会显示出来。以下是 Menu 关于菜单项布局排列的一些方法：

```
//把所有子菜单项垂直排列，默认间隔为 5
void alignItemsVertically();
//把所有子菜单项垂直排列，每两个菜单项间隔 padding 单位
void alignItemsVerticallyWithPadding(float padding);
//把所有子菜单项水平排列，默认间隔为 5
void alignItemsHorizontally();
//把所有子菜单项水平排列，每两个菜单项间隔 padding 单位
void alignItemsHorizontallyWithPadding(float padding);
//按列来排列子菜单项
void alignItemsInColumns(int columns, va_list args);
//按行来排列子菜单项
void alignItemsInRows(int rows, va_list args);
```

其中 alignItemsInColumns 和 alignItemsInRows 在此特别说明一下，按行和按列排列不需要设置 MenuItem 的位置，行列的排列自动以 Menu 所在的位置为中心进行排列，菜单项之间根据每个菜单项的大小以及窗口的大小进行排列。需要注意的是，**传入的参数总和必须等于菜单项的数量**。下面看一下如何使用：

```
auto menu = Menu::create();
menu->setPosition(visibleSize * 0.5);
addChild(menu, 1);
//依次添加九个菜单
for (int i = 0; i < 9; ++i)
{
    auto item = MenuItemImage::create(
        "CloseNormal.png",
        "CloseSelected.png",
        CC_CALLBACK_1(HelloWorld::menuCloseCallback, this));
    menu->addChild(item);
}
//分为 3 列，第 1、第 2 列放 4 个菜单，第 3 列放 1 个菜单
menu->alignItemsInColumns(4, 4, 1, NULL);
```

运行效果如图 21-2 所示，第 1 列和第 2 列的位置是按照窗口的宽度除以 4 来平均排列的，第 3 列则直接居中。

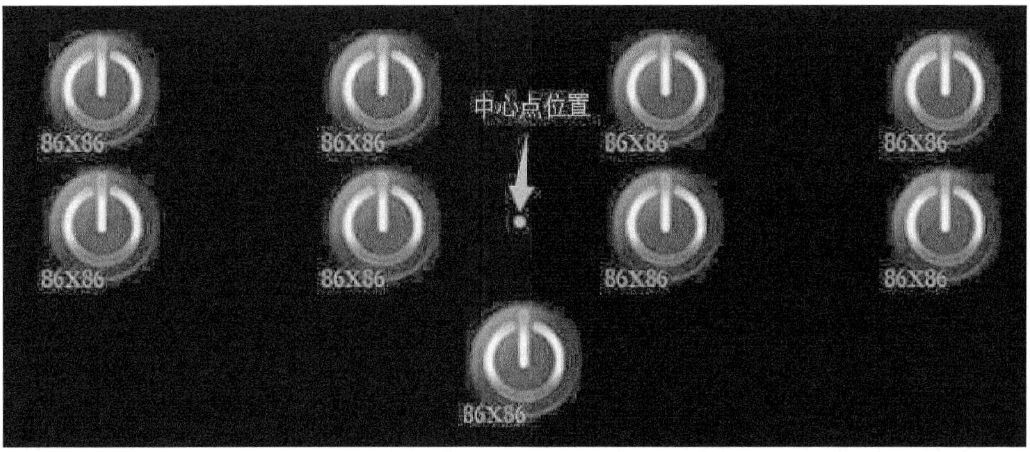

图 21-2　Menu 的 alignItemsInColumns 方法

21.2.2　MenuItem 详解

MenuItem 作为一个基类封装了很多功能，但不直接使用，而是使用其子类，MenuItem 主要封装了以下功能：

- ❑ 菜单项外部包围盒计算——rect 方法。
- ❑ 禁用和启用菜单项——setEnabled。
- ❑ 菜单项的选中状态——selected 相关方法。
- ❑ 菜单项的点击回调——ccMenuCallback 成员以及 activate 方法。

21.2.3　执行流程

MenuItem 并不监听触摸消息，所有的触摸统一由 Menu 处理，在手指按下时，Menu

先判断自身是否可见（包括所有的父节点），再遍历_children 列表，如果子节点 isVisible 和 isEnabled 都为 true，再进一步判断是否在点击范围内，如果是则调用 Item 的 selected 方法，并设置为当前选中 Item。

当手指移动时，会不断检测是否碰到了新的 MenuItem，如果是则调用当前 Item 的 unselected 方法，并调用新 Item 的 selected 方法。将当前选中的 Item 设置为新 Item。如果手指移动出当前 Item 的范围，或在移动的过程中，Item 被禁用或者隐藏，同样会调用 Item 的 unselected 方法，并将当前 Item 置为 NULL。

当手指松开时，如果当前 Item 不为 NULL，依次回调当前 Item 的 unselected 方法和 activate 方法，在 activate 方法中执行 Item 的点击回调。如果接收到的是 Cancel 消息，则只会调用 Item 的 unselected 方法。

一般，在 MenuItem 的 selected 方法中，会切换到选中状态，并替换选中时的显示内容。在 unselected 方法中，恢复到正常状态，而在 activate 方法中执行点击回调。

21.3　MenuItem 详解

Cocos2d-x 提供丰富的 MenuItem 供开发者使用，这里可以根据其表现和功能大致分为 3 类，文本菜单项、图片菜单项以及特殊菜单项。下面具体介绍。

21.3.1　MenuItemLabel 详解

MenuItemLabel 继承于 MenuItem，通过将一个 Label 节点添加为子节点来显示文字，提供以下功能。

- 设置 Label 节点——setLabel。
- 设置显示的文字内容——setString。
- 设置菜单项禁用时的文字颜色（默认为灰色）——setDisabledColor。

MenuItemLabel 的 create 方法如下：

```
//使用一个 LabelTTF 或 LabelBMFont 节点，以及回调函数来创建 MenuItemLabel
static MenuItemLabel * create(Node*label, const ccMenuCallback& callback);
//使用一个 LabelTTF 或 LabelBMFont 节点，以及空的回调函数来创建 MenuItemLabel
static MenuItemLabel* create(Node *label);
```

21.3.2　MenuItemAtlasFont 详解

MenuItemAtlasFont 继承于 MenuItemLabel，自动使用 LabelAtlas 来创建 MenuItemAtlasFont，create 方法如下：

```
//根据字符串 value，图片文件 charMapFile，单字符的宽和高，起始字符创建一个
LabelAtlas，并以空的回调来创建 MenuItemAtlasFont
static MenuItemAtlasFont* create(const std::string& value, const
std::string& charMapFile, int itemWidth, int itemHeight, char startCharMap);
```

```
//根据字符串 value，图片文件 charMapFile，单字符的宽和高，起始字符创建一个LabelAtlas，以及指定的回调来创建 MenuItemAtlasFont
static MenuItemAtlasFont* create(const std::string& value, const std::string& charMapFile, int itemWidth, int itemHeight, char startCharMap, const ccMenuCallback& callback);
```

21.3.3　MenuItemFont 详解

MenuItemFont 继承于 MenuItemLabel，通过 Label::createWithSystemFont 创建的 Label 对象来创建 MenuItemFont，提供以下功能：

- 设置字体大小——setFontSize。
- 设置字体名字——setFontName。

MenuItemFont 的 create 方法如下：

```
//使用字符串和空的回调来创建 MenuItemFont
static MenuItemFont * create(const std::string& value = "");
//使用字符串和 callback 回调来创建 MenuItemFont
static MenuItemFont * create(const std::string& value, const ccMenuCallback& callback);
```

21.3.4　MenuItemSprite 详解

MenuItemSprite 继承于 MenuItem，MenuItemSprite 使用 Sprite 来显示图片，使用 3 个 Sprite 对象分别来表示菜单项的正常状态、选中状态以及禁用状态。在状态改变的时候切换 Sprite 进行显示，MenuItemSprite 的 create 方法如下：

```
//传入正常状态，选中状态、禁用状态的 Sprite 节点，以及空的回调函数来创建 MenuItemSprite
static MenuItemSprite * create(Node* normalSprite, Node* selectedSprite, Node* disabledSprite = nullptr);
//传入正常状态、选中状态的 Sprite 节点，以及 callback 回调函数来创建 MenuItemSprite
static MenuItemSprite * create(Node* normalSprite, Node* selectedSprite, const ccMenuCallback& callback);
//传入正常状态，选中状态以及禁用状态的 Sprite 节点，以及 callback 回调函数来创建 MenuItemSprite
static MenuItemSprite * create(Node* normalSprite, Node* selectedSprite, Node* disabledSprite, const ccMenuCallback& callback);
```

21.3.5　MenuItemImage 详解

MenuItemImage 继承于 MenuItemSprite，在此基础上封装了一些简单的 create 方法来方便使用，MenuItemImage 的 create 方法如下：

```
//创建一个空的 MenuItemImage
static MenuItemImage* create();
//传入正常状态、选中状态的图片，以及空的回调函数来创建 MenuItemImage，内部根据图片自动创建 Sprite
static MenuItemImage* create(const std::string& normalImage, const
```

```
std::string& selectedImage);
//传入正常状态、选中状态、禁用状态的图片，以及空的回调函数来创建 MenuItemImage，内部根据图片自动创建 Sprite
static  MenuItemImage*  create(const  std::string&  normalImage,  const std::string& selectedImage, const std::string& disabledImage);
//传入正常状态、选中状态的图片，以及 callback 回调函数来创建 MenuItemImage，内部根据图片自动创建 Sprite
static MenuItemImage* create(const std::string&normalImage, const std::string&selectedImage, const ccMenuCallback& callback);
//传入正常状态，选中状态、禁用状态的图片，以及 callback 回调函数来创建 MenuItemImage，内部根据图片自动创建 Sprite
static MenuItemImage* create(const std::string&normalImage, const std::string&selectedImage, const std::string&disabledImage, const ccMenuCallback& callback);
```

21.3.6　MenuItemToggle 详解

MenuItemToggle 是一个特殊的菜单项，继承于 MenuItem，本身没有显示功能，是一个 MenuItem 的容器，通过其他 MenuItem 来进行切换显示。MenuItemToggle 可以添加很多个菜单项，但只显示一个，每次单击菜单都会切换下一个菜单项来显示，依次循环显示菜单项。当一个菜单项需要在多种状态间切换时，MenuItemToggle 是一个不错的选择，其功能如下：

- 添加一个子菜单项——addSubItem。
- 获得当前选中的子菜单项（默认为第一个）——getSelectedItem。
- 切换到指定的子菜单项显示——setSelectedIndex。
- 获取所有的子菜单项——getSubItems。

MenuItemToggle 的 create 方法如下：

```
//创建一个空的 MenuItemToggle 对象
static MenuItemToggle* create();
//创建只有一个按钮的 MenuItemToggle 对象
static MenuItemToggle* create(MenuItem *item);
//根据 menuItems 列表和 callback 回调来创建 MenuItemToggle 对象
static MenuItemToggle * createWithCallback(const ccMenuCallback& callback, const Vector<MenuItem*>& menuItems);
//根据 callback 回调和若干 MenuItem 对象，来创建 MenuItemToggle 对象
static MenuItemToggle* createWithCallback(const ccMenuCallback& callback, MenuItem* item, ...)
```

注意：MenuItemToggle 并不理会添加的是 subItems 的回调函数，每次单击只回调自己的 callback。

21.4　实现 TabView

在游戏中经常会用到类似 TabView 控件，例如图 21-3 所示的控件，多个按钮点击切

换，被选中的按钮处于高亮状态，而之前处于高亮状态的按钮取消高亮状态。

图 21-3　TabView 控件

这样的控件 Menu 并不支持，要实现一个这样的控件也不难，但是有没有简单一些的方法，用最少的代码来实现该功能呢？只要使用 MenuItemImage 就可以很简单地实现上述效果，需求如下：

- 当 MenuItemImage 被点中时，处于高亮状态。
- 当 MenuItemImage 被点中时，将处于高亮状态下的按钮取消高亮。

实现思路如下：

- 在 MenuItemImage 的点击回调中，调用 setNormalImage，将 NormalImage 设置为被选中的高亮图片。
- 获取处于高亮状态下的 MenuItemImage，调用 setNormalImage，将 NormalImage 设置为正常显示的图片。

如果每个 Item 使用各自的回调，那么可以通过 Tag 来获取高亮菜单项，将高亮对象的 Tag 设置为 1，取消高亮的对象的 Tag 设置为–1。如果 Tag 本身有其他用途，那么可以定义一个成员变量来保存当前高亮的 Item 对象，并在后续的切换中维护这个变量。

第 22 章　GUI 框架概述

前面已经介绍了 Cocos2d-x 引擎自带的基础 UI 控件 Menu、MenuItem、Label、TextFieldTTF 等，以及 2.x 本意欲一统 GUI 框架的 CCControlXXX 系列控件。它们都没能形成系统的 UI 框架，直到 CocosStudio 的出现，以 CocosStudio 为基础的 Widget 系列 UI 控件才逐渐形成了系统的 UI 框架。

GUI 框架系列分为 4 章来介绍，本章主要介绍以下内容：

- ❑ GUI 框架简介。
- ❑ UIWidget 详解。
- ❑ UILayout 详解。

22.1　GUI 框架简介

先来看一下 GUI 的整体框架，了解一下 GUI 框架最顶层的结构。

如图 22-1 所示，UIWidget 是整个 GUI 框架的基础，是所有控件的父类，继承于 ProtectedNode 和 LayoutParameterProtocol。实现了一系列位置、布局、自适应相关的功能。封装了触摸处理，以及控件焦点管理。

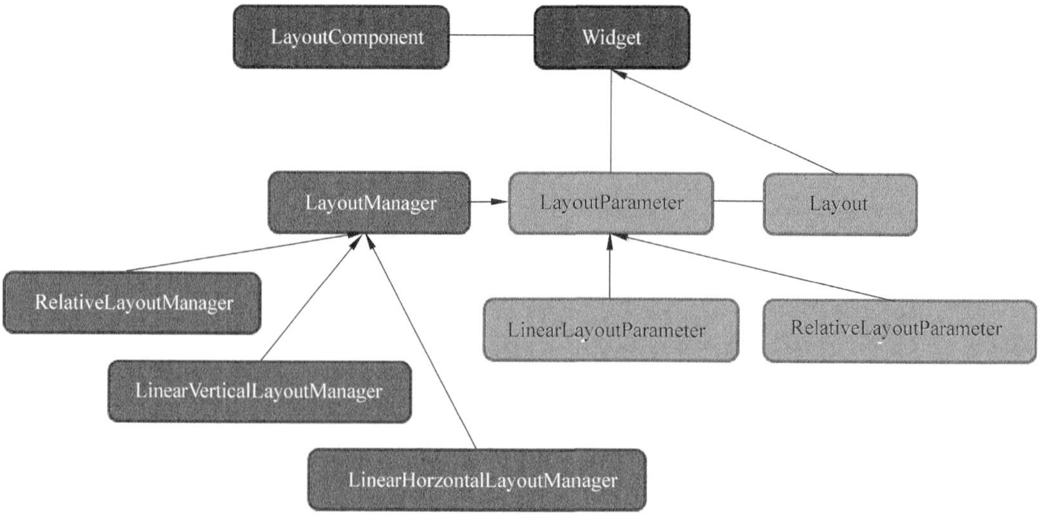

图 22-1　GUI 相关类图

UILayout 继承于 UIWidget，是专门用于管理其他 UIWidget 的基础容器，作为基础布局容器对象，控制着 UILayout 下所有 UIWidget 的布局。LayoutParameter 作为 UIWidget 的一个成员变量，通过为 **UIWidget 设置 LayoutParameter** 可以决定 UIWidget 的布局方式。

LayoutManager 继承于 Ref，只有一个 doLayout 方法，传入 UILayout 后 doLayout 将根据布局类型对 UILayout 下的 UIWidget 进行布局。

LayoutComponent 作为 UIWidget 的组件，用于辅助 UIWidget 的布局计算。

在整个基础框架中，我们接触到的仅仅是 UIWidget、UILayout 以及 LayoutParameter 这 3 个类，LayoutManager 和 LayoutComponent 仅仅是由 UILayout 内部在执行布局的时候会调用。

22.1.1　命名空间与头文件

要使用 UI 框架，需要包含头文件，并指定命名空间：

```
#include "ui/CocosGUI.h"
using namespace ui;
```

22.1.2　工具方法

CocosGUI 提供了一个 UIHelper 来帮助操作 UI，UIHelper 提供了下面 3 个简易的方法来定位 Widget：

```
//传入一个 Widget，遍历它和其下所有 Widget 对象，返回 tag 相等的第一个 Widget，如果没
有则返回 nullptr
static Widget* seekWidgetByTag(Widget* root, int tag);
//返回 Node 下 name 相等的第一个 Widget，如果没有则返回 nullptr
static Widget* seekWidgetByName(Widget* root, const char* name);
//遍历 root 下所有的 Widget，判断 Widget 的 ActionTag 是否与 tag 相等，如果有则返回
Widget，如果没有则返回 nullptr
static Widget* seekActionWidgetByActionTag(Widget* root, int tag);
```

22.1.3　九宫缩放

九宫缩放是指用一小块图片将其放大来绘制大范围的区域而不失真的一种技术，用“井”字划分图片，放大时，图片的四个角保持原样不动，中间和四条边进行拉伸（中间拉伸的部分的颜色应该尽量简单），九宫图无论放大多少，边角都不会出现锯齿和模糊感。

使用九宫图有两个目的，第一个是保证缩放时图片的边角不会出现变形和锯齿，第二个是节省图片资源。

九宫缩放有很多名称，例如 9-patch、9-slice、scale 9 grid 等，**在 Cocos2d-x 中，使用 Scale9Sprite 来进行九宫缩放，GUI 框架下大量控件都使用了九宫缩放。**

Scale9Sprite 继承于 Node，内部通过创建 9 个 Sprite 对象来实现九宫缩放，每个 Sprite 显示的内容都对应九宫图的一部分，CapInsets 决定了对应的尺寸，**可以调用 setCapInsets 来设置九宫矩形，**也就是九宫图中间格子的位置和尺寸，setCapInsets 传入一个 Rect 对象，**Origin 对应格子的起始点，也就是图 22-2 中圆点所在的位置，以图片的左下角为(0,0)点，**

按照整个图片的尺寸来计算位置，Rect 的 Size 对应中间格子的宽和高。

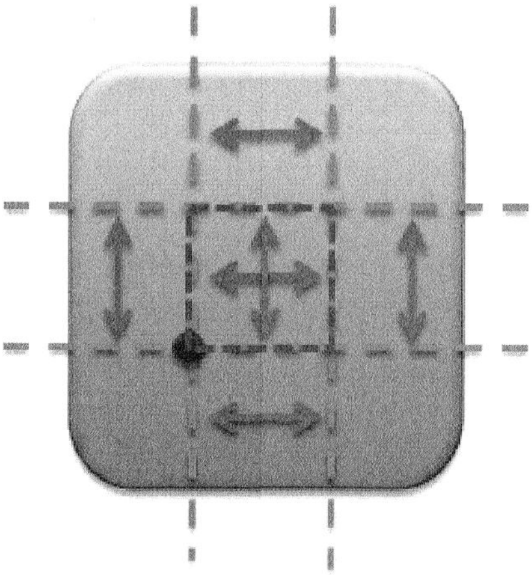
四个角不变，中间与四边拉伸
中间的矩形为需要设置的CapInsets

图 22-2　九宫缩放

九宫缩放并非使用 Scale 进行缩放，而是通过**设置 Scale9Sprite 的 ContentSize** 进行缩放，Scale9Sprite 支持禁用九宫，当禁用九宫缩放时，并不会出现锯齿模糊等情况，而是直接显示原始的九宫图，因为 ContentSize 并没有改变原图的显示尺寸。

22.2　UIWidget 详解

UIWidget 作为所有 UI 控件的父类（包括 UILayout），并没有实现某个具体 UI 的功能，就像 Node 一样，可以当作一个 UI 节点来使用。本节详细介绍 UIWidget。

22.2.1　保护节点 ProtectNode

UIWidget 继承于 LayoutParameterProtocol 和 ProtectedNode，LayoutParameterProtocol 仅定义了一个 getLayoutParameter 接口用于获取 LayoutParameter。那么 ProtectedNode 是什么呢？Protected 保护的又是什么呢？ProtectedNode 本质上还是一个 Node 节点，ProtectedNode 是为了保证节点结构的完整。例如，某个控件需要由几个子控件组成，那么这几个子控件就需要成为该控件的子节点。它们是不可或缺的，是一个整体。一旦移除了其中任何一个子控件，则这个控件都无法再工作。所以需要将这些子节点保护起来，以避免误删这些子节点，同时也可以避免误添加。ProtectedNode 保证了子节点的添加和删除的安全性。ProtectedNode 拥有两个 Node 容器，一个是所有 Node 都有的_children 容器，还有一个_protectedChildren 容器。所有需要被安全添加和移除的节点会在_protectedChildren 容器中进行操作。

ProtectedNode 由于添加和删除都需要使用 XXXProtecedNode 接口，所以可以**避免调用 removeChild 或 removeAllChildren 之类的接口，将不希望被删除的节点删除**，因为一些节点虽然作为子节点存在，但**实际上是和控件一体的，不可或缺的**，所以需要将其保护起来。例如 ScrollView 的 InnerContainer 节点，没有了这个节点，那么 ScrollView 也就没有了视图拖曳的功能。

另外在 onEnter 或 onExit 中，对父节点 addChild 或 removeChild 的操作可能会导致程序崩溃，这个崩溃是由于在父节点遍历子节点容器时，对子节点容器进行不安全的添加和删除操作导致的。当在一个子节点的 onEnter 中对父节点添加或删除一个 ProtectedNode 时，这个操作是安全的，因为操作的是_protectedChildren 容器而不是_children。操作的最终效果和正常的 AddChild 没有区别。

22.2.2　高亮相关

UIWidget 一共有两个方法可以设置高亮，void setHighlighted(bool hilight)和 void setBright(bool bright)，**一般调用 setHighlighted 来设置高亮状态**，这里的 setHighlighted 最终会调用 void setBrightStyle(BrightStyle style)。

UIWidget 的高亮设置只是设置状态以及执行相应的回调，并没有使 UIWidget 变得高亮起来，具体的高亮行为会在子类的回调函数中实现。setHighlighted 和 setBright 的区别是，setHighlighted 受 _bright 属性影响（由 setBright 控制），当_bright 为 false 时，不会进入高亮切换的逻辑。进行高亮设置时，会对应地回调以下几个函数：

```
//被切换到正常状态，正常显示
void onPressStateChangedToNormal();
//被切换到选中状态，高亮显示
void onPressStateChangedToPressed();
//被切换到禁用状态，控件变暗
void onPressStateChangedToDisabled();
```

22.2.3　位置布局相关

Widget 提供了两种设置位置的模式，按**绝对坐标和百分比**进行设置，绝对坐标的位置设置和普通 Node 的 setPosition 一样，百分比会根据父控件的 ContentSize 来计算百分比，并转换为绝对坐标进行设置。

```
//可以设置当前使用的位置类型，ABSOLUTE 表示绝对坐标，PERCENT 表示按百分比，百分比设置会在父控件调整大小时动态计算新的位置
void setPositionType(PositionType type);
//该方法与正常 Node 的 setPosition 不同的是，在设置位置的同时，会更新位置的百分比
void setPosition(const Vec2 &pos);
//用于根据百分比来设置位置，percent 为(0,0)时表示左下角，(1,1)时表示右上角
void setPositionPercent(const Vec2 &percent);
```

除了位置之外，Widget 的 Size 也使用了这两种模式，调用 setContentSize 设置绝对尺寸，setSizePercent 根据父节点的尺寸以及百分比来设置相对尺寸。

调用 setSizeType 可以决定 Widget 使用哪种模式。这两种模式在更新了尺寸之后都会调用 **onSizeChanged** 方法，在该方法中调用所有子控件的 **updateSizeAndPosition** 方法让子控件根据自身的设置以及父控件的新尺寸来调整位置和尺寸。

调用 ignoreContentAdaptWithSize 可以设置_ignoreSize 为 true 来忽略自身的尺寸自适应计算，这时 ContentSize 等于 VirtualRendererSize，设置的 ContentSize 并不会生效，但会被保存到 _customSize 中，不论 setContentSize 生效与否，可以**通过 getCustomSize 方法来获取手动设置的尺寸大小**。getLayoutSize 也可以获取控件的尺寸，在 Widget 中，直接返回 ContentSize。

Widget 的子类是通过**使用基础显示节点**，如 Sprite、Label 等，当_ignoreSize 为 true 时，Widget 的 ContentSize 使用的会是显示节点的 ContentSize。通过 getVirtualRendererSize，可以获取显示节点的 ContentSize，通过 **getVirtualRenderer**，可以获取 Widget 的显示节点（并非所有的 Widget 都有显示节点，也并非只有一个 VitrualRenderer）。

在早先版本的 Widget 中存在一个问题：Widget 使用 Label 等节点来实现显示功能，但却没有开放 Label 的全部接口，导致一些简单的功能无法实现，只能直接使用显示节点添加到 Widget 系统中，但在 Widget 系统中添加非 Widget 的节点进入又会带来一些新的问题。现在可以通过 getVirtualRenderer 获取节点，然后 dynamic 转换成实际显示节点的类型，直接进行操作。

Widget 提供了 4 个方法来方便地获取控件 4 条边的位置，这里的位置是节点坐标系中的位置，如图 22-3 所示。

getLeftBoundary	控件左边框的 X 轴位置
getRightBoundary	控件右边框的 X 轴位置
getTopBoundary	控件上边框的 Y 轴位置
getBottomBoundary	控件下边框的 Y 轴位置

图 22-3　获取控件边距

setLayoutParameter 可以为 Widget 添加一个 LayoutParameter 设置，并将该 LayoutParameter 设置为当前的布局类型。Widget 可以拥有多个 LayoutParameter 对象，LayoutParameter 目前共有 NONE、LINEAR、RELATIVE 3 种布局参数，Widget 用一个 Map 来缓存 LayoutParameter，以布局参数 LayoutParameter::Type 为 key，每种布局参数的 LayoutParameter 最多只会存在一个对象。

在 UILayout 进行布局时，会获取所有需要布局的 UIWidget 对应布局类型的 LayoutParameter 信息，来计算布局位置。getLayoutParameter 支持直接获取当前的布局参数，也支持传入 LayoutParameter::Type 来查询 LayoutParameter。

22.2.4　触摸相关

通过 setTouchEnabled 可以注册/注销触摸监听。

addTouchEventListener 可以注册触摸回调，需要注意的是，**当点击控件然后在控件外部松开手指时，会触发 CANCEL 事件而不是 END 事件**。

addClickEventListener 可以注册点击回调，点击的定义是指在控件上按下再弹起。

setPropagateTouchEvents 可以设置控件是否开启触摸转发，当开启触摸转发时，**会将所有最原始的触摸消息转发到父控件进行处理**。

setSwallowTouches 可以设置控件是否开启点击吞噬（即点中时独占点击事件）。

Widget 的 onTouchBegan 代码如下：

```
bool Widget::onTouchBegan(Touch *touch, Event *unusedEvent)
{
    //触摸判断
    _hitted = false;
    if (isVisible() && isEnabled() && isAncestorsEnabled() && isAncestors
    Visible(this) )
    {
        _touchBeganPosition = touch->getLocation();
        if(hitTest(_touchBeganPosition) && isClippingParentContainsPoint
        (_touchBeganPosition))
        {
            _hitted = true;
        }
    }
    if (!_hitted)
    {
        return false;
    }
    setHighlighted(true);
    //转发触摸事件到父控件
    if (_propagateTouchEvents)
    {
        this->propagateTouchEvent(TouchEventType::BEGAN, this, touch);
    }
     //处理触摸事件，执行监听回调
    pushDownEvent();
    return true;
}
```

在 Widget 的 onTouchBegan 中，需要先通过 6 个判断：

- isVisible()返回 true，自身可见。
- isAncestorsEnabled()返回 true，递归检查父节点的 Enable 都为 true。
- isEnabled()返回 true，自身处于激活状态。
- isAncestorsVisible()返回 true，递归检查父节点都处于激活状态。
- hitTest 点击判断返回 true，表示点击落在自己的 Content 范围内。

isClippingParentContainsPoint 返回 true，用于判断是否落在未被裁剪的范围内（ScrollView 的拖动会将按钮拖曳到裁剪视口外）。

当这些都通过之后，调用 setHighted(true) 将控件设置为高亮状态，如果 _propagateTouchEvents 为 true，则将调用 propagateTouchEvent 将点击事件转发给父控件，调用父控件的 interceptTouchEvent 来处理点击事件。

最后依次回调_touchEventCallback 和_touchEventListener，使用 addTouchEventListener 的**两个重载函数注册的回调都会被调用**（但其中一个接口会在将来被废弃）。

在 Widget 的 onTouchMoved 中，会持续判断 hitTest，根据判断的结果来设置高亮状态，并执行触摸事件转发和回调的逻辑。

在 Widget 的 onTouchEnded 中，先根据_propagateTouchEvents 决定是否转发给父控件，再**根据当前的高亮状态来决定执行点击逻辑还是取消逻辑**，并取消高亮。两个逻辑都会执行触摸回调，但只有点击逻辑才会调用到_clickEventListener 的回调。

22.2.5　控件焦点

什么是控件焦点？一般控件焦点用于定位当前正在使用的控件，如在网站的登录框上，可以使用 Tab 键在用户名、密码输入框之间切换焦点。焦点有两个特性，一个是当前只会有一个焦点，另一个是可以切换。

那么在 Cocos2d-x 中如何使用控件焦点呢？Cocos2d-x 中 UI 焦点主要用于在同一个 UILayout 容器下进行切换，通过调用 Widget::setFocused(true)来激活焦点，通过键盘的上下左右几个按键来切换焦点，另外还可以手动调用 setFocused 来切换焦点。当设置了 Widget 的 FocusEnabled 为 false 时，焦点的切换就和这个 Widget 对象没关系了，但仍然可以调用 setFocused 将焦点设置到这个 Widget 身上。

Widget 存在两个静态变量，一个是当前焦点控件的 Widget 指针，另外一个则是用于焦点控制的 FocusNavigationController 对象。当初次调用 Widget 的 **enableDpadNavigation** 并传入 true 时，Widget 会创建唯一的 FocusNavigationController 对象（只创建一次），并调用其 **enableFocusNavigation** 方法。开启键盘切换焦点时，按下键盘的上下左右按键，FocusNavigationController 会调用当前焦点控件的 findNextFocusedWidget 来寻找下一个焦点控件，并进行切换。

当最终通过 onNextFocusedWidget 函数找到下一个焦点控件时，会调用 dispatchFocusEvent 触发焦点事件。只有执行到这里才会执行 onFocusChange，调用丢失和得到焦点的控件的 setFocused 来设置焦点（3.3 版本里有个 BUG 是会重复设置两次），并触发焦点丢失事件，创建 EventListenerFocus 并注册到 EventDispatcher 中可以监听该事件。

下面来梳理一下焦点相关的接口。

- setFocused 设置或取消当前控件为焦点控件，如果有 FocusNavigationController 对象，也会修改当前焦点对象。
- setFocusEnabled 控制可否被设置为焦点，在 findNextFocusedWidget 中会作为一个过滤条件（不影响 setFocused 的调用）。
- enableDpadNavigation 设置为 true 将创建 FocusNavigationController 对象并设置焦点控件（设置为 false 会直接崩溃 3.3 版本的 BUG）。
- requestFocus 请求将当前控件设置为焦点控件，并直接调用 dispatchFocusEvent 。
- getCurrentFocusedWidget 获得当前的焦点控件（直接返回当前焦点控件的静态指针）。
- findNextFocusedWidget 根据传入的方向寻找下一个焦点控件。
- dispatchFocusEvent 在焦点切换时回调丢失与获得焦点的控件的 onFocusChanged 回调，并触发焦点切换事件。
- onFocusChange 得到或失去焦点时的回调。

从整体上看，Cocos2d-x 当前的焦点系统接口和逻辑都不清晰，且在手机上实用价值不高，不建议使用 Cocos2d-x 提供的焦点功能，如果有需求，可自己实现一个简单的焦点系统。如果有兴趣，可以查看 TestCpp 中的 Focus Test，如图 22-4 所示为运行效果。

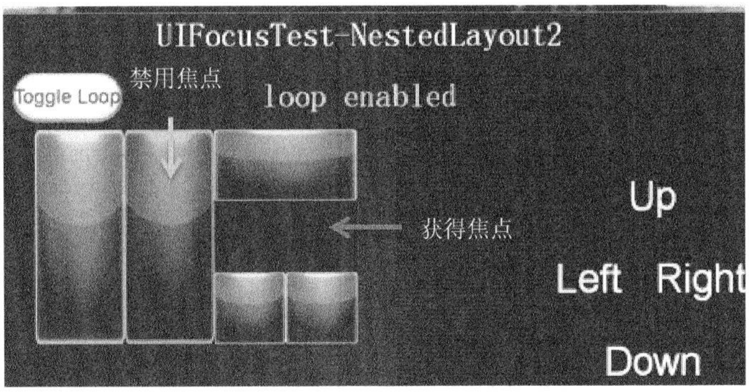

图 22-4　控件焦点

22.2.6　实现自己的 Widget

如果需要实现自己的 Widget，首先要继承 Widget 或者 Widget 的子类，然后重写一些父类的虚函数。下面介绍常用的虚函数以及其调用时机，另外注意根据父类的实现，以及要实现的功能，来决定是否回调父类的虚函数。

```
//控件改变尺寸时回调，默认实现为通知所有子节点调整位置
virtual void onSizeChanged();
//初始化控件时回调，用于初始化控件的渲染对象，默认为空实现
//当控件需要添加一些默认节点作为显示时，可以在这里调用 addProtectedChild 方法
virtual void initRenderer();
//如果控件需要实现 clone 的功能时，需要重写 createCloneInstance，返回
MyUI::create()
virtual Widget* createCloneInstance();
//如果要复制的控件有一些自定义的属性需要被复制时，在这里将成员变量赋值给 model
virtual void copySpecialProperties(Widget* model);
//这个方法会调用 clone 方法复制 model 的所有 Widget 子节点，然后添加到该方法中，一般不
需要重写
virtual void copyClonedWidgetChildren(Widget* model);
```

当调用 clone 复制一个 Widget 时，createCloneInstance 会调用控件的 create 方法创建一个 Widget 对象，必须重写 createCloneInstance 来创建自己类型的实例，在 clone 中会对所有 Widget 自身的属性复制到复制对象中，并调用复制对象的 copySpecialProperties 回调，让控件复制自己扩展的属性。最后调用复制对象的 copyClonedWidgetChildren 方法，将控件自身的子控件复制过去。

22.3　UILayout 详解

UILayout 于 GUI 系统，正如节点体系下的 Layer，都是作为专门的容器使用，但 UILayout 肩负了更多的职责，提供了背景图片九宫、纯色背景、渐变背景、裁剪、焦点控制 UI 布局等功能。

22.3.1 Layout 背景

Layout 提供了一系列方法来设置背景和背景图片，这里的背景和背景图片是由不同的接口进行操作的，并且是同时生效的，但背景图片会覆盖在背景之上。背景图片是一个九宫图对象 Scale9Sprite，但需要手动开启九宫拉伸，默认并没有开启九宫拉伸。

需要特别注意的是图片的资源类型 TextureResType，Cocos2d-x 支持两种资源类型，分别是 PLIST 和 LOCAL 类型，**LOCAL 类型将直接加载图片文件，PLIST 类型将从 SpriteFrameCache 加载，对应 PLIST 图集中的碎图**。GUI 框架中所有涉及加载图片的地方，都支持这两种资源类型，需要在调用加载图片的方法中指定，默认为 LOCAL 类型。

```
//传入图片名设置背景图片，texType 为 LOCAL 时表示从文件加载，texType 为 PLIST 时表示从 SpriteFrameCache 加载
void setBackGroundImage(const std::string& fileName,TextureResType texType = TextureResType::LOCAL);
//设置是否开启背景图片的九宫
void setBackGroundImageScale9Enabled(bool enabled);
//设置背景图片的九宫拉伸矩形
void setBackGroundImageCapInsets(const Rect& capInsets);
//设置背景颜色类型，NONE 为无颜色，SOLID 为纯色，GRADIENT 为渐变色
void setBackGroundColorType(BackGroundColorType type);
//设置背景颜色
void setBackGroundColor(const Color3B &color);
//设置背景的透明度
void setBackGroundColorOpacity(GLubyte opacity);
//设置背景渐变颜色，传入起始和结束颜色
void setBackGroundColor(const Color3B &startColor, const Color3B &endColor);
//设置背景渐变的方向
void setBackGroundColorVector(const Vec2 &vector);
//设置背景图片的颜色
void setBackGroundImageColor(const Color3B& color);
//设置背景图片的透明度
void setBackGroundImageOpacity(GLubyte opacity);
//移除背景图片
void removeBackGroundImage();
```

22.3.2 裁剪

调用 Layout 的 setClippingEnabled 可以开启裁剪，即把容器中所有的显示对象超出 ContentSize 的部分进行裁剪，Layout 存在两种裁剪模式，默认是 STENCIL 模式，STENCIL 模式会创建一个 DrawNode 并渲染，该 DrawNode 会根据要裁剪的大小绘制一个矩形，使用 OpenGL 模版来实现裁剪（显示在裁剪范围内的部分）。SCISSOR 模式则会调用 glScissor 对显示在裁剪范围外的部分进行裁剪。STENCIL 模式的裁剪发生在裁剪测试中，而 SCISSOR 模式的裁剪则发生在之后的模版测试中。

```
//开启或关闭裁剪功能
virtual void setClippingEnabled(bool enabled);
//设置裁剪类型
```

```
void setClippingType(ClippingType type);
```

22.3.3 焦点查找

代码如下：

```
//设置焦点是否可循环切换
void setLoopFocus(bool loop);
//设置焦点是否可传递给子控件
void setPassFocusToChild(bool pass);
//根据方向和当前控件在 Layout 中寻找下一个焦点控件
virtual Widget* findNextFocusedWidget(FocusDirection direction, Widget* current) override;
```

22.3.4 Layout 布局

Layout 提供了 4 种控件布局方式，**绝对布局、相对布局、线性横向、线性纵向布局**。下面先来了解一下这 4 种布局的效果，再看看如何在代码中使用这几种布局。

- 绝对布局，是**以左下角为原点，不论分辨率如何变化，都按照绝对坐标的位置排列**，当分辨率发送变化时，绝对布局的控件相对左下角的位置不变。
- 相对布局，是基于**父节点或兄弟节点**，以上下左右，左上，左下，右上，右下 8 个方向为停靠点的相对布局。相对布局比绝对布局更加灵活，在分辨率变化的时候保持相对停靠。
- 线性横向布局和线性纵向布局，是相对布局的简约版，横向布局去掉了上中下的相对设置功能，纵向布局去掉了左中右的相对设置功能，让布局只关注纵向或者横向的变化。

Layout 默认使用了绝对布局的布局方式，调用 setLayoutType 可以设置布局方式，设置了其他布局方式的同时，还会为所有的子控件设置 LinearLayoutParameter 或 RelativeLayoutParameter 布局参数。每一个被添加到 Layout 下的控件，也会被设置对应的 LayoutParameter。

```
enum class Type
{
    ABSOLUTE,   //绝对布局
    VERTICAL,   //垂直布局
    HORIZONTAL, //水平布局
    RELATIVE    //相对布局
};
```

在 visit 函数中，Layout 会调用 doLayout 进行布局，doLayout 会根据_doLayoutDirty 变量来决定是否进行布局，当_doLayoutDirty 为 true 时，会对子节点进行排序，并根据当前的布局类型创建对应的 LayoutManager，再调用 LayoutManager 的 doLayout，将 this 指针传入，LayoutManager 的 doLayout 会对 Layout 进行布局。

添加、删除控件、设置新的布局类型，以及调用 requestDoLayout 请求刷新布局，都会将_doLayoutDirty 置为 true，在下一次 visit 调用时会进行布局更新，而 forceDoLayout 可以强制立即刷新布局。

除了控制 Layout 的布局类型之外，设置控件的 LayoutParameter 也是控制布局的重要手段。使用自动布局的好处是不需要在代码中手动设置控件的位置，这是很烦人的一件事情。使用布局参数对象 LayoutParameter，可以很好地控制控件在 Layout 中的位置。LayoutParameter 定义了布局参数类型以及 Margin 边距（用于设置控件之间的距离），LinearLayoutParameter 和 RelativeLayoutParameter 继承于 LayoutParameter，我们实际用的是这两个布局参数。

LinearLayoutParameter 对应垂直布局和水平布局，提供了 setGravity 接口，可以设置控件的上下和左右对齐。

RelativeLayoutParameter 对应相对布局，提供了 setAlign 接口，可以设置丰富的对齐方式。setRelativeName 可以设置一个相对布局的名字，用于被其他控件定位。setRelativeToWidgetName 可以定位到指定 RelativeName 的控件，并对齐该控件（默认是对齐到 Layout）。

第 23 章　GUI 框架之功能控件

功能控件是 GUI 框架中最基础、最常用的控件，本章主要介绍以下内容：

- ❑ UIButton 控件。
- ❑ UICheckBox 控件。
- ❑ UIImageView 控件。
- ❑ UILoadingBar 控件。
- ❑ UISlider 控件。

23.1　UIButton 控件

Button 是最基础的按钮控件，继承于 Widget，通过 Button::create 方法可以创建一个 Button。Button 可以有正常、按下、禁用 3 种不同的显示状态，支持设置九宫图片以及按钮文本。注册按钮点击事件的接口在 Widget 中已经定义了。

23.1.1　创建 Button

代码如下：

```
//创建一个空的 Button
static Button* create();
//使用传入的图片名创建一个 Button，normalImage、selectedImage、disableImage 分
别表示 3 种状态下的图片
//texType 和 Layout 中的意义一样，表示从文件加载还是从 SpriteFrameCache 中加载
static Button* create(const std::string& normalImage,
                      const std::string& selectedImage = "",
                      const std::string& disableImage = "",
                      TextureResType texType = TextureResType::LOCAL);
```

Button 添加了 3 个 Scale9Sprite 节点以及一个 Label 节点作为子节点，在 create 时会创建它们，并默认将 Scale9Enabled 设置为 false。

23.1.2　加载图片

调用 loadTextures 等方法可以加载图片，需要注意图片资源以及对应的 TextureResType，这在第 22 章中已介绍过。加载的图片并不会被设置到 UIWidget 对象本身，而是设置到自身的一个渲染节点中。

当要应用一些 Shader 时，直接对 UIWidget 对象应用没有效果，需要获取该对象的实

际渲染节点来进行操作，调用 getVirtualRenderer 来获取对应的渲染节点。

代码如下：

```
//以 texType 方式加载 3 种状态下的按钮图片
void loadTextures(const std::string& normal,
                  const std::string& selected,
                  const std::string& disabled = "",
                  TextureResType texType = TextureResType::LOCAL);
//加载按钮正常状态的图片
void loadTextureNormal(const std::string& normal, TextureResType texType
= TextureResType::LOCAL);
//加载按钮按下状态的图片
void  loadTexturePressed(const  std::string&  selected,  TextureResType
texType = TextureResType::LOCAL);
//加载按钮禁用状态下的图片
void  loadTextureDisabled(const  std::string&  disabled,  TextureResType
texType = TextureResType::LOCAL);
//根据当前的按钮状态获取当前的渲染节点
virtual Node* getVirtualRenderer() override;
```

23.1.3　设置九宫

代码如下：

```
//设置所有图片的九宫矩形
void setCapInsets(const Rect &capInsets);
//设置正常状态图片的九宫矩形
void setCapInsetsNormalRenderer(const Rect &capInsets);
//设置按下状态图片的九宫矩形
void setCapInsetsPressedRenderer(const Rect &capInsets);
//设置禁用状态图片的九宫矩形
void setCapInsetsDisabledRenderer(const Rect &capInsets);
//设置是否开启九宫，该操作对所有图片同时生效
virtual void setScale9Enabled(bool able);
```

23.1.4　设置文字

这里的文字节点只提供了 SystemFont 类型的接口，但通过 getTitleRenderer 获取到 Label 节点，这样就可以进行各种操作。

代码如下：

```
//设置按钮标题文本
void setTitleText(const std::string& text);
//设置按钮标题颜色
void setTitleColor(const Color3B& color);
//设置按钮标题尺寸
void setTitleFontSize(float size);
//设置按钮标题的字体名
void setTitleFontName(const std::string& fontName);
//获取按钮标题的 Label 节点
Label* getTitleRenderer()const;
```

23.2　UICheckBox 控件

CheckBox 是一种可以在两个状态之间切换的按钮，每次点击 CheckBox 都能切换到另一个状态，addEventListener 可以注册一个 ccCheckBoxCallback 回调，当状态切换时，会调用该回调。

23.2.1　创建 CheckBox

创建 CheckBox 需要传入 5 个图片，只传入前面 3 个图片也是可以的，从结构上可以将 CheckBox 分为背景图片和 X 图片两部分，一般背景图片为 CheckBox 的背景框，而 X 图片则是框中的对勾或叉号。CheckBox 的 3 种状态如图 23-1 所示。

图 23-1　CheckBox

```
//创建一个空的 CheckBox
static CheckBox* create();
//传入背景图片，被选中时的背景图片、选中框图片、禁用状态下的背景和 X 图片，创建一个
CheckBox
static CheckBox* create(const std::string& backGround,
                        const std::string& backGroundSeleted,
                        const std::string& cross,
                        const std::string& backGroundDisabled,
                        const std::string& frontCrossDisabled,
                        TextureResType texType = TextureResType::LOCAL);
```

23.2.2　加载图片

代码如下：

```
//加载背景图片，被选中时的背景图片、选中框图片、禁用状态下的背景和 X 图片
void loadTextures(const std::string& backGround,
                  const std::string& backGroundSelected,
                  const std::string& cross,
                  const std::string& backGroundDisabled,
                  const std::string& frontCrossDisabled,
                  TextureResType texType = TextureResType::LOCAL);
//加载背景图片
void loadTextureBackGround(const std::string& backGround,TextureResType
type = TextureResType::LOCAL);
//加载选中状态下的背景图片
void loadTextureBackGroundSelected(const std::string& backGroundSelected,
TextureResType texType = TextureResType::LOCAL);
//加载 X 图片
void loadTextureFrontCross(const std::string&,TextureResType texType =
TextureResType::LOCAL);
//加载禁用状态下的背景图片
void loadTextureBackGroundDisabled(const std::string& backGroundDisabled,
TextureResType texType = TextureResType::LOCAL);
//加载禁用状态下的 X 图片
```

```
void loadTextureFrontCrossDisabled(const std::string& frontCrossDisabled,
TextureResType texType = TextureResType::LOCAL);
```

23.2.3　选择

代码如下：

```
//当前是否处于选中状态，默认为 false
bool isSelected()const;
//设置选中状态
void setSelected(bool selected);
//注册状态切换时的事件回调
void addEventListener(const ccCheckBoxCallback& callback);
```

23.3　UIImageView 控件

ImageView 本质上是一个 Scale9Sprite 节点，在 UI 框架中作为一张普通的九宫图片使用。

23.3.1　创建 ImageView

代码如下：

```
//创建一个空的 ImageView
static ImageView* create();
//传入图片名来创建一个 ImageView
static ImageView* create(const std::string& imageFileName, TextureResType
texType = TextureResType::LOCAL);
```

23.3.2　纹理与九宫

自身 ImageView 的 setTextureRect 最终会调用 Sprite 的 setTextureRect，可以决定显示纹理中的哪一部分矩形。在开启九宫拉伸时该函数无效。

代码如下：

```
//加载纹理图片
void  loadTexture(const  std::string&  fileName,TextureResType  texType  =
TextureResType::LOCAL);
//设置 ImageView 的纹理矩形
void setTextureRect(const Rect& rect);
//设置是否开启九宫
void setScale9Enabled(bool able);
//设置图片的九宫矩形
void setCapInsets(const Rect &capInsets);
```

23.4　UILoadingBar 控件

LoadingBar 是进度条控件，经常用于显示时间进度，资源加载进度。进度条的尺寸默认为纹理的尺寸，可以通过 setContentSize 进行调整，并设置九宫拉伸来使其平滑。进度更新时，九宫模式下通过拉伸来显示进度，而非通过 setTextureRect 来调整图片的显示进度。

23.4.1　创建 LoadingBar

代码如下：

```
//创建一个空的 LoadingBar
static LoadingBar* create();
//传入背景纹理名和加载百分比创建 LoadingBar
static LoadingBar* create(const std::string& textureName, float percentage
= 0);
```

23.4.2　纹理与九宫

代码如下：

```
//加载纹理图片
void loadTexture(const std::string& texture,TextureResType texType =
TextureResType::LOCAL);
//设置是否开启九宫
void setScale9Enabled(bool enabled);
//设置图片的九宫矩形
void setCapInsets(const Rect &capInsets);
```

23.4.3　方向与进度

LoadingBar 存在 3 种进度刷新的方向，HORIZONTAL 为水平从左到右刷新，VERTICAL 为垂直从下到上刷新，BOTH 为从左下到右上刷新。刷新的进度范围为 0～100。代码如下：

```
//设置刷新方向
void setDirection(Direction direction);
//设置当前进度
void setPercent(float percent);
//获取当前进度
float getPercent() const;
```

23.5　UISlider 控件

Slider 是进度条控件，在 PC 端是常用的控件，但在手机上比较少用，因为大部分使用进度条控件的环境都会用手指滑动来替换它。只有在一些需要微调操作的地方才用到它，如调整音量大小。Slider 的显示部分是由进度条、滑块以及进度条背景组成的，如图 23-2 所示。滑动消息是 Slider 特有的消息，通过调用 addEventListener 可以注册滑块滑动时的回调。

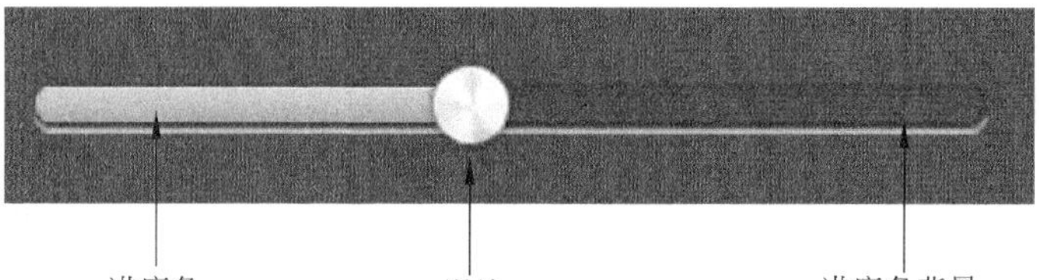

图 23-2　Slider

23.5.1　创建与加载纹理

代码如下：

```
//创建一个空的 Slider 控件
static Slider* create();
//加载进度条滑块 3 种状态下的图片
void loadSlidBallTextures(const std::string& normal,
                          const std::string& pressed,
                          const std::string& disabled,
                          TextureResType texType = TextureResType::LOCAL);
//加载正常状态下的滑块图片
void loadSlidBallTextureNormal(const std::string& normal,TextureResType
texType = TextureResType::LOCAL);
//加载按下状态下的滑块图片
void loadSlidBallTexturePressed(const std::string& pressed,TextureResType
texType = TextureResType::LOCAL);
//加载禁用状态下的滑块图片
void    loadSlidBallTextureDisabled(const    std::string&    disabled,
TextureResType texType = TextureResType::LOCAL);
//加载进度条图片
void loadProgressBarTexture(const std::string& fileName, TextureResType
texType = TextureResType::LOCAL);
//加载进度条的背景图片
void loadBarTexture(const std::string& fileName,TextureResType texType =
TextureResType::LOCAL);
```

23.5.2　九宫

代码如下：

```
//设置是否开启九宫
void setScale9Enabled(bool able);
//设置进度条和进度条背景的九宫矩形
void setCapInsets(const Rect &capInsets);
//设置进度条背景的九宫矩形
void setCapInsetsBarRenderer(const Rect &capInsets);
//设置进度条的九宫矩形
void setCapInsetProgressBarRebderer(const Rect &capInsets);
```

23.5.3　进度与回调

Slider 可以注册 ccSliderCallback 回调来监听进度消息，ccSliderCallback 回调的定义如下，回调函数的原型为 void fun(Ref*, EventType)，EventType 目前只有 ON_PERCENTAGE_CHANGED，Ref*是 Slider 对象，当进度条被滑动的时候会触发该事件。注意，手动调用 setPercent 并不会触发该事件。可以通过将 Ref 对象转换为 Slider 对象，再调用 getPercent 方法来获取当前的进度。

```
typedef std::function<void(Ref*,EventType)> ccSliderCallback;
```

调用以下方法可以设置和查询当前的进度，以及注册进度回调。

```
//设置当前进度
void setPercent(int percent);
//查询当前进度
int getPercent() const;
//注册事件回调
void addEventListener(const ccSliderCallback& callback);
```

第 24 章　GUI 框架之文本输入和显示

本章主要介绍 UI 框架中与文本相关的控件，本章主要介绍以下内容：

- UIText 文本显示控件。
- UITextAtlas 文本显示控件。
- UITextBMFont 文本显示控件。
- UIRichText 文本显示控件。
- UITextField 文本输入控件。
- UIEditBox 文本输入控件。

24.1　UIText、UITextAtlas 和 UITextBMFont 文本显示控件

UIText、UITextAtlas 和 UITextBMFont 这 3 个控件内部都是使用一个 Label 节点来进行显示，分别对应不同的 Label 类型，提供了一些简单的接口来操作文本。

如果需要对 Label 进行更多的操作，可以直接调用 getVirtualRenderer 获取 Label 节点然后进行操作，它们都提供了 setString、getString、getStringLength 等字符串操作接口。

Text 对应 Label 中的 SystemFont 和 TTF 动态字体，Text 封装了较多的接口，使用起来相对方便一些，除了直接调用 Label 的接口，Text 特有的一些接口如下：

```
//创建一个空的 Text，默认是 SystemFont 类型的文字
static Text* create();
//使用文本内容、字体文件，以及字号创建一个 Text
Text *text = Text::create("Hello", "Arial", 20);//直接传入字体名创建系统字体
Text *text = Text::create("Hello", "xxx\xxx.ttf", 20);
                                            //传入字体文件创建 TTF 动态字体
static Text* create(const std::string& textContent,
                    const std::string& fontName,
                    int fontSize);
//获取当前字体类型，返回值为 SYSTEM 或 TTF
Type getType() const;
//开启文字点击缩放，当点击文字时会进行缩放（需要先开启点击监听）
void setTouchScaleChangeEnabled(bool enabled);
```

TextAtlas 对应 Label 中的 CharMap 字体，与 LabelAtlas 相似，都是使用一张文字图集，然后根据 Ascii 码和起始字符以及每个字符的固定宽高，手动计算每个字的位置偏移。下面是特有的一些方法。

```
//创建一个空的 TextAtlas
static TextAtlas* create();
//传入要显示的字符串、图片名、单字符的宽和高以及起始字符来创建 TextAtlas
```

```
static TextAtlas* create(const std::string& stringValue,
                         const std::string& charMapFile,
                         int itemWidth,
                         int itemHeight,
                         const std::string& startCharMap);
//设置要显示的字符串、图片名、单字符的宽和高以及起始字符
void setProperty(const std::string& stringValue,
                 const std::string& charMapFile,
                 int itemWidth,
                 int itemHeight,
                 const std::string& startCharMap);
```

TextBMFont 对应 Label 中的 BMFont 字体，使用一个 fnt 配置文件来进行创建。fnt 可以使用一些工具很方便地生成。Label 中的 BMFont 暂时只支持一张图片（工具会将超过一张图片的文字输出到多张图片中）。下面是其特有的一些方法：

```
//创建一个空的 TextBMFont
static TextBMFont* create();
//根据要显示的字符和指定的 fnt 文件名创建一个 TextBMFont 对象
static TextBMFont* create(const std::string& text, const std::string&
filename);
//设置 Fnt 配置文件
void setFntFile(const std::string& fileName);
```

24.2　UIRichText 文本显示控件

RichText 是富文本框控件，这里的富文本指可以在一个文本框内按照多种格式（不同的字体、颜色、字号等）来显示文字和图片。

富文本由各种各样的元素 RichElement 组成，总共有 3 种类型的元素，即文字元素、图片元素以及自定义节点元素，如图 24-1 所示。通过添加各种各样的节点元素组成丰富的内容。RichText 提供了 **inserElement** 和 **pushBackElement** 接口来添加内容，通过 **removeElement** 来删除指定的内容。

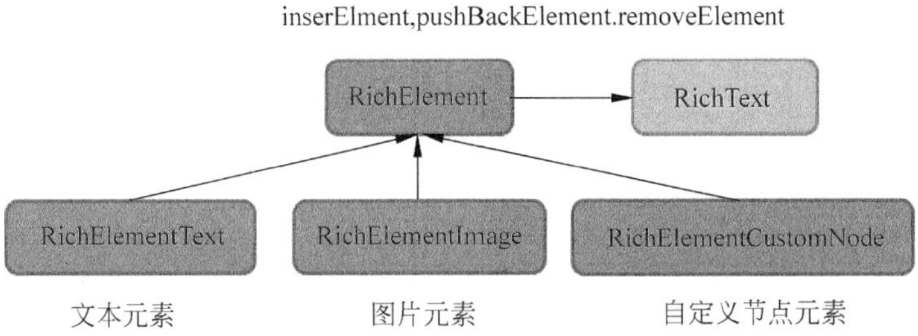

图 24-1　RichElement 的 3 种类型

RichText 没有提供清空文本的方法，有两种方法可以清空文本，一种是在外部记录所有插入到富文本中的元素，然后根据记录遍历删除富文本中的所有元素；另一种是继承富文本，然后在自己实现的富文本中，添加一个简单的清空方法。

文字元素和图片元素只存储了简单的信息，文本元素这里只支持 SystemFont 和 TTF 两种文字，如果需要使用其他文字，可以创建自定义节点元素，自定义节点元素还可以执

行 Action、播放动画。

文字元素和图片元素都可以在多个 RichText 中复用，但自定义节点元素不可以（节点只能有一个父节点）。

当改变富文本的元素时，会将_formatTextDirty 设置为 true，在 Visit 中会调用 adaptRenderers()，最终调用 formatText()进行格式刷新。格式刷新会**清空所有富文本中的内容**（并释放），然后重新根据当前的元素列表，重新创建新的内容。所以这里对富文本的一点点改动，都会导致大量的节点被删除，然后重新创建新的节点。如果直接将富文本应用于如图 24-2 所示的聊天框，那么**每添加一个元素都是非常低效的操作**。

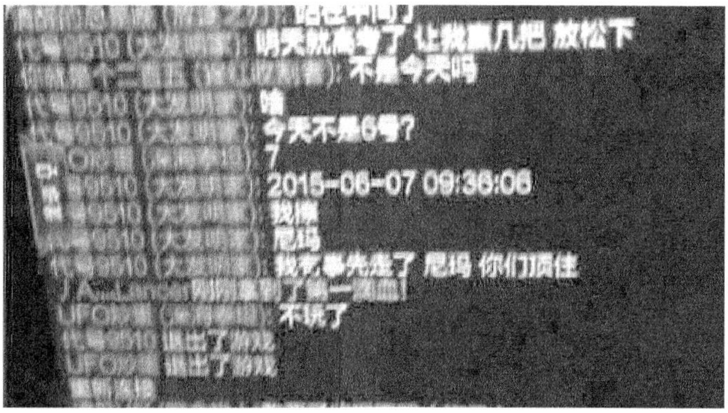

图 24-2　聊天对话框

这样的富文本实际上并不能很好地满足需求，包括可用性和效率方面的需求。应该提供以下这些方法。

- ❑ 提供根据一串自定义格式的字符串自动创建简单的富文本（可参看 U3D 或 HTML 的文本格式，这样的字符串可以交由策划输入）。
- ❑ 提供清空富文本的接口。
- ❑ 限制富文本的内容数量，超过数量不允许输入或最早的文本自动被剔除。
- ❑ 重写 formatText，进行差异对比后调整，提高文本格式化的效率。

RichText 会根据_ignoreSize 是否为 true 来决定是否自动换行，自动换行以 RichText 的 ContentSize 为尺寸限制（仅使用其宽度限制），文字元素内容的'\n'换行符在这里是会换行的，不论_ignoreSize 是否为 true。RichText 的自动换行会以 ContentSize 的高度最高的节点为行高。下面是 TestCpp 中 RichText 例子的代码：

```
//创建 RichText，并设置令其自动换行
_richText = RichText::create();
_richText->ignoreContentAdaptWithSize(false);
_richText->setContentSize(Size(100, 100));
//创建各种文本元素，可以添加\n 换行，选择字体以及设置颜色、透明度、字号等
//str1 和 str2 分别是从配置中读取的中文字符串和日文字符串
RichElementText* re1 = RichElementText::create(1, Color3B::WHITE, 255, str1,
"Marker Felt", 10);
RichElementText* re2 = RichElementText::create(2, Color3B::YELLOW, 255,
"And this is yellow. \n", "Helvetica", 10);
RichElementText* re3 = RichElementText::create(3, Color3B::GRAY, 255, str2,
"Helvetica", 10);
```

```
RichElementText* re4 = RichElementText::create(4, Color3B::GREEN, 255, "And green with TTF support. ", "fonts/Marker Felt.ttf", 10);
RichElementText* re5 = RichElementText::create(5, Color3B::RED, 255, "Last one is red ", "Helvetica", 10);
//创建一个图片元素
RichElementImage* reimg = RichElementImage::create(6, Color3B::WHITE, 255, "cocosui/sliderballnormal.png");
//创建一个自定义节点元素，该自定义节点是一个骨骼动画对象
cocostudio::ArmatureDataManager::getInstance()->addArmatureFileInfo("cocosui/100/100.ExportJson");
cocostudio::Armature *pAr = cocostudio::Armature::create("100");
pAr->getAnimation()->play("Animation1");
RichElementCustomNode*    recustom    =    RichElementCustomNode::create(1, Color3B::WHITE, 255, pAr);
RichElementText* re6 = RichElementText::create(7, Color3B::ORANGE, 255, "Have fun!! ", "Helvetica", 10);
//pushBackElement 会在最后追加元素，insertElement 会将元素插入指定的下标中
_richText->pushBackElement(re1);
_richText->insertElement(re2, 1);
_richText->pushBackElement(re3);
_richText->pushBackElement(re4);
_richText->pushBackElement(re5);
_richText->insertElement(reimg, 2);
_richText->pushBackElement(recustom);
_richText->pushBackElement(re6);
//添加到场景中
_richText->setPosition(Vec2(widgetSize.width / 2, widgetSize.height / 2));
_richText->setLocalZOrder(10);
_widget->addChild(_richText);
```

运行结果如图 24-3 所示。从运行结果来看，可以总结几点，首先是自动换行和手动换行的区别，自动换行是根据 ContentSize 的宽度以及设置 ignoreContentAdaptWithSize 为 false 开启的，自动换行时对元素的显示进行换行，而 \n 的手动换行是在该文本元素内的换行，仅仅影响该文本的高度，并不影响富文本其他元素的换行。如果没有开启自动换行，那么所有的内容都会在一行内显示，手动换行的效果只是将换行的文本顶上去，不影响整体的换行，如图 24-4 所示。

图 24-3　自动换行与手动换行的显示

手动\n换行的效果

图 24-4　手动换行

24.3　UITextField 文本输入控件

TextField 是一个简陋的文本输入控件，是对 TextFieldTTF 的简单封装（内部使用 UICCTextField，继承于 TextFieldTTF 和 TextFieldDelegate），在第 19 章中有详细介绍，TextField 的使用比 TextFieldTTF 方便很多，TextField 自动化处理了点击判断，并根据当前的状态及点击判断的结果自动执行 attach 和 detachIME 等操作，并且增强了很多新的功能。

首先创建 TextField 到使用的过程非常简单，只需要 create 之后设置一下位置，addChild 到场景中即可，无须再去监听点击回调，在回调中处理输入模式切换的问题。另外支持输入文本的自动换行和对齐、设置输入长度限制、设置密码模式等。调用 addEventListener 可以监听输入回调，在进入/退出输入模式、输入文本以及删除文本时会调用回调。回调函数的原型为 std::function<void(Ref*, EventType)>。

虽然 TextField 内部只有一个 UICCTextField 进行文本显示，但存在两种不同意义的字符串，**string 在这里定义为输入的文本，而 placeholder 定义为当输入文本为空时的输入提示文本**，例如“请输入姓名”。

24.3.1　创建 TextField

使用下面接口可以创建 TextField，TextField 会自动注册触摸事件，并实现触摸回调。

```
//创建一个空的 TextField
static TextField* create();
//传入输入提示文本、字体名、字号创建一个 TextField
static TextField* create(const std::string& placeholder,
                         const std::string& fontName,
                         int fontSize);
```

24.3.2　触摸相关

TextField 默认以输入提示文本作为点击区域，也可以设置自定义的触摸区域，因为可能没有输入提示文本。

```
//设置自定义触摸区域
void setTouchSize(const Size &size);
Size getTouchSize()const;
//是否开启自定义触摸区域
void setTouchAreaEnabled(bool enable);
```

```
//触摸回调中用于检测是否点中控件的检查函数，返回 true 表示点在范围内
virtual bool hitTest(const Vec2 &pt);
```

24.3.3　输入密码

效果如图 24-5 所示，代码如下：

图 24-5　密码框文本

```
//输入内容是否为密码
void setPasswordEnabled(bool enable);
bool isPasswordEnabled()const;
//密码符号，默认为 "*"
void setPasswordStyleText(const char* styleText);
const char* getPasswordStyleText()const;
```

24.3.4　设置、获取文本

代码如下：

```
//设置显示文本与输入提示文本的字号
void setFontSize(int size);
int getFontSize()const;
//设置显示文本与输入提示文本的字体名
void setFontName(const std::string& name);
const std::string& getFontName()const;
//设置是否限制最大输入长度
void setMaxLengthEnabled(bool enable);
bool isMaxLengthEnabled()const;
//设置输入字符串的最大输入长度
void setMaxLength(int length);
int getMaxLength()const;
//设置输入提示文本
void setPlaceHolder(const std::string& value);
const std::string& getPlaceHolder()const;
//设置输入提示文本的颜色
const Color4B& getPlaceHolderColor()const;
void setPlaceHolderColor(const Color3B& color);
void setPlaceHolderColor(const Color4B& color);
//设置输入文本的颜色
void setTextColor(const Color4B& textColor);
//输入的文本内容，默认为""
void setString(const std::string& text);
const std::string& getString()const;
//获取输入字符串的长度
int getStringLength() const;
//是否允许输入
bool getInsertText()const;
void setInsertText(bool insertText);
```

```
//是否允许删除
bool getDeleteBackward()const;
void setDeleteBackward(bool deleteBackward);
```

24.3.5　输入回调

代码如下：

```
//注册事件回调
void addEventListener(const ccTextFieldCallback& callback);
```

24.3.6　自动换行与对齐

效果如图 24-6 所示，代码如下：

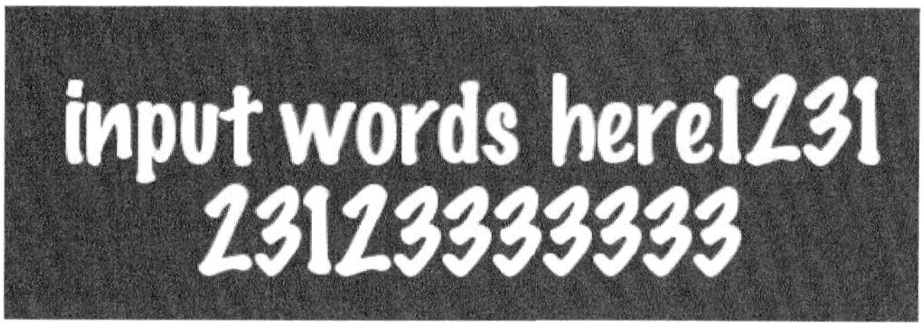

图 24-6　自动换行与对齐

```
//设置文本区域，内部调用 setContentSize
void setTextAreaSize(const Size &size);
//设置文本的水平对齐
void setTextHorizontalAlignment(TextHAlignment alignment);
//设置文本的垂直对齐
void setTextVerticalAlignment(TextVAlignment alignment);
```

24.4　UIEditBox 文本输入控件

EditBox 是 TextField 的升级版，在不同的平台有不同的表现，是调用平台相关的接口来获取输入，在不同的平台输入体验都不错，感觉瞬间“高大上”了不少，如图 24-7 所示为在各种平台上输入文本时的效果。

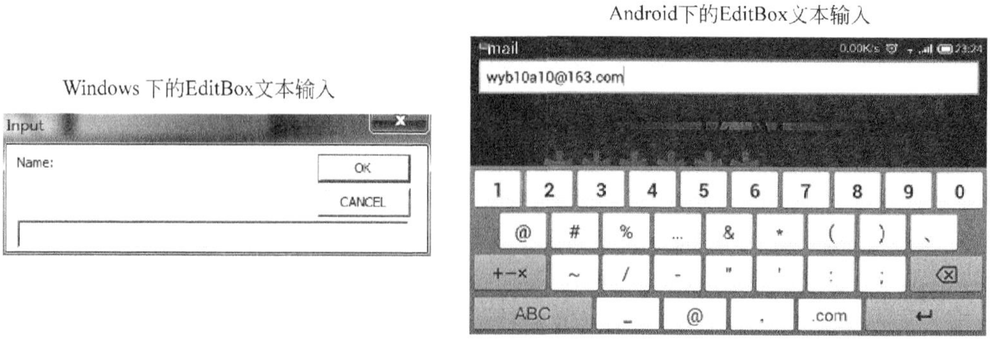

图 24-7　不同操作系统下的 EditBox 显示

iOS下的EditBox文本输入

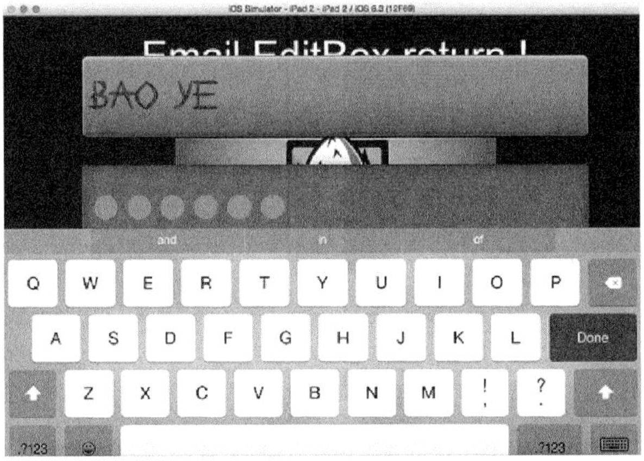

图 24-7（续）

注意：iOS 的平台下在需要注意一个问题，如果模拟器下弹不出文本输入框，则需检测模拟器选项 **Hardware——Keyboard——Connect Hardware Keyboard** 是否已被选中，如果是，取消选中或选择 Toggle Software Keyboard 即可。因为上面的选项是连接到键盘硬件，这种模式下可以直接使用键盘进行输入。

EditBox 支持丰富的输入模式及输入背景框，输入内容的效果如图 24-8 所示。

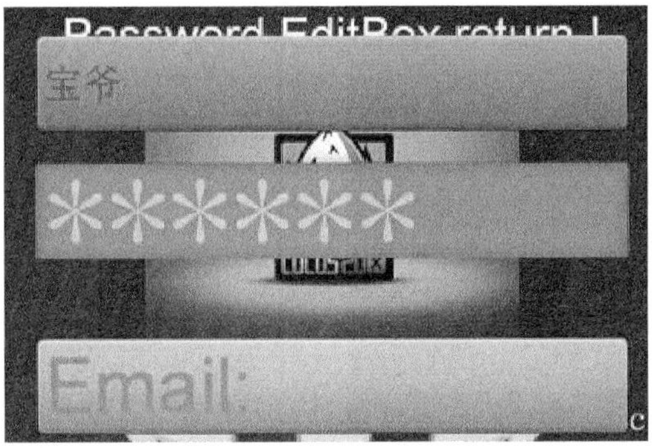

图 24-8　EditBox 效果

接下来看看 EditBox 提供了什么功能，通过设置输入模式和输入标签可以决定用户输入的内容以及如何显示。EditBox 初始化时会自动将输入模式设置为 SINGLE_LINE 单行模式，将输入标签设置为 INTIAL_CAPS_ALL_CHARACTERS，ReturnType 设置为 DEFAULT。默认的文本颜色为白色，输入提示文本为灰色，并注册触摸回调，当点击 EditBox 时会进入输入模式。

24.4.1　创建 EditBox

代码如下：

```
//传入一个尺寸，根据尺寸和 3 种状态下 Scale9Sprite 对象创建一个 EditBox
```

```
static EditBox* create(const Size& size,
                      Scale9Sprite* normalSprite,
                      Scale9Sprite* pressedSprite = nullptr,
                      Scale9Sprite* disabledSprite = nullptr);
//传入一个尺寸，根据尺寸和九宫图片名，以及纹理加载方式（默认为本地文件）创建一个 EditBox
static EditBox* create(const Size& size,
                      const std::string& pNormal9SpriteBg,
                      TextureResType texType = TextureResType::LOCAL);
```

24.2.2 文本与输入提示文本

代码如下：

```
//设置文本框的文本内容
void setText(const char* pText);
const char* getText(void);
//设置字体名和字号
void setFont(const char* pFontName, int fontSize);
//设置字体名
void setFontName(const char* pFontName);
//设置字号
void setFontSize(int fontSize);
//设置文本颜色
void setFontColor(const Color3B& color);
//设置输入提示文本
void setPlaceHolder(const char* pText);
const char* getPlaceHolder(void);
//设置输入提示文本的字体名和字号
void setPlaceholderFont(const char* pFontName, int fontSize);
//设置输入提示文本的字体名
void setPlaceholderFontName(const char* pFontName);
//设置输入提示文本的字号
void setPlaceholderFontSize(int fontSize);
//设置输入提示文本的颜色
void setPlaceholderFontColor(const Color3B& color);
```

24.4.3 输入委托

代码如下：

```
//设置输入委托对象
void setDelegate(EditBoxDelegate* pDelegate);
EditBoxDelegate* getDelegate();
```

24.4.4 输入模式

EditBox 可以调用 setInputMode 设置输入模式，输入模式是对用户可输入内容的限制。EditBox 支持以下输入模式：

- ANY 模式允许输入任何文本，包括回车换行。
- EMAIL_ADDRESS 模式允许输入 E-mail 地址。

- NUMERIC 模式只允许输入整型数字。
- PHONE_NUMBER 模式允许输入电话号码。
- URL 模式允许输入一个 URL 链接。
- NUMERIC 模式允许输入小数。
- SINGLE_LINE 模式只允许输入单行（不允许输入换行）。

代码如下：

```
//设置输入模式
void setInputMode(InputMode inputMode);
```

24.4.5 标签与限制

EditBox 调用 setInputFlag 可设置输入标签，输入标签决定了用户输入的内容如何显示。EditBox 支持以下输入标签：

- PASSWORD 输入的内容作为密码显示。
- SENSITIVE 输入的内容非常敏感，目前该标记无意义。
- INITIAL_CAPS_WORD 表示所有单词首字母大写。
- INITIAL_CAPS_SENTENCE 表示所有句子的首字母大写。
- INTIAL_CAPS_ALL_CHARACTERS 表示所有字符正常显示，不做处理。

代码如下：

```
//设置输入标签
void setInputFlag(InputFlag inputFlag);
//最长文本内容限制 ，这里“中国人”长度为 3 而不是 6
void setMaxLength(int maxLength);
int getMaxLength();
//设置确认返回类型，在回调委托时传入给委托对象
void setReturnType(EditBox::KeyboardReturnType returnType);
```

第 25 章　GUI 框架之容器控件

容器控件在 GUI 框架中用于摆放其他控件，本章主要介绍以下内容：

- UIScrollView 容器控件。
- UIListView 容器控件。
- UIPageView 容器控件。
- UIWebView 容器控件。

除了 WebView 之外，其他的容器控件都直接或间接继承于 Layout。

25.1　UIScrollView 容器控件

ScrollView 用于制作滚动视图，其继承于 Layout，相当于一个可以拖动的 Layout。ScrollView 最主要的功能有两点，**视图的滚动拖曳以及视口裁剪**。

ScrollView 还支持嵌套 ScrollView。ScrollView 自身实现了裁剪的功能，而视图的滚动拖拽，是通过内置的 InnerContainer Layout 容器来控制的。在拖曳的时候，ScrollView 自身的位置并没有移动，而是通过移动 ScrollView 内部的 InnerContainer 容器来移动容器中的内容。我们调用 ScrollView 的 addChild 传入的子节点，最终都会被添加到 InnerContainer 的 Layout 对象中，而 InnerContainer 在 ScrollView 初始化的时候，就作为一个子节点被添加到 ScrollView 中。

使用 create 静态方法无须任何参数即可创建一个 ScrollView。ScrollView 的 initRenderer 会创建 InnerContainer 对象在 ScrollView::init 中，调用 setClippingEnabled 将裁剪选项设置为 true **来开启视口裁剪功能**，并开启 InnerContainer 的触摸监听，因为接受拖曳的是 InnerContainer 对象。

25.1.1　拖曳滚动

ScrollView 提供了一些接口来帮助控制视图的拖曳，调用 setDirection 方法可以限制水平拖曳和垂直拖曳。

调用 setInertiaScrollEnabled 方法可以禁用或开启拖曳功能。

调用 setBounceEnabled 方法可以开启和关闭回弹效果，回弹效果允许拖曳超出视口限制后，松开手指时自动弹回来。

另外还提供了一些自动滚动的方法，scrollToXXX 系列方法能够在指定的时间内滚动到指定位置，而 jumpToXXX 系列方法允许立即跳转到该位置。

调用 addEventListener 可以注册 ScrollView 的滚动监听事件，当 ScrollView 进入滚动

状态、发生滚动回弹，以及结束滚动时，会触发相应的事件。

```
//设置滚动的方向，VERTICAL 为水平滚动，HORIZONTAL 为垂直滚动，BOTH 表示不限制滚动方向
virtual void setDirection(Direction dir);
Direction getDirection()const;
//设置是否开启弹跳开关
void setBounceEnabled(bool enabled);
bool isBounceEnabled() const;
//设置是否允许滚动
void setInertiaScrollEnabled(bool enabled);
bool isInertiaScrollEnabled() const;
```

25.1.2　InnerContainer 详解

在使用 ScrollView 时，**必须手动指定 ContentSize** 以及 InnerContainerSize，以指定视口以及滚动视图内容的大小（否则看不到任何内容）。图 25-1 中的蓝色框部分为要设置的 ContentSize，也就是视口（需要注意，不同版本的引擎设置接口并不一样，如果设置错误，以当前引擎自带的 testcpp 中的示例代码为准）。红色框表示 InnerContainerSize，也就是滚动视图内部的完整大小。

图 25-1　InnerContainer 效果

代码如下：

```
//获取 InnerContainer
Layout* getInnerContainer()const;
//设置 InnerContainer 的尺寸
void setInnerContainerSize(const Size &size);
const Size& getInnerContainerSize() const;
```

25.2　UIListView 容器控件

ListView 是一种列表滚动视图（类似于 TableView），继承于滚动视图 ScrollView，在

ScrollView 的基础上，定义了 Item 的概念，通过简单的添加 Item 接口，可以动态向 ListView 中添加 Item，被添加的 Item 会根据顺序以及 ListView 的方向自动进行排列，ListView 一般用于添加一系列类似的 Item，如图 25-2 所示。

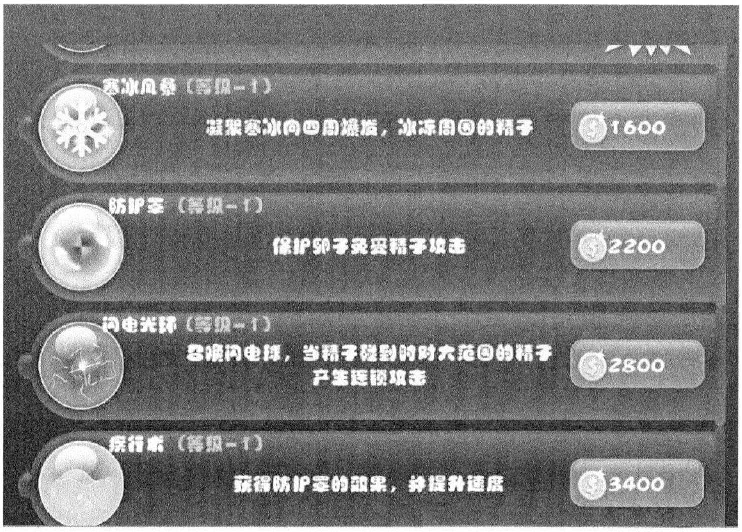

图 25-2　ListView 效果

ListView 提供了很多方法来管理 Item，除了 Item 的增、删、改、查等功能外，还支持设置 DefaultItem 作为模板方便插入，因为 ListView 中的 Item 都是非常相似的，所以可以用一个默认模版来进行复制。ListView 还提供了 Item 的间隔控制，排列控制，可以控制 Item 的排列方向。另外调用 setDirection 设置方向只有 VERTICAL 和 HORIZONTAL 选项会影响 ListView 的排列。

在创建 ListView 时，**必须设置 ListView 的 ContentSize，以及要添加的 Item 控件的 ContentSize**，ListView 会自动根据所有 Item 的 ContentSize 以及设置的 Margin 边距更新 InnerContainerSize。

```
//设置一个默认的 Item 控件
void setItemModel(Widget* model);
//在尾部追加一个默认的 Item 控件
void pushBackDefaultItem();
//在 index 位置插入一个默认的 Item 控件
void insertDefaultItem(ssize_t index);
//在尾部追加一个自定义的 Item 控件
void pushBackCustomItem(Widget* item);
//在 index 位置插入一个自定义的 Item 控件
void insertCustomItem(Widget* item, ssize_t index);
//删除最尾部的 Item 控件
void removeLastItem();
//删除 index 位置的 Item
void removeItem(ssize_t index);
//移除所有 Item
void removeAllItems();
//获取指定位置的 Item
Widget* getItem(ssize_t index)const;
//获取所有的 Item
```

```
Vector<Widget*>& getItems();
//根据 Item 查询其下标，不在 ListView 中返回-1
ssize_t getIndex(Widget* item) const;
//设置 ListView 的对齐方向，可以控制内部 Item 的排列
void setGravity(Gravity gravity);
//设置 Item 之间的间隔
void setItemsMargin(float margin);
float getItemsMargin()const;
```

25.3　UIPageView 容器控件

PageView 是可以通过左右拖动来进行翻页的容器控件，继承于 Layout，PageView 将内部的内容划分为一个一个的页面，每个页面都是一个 Layout 对象，通过左右划动来切换当前显示的页面，在游戏中也是常用的控件，如图 25-3 所示。

图 25-3　PageView 效果

PageView 提供了一系列 Page 管理的方法，并且支持设置自定义的翻页阀值，这里的翻页阀值指翻页时要拖动的距离，如果拖动的距离没有到达阀值，松开时并不会切换到下一页，而是弹回原来的页面。默认的阀值是 PageView 的 ContentSize 宽度的一半，通过设置阀值可以调整翻页的灵敏度。

创建 PageView 时，**必须为 PageView 设置 ContentSize，每个插入到 PageView 中的页面，也必须设置 ContentSize**，最好将 PageView 和 Page 的 ContentSize 设置一致，否则会出现显示方面的问题，在第二个页面可以看到部分第一个页面的内容，页面超出视口的内容无法显示。

```
//添加一个控件到 pageIdx 页面中，如果没有该页面且 forceCreate 为 true，会强制创建一个页面
void addWidgetToPage(Widget* widget, ssize_t pageIdx, bool forceCreate);
//添加一个 page 到容器的最尾部
void addPage(Layout* page);
//在 idx 位置插入一个页面
void insertPage(Layout* page, int idx);
//删除一个页面
```

```
void removePage(Layout* page);
//删除指定下标的页面
void removePageAtIndex(ssize_t index);
//移除所有的页面
void removeAllPages();
//滚动到第 idx 页
void scrollToPage(ssize_t idx);
//获取当前显示页的下标，从 0 开始
ssize_t getCurPageIndex() const;
//获取所有的页面
Vector<Layout*>& getPages();
//获取指定下标的页面
Layout* getPage(ssize_t index);
//设置自定义阀值，默认为 PageView 的 ContentSize 宽度的一半
void setCustomScrollThreshold(float threshold);
float getCustomScrollThreshold()const;
//设置是否使用自定义阀值
void setUsingCustomScrollThreshold(bool flag);
bool isUsingCustomScrollThreshold()const;
```

25.4　UIWebView 容器控件

WebView 是一个用于在 Cocos2d-x 中浏览网页的强大控件，继承于 Widget，是平台相关的控件，底层直接使用了操作系统的 WebView 控件。WebView 是从 Cocos2d-x 3.3 版本开始添加的控件，暂时仅支持 Android 和 iOS，并且不稳定。WebView 在 iOS 上的运行效果如图 25-4 所示。

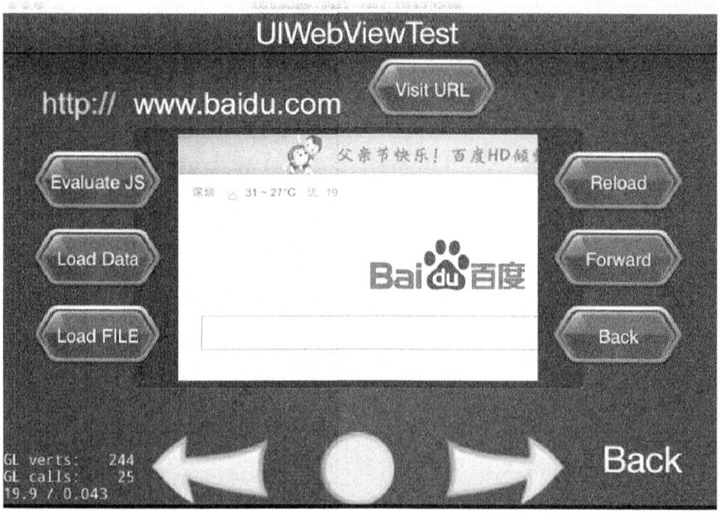

图 25-4　WebView 效果

25.4.1　加载页面

创建完 WebView 之后，需要让 WebView 加载一些内容来显示，在 WebView 中可以

很方便地使用一个 URL 链接打开一个网页，也可以打开本地的一个 HTML 文件，或者执行 JavaScript 脚本，以及显示自定义的 HTML 字符串。另外，还需要设置 WebView 的 ContentSize，以使网页在指定的范围内显示。

```
//加载 HTML 字符串
void loadHTMLString(const std::string &string, const std::string &baseURL);
//加载网络链接
void loadURL(const std::string &url);
//加载本地的 HTML 文件
void loadFile(const std::string &fileName);
//在当前页面执行一段 JavaScript 脚本
void evaluateJS(const std::string &js);
//加载页面数据，传入页面的二进制数据（可能是文本，图片等等），MIME 类型，编码格式以及
基本 URL
void loadData(const cocos2d::Data &data,
              const std::string &MIMEType,
              const std::string &encoding,
              const std::string &baseURL);
```

25.4.2　操作页面

可以将 WebView 视为一个网页浏览器，其很多功能都和浏览器功能一样，例如，网页加载到一半可以暂停加载，可以刷新页面，以及使用前进和后退功能在历史页面中进行跳转。

```
//停止加载
void stopLoading();
//刷新，重新加载
void reload();
//判断是否能后退
bool canGoBack();
//判断是否能前进
bool canGoForward();
//后退到上一个页面
void goBack();
//前进到下一个页面
void goForward();
//设置 WebView 是否支持缩放，默认为 false
void setScalesPageToFit(const bool scalesPageToFit);
```

25.4.3　页面回调

可以设置一些回调，在开始加载、加载完成，或加载失败以及执行 JavaScript 脚本时，进行处理。

```
//设置开始加载的回调
void setOnShouldStartLoading(const std::function<bool(WebView *sender,
std::string url)>& callback);
//设置加载完成后的回调
void setOnDidFinishLoading(const ccWebViewCallbak& callback);
//设置加载失败时的回调
void setOnDidFailLoading(const ccWebViewCallbak& callback);
```

```
//设置 JavaScript 代码执行后的回调
void setOnJSCallback(const ccWebViewCallbak& callback);
```

下面是一些示范代码：

```
Size winSize = Director::getInstance()->getVisibleSize();
//创建 WebView
_webView = cocos2d::experimental::ui::WebView::create();
_webView->setPosition(winSize/2);
//设置 ContentSize
_webView->setContentSize(winSize * 0.5);
//加载页面
_webView->loadURL("http://www.google.com");
_webView->setScalesPageToFit(true);
addChild(_webView);
//加载 HTML 文件
_webView->loadFile("Test.html");
//加载 HTML 字符串
_webView->loadHTMLString("<body            style=\"font-size:50px;\">Hello
World</body>","text/html");
//执行简单的 JavaScript 脚本
_webView->evaluateJS("alert(\"hello\")");
```

第 4 篇　CocoStudio 工具链篇

第 26 章　CocoStudio 概述

本章作为 CocoStudio 工具链的开篇，会简单介绍 CocoStudio 的结构以及用法，使大家对 CocoStudio 有个整体的认识，并大致介绍各个版本的 CocoStudio，以及 CocoStudio 与 Cocos2d-x 引擎的版本对应关系。本章主要介绍以下内容：

- CocoStudio 是什么？
- CocoStudio 的设计目标。
- 使用 CocoStudio。
- 管理资源。
- 版本对应。

26.1　CocoStudio 是什么

CocoStudio 是触控开发的一套基于 Cocos2d-x 的免费工具集，拥有 UI、动画、场景、数据编辑等功能，目的是提高 Cocos2d-x 游戏的开发效率，可以在 CocoStudio 的官网下载 http://www.cocos.com。

因为是官方推出的开发工具，所以 CocoStudio 的更新维护得到了保障，从一开始的看上去美好，用起来不得不吐槽，到现在还不算完善的版本，其进步之大是有目共睹的。虽然目前的 CocoStudio 还没有达到一个优秀编辑工具所应有的体验，但其一直在进步。

以 Cocos2d-x 游戏开发为核心，将大量实用的功能整合到工具集中，是个不错的设想。先把整个编辑器的框架搭好，然后设计良好的扩展接口，开放 API 或者开源 CocoStudio 的代码，利用群众的力量为 CocoStudio 贡献各种各样的插件，甚至集成新的工具。

免费和开源带来的更多可能是索取而不是贡献，通过搭建一个在线商店平台，售卖插件和工具，可以大大激励人们开发优秀的插件和工具。在线商店既然提供了插件、工具，同样也可以贩卖音效，动画、图片、UI、模型等资源。如果这样发展下去，CocoStudio 应该为成为一个类似 Unity 的开发工具（在发布的 CocoStudio 2.1 版本中果然开始集成了插件下载，商店之类的内容，但与 Unity 的插件和商店比起来，仍有巨大的差距，商店内容的丰富程度、规范和质量都有待提高。制定一系列严格的规范，再通过一些比赛活动，可以有效缓和这一问题）。

在 2014 年的十月底，CocoStduio 2.0 发布了，所有的编辑器都合并在一起，整合和分离各有各的好处，分离的好处是每个工具更独立、专注。整合的好处则是管理，操作的时候会更方便。CocoStduio 2.0 的升级带来了更加流畅的体验，整体界面重构之后，看上去舒服了很多，操作起来也流畅了不少。可以一键发布项目到 Cocos Code IDE、Xcode、VS 中。

CocoStduio 2.0 出来后笔者马上试用了一下，触控做的东西让人又爱又恨，界面让人耳目一新，比之前的版本漂亮很多，但问题也较多。首先，有很多机器“跑”不起来，装完之后可能需要重启，并且需要以管理员身份运行。当然，这个问题在后面的版本中很快就被修复了。其次，很多功能都被移除了。一些被移除的功能还是蛮实用的（如动画对象的动画名，不过最新版本已经恢复了这个功能）。另外，只能生成.csb 文件，并且生成的.csb 文件以原先的方式加载还会报错，因为 2.x 版本还无法完全取代 1.6 版本，所以在这段尴尬的时间里，1.6 和 2.0 两个版本的功能是并存的。新版本的 CocoStudio 解析格式与旧版本的并不兼容，因为改动太大了，所以只能使用另外的接口来加载 2.x 生成的.csb 文件。

26.2　CocoStudio 的设计目标

在官方的定义中，Cocos Studio 把适用于美术、策划的工具完全分开， 分为 UI 编辑器、动画编辑器、场景编辑器、数据编辑器， 这 4 个编辑器分别为 UI 美术、动作美术、策划、数值策划量身定做。

看上去好像没程序什么事了，但别忘了，这套工具集是围绕 Cocos2d-x 来转的，也就是策划和美术围着程序员转。工具集本身将很多程序所需要的编码转换成美术和策划的工作，CocoStudio 在一定程度上简化了程序员的工作，将原本需要修改代码才能完成的工作分离出来，通过操作 CocoStudio 也可以完成修改，提高开发效率。

CocoStudio 是一套多人协作的工具集，每个工具定位清晰、分工明确，需要划分好职责，规范操作，才能减少游戏开发过程中的内耗。这里的内耗包括程序、美术、策划之间过高的沟通成本，由于某一方延期导致其他人处于空闲状态的成本浪费，资源和需求的修改导致一些重复或无用的工作。

其实不论什么工具，只要能形成流水线的协作就可以，并不一定要“穿套装”，包揽整条流水线。如果使用套装的工作效率并没有得到很大的提高，那么还不如不用。就如数据编辑器的数据编辑功能远远比不上 Excel，有时需要做的可能是一个解析 Excel 表格的库，或者将 Excel 表格转换为.json 文件格式的工具，而不是一个编辑.json 文件的工具。

而从 CocoStudio2.0 开始，推翻了原先的设计目标，只保留了部分最有用的功能，并整合进了 Cocos，将 Cocos2d-x 的 2d-x 后缀去掉，一方面表明了 Cocos 并不仅仅可以用来制作 2D 游戏，另一方面通过将 Cocos 引擎下所有的产品进行整合，成为游戏开发一站式解决方案，整合了从项目创建、开发、资源管理、界面编辑，到最后的发布一系列流程，从而提高游戏开发的效率。

26.3　使用 CocoStudio

那么如何使用 CocoStudio 来提高开发效率呢？首先需要认识清楚每个编辑器的作用，制定编辑器的多人协作规范（命名规范，设计规范），根据实际情况来选择性地使用工具（例如开发流程阻塞在美术设计环节，那么 UI 编辑器可以由程序员或策划人员来进行操作和维护，如果游戏逻辑过于复杂且场景多为动态生成，则场景编辑器可以弃用），在工具中按 F1 按键可以查阅官方的帮助文档：

- 1.x 版本的帮助文档是 http://upyun.cocimg.com/CocoStudio/helpdoc/ v1.0.0.0/zh/index.html。
- 2.x 版本的帮助文档是 http://www.cocos.com/tutorial/index.html。

26.3.1　使用 UI 编辑器

UI 编辑器的目的是让程序员摆脱代码中的 UI 坐标编码，一个一个地编写坐标编码不仅痛苦，且难以维护，开发效率极低，而 UI 的位置摆放是美术人员擅长的事情，所见即所得的 UI 编辑可以大大提高开发效率。

UI 编辑器的工作流程应该是这样的，策划输出 UI 的需求（整个 UI 是什么样的，UI 提供怎样的功能？绑定哪些数据？UI 节点的**命名规则和 Tag 分配原则，UI 规格尺寸的需求**），拿到这样一份需求，美术人员开始画图，并执行拼凑界面的工作。如果需求不清晰，规范没定义，美术人员就开始执行，后面必然是要返工的。在这里需要按照项目所要求的标准分辨率为准进行制作，这个分辨率的制定取决于目标平台，以及不同分辨率下的适配规则。

画完图之后开始在 UI 编辑器里拼凑，拼凑的时候，需要创建一个节点树，如果这个时候没有定义节点树的规范的话，那么美术人员输出的很可能是所有 UI 全部放在 Panel 下，这个是很不合理的，这个节点树的结构设计其实也是 UI 面板的结构设计，最好由策划人员来设计，然后程序员进行审核，作为策划人员，对程序使用的引擎有一些基本了解是非常有用的，知道哪些能做，哪些不能做，知道程序是怎样实现的，这样对游戏的策划有巨大的帮助。节点树系统是策划人员应该了解的。之所以要程序员来审核，是为了确保策划人员设计的结构合理，如果设计不合理的话，会导致一些需求难以实现，例如两个节点是父子节点关系，而有需求是干掉父节点保留子节点，那么这个父子节点结构就不合理了。美术人员在摆放的时候还需要注意九宫和布局的问题。

节点的命名规则和 Tag 的分配原则需要一开始确定好，这个规则可以是程序员来制定，因为程序员这些规则，是方便程序使用的（往往是跟一些枚举对应）。程序在使用 UI 编辑器输出文件时，往往还需要做数据绑定、初始化显示内容等工作，以及一些动态创建的内容，这些都需要建立在良好的节点结构以及规范的命名条件下。如果项目中已经使用了 CocosBuilder，那么 CocoStudio 也是可以兼容的，可以直接导入.ccb 文件，但会丢失一些东西。

26.3.2　使用动画编辑器

使用动画编辑器可以编辑骨骼动画和帧动画，使用动画编辑器可以享受引擎提供的一系列骨骼动画的 API（这里的骨骼动画也支持帧动画），动画编辑器则完全是美术人员的工具。程序员只需要直接使用美术人员导出的动画就可以了。这里的**动画名称、骨骼名称**，以及一些挂载点骨骼（例如武器的挂载点，人物一开始可以没有武器，但装备上武器之后，就需要在人物的手上能够正确显示），需要形成规范同需求一起交给美术人员。

CocoStudio 虽然可以编辑骨骼动画，但是据一些美术人员反映，CocoStudio 的动画编辑器用起来并不顺手，在操作体验各方面和 Flash 与 Spine 相比还有些差距，并且美术人员对一个工具掌握的熟练度是非常影响开发效率的，所以动画编辑器也支持导入 Flash 和 DragoneBones 动画。

使用 DragoneBones 可以编辑嵌套骨骼动画，在 TestCpp 中，Test Armature Nesting 就是使用 DragoneBones 的嵌套骨骼动画实现的，在例子中各种武器的切换非常平滑、协调，DragoneBones 导出的 Plist、PNG 和 XML 可以直接用于创建动画对象，而 Flash 则需要导出 fla，然后在动画编辑器中重新导出为.json 或.csb 文件格式。

制作 Flash 项目时，需要注意以下几个问题，具体可以查看官方论坛：http://www.cocoachina.com/bbs/read.php?tid=169621。

- Flash 版本应该为 CS 6.0，低版本不提供支持。
- 新建 Flash 项目的时候应该选择 ActionScript 3.0。
- 动画中只有两种元素，一个是“元件”，另一个是“图形”。
- 所有的图形必须是位图，暂时不提供包含矢量图的 fla 文件导入，在保存项目之前需要将所有的矢量图转换为位图。
- 每一个骨骼对应一个“元件”，创建元件时可以选择影片剪辑和图像两个类型。
- 每一个元件对应一个贴图，不能一个元件中放多个贴图。
- 目前除了整个人物（或者说整个项目）可以由多个元件组成外，其他均不能有多个元件嵌套。
- 每个项目只能有一个场景，并且这个场景只有一个精灵（或者说人物）。
- 不要修改锚点属性，不要使用斜切。
- 给人物设置帧动画的时候，必须将最上面的图层设置为一个空的图层，并给每一个关键帧设置动画的名称。
- 当整个元件制作完成时必须将该元件加入到主场景中。

26.3.3　使用数据编辑器

数据编辑器本质上讲只是一个 Excel 表格到.json 文件的格式转换工具。说起对数据的编辑，在 Excel 里编辑数据是最快的，各种公式、批量操作是数据编辑器无法比拟的。之所以说数据编辑器是个转换工具，是因为其需要依赖于 Excel 输出的表格，而不是在编辑器中创建数据文件。输入 Excel 表格，输出.json 文件，虽然提供编辑功能，但如果需要编辑数据的话，多数策划人员肯定是选择在 Excel 里而不是数据编辑器。

虽然没有 Excel 编辑数据快，但数据编辑器并非一无是处。数据编辑器输出的.json 文件可以用于程序加载（引擎提供了解析方法），也可以用于场景编辑器中的自定义属性组件中，如果游戏以场景编辑器为主，所有的逻辑都以场景编辑器的触发器形式调用，数据编辑器导出的数据文件结合自定义属性组件就成了标配。

26.3.4　使用场景编辑器

场景编辑器用于编辑场景，场景的定义比较大，在这里可以理解为游戏的背景、地图、UI、动画、声音、特效、逻辑等元素的组合，并不仅仅是一个容器。

场景编辑器是用于整合所有资源的一个编辑器，在这里场景编辑器的定位过于大，功能相对复杂，职责也不单一，而且稳定性也不够好，作为一个面向策划人员的编辑工具，不少策划人员表示难以完全驾驭。

除了 UI 和动画，场景中更多的是逻辑，是动态生成的对象，而不是摆放上去的对象。所以在这里场景编辑器的使用更倾向于给策划人员一个预览大概效果的测试场景编辑器，以及一些可以完全由策划控制的内容编辑，例如游戏的剧情过度场景等。如果在这里没有划分清楚程序员和策划人员的职责，那么后面会变得混乱而难以管理。

场景编辑器可以做很多事情，但只需要让其专注做某一件事情就足够了。职责越多，问题越多！场景编辑器是一个需要慎用的编辑器，UI 和动画编辑器都有明确的职责，而编辑场景，则难一言以蔽之，在一些只有一个场景的游戏中，编辑场景等于编辑游戏。如果不是有很合适交给场景编辑器做的事情（测试、新手引导、剧情等算是合适的事情），那么就不要轻易使用场景编辑器。一旦使用，就要有效果，例如用编辑器来做开发会提高效率，编码会减少，或者这部分内容的可维护性大大提高等。

什么情况下使用场景编辑器？要看其能带来什么好处，UI 和动画编辑器带来的好处是很清晰、明显的。而场景编辑器带来的好处，需要开发者自己去把控。

26.3.5　使用 CocoStudio 2.x

CocoStudio 2.x 主要用于摆放场景和 UI，可以制作简单的动画，绑定代码中的回调或者自定义类，能够方便地发布资源到工程项目。

CocoStudio 2.x 没有场景和 UI 的区分，摒弃了类似场景触发器这样鸡肋的功能，专注于界面操作体验，与 Cocos2d-x 很好地互补，能够很方便地嵌套层、节点与场景，大大提高了编辑时的自由度。

26.4　管理资源

由 CocoStudio 工具集导出的各种各样的资源可能是凌乱的，如何整合、管理，快速地在游戏中使用这些资源，需要一个规划。资源组织不当带来的后果是，程序加载资源时出现各种路径错误，或者资源冗余重复，或者资源丢失之类的问题。

首先资源目录需要划分好、归类好，用一个命名规则来保证所有资源的文件名都不重复。文件名重复可能导致的问题是，使用 Plist 图集时，一些同名的资源会丢失。因为加载 Plist 图集是将图集中所有的小图片放置到引擎的缓存里，在缓存中按照小图的文件名作为 key 来管理的，如果加载了多个 Plist，而 Plist 里有重名的文件，那么该文件会被覆盖（使用多个 Plist 来做帧动画，而图片名字都一样时，会导致所有的动画都是一样的）。

资源规划好之后，在开始编辑 UI、动画之前，应该先将需要复用的资源打包 Plist。在编辑 UI 和动画时，是允许使用多张 Plist 的，但 Plist 的规划需要合理，尽量不造成只用到图集中很小的一块图片，就将整个 Plist 加载进来的这种情况。将复用的资源打包到 Plist

中可以避免因为 CocoStudio 的自动合并图集而导致资源的冗余。

在资源面板中，有一个 Resource 目录（2.x 版本是 res 目录），它是资源目录，在这里将其称之为输入目录。使用其中的资源进行编辑时，尽量保证不同项目的输入目录是同一个目录，这样方便资源的整理和重用。在导出项目时，会输出到另外一个资源目录，这里称之为输出资源目录。在该目录下会生成一个或多个以项目名称命名的.json 文件，资源的路径并不是相对于 Resources 文件夹的路径，而是**相对于导出.json 配置文件的路径**。

输入资源目录和输出资源目录有 3 点区别，动态生成的.json/.csb 文件都将在输出目录中，输出目录可能会将输入目录的碎图打包成图集，只有项目中使用到的资源才会被输出，以避免没用到的冗余资源。

输出目录应该放在项目下的 Resource 目录下（2.x 版本是 res 目录），如果需要在 Resource 目录下需要新建子目录来存放输出目录，那么应该把这个相对路径（自己新建的目录结构相对 Resource 目录的相对路径）添加到引擎的搜索路径中（FileUtils::getInstance()->setSearchPaths）。

CocoStudio 1.3 之后，新的资源管理可以在场景编辑器中自动整合，可以将编辑的多个 UI、动画项目的资源整合到一起，以游戏为单位输出资源，并自动将资源进行归类等。如果仅仅是使用动画编辑器或 UI 编辑器，可以按照前面的介绍来管理资源。CocoStudio 2.0 开始则不需要担心这个问题，因为只有一个编辑器，直接编辑好发布资源即可。输出目录被生成到 CocoStudio 项目的 res 目录下。2.x 还可以直接生成程序工程项目。

另外，在使用 CocoStudio 2.x 来编辑内容的时候，所引用的资源是基于内容文件的相对路径，例如，编辑一个节点文件，引用到了其他目录的资源，当然，这些目录是在项目的资源目录下，导出的时候，会导出所有关联到的文件，并保持目录树的结构，这时如果再对导出的目录进行调整，那么就可能出现资源丢失的情况。对于目录结构，最好是保证输入和输出的目录结构一致，所以需要规范目录结构的话，最好在 CocoStudio 制作的时候就将目录结构规范好。

另外一种会导致资源丢失的原因是引用了一个 Plist 图集，在修改 Plist 图集中图片的名字后，没有重新导出这个节点文件，因此就会找不到该张图片。当然，如果使用一键发布，会重新生成节点资源文件。

26.5　版本对应

Cocos2d-x 的升级向来不大喜欢考虑对旧版本的兼容，各种接口变来变去让人头疼，这也是很多人不管新版本出来多少，还抱着旧版本不愿升级的原因。除非碰到一些 BUG 需要升级到新版本才能解决或新版本引入了诱人的特性，否则不轻易升级，升级完引擎之后，往往需要花一段时间编译通过才能运行起来。CocoStudio 的版本问题也类似。

Cocos2d-x 和 CocoStudio 的版本也需要一一对应，如果不对应可能会出现错误。例如不兼容.csb 格式的文件，.json 文件的一些新字段解析不到，一些旧字段消失了等。CocoStudio 1.0 之前的版本就不介绍了，下面介绍 1.x 版本 1.x 版本从 1.1 到 1.6 的版本对应如表

26-1 所示。

表 26-1　CocoStudio1.x 与 Cocos2d-x 版本对应表

CocosStudio 版本	2d-x v3 版本	2d-x v2 版本	2d-JS 版本
1.6.0.0	3.2	2.2.5	3.1
1.5.0.1	3.2	2.2.5	3.0 RC2
1.5.0.0	3.0	2.2.4	3.0 RC2
1.4.0.1	3.0	2.2.3	3.0 RC2
1.4.0.0	3.0	2.2.3	3.0 RC2
1.3.0.1	3.0rc1	2.2.3	3.0 Alpha
1.3.0.0	3.0rc0	2.2.3	
1.2.0.1	3.0beta	2.2.2	
1.1.0.0		2.2.1	
1.0.0.2		2.2.0	
1.0.0.1			
1.0.0.0			

后面的版本向下兼容的问题就好很多了，接下来是 CocoStudio 2.0。CocoStudio 2.0 应该对应 Cocos2d-x 3.3RC0，但在加载的时候，需要使用全新的 CSLoader 来进行加载。2.x 版本从 2.0 到 2.1.5 的版本对应如表 26-2 所示，更详细的版本对应问题可以查阅官网论坛：http://www.cocoachina.com/bbs/read.php?tid=182077。

表 26-2　CocoStudio 2.x与Cocos2d-x版本对应表

CocosStudio 版本	对应 Cocos2d-x 版本	JS 版本	备　注
v2.1.5 v2.1.2beta v2.1 (事件:更名 Cocos)	v3.4final	v3.3 rc0+	Cocos 新增 JSON 格式导出，Cocos2d-JS 仅支持此格式
v2.1beta	v3.4beta0	不支持	已分离出 Reader，可以将 Reader 拉取到其他版本 Cocos2d-x，以支持新版本的 CocoStudio
v2.0.6	v3.3final	不支持	
v2.0.5	v3.3rc2	不支持	
v2.0.2	v3.3rc2	不支持	
v2.0beta0	v3.3rc0	v3.1	

第 27 章　CocoStudio UI 编辑器

本章主要介绍 CocoStudio UI 编辑器的使用、资源导出，在代码中加载并使用编辑器导出的 UI 文件、UI 的数据更新、UI 编辑器的适配问题以及如何扩展 CocoStudio UI 编辑器及自定义控件。本章主要介绍以下内容：

- 使用 UI 编辑器。
- 编写代码。
- 分辨率适配。
- 扩展 UI 编辑器。

27.1　使用 UI 编辑器

首先映入眼帘的是 UI 编辑器最上方的菜单栏，接下来是工具栏，工具栏中可以切换普通模式和动画模式，也可以调整画布的大小，剩下的按钮都是对控件进行对齐、布局、排版操作的选项（如图 27-1 所示）。**UI 编辑器存在两种模式，即普通模式和动画模式，普通模式用于创建、调整控件；动画模式用于编辑 UI 动画**。默认会进入普通模式。

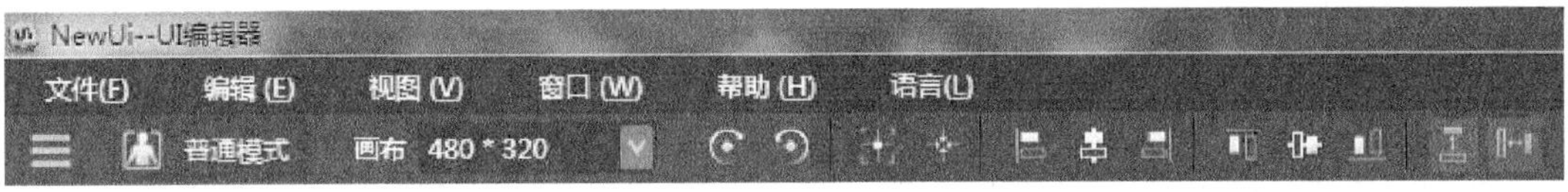

图 27-1　菜单栏和工具栏

创建新项目时，UI 编辑器会创建一个画布，画布是我们操作的舞台，本质上是一个节点。CocoStudioUI 编辑器支持多个画布，在画布列表面板中可以选择、新建、删除、复制、重命名画布，如图 27-2 所示。每个画布就是一个界面，而画布列表管理着游戏中的所有界面，这些界面共享着资源面板中 Resources 目录下的资源。

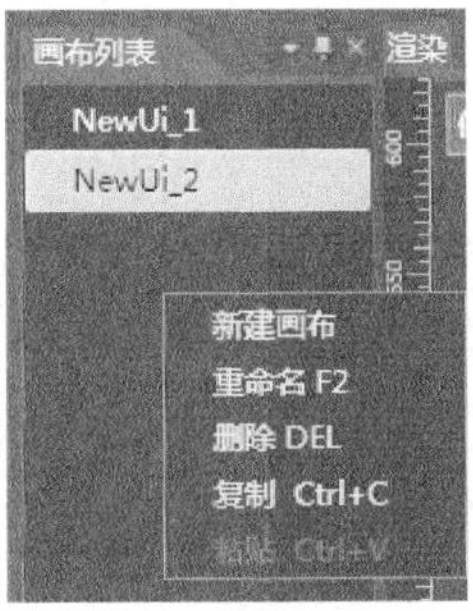

图 27-2　画布列表

UI 编辑器最常用的操作就是**拖放控件**，这些控件在 GUI 框架系列章节有详细介绍，而在这里要做的就是把鼠标移动到控件上按下，然后把控件拖放到画布中，然后再设置它们的位置。可以通过一些比较麻烦的方法来扩展 UI 编辑器，扩展一些控件，如图 27-3 所示中最下方的 CSCustomImageView 控件（这个在后面介绍）。

当我们创建一个新的画布，或者新建一个项目，打开其默认创建的画布时，在“对象结构”面板中，可以看到默认创建了一个 Panel_XXX 节点，作为一个默认的容器层，并且无法删除，所有的控件都被添加到这个 Panel 之下，并且必须在该 Panel 之下（可以是孙节点，曾孙节点...），在对象结构面板中，可以组织节点的父子关系、添加新的控件、改名等。PageView 在这里有一个特殊的功能添加子页面，如图 27-4 所示，该选项会自动添加一个容器层作为 PageView 下的一个 Pagc。

图 27-3　控件列表

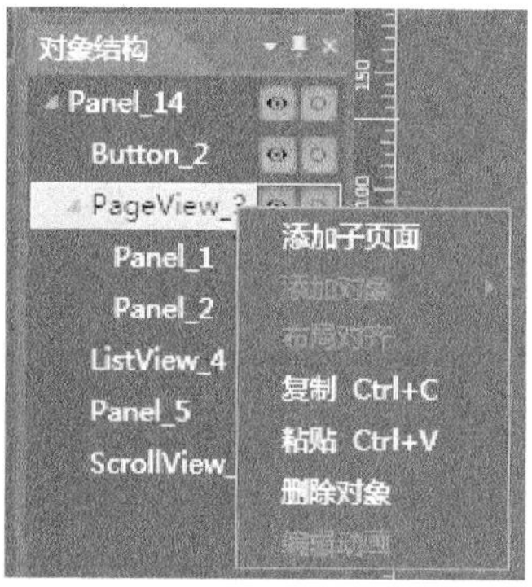

图 27-4　“对象结构”面板

拖放控件和调整控件位置是在普通模式下做的事情，而动画模式下可以编辑 UI 动画。首先将编辑器切换至动画模式（单击工具栏的模式按钮），下方会出现“动作列表”和“关键帧”面板，可以先在“动作列表”中右击添加新的动画，然后选中需要编辑的控件右击，编辑动画，如图 27-5 所示。这时在关键帧面板中才会出现可编辑的动画对象。如果当前的动作列表为空，则会自动创建一个 Animation0 的动画，然后创建动画对象，如图 27-6 所示。

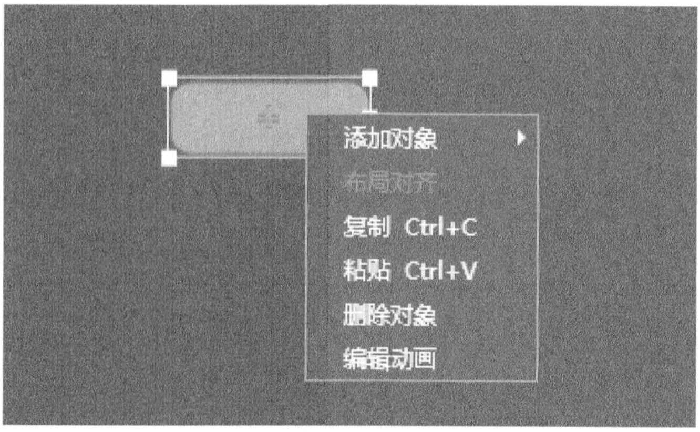

图 27-5　右键编辑窗口

接下来就可以编辑动画了。在“动作列表”面板中管理所有动画，在“关键帧”面板中添加帧，如图 27-6 所示，然后修改对象的属性，如位置、缩放、旋转和透明度等。

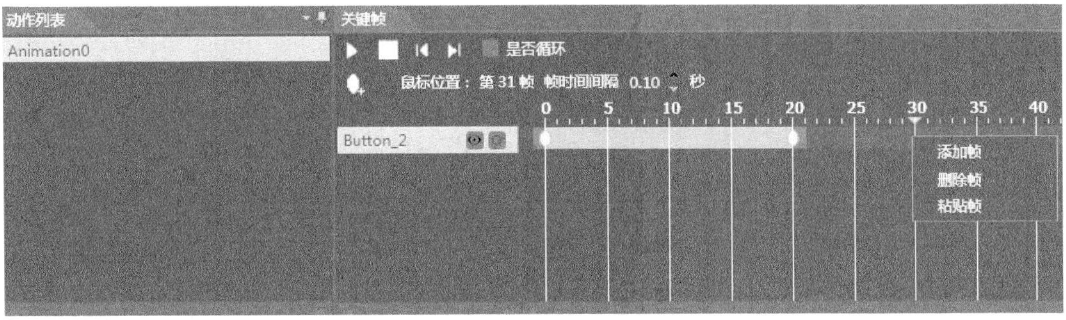

图 27-6　“动作列表”和“关键帧”面板

选中对象，在“属性”面板中可以查看和修改控件的属性，如图 27-7 所示，如果没有该面板，可以在最上方的窗口菜单中找到并打开。在动画编辑模式下，只有“常规”和“控件布局”中的部分属性能够参与动画，其他属性无法在动画中动态改变，这些属性分别是透明度、颜色混合、坐标、缩放、旋转。

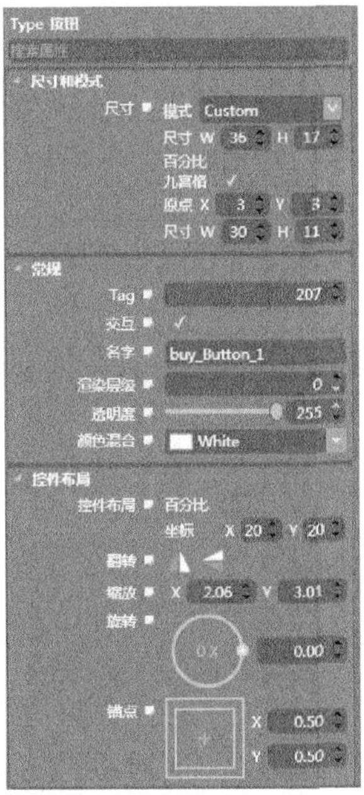

图 27-7　属性面板

目前 UI 编辑器的动画暂时没有帧动画的功能。在编辑 UI 上的图片资源时，使用一贯的拖曳操作，将图片从资源目录下拖放到控件上。选择 Custom 模式可以调整控件的尺寸，以及设置九宫。

当选择 Custom 模式之后，会出现九宫格选项，选中该选项，然后编辑原点和尺寸就可以拉出九宫了，**X 和 Y 表示要拉的原点，可理解为左下角的宽和高**，W 和 H 表示中间区域的大小，这里的单位都是基于未拉伸的原图的像素大小，**W=原图的 W-2×X，H = 原图的 H-2×Y**。设置完之后切记**不能缩放图片，需要通过调整最上方的尺寸来调整大小**。

编辑完 UI 之后，可以导出 UI，按 Ctrl+E 快捷键或者在文件菜单下选择“导出项目”选项，可以看到如图 27-8 所示界面，可以选择导出多个或者当前画布，还可以选择导出大图或小图，**大图指按照规则导出的 Plist+PNG 图集，小图则是每个资源都导出单份**。也可以选中“导出二进制数据文件”复选框，而不使用 ExportJSON。选择导出大图之后，可以设置导出格式、排序方法、宽高限制等参数。

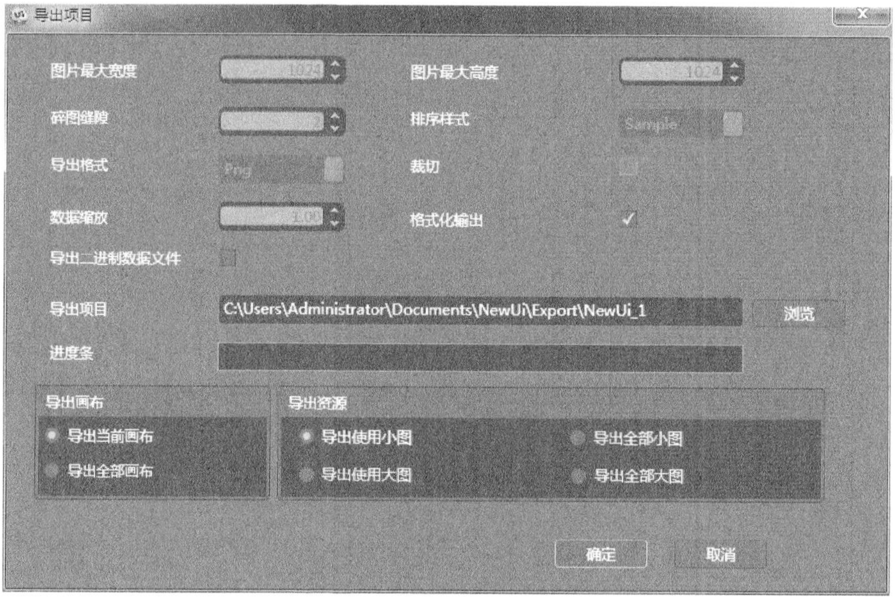

图 27-8　“导出项目”对话框

资源导出的规则在这里需要详细介绍一下，如图 27-9 所示。

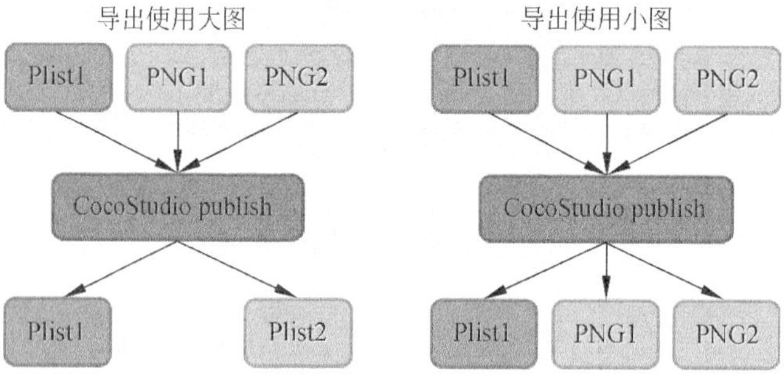

图 27-9　导出资源规则

- 如果导出使用大图，编辑器会根据当前导出的画布，自动将所有单张的图片合并到图集中，如果图片太多，会创建多个图集。
- 不管是导出使用大图还是小图，本身已经是 Plist 图集的资源，不会再被合并，仍然是以整个图集的方式被导出。
- 多个画布中有重叠资源时，每个画布单独导出使用大图会导致资源冗余，应该单独导出使用小图，或者导出全部画布。
- 尽量自己来规划图集，打包 Plist，而不要过分依赖编辑器的自动合并图集功能。

27.2 编写代码

整个 UI 系统分为两大类 UI，一类是控件，如按钮、图片、滚动条、文本框等，另一类是控件容器，如 ScrollView、PageView、Layout 等，专门用来存放控件。

其他书籍中会对这两类 UI 进行剖析，这里仅介绍和 CocoStudio 的对接。在开始编码之前，如果读者使用的版本比较旧，可能需要设置一下头文件的搜索路径，引入命名空间和指定链接库，因为有些版本的 GUI 是作为一个动态链接库分离出来的。

27.2.1 加载 UI

我们使用 GUIReader 这个单例来加载 UI，通过 widgetFromJSONFile 函数读取一个 CocosGUI 导出的 ExportJSON 文件，解析成为一个 Widget 返回，一般在进入某个场景，或者弹出某对话框的时候，创建一个 Widget 并添加到场景中。

在获取到 Widget 之后，需要手动绑定一些按钮的回调函数，可以用 UIHelper 提供的接口，来定位对应的按钮，然后调用按钮的 addTouchEventListener 或 addClickEventListener 方法来设置回调（对于一些特殊的 UI，需要进行特殊的设置，如 PageView 和 ScrollView）。

```
Widget* widget = GUIReader::getInstance()->widget FromJSONFile ("TestUI.
ExportJSON");
addChild(widget);
Button* button=   dynamic_cast<Button*>(Helper::seekWidgetByName(widget,
"Button1"));
button->addTouchEventListener(CC_CALLBACK_2(UIButtonTest::touchEvent,
this));
```

在回调函数中判断事件，实现对应的逻辑，回调传入点击事件触发的对象，以及是何种点击事件。

```
void UIButtonTest::touchEvent(Ref *pSender, Widget::TouchEventType type)
{
    switch (type)
    {
        case Widget::TouchEventType::BEGAN:
            break;
        case Widget::TouchEventType::MOVED:
            break;
        case Widget::TouchEventType::ENDED:
            break;
        case Widget::TouchEventType::CANCELED:
            break;
        default:
            break;
    }
}
```

27.2.2 UI 动画

创建完 UI 之后，如果这个 UI 存在 UI 动画（在编辑器中编辑了 UI 动画），在加载

UI 文件时（GUIReader 加载），UI 动画会被添加到 **ActionManagerEx** 单例进行管理，可以获取 **ActionManagerEx** 的单例来播放 UI 动画，UI 动画是以编辑器导出的文件名和动画名称为 key，文件名包含后缀，所以传入的文件名需要是 MyUI.csb 或者 MyUI.ExportJSON，并且不需要加目录前缀。

```
//播放 UI 动画，传入 UI 文件名和要播放的动画名
ActionObject* playActionByName(const char* JSONName,const char* actionName);
//播放 UI 动画，传入 UI 文件名和要播放的动画名，并指定播放完成后的回调
ActionObject* playActionByName(const char* JSONName,const char* actionName,
cocos2d::CallFunc* func);
//释放所有 UI 动画对象
void releaseActions();
```

27.2.3　初始化 UI

创建完 UI 之后，还需要对 UI 进行初始化，我们绑定了 UI 的回调函数，有时还需要将 UI 进行数据绑定。例如，一个玩家信息面板 UI 里可能有金币、等级、血量、攻击力等数据，在编辑阶段，程序员肯定是不知道用户的详细数据，这些数据往往需要从玩家的存档中取出，然后设置到 UI 中。

在创建该界面的时候，需要使用数据来填充界面（向玩家信息界面设置各种数据），**这时初始化的代码需要写在界面创建的地方**，这种做法称之为手动初始化。

如果是使用 CocosBuilder 的话，可以将一个 UI 绑定到一个类，这样很多操作都非常方便，**这时候初始化的代码是写在该 UI 所绑定的类中**，当创建这个 UI 时，UI 会自己去取相应的数据初始化，这种属于自动初始化，是一劳永逸的做法。

这两种做法的区别是，当需要在另外一个地方打开同一个 UI 时，使用手动初始化的方法需要将初始化的代码复制一份，粘贴到需要打开 UI 的地方。而使用自动初始化的方法，只需要在另外的地方同样创建一个类，因为初始化的代码已经被封装到类中了。**当将代码进行第一次复制的时候，就应该考虑如何封装、复用代码，以消灭代码复制。**

```
//一些伪代码来介绍一下初始化
Widget* myUI = GUIReader::getInstance()->widgetFromJSONFile("XXX.UI");
Text* hpUI = ui::Helper::seekWidgetByName(myUI , "HPTEXT");
Text* mpUI = ui::Helper::seekWidgetByName(myUI , "MPTEXT");
hpUI->setText(data->getHpString());
mpUI->setText(data->getMpString());
```

CocoStudio 也提供了类似的功能——扩展 UI，通过添加新的 UI 控件来实现，但这种做法并不是很友好，新 UI 控件应该是以实现某种通用功能为目标，如 WebView，而不是实现一个特定的功能，如初始化用户信息。这种做法的代价很大，需要在插件工程、CocoStudio 以及项目中来回地“折腾”，代价远大于创建完成之后手动写代码。如果是功能型的控件，如单选框，作为一个扩展 UI 是不错的，但目前的扩展 UI 机制还很不成熟，功能不够强大（**例如，自定义控件不允许添加其他子控件这种规则性的需求是无法满足的**）。

优雅一些的做法是，创建一个新的类，继承于 ControllerComponent，然后将这个类作为 UI 的组件添加到 UI 身上，把 UI 对应的逻辑转移到控制器组件身上，对 UI 数据进行填充、更新、都由该控制器来实现，而其他地方则不需要清楚地了解，如这个 UI 的内部结

构是怎样一个树状组织，哪个控件叫什么名字，这些细节都被封装到控制器组件中。当有类似的 UI 时，还可以用同一个控制器组件来初始化其他 UI，也可以用继承、封装等手段来复用这个控制器组件。

```
 //优雅做法的伪代码
//将上面的初始化代码封装到 MyUIInitComponent 的 onEnter 中
//只需要维护好 MyUIInitComponent 即可
Widget* myUI = GUIReader::getInstance()->widgetFromJSONFile("XXX.UI");
myUI->addComponent(MyUIInitComponent::create());
```

一般在 UI 初始化时，主要初始化的内容有：为一些 Text 设置文本，为一些 ImageView 之类的控件设置图片，或者显示/隐藏某些控件，这些需求可以进行一些简单的封装来简化的代码。例如设置文本，可以实现一个方法，传入一个 Map 对象，key 和 Value 都是 string 对象，方法自动根据 key 集合 seekWidgetByName 来定位 Text 对象，并设置其文本内容为字符串的值，在方法内完成自动批量地初始化。

例如，对怪物卡片的信息有大量需求，这些可以由策划人员配置，然后程序读取到一个 Map 里，根据当前要查看的卡片来决定读取哪个配置文件，如果存在需要程序动态计算生成的文本内容，那么程序只需要修改动态生成的那一部分即可。这样的好处是，CocoStudio 生成的内容直接和策划配表挂钩，如果调整的内容不需要程序动态计算，则不需要程序参与。

27.2.4　更新 UI

UI 的数据更新也是在游戏中经常碰到的，如玩家的分数、血量、金币、时间等，都是需要经常改变的 UI，数据更新一般有 3 种方法，即手动更新、自动更新以及被动更新。

手动更新在初级程序员里面用的最多，因为最简单、直接，耦合性高。Cocos2d-x 的节点树为手动操作提供了很大的方便，这种方式的操作一般有以下几个步骤，在数据发生改变的地方执行：查找节点（通过一长串的节点获取父节点，查找子节点的方法先定位到节点），强转类型（将节点强制转换为 Label 之类的节点），修改数据。既然使用引擎可以查找到节点，那么就一定有大量的人使用它。

手动更新存在的问题很明显，如果两个节点是复杂的“亲戚”关系，首先需要花一段时间在找亲戚上，这中间可能出现找错亲戚的情况，然后是多个地方调用的时候，需要在很多地方写类似的代码（如有很多个地方都有对玩家进行扣血的代码，扣完血后手动更新一下玩家的血量），当整个树状结构发生改变的时候，如中间插入或删除了一些节点，那么就会出现问题。当这个亲戚本身发生变化，如使用了另一种节点来表现（TTF 改为了 BMFont），那么同样会出现问题，这时会给代码的维护带来严峻的问题。如无法通过查找引用来找出所有修改的地方，一旦遗漏，就会隐藏一个崩溃的 BUG。

```
//手动更新的伪代码
void XXX::BeAttack(Object attacker)
{
    //扣血
    m_HP -= attacker->getAttack();

((Text*)getParent()->getParent()->getChildByTag(10086))->setText(m_HP->t
```

```
oString());
}
```

那么手动更新就是一个坏方法吗？方法没有好坏，**只有合适不合适！当两个节点是父子节点关系，且调用的代码不多时，直接使用这种方法是合适的**，将操作代码封装到控制器组件中，只操作控制器组件，也是一个好主意，至少进行了一些封装，并且便于定位调用代码。作为一个有经验的程序员，应该在一开始就能预测到一些即将出现的变化，并选择适当的方法。当变化已经出现，而目前的方法存在比较大的隐患、耦合时，应该立即进行一次小的重构，用更合适的方法，使整个程序往更好的方向前进。

主动更新的耦合度是非常低的，因为把数据的更新完全掌握在自己手中，只需能够获取到数据即可。如时间的更新，可以是在控件内或控件的控制器组件中编写代码，在 update 中更新时间。例如玩家的血量，只要可以访问到玩家的数据（一般会作为全局数据供访问），可以在每次 update 检测数值是否改变，如果改变则主动刷新 UI，这种方法的缺点是每帧刷新效率比较低，当出现大量的主动更新时，可能对性能造成影响。虽然以目前的硬件效率来讲，这种影响几乎可以忽略，另外当需要获取的数据无法获取到时，主动更新就不可取了。当需要更新的是少量对象而不是大量对象，并且要获取的数据有良好的接口可以获取到，触发数据修改的地方变数大时，使用主动更新是合适的。

```
//主动更新的伪代码
void XXUI::update(float dt)
{
    if(m_HP != data->Hp)
    {
         m_HP = data->HP;
          getChildByTag(10086))->setText(m_HP->toString());
     }
}
```

最后是被动更新，被动更新其实就是监听者模式，在这里可以使用 EventDispathcer——EventListener，加上 CustomEvent 来实现被动更新，在创建 UI 的同时，向 EventDispathcer 中注册一个 EventListener，在回调函数中编写刷新显示的代码，然后在需要刷新显示的地方，调用 EventDispathcer 发出对应的消息。被动更新的优势是耦合度最低，因为显示的逻辑和触发的逻辑通过消息机制分离开了，两者的变化互不影响对方，而且数据可以通过消息参数传递，也没有主动更新有可能获取不到数据的限制触发才执行逻辑，效率也高，在很多情况下使用都是合适的。那么被动更新、监听者模式就是最好的吗？**方法没有好坏，只有合适不合适！**首先在监听者模式下需要编写注册、注销、回调、触发 4 处代码，是一个稍微偏重的武器。在有些情况下手动更新会更好，如类内部的通信，可以直接调用方法，并且该功能内聚性很强，不会有外部需要触发，那么用消息机制就是“杀鸡用牛刀”了，一行代码就可以完成。如在消息触发的时候，监听者还没有被创建出来，那么这种情况下，监听者的主动更新会更合适一些。

```
//被动更新的伪代码，触发消息
void XXX::BeAttack(Object attacker)
{
    //扣血
    m_HP -= attacker->getAttack();
    Hpdata->Hp = m_HP;
    m_EventDispatcher.dispatchCustomEvent("playerBeAttack", Hpdata);
```

```
}
//被动更新，消息回调
void XXUI::refleshHpUI(EventCustom* data)
{
    HpData* pHp = (HpData*)data;
    getChildByTag(10086))->setText(pHp->Hp ->toString());
}
```

上面是对控件初始化和数据更新的一些看法。在使用 GUI 的时候，还会有这样的需求——动态生成控件，如背包 UI，当打开背包的时候，背包里面的每一个部件都是动态创建出来的，可以用 CocosGUI 的扩展控件来实现一个背包控件，但前面说了这种方法不推荐，因为不是可以共用的 UI。这时需要有一段代码来进行初始化，这段代码可以写在背包的控制器组件中，然后逐个地添加这些小控件（物品）。而这些小控件也可以由一些文字、图片组成，这种情况下需要在代码里面创建它们，编写坐标，将它们打包成一个 Node，然后再添加到容器中。这种做法确实不是很好，如果碰到一些需要动态创建且内部结构复杂的程序，就会很麻烦了，并且写坐标的工作最好不要放在代码里面。

那么可以这样做，在 CocoStudio 的 UI 编辑器中，编辑好单个的控件然后导出，在需要批量添加到容器的地方，将控件加载进来，然后定位到具体的这个控件，因为 UI 编辑器默认会添加一个 Panel，所以需要跳过它。将该控件复制然后重新初始化（对应的图片，文字），再添加到容器中。如果修改 UI 编辑器导出的.json 文件，将 Panel 去掉应该可以直接得到这个控件，但后面调整时容易忘记去修改.json 文件，所以还是建议在代码里手动定位。

27.3　分辨率适配

UI 的分辨率适配非常重要，CocoStudio 的 UI 编辑器提供了完美的适配方案，如图 27-10 所示，但也要使用得当才能完美适配，否则就会出现不适配的问题。

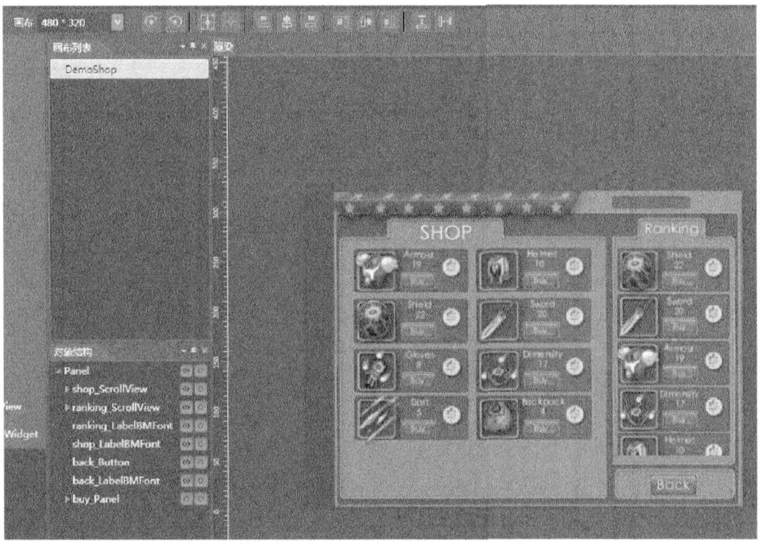

图 27-10　UI 编辑器中的布局效果

如图 27-11 所示是在程序中加载这套 UI 的效果，可以看到整个 UI 的布局位置都发生了错位（相对于图 27-10）。

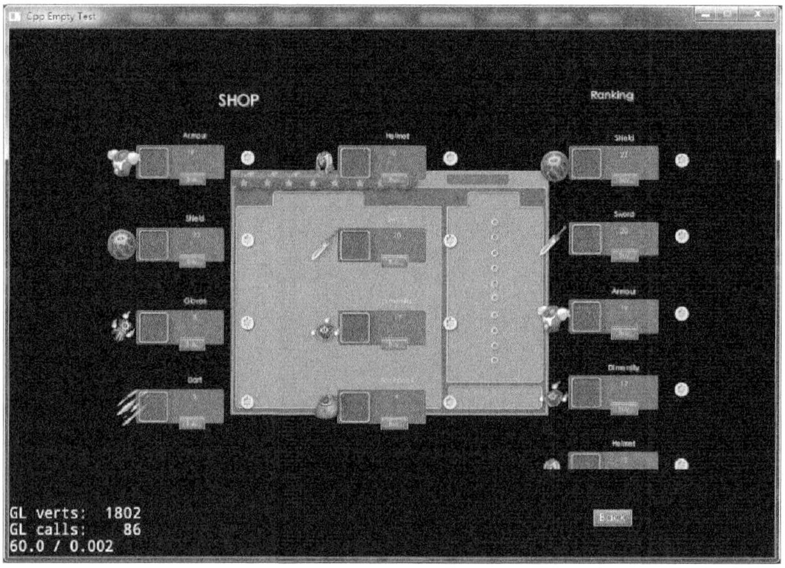

图 27-11　实际运行的布局效果

上面是 CocoStudio UI 编辑器的一个例子，以非自适应分辨率导出，加载时之所以会错位，主要是因为 **AppDelegate** 调用了 **Director** 的 **setContentScaleFactor** 方法（注释掉即可），将所有对象的位置进行了缩放而不缩放资源，如果在测试骨骼动画的时候发现骨骼动画散开了，那么也是这个原因。

CocoStudio 的容器提供了 4 种控件布局方式，**分别是绝对布局、相对布局、线性横向、线性纵向布局**。绝对布局是以左下角为原点，不论分辨率如何变化，都按照绝对坐标的位置排列，例如图 27-12 所示，当分辨率发生变化时，绝对布局的控件相对左下角的位置不变。

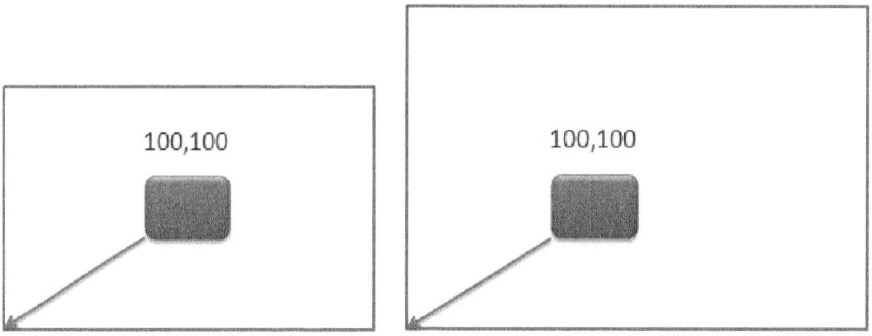

图 27-12　绝对布局

相对布局是基于父节点或兄弟节点，以上下左右、左上、左下、右上、右下八个方向为停靠点的相对布局。选择了相对布局之后，选中子 UI，可以发现在属性面板的控件布局选项中增加了一些选项（停靠、横向布局、纵向布局、边缘），首先可以选择要停靠的节点，然后选择停靠点，选择完停靠点之后，如停靠左上角，那么边缘属性的左和上生效，右和下被屏蔽，根据设置的属性会基于停靠节点的停靠点产生偏移，并且在分辨率变化的时候保持相对停靠，如图 27-13 和图 27-14 所示。

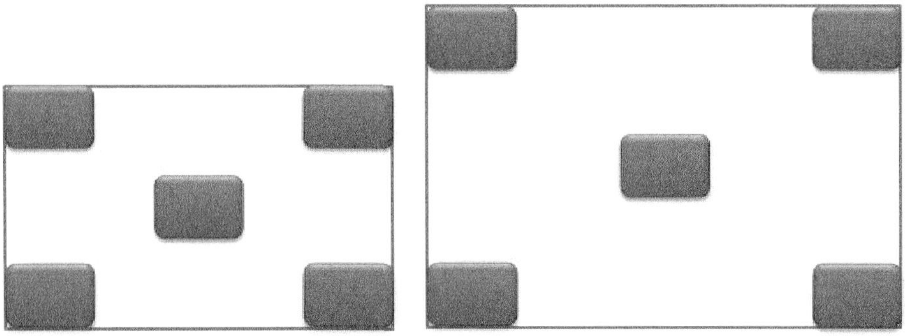

图 27-13　相对布局

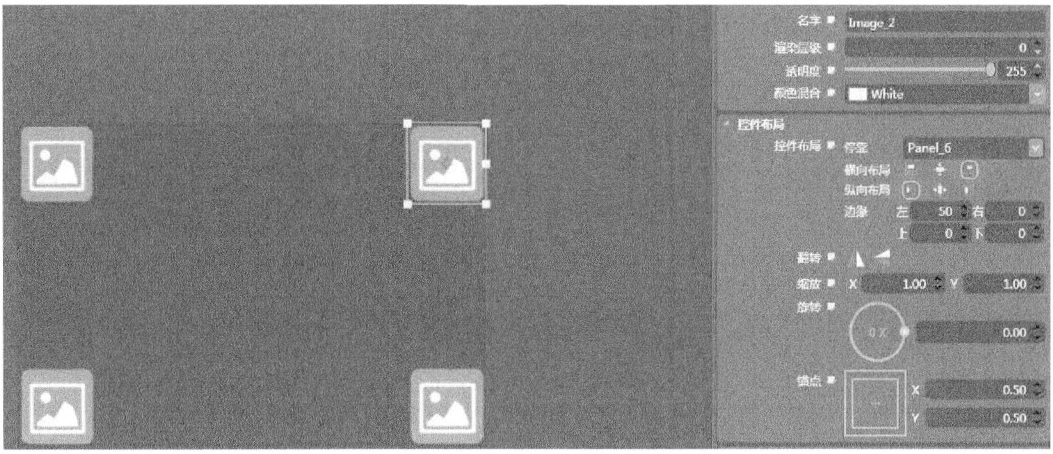

图 27-14　CocoStudio 的相对布局设置

线性横向布局和线性纵向布局，相当于相对布局的简约版，横向布局去掉了上中下的相对设置功能，纵向布局去掉了左中右的相对设置功能，让布局只关注纵向或者横向的变化。

当导出 UI 的时候，如果选中了容器层的自适应分辨率，意味着 Panel 的大小会跟着窗口的大小变化，里面的 UI 同时会跟着变化，如果没有选中，则 Panel 会是一个固定不变的尺寸。需要注意的是在 **Cocos2d-x** 中存在两个大小，一个是 **WinSize**，可以通过 **Director** 获取，是设置的设计分辨率；另一个是 **FrameSize**，通过 **GLView** 获取，是设备的实际分辨率。自适应分辨率下的 Panel 跟随 WinSize 变化，而不是 FrameSize。

FrameSize 的作用更多是辅助进行分辨率适配，帮助计算出不同比例下的 WinSize 应该是多少，如果 WinSize 是一个固定值，那么会导致黑边或者拉伸。

WinSize 是代码中所依赖的尺寸，在进行位置或大小计算的时候，可以放心地使用它，根据设置的分辨率策略，可能会出现黑边、拉伸或者裁剪，但基于 WinSize 的位置计算可以保证代码基本正确运行。

27.4　扩展 UI 编辑器

UI 编辑器的扩展就目前而言不算成熟好用，并且目前只能基于 Coco2d-x 2.x 版本开发，这里简单介绍一下，想深入了解的读者可以看关于扩展编辑器的官方文档（当前的版本不建议使用），地址是 https://github.com/chukong/cocos-docs/blob/master/manual/studio/ui-Widget-Expansion/zh.md。

UI 编辑器的扩展可以简单划分为 3 个流程：

- ❑ 编写插件——实现该控件以及该控件的 Reader，并封装，实现 CocoStudio 编辑器约定的接口，编辑 Swig 脚本，最后生成 Dll。
- ❑ 使用插件——把 Dll 放到 CocoStudio 的插件目录下（CocoStudio 版本），在编辑状态下使用插件，然后导出。
- ❑ 代码调用——将控件和控件 Reader 的代码放到 Cocos2d-x 项目中，调用 GUIReader 的 registerTypeAndCallBack 注册控件，然后加载使用。

第 28 章 CocoStudio 场景编辑器

本章介绍 CocoStudio 场景编辑器的使用以及场景编辑器与组件系统、触发器的使用。场景编辑器的功能主要有两个：一个是整合资源，通过场景编辑器中的组件，将数据、UI、动画编辑器的资源整合成场景；另一个是通过触发器工具，编辑游戏的逻辑，驱动游戏。

官方定义中场景编辑器的使用者主要是策划人员，而触发器的这个思路是比较不错的，但对策划人员的要求略高，场景编辑器的理想使用状态应该是程序员编写好一切可能的触发器条件、动作和时机，策划人员创建大量的触发器，组织游戏中的所有逻辑。

但实际情况很可能导致程序员和策划人员之间的耦合性过大，浪费了大量时间在沟通上，并且触发器并不是万能的，在代码中总有不适合使用触发器的情况，CocoStudio 自身的 BUG，以及触发器解决不了的问题累积起来，可能会变成一个皮球，在策划人员和程序员之间踢来踢去。

笔者认为，策划人员主要是将需求描述清楚，不需把整个游戏所有的运行逻辑的细节做出来（场景编辑器也难以很好地完成这个工作），如果需求不可行或实现代价比较大，则和程序员进行沟通，打磨需求，使其可行。所以对于触发器工具，定位是更倾向于策划人员想法的验证工具，程序可以给予一定的辅助，策划人员有一些想法需要验证，通过场景编辑器进行验证，而不是先让程序员做出来看看，不好再推翻重做。

除了验证策划人员的想法之外，作为游戏的剧情编辑器来编辑一些剧情场景是一个不错的选择。作为一个“懒惰”的程序员，要想办法从一些简单重复的工作中解放出来。本章主要介绍以下内容：

- 使用场景编辑器。
- 组件系统。
- 触发器。
- 加载场景。

28.1 使用场景编辑器

场景编辑器的功能有整合其他资源，如果说 UI 编辑器负责游戏内的所有 UI，那么场景编辑器负责的就是游戏内的所有场景，也就是整个游戏。每个场景有对应的 UI 和动画，都可以通过组件挂载到场景中。

打开文件菜单，可以发现在新建菜单项中，可以选择创建游戏、UI、动画和场景，之后会弹出如图 28-1 所示对话框。设置好 Cocos2d-x 的路径，即可创建一个新的游戏了，在场景编辑器中，双击资源中的 UI 项目（XXX.xml.ui）和动画项目（XXX.xml.animation），可以快速地打开 UI 和动画编辑器，双击资源目录中的场景项目（XXX.xml.scene）可以打开场景，如果有多个场景，可以在这里切换要编辑的场景。

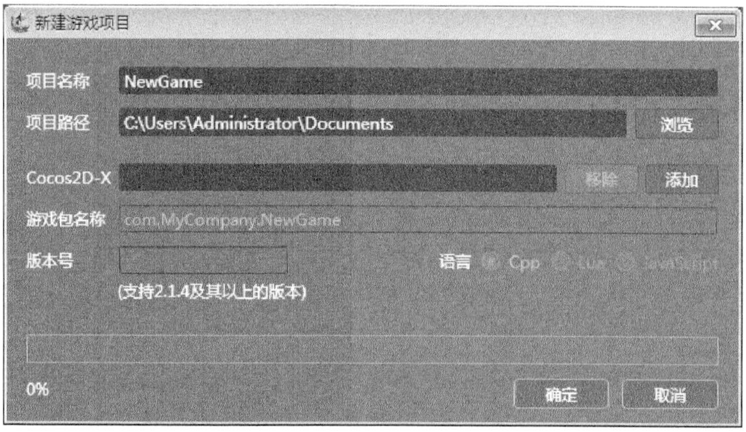

图 28-1　“新建游戏项目”对话框

在场景编辑器中，可以切换画布尺寸、运行游戏，以及导出低清资源。对场景进行编辑的方法是选择左边工具栏的各种组件，如图 28-2 所示，拖曳到画布上，也可以拖曳到对象结构中。一个对象可以拥有多个组件，但渲染组件只能拥有一个——精灵、骨骼、UI、地图、粒子都是渲染组件。将组件拖曳到已经存在的对象上，可以将该组件添加到该对象上，规则是同类型的组件不能重复。

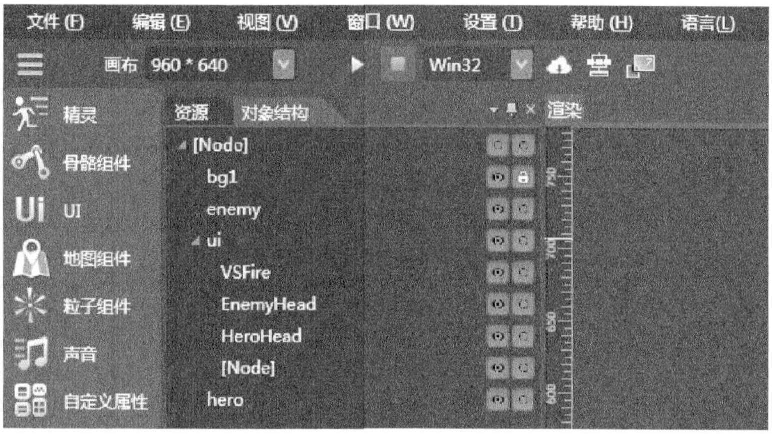

图 28-2　组件列表和对象结构列表

选中场景中的对象，可以在对象属性面板（如图 28-3 所示）查看、修改它们的属性，所有的对象都有着常规属性，在这里可以设置对象的基础属性。除了常规属性之外，还可以看到对象身上的各种组件，可以点击在组件面板右上角的 X 按钮删除组件。通过在资源面板中拖曳的方式可以将图片、UI、骨骼、粒子、音效和数据文件等资源拖曳到对应组件的文件属性中来设置组件。

在文件菜单的导出项目→导出资源或按 Ctrl + E 快捷键可以导出整个项目资源，在指定路径下生成一个 Resources 目录，目录中分布着 UI、动画、图片、场景、粒子和声音等目录，可以替换到程序的 Resources 目录中使用，如图 28-4 所示。

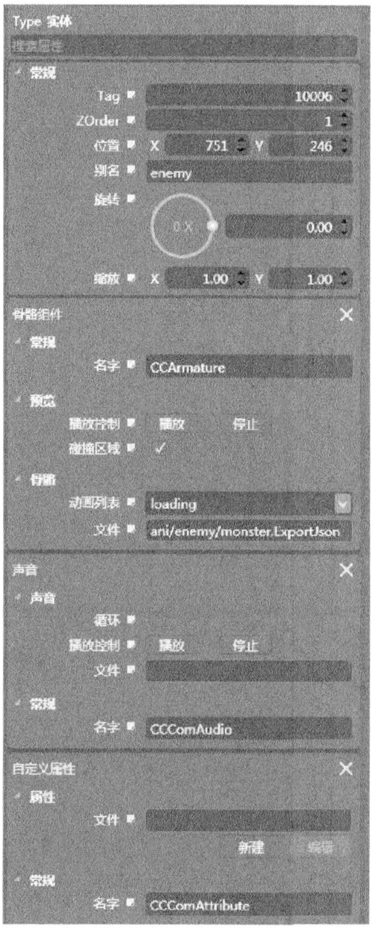

图 28-3　对象属性面板

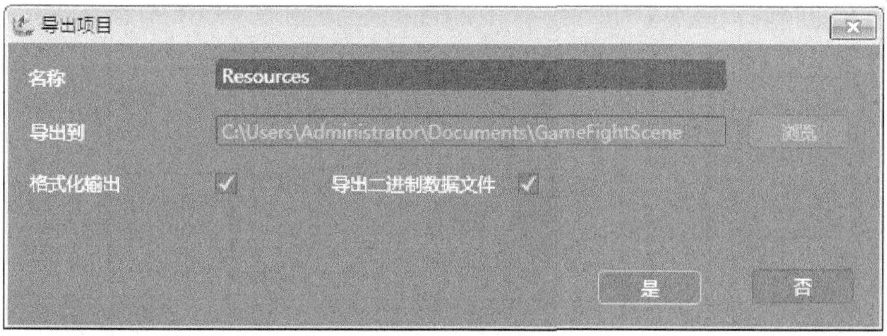

图 28-4　“导出项目”对话框

28.2　组 件 系 统

组件系统是和节点树紧密结合的一个系统，是将所有的组件都抽象出来，然后让不同的组件实现不同的功能，用很灵活的方式进行组合、复用。每个功能只实现一次，实现之后，所有需要实现该功能的对象直接装上该组件即可。组件和组件之间相互独立，只完成自己需要实现的功能。

在 Cocos2d-x 中，节点树系统加上组件系统，和 Unity 引擎的设计非常接近，如图 28-5 所示，但就工具链和设计的实现而言，二者还有较大的差距。

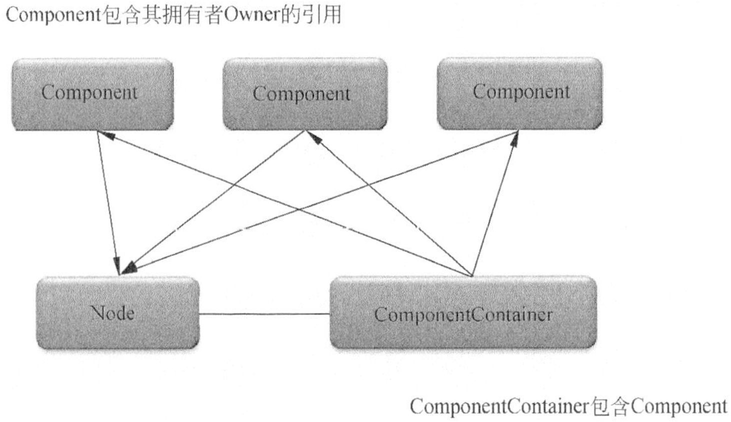

图 28-5　节点的组件系统

Cocos2d-x 的组件系统依赖于节点，是节点中的一个子系统，每个节点都有一个组件容器 ComponentContainer，ComponentContainer 管理着所有的组件 Component，而 Component 记录了拥有该组件的节点 Owner。Node 上有各种操作组件的方法，它们都直接调用 ComponentContainer，如图 28-6 所示。

- 当添加一个 Component 的时候，Node 会将 Component 添加到 ComponentContainer 中，然后设置 Node 为 Component 的 Owner，并调用 Component 的 onEnter。
- 当移除一个 Component 的时候，ComponentContainer 也会将其移除，并调用其 onExit，然后将其 Owner 设置为 nullptr。
- 当 Node 执行 update 的时候，ComponentContainer 会驱动所有 Component 的 update 方法。
- 当 Node 被释放的时候，ComponentContainer 会被释放并清空容器。

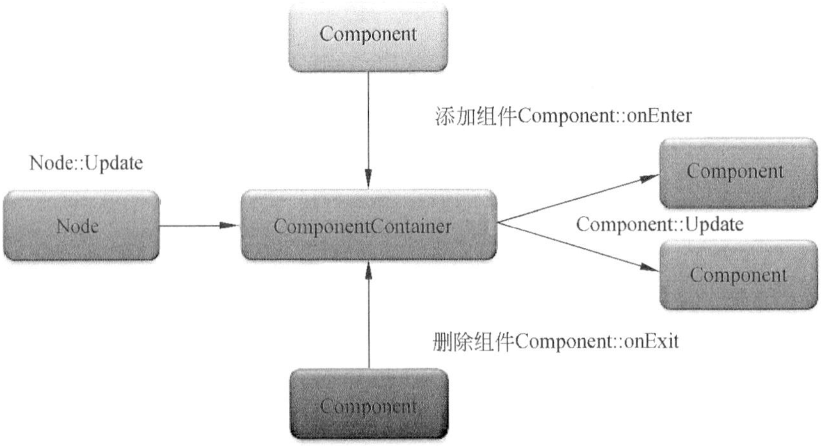

图 28-6　Node、ComponentContainer 和 Component 之间的关系

就目前看 Component 系统的实现较不严谨，例如，组件的 onEnter 和 onExit 可能不会成对出现，当直接移除节点而不手动删除组件时，组件的 onExit 并不会被调用到。将挂载在 A 上的组件再挂载到 B 上，而不先从 A 移除，那么 A 和 B 都会同时拥有这个组件。类似这样的问题还有一些，但相信终将会被解决，Cocos2d-x 会向更好的方向前进。

接下来介绍一下 Cocos2d-x 中的各个组件，在 CocoStudio 目录下的 components 目录，如图 28-7 所示，可以看到如下代码，这里实现了场景编辑器左边组件面板中所有的组件，在这里，粒子、精灵、骨骼、UI 和地图等组件被合并为 ComRender 渲染组件。

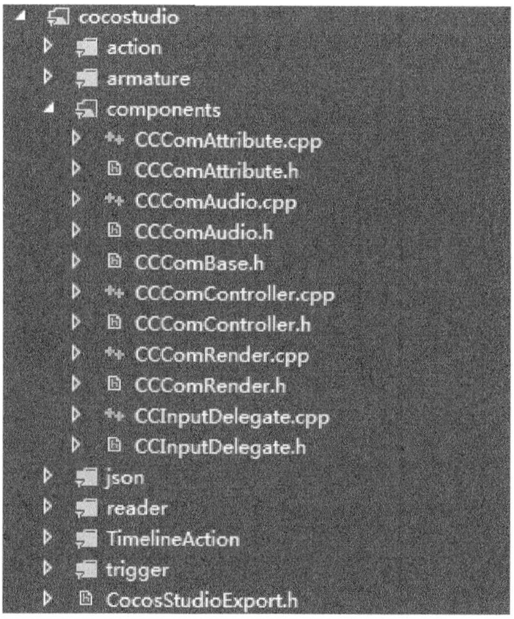

图 28-7　components 目录

- 渲染组件 ComRender：渲染组件为节点提供了渲染功能，封装了各种可视化节点，将其作为节点的子节点显示。

初始化时根据数据的 className 属性决定初始化的是哪个渲染组件，并创建对应的显示节点。

在 ComRender 的 onEnter 方法中，会将渲染节点添加到节点下，这样节点就拥有了渲染能力。

- 声音组件 ComAudio：声音组件为节点提供了操作声音的功能。

初始化时根据数据的 className 属性判断加载的是音效还是背景音乐，对声音进行预加载，如果是背景音乐，则立刻播放。

ComAudio 提供了一些操作声音的接口，如播放、暂停等接口，节点需要操作声音时，只需要获取该组件进行操作即可。

- 属性组件 ComAttribute：属性组件为节点提供了一个数据容器，也是和数值编辑器沟通的重要桥梁。

初始化时根据指定的.json 文件（由数值编辑器导出）以 Key-Value 的形式解析出来，存储到自身的 map 中，key 为 string，Value 为 cocos2d::Value。

ComAttribute 提供了各种操作属性的接口以及存储属性的能力，实现了在编辑器中的自定义属性。

- 控制器组件 ComController：控制器组件是唯一一个没有在编辑器的组件面板中出现的组件，因为其没什么实际的功能，其功能就是逻辑的封装，在控制器中编写对象的逻辑，例如，玩家根据点击进行移动的逻辑，怪物自动巡逻的逻辑。控制器组件很好地将显示对象以及逻辑分离开了。

控制器组件继承于 InputDeleagte，其集合了触摸、重力感应、按键等手机上的输入功能。在 onEnter 时，它会自作主张地帮 Owner 节点调用 scheduleUpdate。

要使用控制器组件，就要继承一个控制器，如 HeroController，然后编写相关逻辑，再挂载到 Hero 节点身上。

28.3　触　发　器

本节主要介绍触发器的使用、触发器的框架和运作流程以及如何扩展触发器。

28.3.1　触发器的使用

触发器的运行流程是如图 28-8 所示，当事件列表中任意一个事件触发时，执行条件列表的条件，如果所有条件都满足，则依次执行动作列表的所有动作。

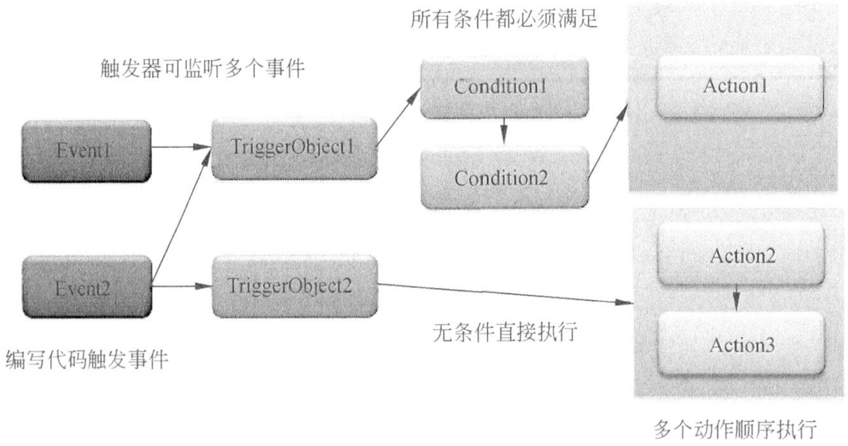

图 28-8　触发器的运行流程

点击上方工具栏的触发器按钮，会弹出“触发器编辑”窗口，窗口分为 3 部分，如图 28-9 所示。

- 触发器列表：管理触发器、新建、删除、改名等。
- 逻辑面板：事件、条件、动作的编辑。
- 属性面板：编辑当前选中的逻辑的具体属性。

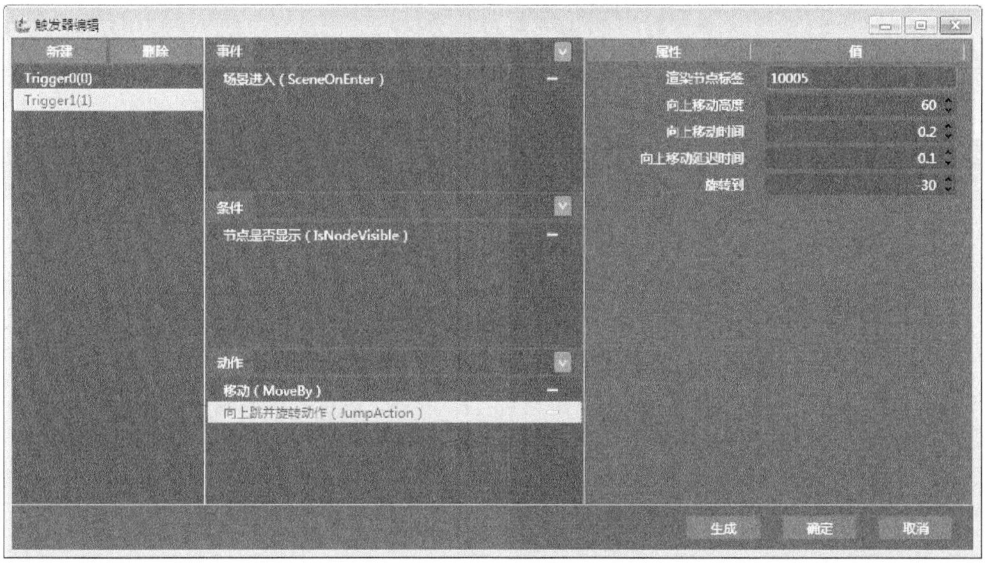

图 28-9 “触发器编辑”窗口

触发器的操作流程是，先**新建触发器**，然后在事件下拉列表框中选择事件，可以选择多个事件，条件和动作也同此，选择指定的事件，可以在右侧看到对应的条件和动作参数。如果点击下拉列表框后没有显示事件，有可能是当前项目下的 TriggerXML 目录出现了异常。

这里有一个比较特殊的就是节点的 Tag 属性，该属性并不能手动修改，文本框不支持输入，这时需要**将对象结构面板中的对象拖曳到文本框中**，此时渲染节点标签就会更改为所选对象的 Tag，所以在这里就无法操作一些动态创建的节点，需要对触发器进行扩展才能做到。其他的属性都可以正常编辑。

当多个动作同时执行时，会按照动作列表面板中的顺序来执行，对同一个属性进行操作的动作（如位置），会被最后一个动作覆盖。

当我们点击生成按钮生成触发器时，**会输出对应的代码文件**到一个 Code 目录中，如果需要在 Cocos2d-x 中使用触发器，需要将这部分自动生成的代码复制到项目中。触发器会生成 2.x 和 3.x 两个不同目录的代码，如图 28-10 所示，对应不同的 Cocos2d-x 引擎版本。而在触发器编辑器中编辑的参数，会保存在场景的 JSON 文件或者 csb 文件中，与场景一起导出。有了代码和参数，要让触发器在游戏中生效，还需要在**所有的触发事件处调用 sendEvent 来触发指定的事件**（看到这里是不是觉得这个触发器太智能了），如果程序员扩展了触发器，那么场景编辑器在为触发器生成代码时也会为程序员手动扩展的触发器生成代码。

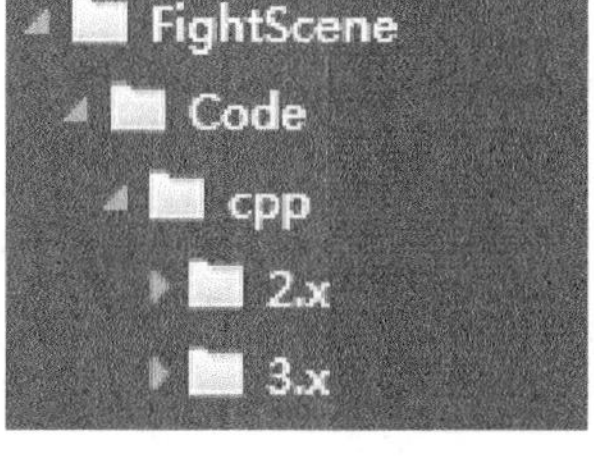

图 28-10 触发器生成的代码目录

还有一点需要注意，就是有一些事件仅仅触发一次，如进入场景，退出场景等，而场景更新这样的事件每一帧都会触发。使用触发器很容易出现的一个问题是，在场景更新中添加一个延迟条件，当条件满足后执行动作。这时候会不停地重复执行这个动作，如果是播放骨骼动画动作，会造成动画播放卡住的效果。实际上是因为不停地开始播放又不停地被打断导致的。这种问题只能靠扩展触发器的条件和动作来解决。

28.3.2 触发器的代码框架以及运作流程

整个触发器的框架由 TriggerObj 和 TriggerMng 组成，另外由 ObjectFactory 辅助创建具体的条件 BaseTriggerCondition 和动作 BaseTriggerAction（如图 28-11 所示）。

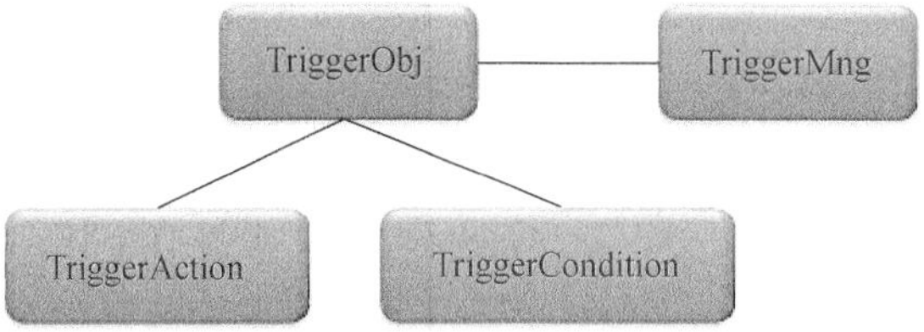

图 28-11　触发器的框架

TriggerObj 是一个触发器对象，包含了一个条件列表和一个动作列表，TriggerObj 管理着这两个列表，TriggerMng 是触发器的管理器，管理着场景中所有的触发器。

（1）在调用 SceneReader::createNodeWithSceneFile 的时候，会调用 TriggerMng::parse 传入触发器的数据，在 TriggerMng 中根据场景的触发器列表，创建对应的 TriggerObj。

（2）在 TriggerObj 初始化的时候，根据场景文件（.json 或.csb）对触发器的配置，初始化条件和动作列表，并在 TriggerMng 中注册监听对应的事件。

（3）当调用 sendEvent 触发事件的时候，TriggerMng 将触发对应的触发器。

（4）触发器先检测是否所有条件对象的 detect 方法都返回 true，如果没有条件，则继续执行。

（5）接下来触发器顺序执行所有的动作对象的 done 方法，在具体动作对象的 done 中执行动作的逻辑。

28.3.3 触发器的扩展

触发器的扩展包含编辑配置以及编辑代码两部分，通过编辑配置，可以让触发器的编辑窗口添加新的事件、条件、动作，并且可以生成代码，而具体条件和动作的实现，需要编写 C++代码来实现。

当打开**触发器编辑器界面**时，会自动生成当前场景的触发器配置目录——TriggerXML 目录，如图 28-12 所示，在目录下存放所有事件、动作、条件的触发器 XML 配置文件。在资源面板中刷新一下，可以看到 TriggerXML 目录（位于 ccsprojs/XXXScene 目录下）。**如果场景目录下没有这个目录，则触发器编辑器中不会有事件、动作、条件列表给你选择。**当 CocoStduio 的版本出现冲突的情况下，有可能生成 TriggerXML 目录失败（我们项目中的 TriggerXML 一般都是在文档中的 CocoStudio/Smaples/Trigger 目录下复制过来的）。

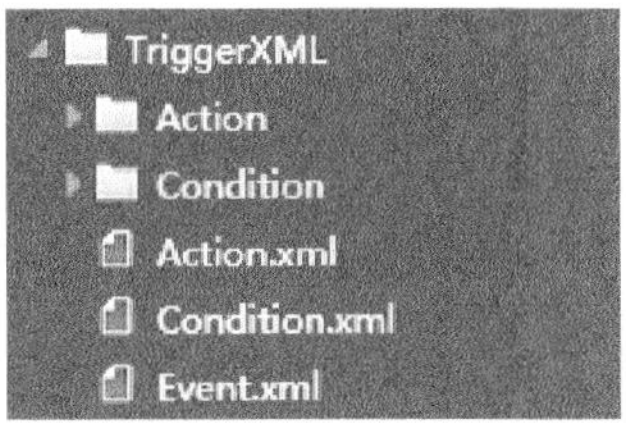

图 28-12　TriggerXML 目录

打开 TriggerXML 文件夹，再打开 Event.xml，如图 28-13 所示，在 EventList 节点下就是触发器编辑界面中事件下拉框内的事件列表，节点下管理着多个 Event 节点，在这里添加一个 Event 节点，下拉列表就增加一项事件。Event 节点需要编辑 3 个属性，**分别是 ClassName 类名、Name 名称、CHName 中文名称**，两个名称都用于在列表中显示，但 CHName 显示在中文环境下，Name 显示在英文环境下。CocoStudio 会根据类名生成事件 ID，可以在这里添加一个事件。

```
<Event ClassName="TestEvent" Name="TestEvent" CHName="测试事件（TestEvent）"/>
```

```
<?xml version="1.0" encoding="utf-8"?>
<Root Type="Scene">
  <EventList>
    <Event ClassName="EnterScene" Name="SceneOnEnter" CHName="场景进入（SceneOnEnter）"/>
    <Event ClassName="LeaveScene" Name="SceneOnExit" CHName="场景退出（SceneOnExit）"/>
    <Event ClassName="InitScene"  Name="SceneInit" CHName="场景初始化（SceneOnInit）"/>
    <Event ClassName="UpdateScene"  Name="SceneUpdate" CHName="场景更新（SceneUpdate）"/>
    <Event ClassName="TouchBegan"  Name="TouchBegan" CHName="触摸点击（TouchBegan）"/>
    <Event ClassName="TouchMoved"  Name="TouchMoved" CHName="触摸移动（TouchMoved）"/>
    <Event ClassName="TouchEnded"  Name="TouchEnded" CHName="触摸结束（TouchEnded）"/>
    <Event ClassName="TouchCancelled"  Name="TouchCancelled" CHName="触摸取消（TouchCancelled）"/>
    <Event ClassName="TestEvent" Name="TestEvent" CHName="测试事件（TestEvent）"/>
  </EventList>
</Root>
```

图 28-13　Event.xml 文件

Condition.xml、Action.xml 和 Event.xml 类似，在 ConditionList、ActionList 节点下，管理对应的条件和动作节点，属性也和事件一样，但 Condition 和 Action 分别对应一个目录，在目录下，以各自对应的 ClassName 命名的 XML 文件描述了该条件或动作的参数，该 XML 编辑出来的内容会在触发器编辑窗口右边的属性面板中出现，如图 28-14 所示，其 XML 的编写规则比 Event.xml 复杂得多。

```
<?xml version="1.0" standalone="yes" ?>
<Root>
  <Item Type="NodeTag" Name="NodeTag" CHName="渲染节点标签" Key = "Tag" Default="10000" />
  <Item Type="ComboBox" Name="IsVisible" CHName="是否显示" Key = "Visible" Default="0" >
   <Childes>
     <Child Name="True" CHName="显示" ID="1"/>
     <Child Name="False" CHName="不显示" ID="0"/>
   </Childes>
  </Item>
</Root>
```

图 28-14　Condition.xml 文件

以图 28-14 中的条件为例，这个条件是“渲染节点是否显示”，触发器编辑器的显示如图 28-15 所示，有两个参数，一个是 NodeTag，另一个是 IsVisible，其是一个下拉框。这些选项是由一个个 Item 组成的，通过添加 Item 节点来添加想要的属性。每个 Item 节点都有 5 个属性，**Type** 表示控件类型（下面会详细介绍），**Name** 表示英文名，**CHName** 表示中文名，**key** 用于在代码中索引到该属性（属性的标识），**Default** 为默认值。

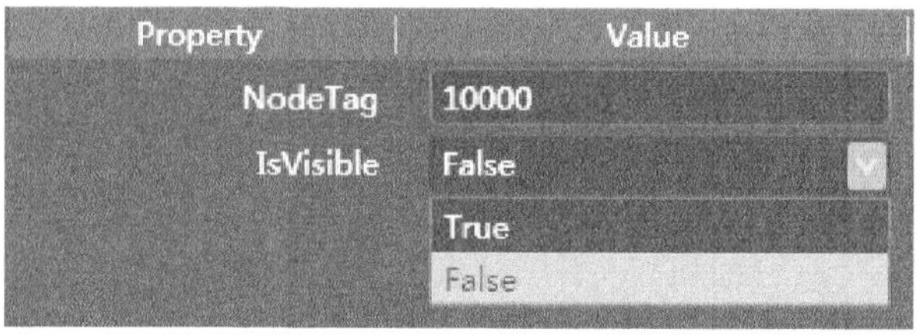

图 28-15　触发器编辑器

控件类型有以下几种：

- NodeTag 节点 Tag 类型 ，显示为整型数字，接受。
- MultiNode 可传入多个节点 Tag 的控件 。
- NodeCom 组件控件，可传入节点身上的组件，这里表现为组件名字。
- TextBox 文本框控件，可输入文本。
- DoubleUpDown Double 文本框控件，支持上下微调按钮。
- IntegerUpDown 整型文本框控件，支持上下微调按钮。
- ComboBox 单选框控件，支持多选一，后接 Childes 节点，再接 Child 节点列表，每个 Childe 都有 Name CHName 显示属性，以及 ID 属性。

这里只增加一个条件，增加动作的方法与前面介绍的一样，不再赘述，这里增加一个已有的条件 TimeElapsed，其是一个比较简单的条件，其名字虽然叫 TestCondition，和 TimeElapsed 相比生成的类也不一样，但逻辑、参数都一样，我们添加一个条件项到 Condition.xml 中，然后在 Condition 目录下将 TimeElapsed.xml 复制一份，改名为 TestCondition.xml。

```
<Condition ClassName="TestCondition" Name="TestCondition" CHName="测试条件
(TestCondition) "/>
```

这些属性会被导出到场景文件中，在触发器序列化的时候（读取数据），会将这些属性存放到触发器对象内部的变量中，然后在执行时使用它们，此时就完成了编辑器界面的扩展，关闭触发器窗口，再次打开后修改即生效。接下来要实现相关的代码，在 Code 目录中，打开 2.x 的代码目录，对里面的代码进行修改。

EventDef.h 是一个定义了触发器事件枚举的头文件，修改完 XML 文件点击生成后可以发现，该文件后面增加了一个枚举，TRIGGEREVENT_TESTEVENT = 8，TESTEVENT 是根据事件的 ClassName 转换为大写生成的。

cons.h 和 cons.cpp 是条件对象的头文件和源文件，在头文件和源文件尾部自动生成了一些代码，根据配置文件自动生成了一个类。

```
class TestCondition : public cocos2d::extension::BaseTriggerCondition
{
```

```
    DECLARE_CLASS_INFO
public:
     TestCondition(void);
    virtual ~TestCondition(void);
    virtual bool init();
     virtual bool check();
    virtual void serialize(const rapidJSON::Value &val);
    virtual void removeAll();
};
```

在 serialize 方法中，获取属性数据，在 check 方法中实现条件判断逻辑，如果我们扩展了动作对象，会被生成到 act.h 和 act.cpp 中，在动作对象生成的类中，需要重写 done 方法来实现动作的逻辑。这里直接复制 TimeElapsed 在头文件和源文件的代码，然后覆盖 TestCondition 类，并将类名调整回 TestCondition 类完成代码扩展。

在这里简单介绍一下 serialize，以 TimeElapsed 的序列化为例，在传入的属性列表中，通过查询的方式，定位到指定的 key，然后再取出指定的 Value，并保存到自身的成员变量中。

```
void TimeElapsed::serialize(const rapidJSON::Value &val)
{
    int count = DICTOOL->getArrayCount_JSON(val, "dataitems");
    for (int i = 0; i < count; ++i)
    {
            const rapidJSON::Value &subDict = DICTOOL-> getSubDictionary_
            JSON(val, "dataitems", i);
        std::string key = DICTOOL->getStringValue_JSON(subDict, "key");
        if (key == "TotalTime")
        {
            _fTotalTime = DICTOOL->getFloatValue_JSON(subDict, "value");
        }
    }
}
```

扩展完之后，**直接使用扩展的触发器条件或动作会直接崩溃**（创建触发器后运行），因为**模拟器并没有被重新编译**，在创建触发器的时候会崩溃，那么要怎样才能在编辑器中看到新增触发器的效果呢？

按照官方说法，需要重新编译模拟器，而模拟器的代码是开源的，放在 github.com 上，网址为 https://github.com/chukong/CocoStudioConnector。

名字叫做 CocoStudio Connector，而不是 CocoStudio Simulator，下载代码然后解压，解压后的 Classes 子目录如图 28-16 所示。

这份代码本身也是一个 Cocos2d-x 工程（一个复杂点的 HelloCpp），git 上提示使用 2.2.2 版本的引擎编译（设置头文件路径、库路径等过程略过），但笔者尝试之后编译失败了，最后使用了更早期版本的 Cocos2d-x 引擎才编译通过（应该是 2.2.1）。如果使用其他版本的引擎，与 CocoStudio 可能会不兼容，这时需要将触发器的代码替换到 trigger 目录下，然后生成 exe，然后**在 CocoStudio 中重新设置模拟器为我们编译通过的模拟器**，这样就可以在 CocoStudio 中看到扩展的触发器效果了。

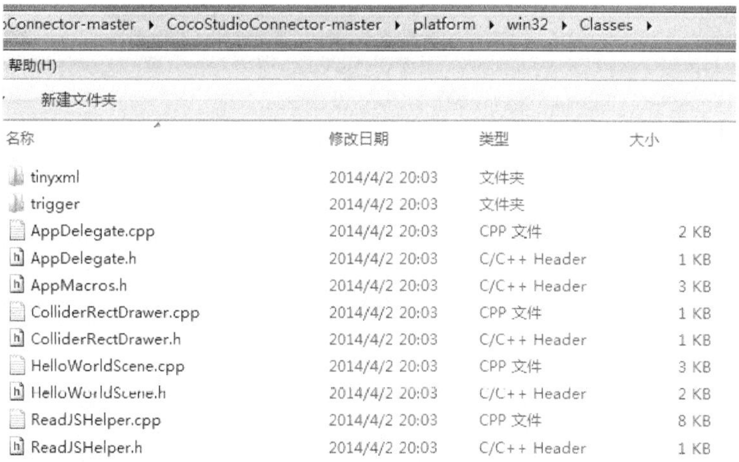
Connector-master ▸ CocoStudioConnector-master ▸ platform ▸ win32 ▸ Classes ▸
帮助(H)
新建文件夹
名称 修改日期 类型 大小
tinyxml 2014/4/2 20:03 文件夹
trigger 2014/4/2 20:03 文件夹
AppDelegate.cpp 2014/4/2 20:03 CPP 文件 2 KB
AppDelegate.h 2014/4/2 20:03 C/C++ Header 1 KB
AppMacros.h 2014/4/2 20:03 C/C++ Header 3 KB
ColliderRectDrawer.cpp 2014/4/2 20:03 CPP 文件 1 KB
ColliderRectDrawer.h 2014/4/2 20:03 C/C++ Header 1 KB
HelloWorldScene.cpp 2014/4/2 20:03 CPP 文件 3 KB
HelloWorldScene.h 2014/4/2 20:03 C/C++ Header 2 KB
ReadJSHelper.cpp 2014/4/2 20:03 CPP 文件 8 KB
ReadJSHelper.h 2014/4/2 20:03 C/C++ Header 1 KB

图 28-16　CocoStudio Connector 的 Classes 目录

在编写触发器条件或动作的代码时，可以将模拟器设置路径中的命令行参数，如图 28-17 所示设置到 VS 项目的命令行参数中，这样可以方便地在 VS 中直接运行模拟器，并使用编辑的场景进行测试，当然，场景中编辑的触发器也是会执行、可被调试的。这时候可以在场景编辑器中编辑新添加的条件和动作，保存后在 VS 中直接运行调试效果。

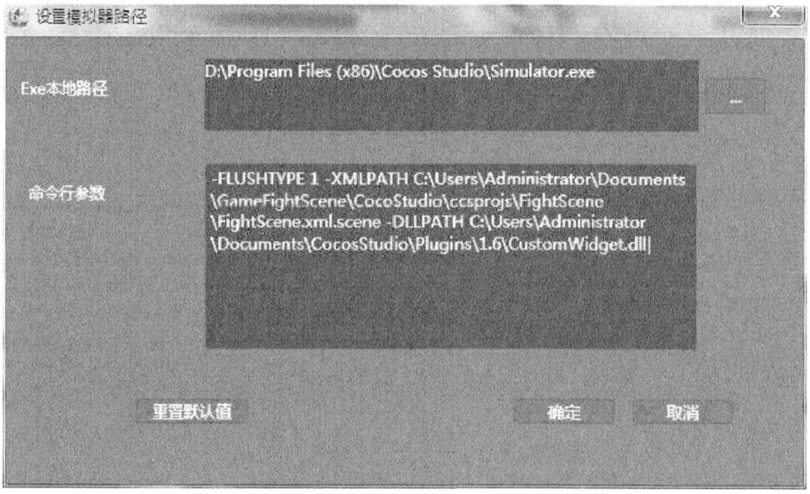

图 28-17　设置模拟器路径

设置图 28-17 中的命令行参数到“项目属性”→“调试”→“命令参数”中，如图 28-18 所示。

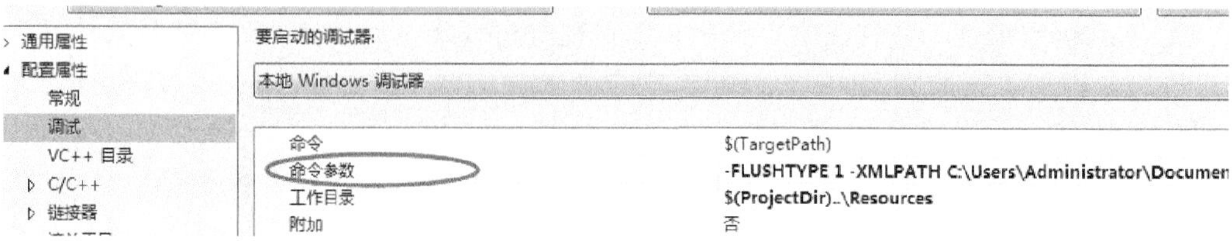

图 28-18　VS 中的属性页

自定义触发器的条件和动作逻辑问题，以及编译问题这里不再多说，因为 trigger 里其他的条件和动作都可以参考，按照这些例子进行编码即可。而编译问题可以尝试其他版本的 Cocos2d-x，也可以自己解决编译错误。这里需要注意的是，不要用我们生成的模拟器替换 CocoStudio 目录下的模拟器，而是要设置模拟器路径。因为我们生成的模拟器关联到 CocoStudio 目录下的 DLL 版本问题，所以这里需要**将模拟器的 exe 以及所需的 DLL 一起打包放到一个目录中**，并指定模拟器的路径。这里需要注意的另外一个问题就是，模拟器的路径不要有中文路径。

28.4　加 载 场 景

在代码中加载场景，使用 SceneReader 的 createNodeWithSceneFile 方法，传入场景编辑器生成的.csb 或.json 文件，返回一个 Node，将 Node 添加到场景中。SceneReader 会保存最近一个加载场景的引用，通过 getNodeByTag 方法可以递归查找该场景下指定 Tag 的一个节点。

使用 SceneReader 需要注意的问题是，在同一个场景中多次加载场景需要慎重，在场景切换的时候，需要调用 destroyInstance 来清理资源（声音、Reader 本身，TriggerMng 等）。

如果使用了触发器，还需要将触发器的代码包含到项目中，再包含触发器生成的 EventDef.h，**在对应的触发时机处编写代码、调用 sendEvent 触发具体事件、进入场景、离开场景、点击、场景更新等事件**，都要手动触发才行，当然，如果触发器没有监听这些事件，也可以只触发所关心的事件（这里可以参考 Simulator 的 HelloWorldScene）。

编写代码时，不要忘记引入命名空间，而旧版本的引擎还需要添加链接库才行。当然，更不能忘了将场景编辑器生成的资源文件复制到游戏的 Resources 目录下。

```
#include "cocostudio/CocoStudio.h"
#include "TriggerCode/EventDef.h"
using namespace cocostudio;
void TriggerTest::onEnter()
{
    //加载场景文件，生成场景节点，并添加为当前的子节点
    _filePath = "scenetest/TriggerTest/TriggerTest.JSON";
    _rootNode = SceneReader::getInstance()->createNodeWithSceneFile (_file
    Path.c_str());
    addChild(_rootNode);

    //发送进入场景消息
    sendEvent(TRIGGEREVENT_ENTERSCENE);
}
void TriggerTest::onExit()
{
    //发送离开场景消息
    sendEvent(TRIGGEREVENT_LEAVESCENE);
    SceneReader::destroyInstance();
    SceneEditorTestLayer::onExit();
}
```

第 29 章　CocoStudio 动画编辑器

CocoStudio 工具链中的动画编辑器主要是给美术人员编辑骨骼动画所用，动画编辑器的功能如下：

- 编辑骨骼动画，以及逐帧动画。
- 管理一个对象身上的多个动画。
- 编辑帧事件。
- 编辑骨骼的碰撞区域。

本章主要介绍以下内容：

- 骨骼动画的命名规范。
- 骨骼动画框架和运行流程。
- 使用动画编辑器。
- 编写代码。
- 骨骼动画与碰撞检测。

整个骨骼动画系统复杂度相对较高，学习本章内容需要足够的耐心。另外，动画编辑器是 CocoStudio 1.x 版本的四件套中唯一一个在 CocoStudio 升级至 2.x 后仍被使用的工具。

29.1　骨骼动画的命名规范

在这里需要以严格的命名规范来规范美术命名，以节省程序员和美术人员之间的沟通成本，需要规范的命名主要有 4 个。之所以将命名规范放在最前面，是为凸显其重要性。

在命名规范上，应该美术人员迁就程序员，而不是程序员迁就美术人员。有规律的东西，可被封装，可维护。如果在美术人员开工之前没有给出相关的命名规范，则看到的很可能是很多毫无意义的字母+数字（如 aaa123、asdf888），以及一些韵母发错的拼音（hu lan ren），坚决不允许让这些恶心的命名进入到我们神圣的代码中，降低我们的代码质量！

29.1.1　骨骼的命名

骨骼的规划和搭建是美术人员的工作，但对于骨骼的命名，则需要遵循一定的规范，这样不仅易于维护，而且能够便于程序员编写代码。

例如一个类似 CS 的小游戏中，“爆头”会使角色直接死亡，在进行碰撞的时候，只需要检测当前碰撞的 Bone 名字是否为 Head（可以定义为一个常量或者宏），而不需要检测各种纷乱的命名，下面是一些命名的参考：

Head 头、Body 身体、Shoulder 肩膀、Arm 手臂、Palm 手掌、Leg 腿、Sole 脚掌（后

缀可用 A、B、C 表示多节）。

29.1.2　动画的命名

动画的命名用于规范动画对象之间的管理，命名的规范在播放骨骼动画时，也有诸多的好处，便于抽象和封装，下面是一些命名参考：

Idle 待机、Move 移动、Run 冲刺、Attack 打、Tick 踢、Die 死亡（如果有多种死亡动画，可以用后缀区分）、Skill 放技能、Hit 受击。

29.1.3　帧事件的命名

帧事件是由骨骼运行到某一帧的时候发出的事件，这个名字由程序定义。例如 EAttack 攻击事件，在攻击动画播放到一半的时候，才发出这个事件。

29.1.4　整个骨骼动画对象的命名

这是文件的命名规范，文件名和骨骼对象名字需要一致，可以根据具体的需求来设计命名规则，如用 Arm 前缀来区分非骨骼动画文件，用对象的 ID 或名字作为文件名。

29.2　骨骼动画框架和运行流程

本节介绍骨骼动画的框架和运行流程，一静一动，让读者了解骨骼动画几个关键类之间的关系，对骨骼动画有整体的认识，以及骨骼动画的运行和渲染流程。

29.2.1　骨骼动画框架

骨骼动画框架结构如图 29-1 所示。可以分为 3 部分 Armature、Bone 和 Armature Animation 来看。Armature 是需要由我们来创建，并且操作的对象，是一个骨骼动画的实例，Bone 和 Armature Animation 在 Armature 之下。Bone 是一块块的骨骼，Armature 在初始化的时候，根据 Armature Data（从.csb 或.json 文件解析出来）中的骨骼数据将其创建并组织起来，**搭建成为一个骨架**。而 Armature Animation 则是该 Armature 对应的骨骼动画，Armature 在初始化的时候，根据 Armature Data 中的动画数据进行初始化，记录了每个动画、每一关键帧的骨骼运动（生成若干 Tween 对象），需要通过 Armature 使用 Armature Animation 来播放骨骼动画，骨骼动画将驱动骨架中的骨骼进行运动。

Armature 是一个骨骼动画对象，可以理解为一个有骨骼动画功能的节点，可以使用 Armature 播放骨骼动画，做一些简单的碰撞检测，多个 Armature 之间能以父子关系进行绑定（在动画编辑器中无法编辑嵌套骨骼动画，也就是父子 Armature，只能由代码或第三方编辑器来实现，如 cpp-tests 中的 TestArmatureNesting 例子）。

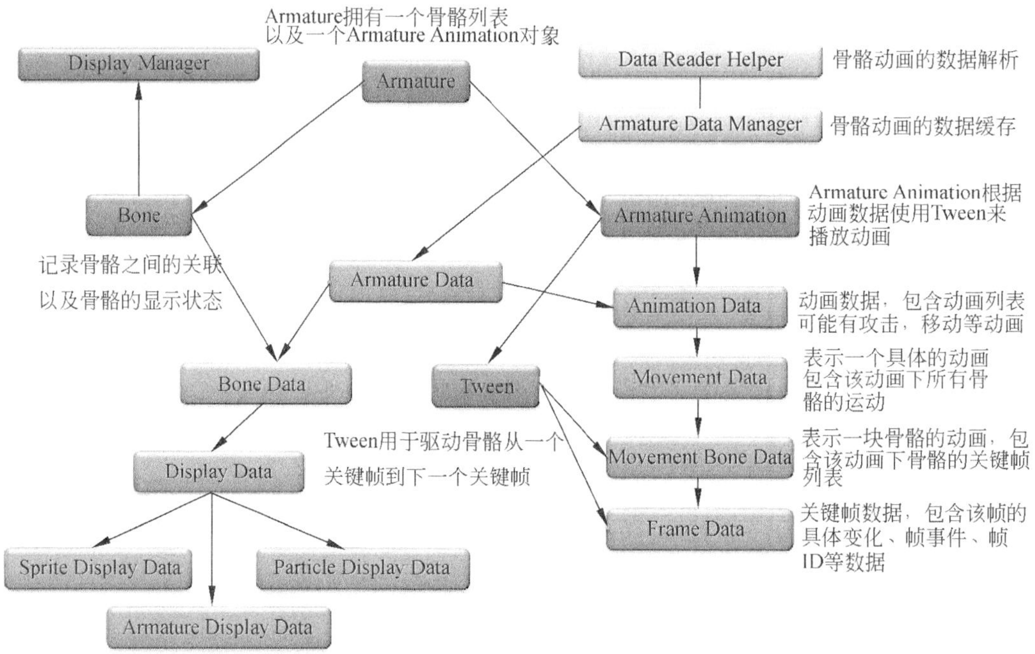

图 29-1　骨骼动画框架结构

例如，Armature1 是一个法师，Armature2 是一把法杖，这把法杖本身也有着骨骼动画，可以变身成各种武器，那么通过父子骨骼的绑定，可以把法杖绑定到法师的手上，也可以绑定到一个战士的手上，Armature 主要的职责如下：

- 骨骼的管理。Armature 管理骨骼动画中的所有骨骼，使用一个 string-Bone 的 Map 容器来管理所有的骨骼，Map 的 key 为骨骼名字（所以骨骼不能同名）。调用 addBone 方法可以将一个骨骼作为子骨骼添加到自己的骨骼中。调用 getBone 方法可以根据骨骼名获取对应的骨骼，调用 getBoneDic 方法可以获取整个骨骼容器。调用 changeBoneParent 方法可以改变骨骼的父骨骼。调用 removeBone 方法可以移除一块骨骼或递归移除一块骨骼及其下的子骨骼。
- 播放骨骼动画。通过调用 getAnimation 方法获取 ArmatureAnimation 对象，调用其 playWithIndex、play 等方法，传入动画的下标、动画的名字来播放骨骼动画。调用 playWithNames 和 playWithIndexes 可以让多个动画按照指定的顺序播放。
- 驱动骨骼更新。在 Armature 的 update 方法中会调用 Animation 的 update 来更新动画，以及_topBoneList 容器中的所有骨骼的 update。topBoneList 容器存放位于骨骼框架最上层的根骨骼，它们的 update 将会应用一系列的矩阵计算，调用 DisplayFactory::updateDisplay，并驱动所有子骨骼的更新。
- 驱动骨骼渲染。在 Armature 的 draw 方法中，首先遍历所有的子节点。对 Bone 类型的子节点进行特殊处理，对非 Bone 类型的子节点直接调用 visit。**在对 Bone 子节点的处理中，首先获取 Bone 的实际渲染节点 DisplayRenderNode，针对不同渲染类型的节点进行不同的渲染**（支持 Skin、Armature、Particle 等类型）。注意，这里对 Bone 和非 Bone 子节点进行了不同的处理，非 Bone 子节点（以及其下的子节点）可以被正常地显示，而 Bone 子节点本身不会被显示。所以对 Bone 添加任何子节点都不会被显示出来，Bone 需要依赖其渲染节点来显示。

- 碰撞检测的支持。提供 getBoundingBox 获取包围盒，以及物理的方法进行碰撞检测。

骨骼 Bone 作为骨骼动画中的最小单元，拥有非常重要的功能，**骨骼可以衔接骨骼，也可以衔接 Armature 对象**。每个 Bone 对象都有一个唯一的 name，唯一的范围指的是在这个骨骼动画中（因为 Armature 是用骨骼的 name 为 key 来管理所有骨骼的）。每一个骨骼都会拥有一个显示列表，显示列表中存放着真正的渲染节点。通过切换显示列表可以实现换装、临时隐藏骨骼、播放骨骼的帧动画等功能。

骨骼作为一种显示对象，在 Cocos2d-x 中，每个显示对象都拥有通过矩阵计算，将自己显示到正确位置的职责，主要的职责如下：

- 显示。Armature 本身没有显示功能，整个动画的表现由骨骼来完成。换装功能也由骨骼来实现。Armature 的帧动画是通过在显示列表中切换骨骼的当前显示对象来实现的，一个帧动画会由多个 Skin 组成，**Skin 继承于 Sprite**，每个 Skin 对应一帧的表现，通过切换 Skin 来切换下一帧。也就是说，一个拥有 100 帧的骨骼，在创建时就会生成 100 个 Skin（过多的帧动画会占用额外的内存）。Bone 的渲染节点也可以是一个 Armature，但这种情况比较复杂，并且 Cocos2d-x 官方也没有提供示例，在后面的内容中将会具体介绍。
- 碰撞检测。骨骼身上的 ColliderDector 提供了精准的骨骼形状可供碰撞检测。
- 骨骼连接。在骨骼运动的时候，根据父骨骼的矩阵和 Tween 的数据进行运动，并提供矩阵信息给子骨骼。

Armature 使用 ArmatureAnimation 来播放动画，ArmatureAnimation 主要的职责如下：

- 动画的播放、循环、暂停、恢复和停止。
- 多个动画的顺序播放。
- 管理和监听动画事件、帧事件的触发。

29.2.2　运行流程

要使用 Armature，需要先将 Armature 的资源进行加载，这些资源包括.json 文件、Plist 文件、纹理等，资源的加载是由 ArmatureDataManager 完成的，需要手动调用 ArmatureDataManager 来加载资源，然后才是创建 Armature 对象并操作该对象，初始化和运行的流程如图 29-2 所示，下面将详细介绍这两个流程。

29.2.3　初始化

Armature 对象的初始化流程如下：

（1）如果是第一次使用，需要**先在 ArmatureDataManager 中加载骨骼动画文件**，将数据缓存到 ArmatureDataManager 中。

（2）创建 Armature 对象，此时会从 ArmatureDataManager 的 Armature 中初始化以下对象。

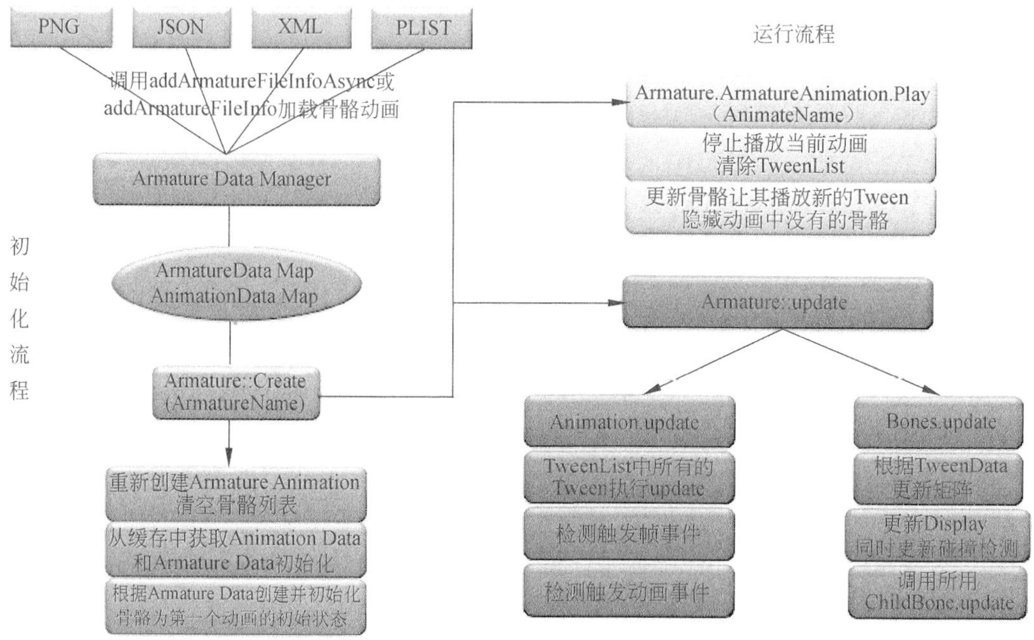

图 29-2　骨骼动画初始化和运行流程简图

- 初始化 ArmatureAnimation 对象并设置 AnimationData。
- 根据 ArmatureData 创建所有的骨骼对象。
- 获取下标为 0 的 MovementData（默认动画），从中取出每个骨骼默认动画的 FrameData，并设置到骨骼上。将骨骼的当前显示状态切换到 FrameData 中的当前帧，也就是美术人员在动画编辑器中，编辑的第一个动画的第一帧。

（3）完成各种初始化之后，就可以对 Armature 对象进行操作。

29.2.4　运行和更新

- 获取 Armature 的 ArmatureAnimation 对象，调用 Play 方法播放指定动画。
- 在 ArmatureAnimation 中更新 MovementData 为新动画的数据，停止播放当前动画（清除 TweenList）。
- 根据 MovementData 中的 MovementBoneData，遍历 Armature 的骨骼，**将本动画没有使用的骨骼隐藏**，让其他骨骼播放 Tween，并将 Tween 添加到 TweenList 进行管理。
- 到这里 ArmatureAnimation 准备好了自身以及 Armature 下所有骨骼的数据。
- 在 Armature 被 addChild 到场景中时，Armature 的 update 就会执行。
- 在 Armature 的 update 中，每帧都会调用 ArmatureAnimation 以及最顶层骨骼的 update 方法来驱动整个骨骼框架进行更新。
- 动画的更新，会对 TweenList 中的每个 Tween 对象进行更新，**触发并处理动作事件 movementEvent，以及处理帧事件 frameEvent**。
- Tween 在更新中，负责在两个关键帧之间的平滑过渡，以及帧之间的切换和帧事件的触发。

- 在骨骼的更新中，主要是将 Tween 的运动计算为矩阵，然后应用到显示对象上，并驱动所有子骨骼进行更新，这里体现了骨骼运动的先后关系。

29.3　使用动画编辑器

了解了骨骼动画系统的基本框架之后，再来了解一下动画编辑器的使用，本节将介绍使用动画编辑器来编辑骨骼动画，编辑帧动画，动画管理，帧事件编辑，以及碰撞区域编辑。

编辑骨骼动画包含两个模式，即“形体模式”和“动画模式”，如图 29-3 所示，“形体模式”用来编辑整个骨骼架构，“动画模式”则用来编辑骨骼运动。

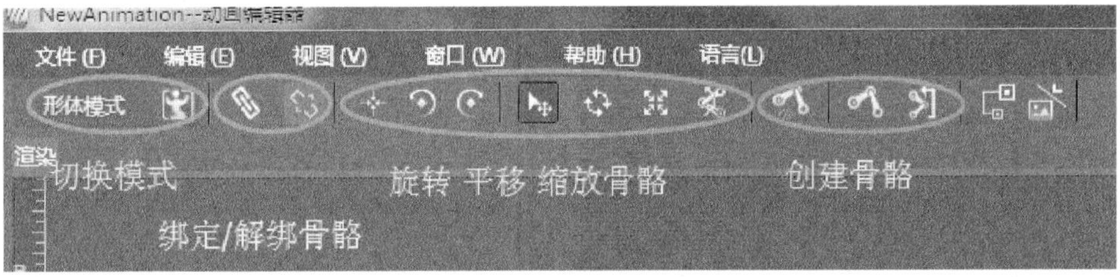

图 29-3　动画编辑器工具栏

首先切换到“形体模式”下来创建骨骼，可以单击“创建骨骼”按钮进入创建骨骼模式，在屏幕上拉出若干骨骼，再单击“绑定骨骼”按钮进行绑定，也可以单击“创建连续骨骼”按钮来创建自动绑定的骨骼，再次单击当前创建骨骼模式的按钮，即可退出骨骼创建模式。“创建骨骼”和“创建连续骨骼”两种模式的区别是，**“创建连续骨骼”模式创建的骨骼会自动绑定上一个骨骼为父节点，而“创建骨骼”模式创建的骨骼之间没有任何联系**，如图 29-4 所示。在连续创建骨骼的时候，两个骨骼并不需要看上去真的连接在一起，两块骨骼之间可以分开一定的距离。

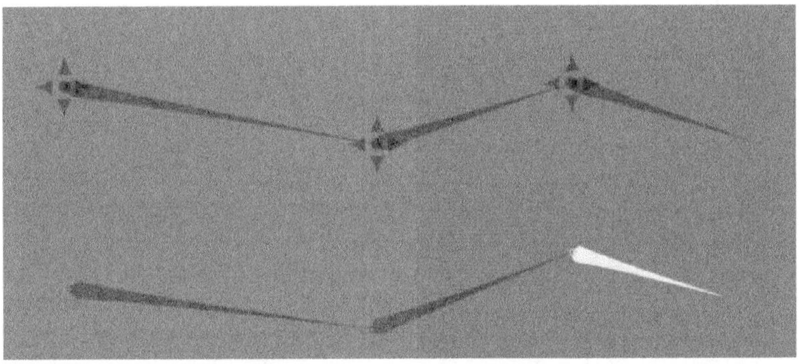

图 29-4　连续骨骼和骨骼

在“创建骨骼”模式下的操作应该是按下鼠标→拖动→松开，而不是单击→按下→拖动→松开。简而言之，拉出来的骨骼应该是像下方的骨骼一样，每次松开鼠标后都会创建一个骨骼，应该避免创建多余的无用骨骼，否则编辑的时候会带来一些困惑。

选中骨骼，可以在属性面板中编辑骨骼的属性，如图 29-5 所示，如果骨骼拉得不够长，想调整一下长度，或者调整缩放、位置、旋转，以及显示的图片效果，都可以在该面板中进行操作，可以将多个图片拖动到“渲染资源”栏下，方便在代码中进行换装操作，也方便在编辑器中切换显示，单击下拉列表框会出现多个图片可供选择。

骨骼的名字需要在“对象结构”面板中（如图 29-6 所示）才能修改，双击面板中的名字进行修改或按 F2 键修改，或在右键菜单中修改。

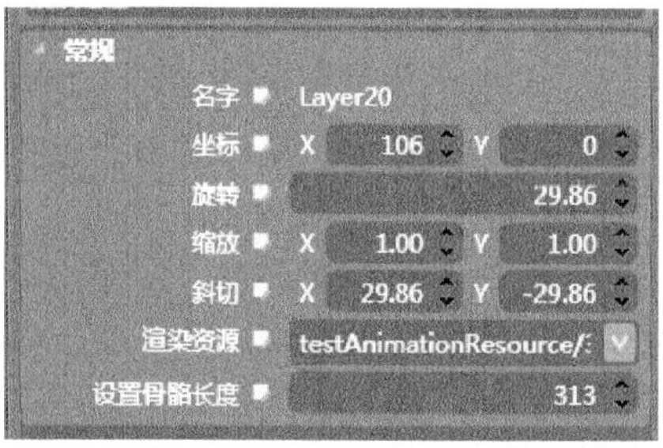

图 29-5　骨骼属性面板

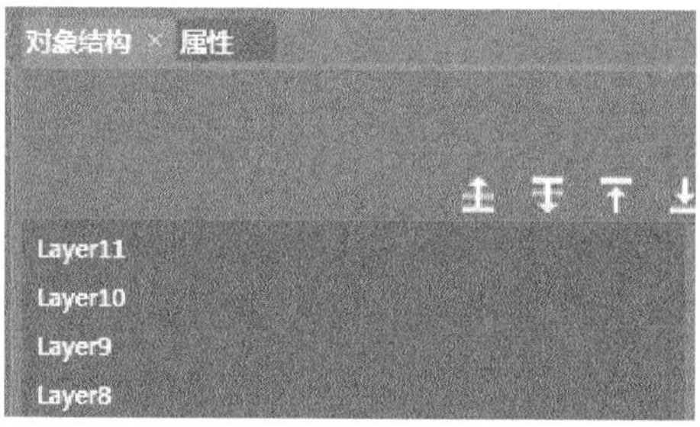

图 29-6　“对象结构”面板

在该面板中还可以删除骨骼对象，也可以直接选中对应的骨骼按 Delete 键进行删除，注意要选中骨骼，而不是选中图片。

选中顶部工具栏中间的运动模块可以进入编辑模式，可以编辑位置、旋转和缩放效果，这里有一个反向动力学选项，开启该选项会进入反向动力学的编辑模式，可以理解为一种智能的编辑位移和旋转的模式。前向动力学和反向动力学是骨骼动画中两个重要的概念，前向动力学是父骨骼运动带动子骨骼运动，而反向动力学是**子骨骼运动来带动父骨骼**，反向动力学的计算成本比前向动力学高很多，如图 29-7 所示为反向动力学，这个模式仅是为了方便编辑。

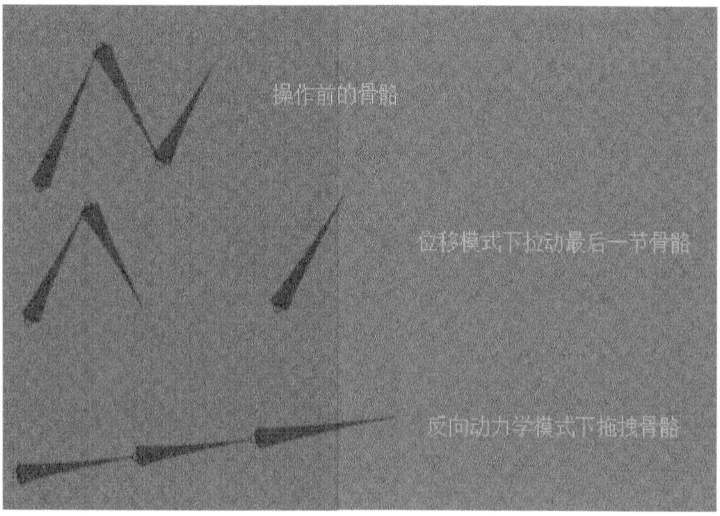

图 29-7　反向动力学效果

按 H 键或单击工具栏中的“查看骨骼关系”按钮，弹出骨骼关系视图，如图 29-8 所示，可以在其中直观地预览整个骨骼框架（检查骨骼关系是否正确），并方便地调整骨骼架构进行绑定、解绑、删除等操作，单击“绑定骨骼”按钮，从父骨骼身上画线到子骨骼可以快速地绑定骨骼，单击工具栏上的“连续绑定骨骼”按钮，在父骨骼身上按下→拖动到子骨骼身上→松开也可以快速地绑定。连续创建子骨骼可以方便地创建链式骨骼，如果一个骨骼需要有多个子骨骼，则只能用手动绑定的方式（如一个人的身体需要绑定头、手、脚等子骨骼）。

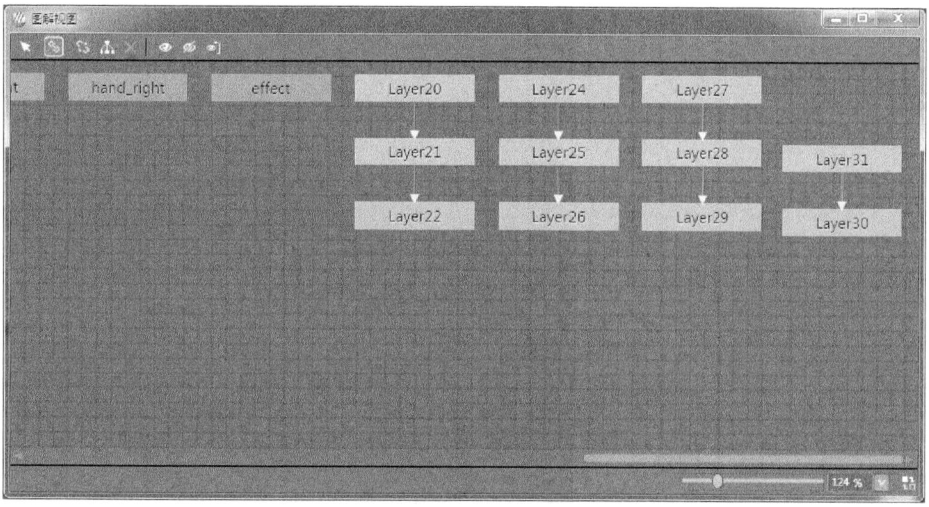

图 29-8　骨骼关系视图

在编辑骨骼的时候，不一定要给所有的骨骼绑定上显示对象，一些骨骼可以单纯地辅助显示对象骨骼更好地显示，以用来模拟一些看不见的事物或者力量，如绑在气球上的线。

接下来可以切换到“**动画模式**”来编辑动画，切换到“动画模式”后，整个布局会发生改变，“对象结构”面板消失，因为在动画模式下不能对骨骼框架进行修改了，只能对骨骼动画进行编辑，增加了“动作列表”和“动画帧”两个面板，“动作列表”面板可以管理骨骼对象的骨骼动画，可以进行命名、添加、删除和复制等操作，如图 29-9 所示。这里有一个细节是在代码中，可以通过下标来指定动画，下标和“动作列表”面板的索引是一致的，但“动作列表”面板中的动画不能调整顺序。

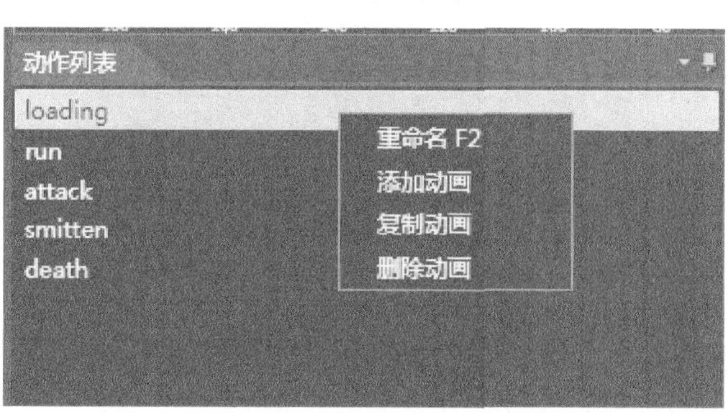

图 29-9　“动作列表”面板

选中要编辑的动画，即可在“动画帧”面板中进行编辑，如图 29-10 所示。编辑的方式是选中要编辑的骨骼，插入关键帧，然后在屏幕上对该骨骼进行位移、旋转、缩放等操作，也可以在该骨骼的“属性”面板中进行编辑，两帧会直接自动进行补间计算（Tween）。通过右边的帧曲线可以控制两帧过度的节奏，一般是匀速过度，通过选择曲线，可以调整先快后慢或者先慢后快等节奏。单击左上角的“播放”按钮可以预览整个动画，通过隐藏骨骼可以只关注当前编辑的局部骨骼动画效果。当骨骼过多时，骨骼列表编辑起来会比较痛苦，并且关键帧只能逐个骨骼添加，不能批量添加，如果以树状形式呈现骨骼列表，则会清晰很多。

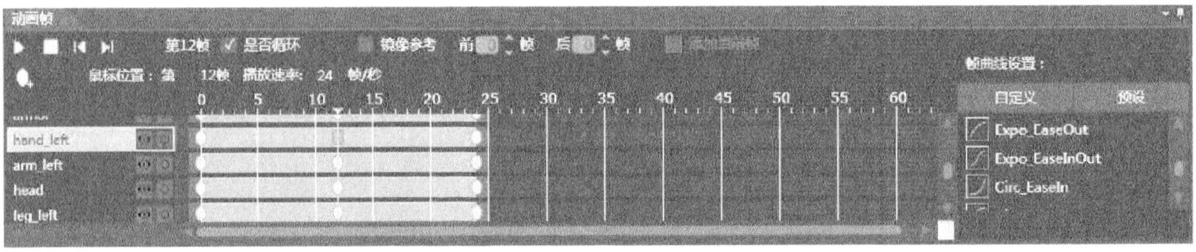

图 29-10　编辑动画

在插入的关键帧中，骨骼属性面板增加了一些功能，如显示/隐藏、混合、帧层级，以及帧事件等属性，如图 29-11 所示。

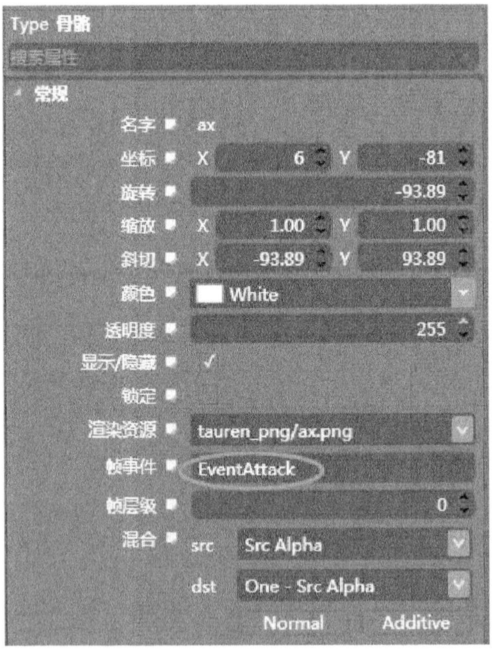

图 29-11　骨骼属性面板

不能在动画中动态地销毁骨骼，但可以隐藏骨骼，如一个抛手榴弹的动作，可以在出手的瞬间添加一个关键帧将骨骼隐藏，然后设置帧事件，程序在该帧事件的回调中，可以获取手榴弹骨骼的位置、旋转等属性，然后在该位置创建出一个真正的手榴弹并开始飞行。

编辑帧动画有两种方法，第一种方法是将若干帧动画资源（其他工具导出的序列帧图片）拉到“动画帧”面板中的骨骼上，然后会弹出“序列帧间隔”对话框，如图 29-12 所示，可以在其中选择每隔多帧切换下一帧，然后自动插入关键帧。

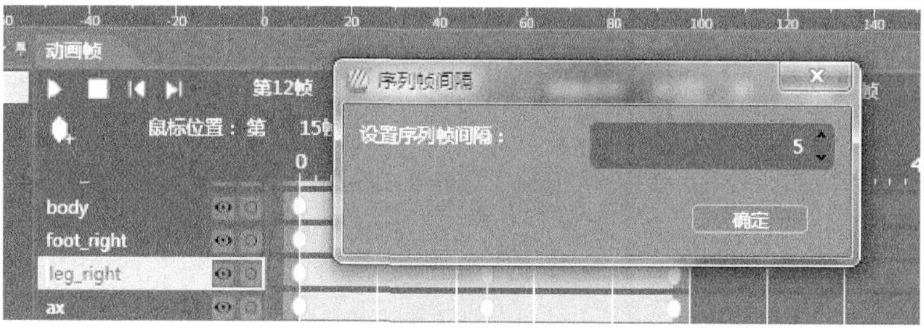

图 29-12　“序列帧间隔”对话框

另一种方法是将序列帧图片**批量地**（即在资源面板中选中多张图片）拖到“属性面板”的渲染资源中，然后手动创建关键帧，在每个关键帧中设置当前显示的渲染资源，可以在下拉列表框中使用右键快捷菜单删除资源（序列帧的名字需要有一定的规律和顺序，如图 29-13 中的 XXX01.png）。

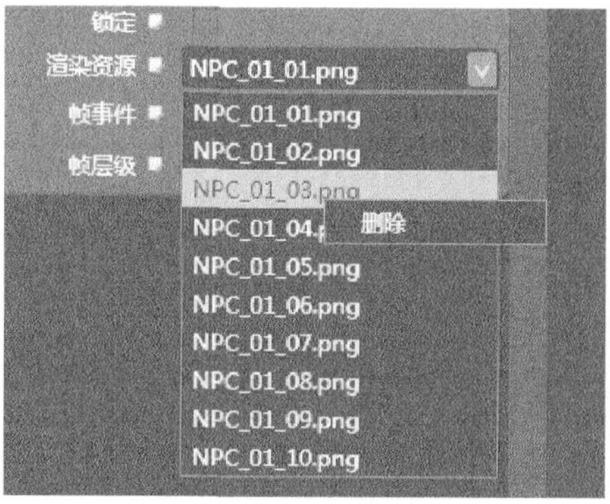

图 29-13　设置当前显示资源

在制作骨骼动画和帧动画时，有一个问题需要特别注意，即图片资源的对齐问题，如果前期没有规划好对齐问题，当后期美术资源量多的时候，则会是一个比较痛苦的事情。

当从 Flash 等工具导出序列帧图片时，要么保证**每张图片导出的尺寸都一样**（不占磁盘空间，但运行时会更占内存），要么导出的图片需要**对准一个锚点**（如尺寸不一，但每张图片的中心点都是一致的），这两个规则是为了解决播放动画时的颤抖效果，因为如果没有对齐图片，导致动画在播放的时候会忽上忽下，给人不稳定、不连贯的感觉，如图 29-14 所示。

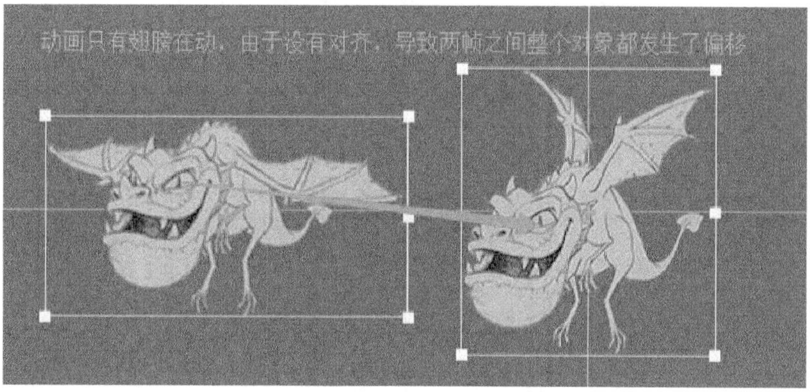

图 29-14　没有对齐的两帧动画

在制作骨骼动画时，一个好习惯是将骨骼对象的脚底位置定位到原点上（**画布的中心点**），如果对象需要站在地面上，则统一使脚底与原点对齐（如图 29-15 所示），这样可以方便程序员设置骨骼动画对象的位置，不需要每一个对象都在代码中特别调整其 Y 轴，使一系列不同的对象在 Y 轴一致的时候看上去是站在同一个地平线上而不是高低穿插着。在制作帧动画时，可以通过百分比或者固定位置来设置动画对象脚底的位置，然后在代码中统一设置锚点。

图 29-15　统一使脚底与原点对齐

选中骨骼，单击工具栏中的“资源编辑器”按钮，或者按下 G 键，弹出“资源编辑”面板，如图 29-16 所示。在其中可以编辑图片的形状用于碰撞检测，也可以编辑骨骼图片的锚点，面板上的工具栏提供了快速编辑形状的方法，当需要划分出一块碰撞区域的时候，可以在其中编辑碰撞区域的形状，当然，碰撞检测需要在代码中实现。

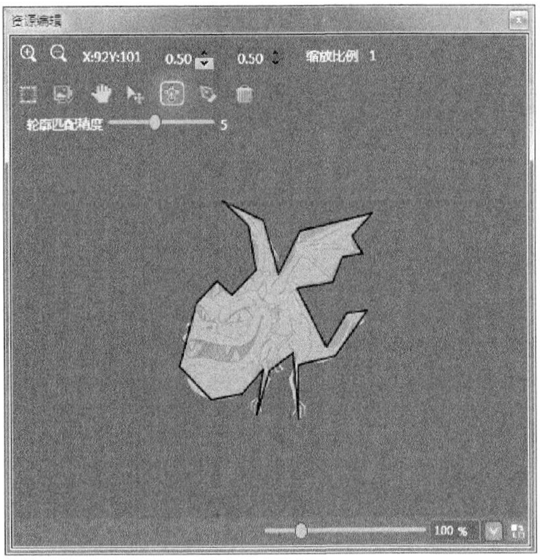

图 29-16　资源编辑

29.4　编 写 代 码

29.4.1　加载骨骼资源

在使用骨骼动画之前，需要将骨骼动画的资源手动加载进来，这里支持 CocoStudio 导出的 ExportJSON 格式以及 DragonBones 2.0 导出的骨骼动画，并且有同步加载和异步加载两种方式，异步加载通过设置回调可以在资源加载完成后马上知道。示例代码如下：

```
//异步加载骨骼动画
ArmatureDataManager::getInstance()->addArmatureFileInfoAsync(
"armature/Dragon.png",
"armature/Dragon.plist",
"armature/Dragon.xml",
   this, schedule_selector(TestAsynchronousLoading::dataLoaded));
ArmatureDataManager::getInstance()->addArmatureFileInfoAsync(
   "armature/Cowboy.ExportJSON",
this,
schedule_selector(TestAsynchronousLoading::dataLoaded));
//直接加载骨骼动画
ArmatureDataManager::getInstance()->addArmatureFileInfo("armature/bear.
ExportJSON");
```

当加载 ExprotJSON 的时候，.json 文件内部会有一个 Plist 列表，如果骨骼动画涉及很多个 Plist，会自动将多个 Plist 加载进来，而老版本的 Cocos2d-x 没有这么智能，只能保证一个.json 对应一个 Plist，或者在对应多个 Plist 的时候，先手动将其他关联的 Plist 加进 SpriteFrameCached。

29.4.2　创建和播放骨骼动画

传入骨骼动画的名字创建骨骼动画，代码如下：

```
Armature *armature = Armature::create("bear");
```

播放骨骼动画，支持下标和动作名的方式播放，代码如下：

```
armature->getAnimation()->playWithIndex(0);
armature->getAnimation()->play("Idle");
```

一般是骨骼动画的名字等于去除后缀的骨骼动画的文件名，如 bear 是通过去除.ExportJSON 得到的，但是通过修改 ExportJSON 的文件名，可以直接用新的文件名加载骨骼动画，但.csb 格式的骨骼动画的名字是存在.csb 文件内部的，因此需要修改.csb 格式的骨骼动画名，需要重新导出而不能直接修改。

29.4.3　监听事件

监听事件代码如下：

```
/*动画事件监听，可监听 3 种类型 MovementEventType:
  START 动画开始
  COMPLETE 动画播放完成
  LOOP_COMPLETE 循环播放完成（当每次循环播放完之后触发）
*/
armature->getAnimation()->setMovementEventCallFunc( CC_CALLBACK_0(
   TestAnimationEvent::animationEvent,
   this,
   std::placeholders::_1,
   std::placeholders::_2,
```

```
    std::placeholders::_3));
//回调函数中传入的 3 个函数分别是触发该事件的 Armature 对象、事件类型以及触发的骨骼动画名
void TestAnimationEvent::animationEvent(
    Armature *armature,
    MovementEventType movementType,
    const std::string& movementID)
//帧事件监听，监听动画帧中的事件，事件在动画编辑器中输入
armature->getAnimation()->setFrameEventCallFunc( CC_CALLBACK_0(
    TestFrameEvent::onFrameEvent,
    this,
    std::placeholders::_1,
    std::placeholders::_2,
    std::placeholders::_3,
    std::placeholders::_4));
//传入 4 个参数分别为发送事件的骨骼、事件 ID、起始帧下标和当前帧下标
void TestFrameEvent::onFrameEvent(
cocostudio::Bone *bone,
    const std::string& evt,
    int originFrameIndex,
    int currentFrameIndex)
```

注意：代码中的 std::placeholders 是参数占位的意思，表示回调函数有多少个参数。

29.4.4　动态挂载骨骼

将要挂载的对象作为一个骨骼，绑定到骨骼动画当前的某个骨骼中，可以让该对象跟随骨骼动画运动。以下是 TestParticleDisplay 中的代码，创建了粒子，然后将粒子作为骨骼的显示对象，并切换骨骼的显示列表来显示粒子系统，通过名字查找的方式，动态挂载到 Armature 对象的骨骼上。示例代码如下：

```
ParticleSystem                                   *p1                    =
CCParticleSystemQuad::create("Particles/SmallSun.plist");
ParticleSystem                                   *p2                    =
CCParticleSystemQuad::create("Particles/SmallSun.plist");
//创建一个骨骼，切换到粒子显示，并进行一些设置
cocostudio::Bone *bone = cocostudio::Bone::create("p1");
bone->addDisplay(p1, 0);
bone->changeDisplayWithIndex(0, true);
bone->setIgnoreMovementBoneData(true);
bone->setLocalZOrder(100);
bone->setScale(1.2f);
//添加到骨骼动画对象的 bady-a3 骨骼下
armature->addBone(bone, "bady-a3");
bone = cocostudio::Bone::create("p2");
bone->addDisplay(p2, 0);
bone->changeDisplayWithIndex(0, true);
bone->setIgnoreMovementBoneData(true);
bone->setLocalZOrder(100);
bone->setScale(1.2f);
armature->addBone(bone, "bady-a30");
```

29.4.5　换装功能

一键换装是骨骼的功能，先添加到骨骼的显示列表中，然后再设置骨骼的显示，

forceChangeDisplay 强制显示参数为 false 时，显示一帧便会切回原先的显示，因为骨骼动画中包含帧动画，帧动画会将骨骼切换回原先动画对应显示的帧；为 true 时彻底切换为新显示。也可以在编辑器中预先把所有换装的资源拉到骨骼的显示资源列表中，然后在代码中直接切换为想要的显示，但这种方法一般用来做帧动画。示例代码如下：

```
//先用一个数组记录所有装备图片的 SpriteFrameName
std::string weapon[] = {
     "weapon_f-sword.png",
     "weapon_f-sword2.png",
     "weapon_f-sword3.png",
     "weapon_f-sword4.png",
     "weapon_f-sword5.png",
     "weapon_f-knife.png",
     "weapon_f-hammer.png"
     };
//遍历这个数组，将装备添加到显示列表中
for (int i = 0; i < 7; i++)
{
     //根据 SpriteFrameName 创建 Skin 显示对象并添加到显示列表中
     Skin *skin = Skin::createWithSpriteFrameName(weapon[i].c_str());
     armature->getBone("weapon")->addDisplay(skin, i);
}
//“切换”显示的武器，本质上是换一帧图片，displayIndex 的范围是 0～6，对应 addDisplay
的第二个参数
/*changeDisplayWithIndex 的第二个参数是强制切换，如果选择 false，则只会有一帧的效
果，动画就会替换回原先的显示*/
/*因为动画在播放时，每一帧都会去更新该骨骼应显示哪一张图片，所以非强制切换，下一帧会被
Animation 自动更新回去*/
armature->getBone("weapon")->changeDisplayWithIndex(displayIndex, true);
```

29.4.6　骨骼动画的衔接

Cocos2d-x 是支持多个骨骼动画进行衔接的，也就是前面说的，一个法师是骨骼动画对象，手持一支法杖也是骨骼动画对象。听起来好像并不难，而且还有相应的接口可以设置，但实际上要使用这个功能却比想象中要复杂得多。

首先作为子节点添加到 Armature 中并不能起到跟随骨骼的效果，其只会作为一个普通的子节点被添加。添加到某块骨骼下作为子节点，也不会有效果，因为 Bone 以及 Bone 的子节点都不会被渲染，渲染骨骼时会渲染的是显示列表中的 DisplayRenderNode。Bone 中有一个 setChildArmature 方法，看上去应该是设置衔接 Armature 的接口，然而，经过测试，这个接口并没有用。

那么如何实现骨骼动画的衔接呢？结合前面的动态挂载骨骼的实现，可得出一种可行的方法，就是创建一个空的骨骼，然后为该骨骼添加一个 Armature 作为显示节点，最后调用 addBone 将这块骨骼绑定到骨骼框架中（例如法师的手中）。示例代码如下：

```
//传入一个法师骨骼，创建一个法杖骨骼，并衔接到法师的手中
void takeStaff(Armature* mage)
{
    //创建法杖
    auto armatureStaff = Armature::create("Staff");
    //播放法杖的骨骼动画
```

```
    armatureStaff->getAnimation()->playWithIndex(0);
    //创建法杖骨骼
    Bone* childBone = Bone::create("MyChildBone");
    //添加法杖骨骼动画到骨骼的显示列表中，并切换显示
    childBone->addDisplay(armatureStaff, 0);
    childBone->changeDisplayWithIndex(0, true);
    //将骨骼添加到法师的右手中
    mage->addBone(childBone, "rightHand");
}
```

29.4.7　骨骼动画的渲染优化

在 Cocos2d-x 3.0 之前，可以使用 BatchNode 来优化 Armature 的渲染。而在 Cocos2d-x 3.0 之后，自动批次渲染也会帮我们合并 Armature 的 DrawCall。但合并是有条件的，合并的前提可以参考第 15 章的内容。

为了使骨骼动画的渲染能够被优化，在编辑骨骼动画的过程中，应该尽量不使用不同图片的纹理（在同一图集内视为同一张图片），同时应统一所有骨骼的混合模式。

29.5　骨骼动画的碰撞检测

骨骼动画的碰撞检测有两种方法：一种是直接使用矩形检测；另一种是使用 ColliderDetector 进行碰撞检测。

在骨骼编辑器中，选择骨骼，打开“资源编辑”面板，可以框选骨骼图片对应的碰撞区域，绑定了碰撞区域的骨骼皮肤会生成 ColliderDetector，在代码中可以用物理的方法或者手动碰撞检测的方法进行碰撞检测，骨骼绑定的碰撞区域会根据骨骼动画进行更新，如果骨骼对应多帧图片，每一帧图片都可以进行编辑，所以一块骨骼可能拥有很多个 ColliderDetector。

29.5.1　直接矩形检测

通过获取 Armature 对象的 **getBoundingBox** 方法获取当前骨骼动画的包围盒，该方法是实时计算的，可以保证每次获取都是最新的包围盒（每次都会重新计算）。如果需要在循环中和多个矩形进行检测，最好先用一个变量保存包围盒，然后用这个临时变量进行检测，而不要在循环中重复调用 getBoundingBox。获取 Armature 对象指定的骨骼，调用骨骼的 getBoundingBox 方法，可以判断是否与具体的某一个骨骼碰撞到，Armature 的 getBoneAtPoint 也可以基于点检测碰撞到了哪个骨骼。

关于碰撞检测的坐标系转换，在做碰撞检测的时候，经常需要将一个对象的位置矩阵转换到另一个对象的节点坐标系下，然后再进行点或矩形相交的判断，在这里，两个 getBoundingBox 可以直接进行判断，如果这两个对象是在同一个父节点下的话；如果不是，则需要将其中一个 Rect 转换到同一个坐标系下，然后再进行判断。

```
//当两个骨骼对象在同一个 parent 下
```

```
if(armature1->getBoundingBox().intersectsRect(armature2->getBoundingBox
()))
{
   CCLog("armature1 and armature2 intersects");
}

//当骨骼对象和 Sprite 在同一个 parent 下
if(armature1->getBoundingBox().intersectsRect(sprite1->getBoundingBox()
))
{
   CCLog("armature1 and sprite1 intersects");
}
//当骨骼对象和 Sprite 在不同一个 parent 下(armature1 和 parent1 是同级关系,且 parent
没有缩放和旋转)
Rect rect = sprite2->getBoundingBox();
rect.origin += sprite2->getParent()->getPosition();
if(armature1->getBoundingBox().intersectsRect(rect))
 {
   CCLog("armature1 and sprite2 intersects");
 }
//如果 parent 存在缩放或旋转，那么可以这样来计算 rect
Rect rect = sprite2->getBoundingBox();
rect = RectApplyAffineTransform(rect , sprite2->getParent()->getNodeToP
arentAffineTransform());
```

当对象进行缩放时（不管是骨骼还是精灵），BoundingBox 也会跟着缩放，每次调用 getBoundingBox 都会进行矩阵操作，将当前的对象转换到父节点下。所以如果没有发生变化，可以将 BoundingBox 缓存起来，避免多余的计算。如果只是位置发生变化，可以将变化量叠加到 BoundingBox 的 origin 上，以节省运算资源。

29.5.2　ColliderDetector 手动计算碰撞检测

可以使用 ColliderDetector 中的顶点列表自行计算碰撞检测，在 TestColliderDetector 例子中，根据骨骼中的 ColliderDetector 对象获取 ColliderBody 列表，再调用 getCalculatedVertexList，用顶点构造一个矩形，然后进行矩形碰撞。getCalculatedVertexList 的坐标都是经过转换的坐标，处于骨骼对象的父节点坐标系中（在例子中，骨骼对象的父节点是场景节点），可以与同级其他对象的 BoundingBox 进行碰撞检测。

下面这段代码是 TestColliderDetector 手动计算碰撞检测的核心代码，在 TestColliderDetector::onEnter 中创建了两个 Armature 和一个 Sprite，每隔一段时间 Sprite 重置位置，然后运行一个向右移动的 Action，在 TestColliderDetector::update 中，展示了如何获取 ColliderDetector 的顶点进行碰撞检测。

```
void TestColliderDetector::update(float delta)
{
  armature2->setVisible(true);
  Rect rect = bullet->getBoundingBox();
  const Map<std::string, cocostudio::Bone*>& map = armature2->getBoneDic();
  for(const auto& element : map)
  {
    //获取骨骼的 ColliderDetector
    cocostudio::Bone *bone = element.second;
    ColliderDetector *detector = bone->getColliderDetector();
```

```
    if (!detector)
      continue;
    const  cocos2d::Vector<ColliderBody*>&  bodyList  =  detector-> get
ColliderBodyList();
    //一个 ColliderDetector 中可能有多个形状，遍历所有的形状（形状被封装到 Body 中）
    for (const auto& object : bodyList)
    {
      //CalculatedVertexList 的坐标是相对 armature2 的父节点的，所以可以直接与兄弟
      节点 bullet 进行比较
      ColliderBody *body = static_cast<ColliderBody*>(object);
      const std::vector<Vec2> &vertexList = body->getCalculated VertexList();
      float minx = 0, miny = 0, maxx = 0, maxy = 0;
     size_t length = vertexList.size();
      for (size_t i = 0; i<length; i++)
      {
        Vec2 vertex = vertexList.at(i);
        if (i == 0)
        {
          minx = maxx = vertex.x;
          miny = maxy = vertex.y;
        }
        else
        {
          minx = vertex.x < minx ? vertex.x : minx;
          miny = vertex.y < miny ? vertex.y : miny;
          maxx = vertex.x > maxx ? vertex.x : maxx;
          maxy = vertex.y > maxy ? vertex.y : maxy;
        }
      }
      Rect temp = Rect(minx, miny, maxx - minx, maxy - miny);
      //构造一个 AABB 盒与 armature2 的包围盒做碰撞检测
      if (temp.intersectsRect(rect))
      {
        armature2->setVisible(false);
      }
    }
  }
}
```

29.5.3　ColliderDetector 使用 Box2d 碰撞检测

使用 ColliderDetector 还可以借助物理引擎进行碰撞检测，但不建议使用该方法。首先整个骨骼动画对象身上的刚体默认是没有物理效果的，所有的东西都被设置为传感器，也就失去了力的作用（这其实可以理解，是为了避免争抢图片的操作权），因此只能作为一个检测的作用。如果需要非常高精度的检测，那么可以使用，如果要求不高，还是自己计算较好，最主要的原因是启用 Box2D 进行碰撞检测运行起来不容易，存在各种 BUG（有可能是因为版本升级后，被预处理的代码没有及时更新，从而导致各种编译错误）。

TestColliderDetector 首先在 onEnter 中创建一个带有物理属性的子弹，然后调用 initWorld，在 initWorld 中，将全局重力设置为 0，防止子弹和人物掉下去，将刚体类型设置为 b2_kinematicBody 也可以达到这个目的，然后注册碰撞监听器，每次碰撞都会回调 ContactListener，在 initWorld 方法中初始化物理世界，并设置物理属性。

```
void TestColliderDetector::initWorld()
{
  //清除重力
```

```
  b2Vec2 noGravity(0, 0);
  world = new b2World(noGravity);
  world->SetAllowSleeping(true);
  //注册碰撞监听
  listener = new (std::nothrow) ContactListener();
  world->SetContactListener(listener);
  debugDraw = new (std::nothrow) GLESDebugDraw( PT_RATIO );
  world->SetDebugDraw(debugDraw);
  uint32 flags = 0;
  flags += b2Draw::e_shapeBit;
  debugDraw->SetFlags(flags);
  //创建刚体
  b2BodyDef bodyDef;
  bodyDef.type = b2_dynamicBody;
  b2Body *body = world->CreateBody(&bodyDef);
  //创建子弹的形状
  b2PolygonShape dynamicBox;
  dynamicBox.SetAsBox(.5f, .5f);
  //设置为传感器的 Fixture 只用于碰撞检测
  b2FixtureDef fixtureDef;
  fixtureDef.shape = &dynamicBox;
  fixtureDef.isSensor = true;
  body->CreateFixture(&fixtureDef);
  bullet->setB2Body(body);
  bullet->setPTMRatio(PT_RATIO);
  bullet->setPosition(-100, -100);
  //设置刚体到 Armature 身上，ColliderDetector 会自动为其组装 Fixture
  body = world->CreateBody(&bodyDef);
  armature2->setBody(body);
}
```

在 ContactListener 中监听碰撞，这里简化了一下，只使用一个 IsCollide 变量来判断碰撞。

```
class ContactListener : public b2ContactListener
{
ContactListener()
{
      sCollide=false;
}
  //开始接触
  virtual void BeginContact(b2Contact *contact)
  {
    IsCollide = true;
    B2_NOT_USED(contact);
  }
  //接触结束，两个对象分开
  virtual void EndContact(b2Contact *contact)
  {
    IsCollide = false;
    B2_NOT_USED(contact);
  }
public:
  bool IsCollide;
};
```

在 update 中需要更新物理世界，当发生碰撞时，隐藏 armature2。

```
void TestColliderDetector::update(float delta)
{
```

```
  armature2->setVisible(true);
  world->Step(delta, 0, 0);
  if(listener->IsCollide)
  {
    bb->getArmature()->setVisible(false);
  }
}
```

脱离 ColliderDetector 使用物理碰撞，在不需要精确实时更新的形状，只需要一个大概的形状时，使用物理碰撞并且希望有物理的效果（取消传感器设置），则只需要删除所有骨骼的 ColliderDetector（可以在编辑器中清除，也可以通过代码动态设置），然后调用 Armature 的 setBody 方法，将形状手动设置到刚体中，这时就不需考虑 ColliderDetector 的形状了。物理作用会在整个 Armature 上，但物理和骨骼动画本身是互不影响的，物理作用在 Armature 上会使其受到力的作用后移动、旋转，但整个骨骼动画对象作为一个整体，其内部播放的动画不会有任何影响。这时的 Armature 就相当于一个具有物理属性的 Sprite 了。

29.5.4　ColliderDetector 的运行机制和结构

下面介绍 ColliderDetector 的运行机制和结构，以及 Armature 和物理引擎是如何协作的，这里使用 Box2D 检测来介绍这个过程，与 Chipmuk 的流程类似，但接口有些不同，这里不是重点因此不多做介绍。

怎样为 Armature 附加物理属性？物理应用到动画对象之上会什么样呢？骨骼动画的播放和刚体受力后的运动如何协调工作？

调用 Armature 的 setBody 方法，传入 b2Body 可以为 Armature 设置刚体对象，我们传入的刚体不需要创建 Fixture 和形状，ColliderDetector 会自动创建整个对象的形状。首先将 Body 的 data 属性设置为 this，也就是 Armature 本身，接下来遍历所有的骨骼（不管其是否显示），获取骨骼的显示列表（如换装的武器列表），遍历所有的显示对象，只要其设置了 ColliderDetector，则为其设置 Body，并且它们都用同一个 Body。

```
void Armature::setBody(cpBody *body)
{
  if (_body == body)
  {
    return;
  }
  _body = body;
  _body->data = this;
  for (const auto& object : _children)
  {
    //遍历所有骨骼，不论是否显示
    if (Bone *bone = dynamic_cast<Bone *>(object))
    {
      auto displayList = bone->getDisplayManager()-> getDecorativeDis
       playList();
      //遍历骨骼的整个显示列表，不管当前显示的是哪一个
      for (const auto& displayObject : displayList)
      {
        //只要有 ColliderDetector，就把刚体设置进去
        auto detector = displayObject->getColliderDetector();
        if (detector != nullptr)
        {
```

```
        detector->setBody(body);
      }
    });
  }
 }
}
```

在 ColliderDetector 的 setBody 方法中，会遍历所有的 ColliderBody，在编辑模式下，每添加一个形状（多边形、四边形或圆形）就会增加一个 ColliderBody，形状的数据存放在 ColliderBody 中（在初始化显示对象的时候，形状数据就被初始化到 ColliderDetector 中了，ColliderDetector 根据这些数据创建 ColliderBody 并添加到成员变量_colliderBodyList 中）。这时用每个 ColliderBody 身上的数据来创建一个多边形，然后使用这个多边形转换到物理坐标，创建一个 b2Fixture，并设置为传感器，将当前的骨骼设置到 b2Fixture 的 UserData 中，然后将 b2Fixture 组装到刚体 Body 中，并将 b2Fixture 交由 ColliderBody 进行管理。如果 ColliderBody 已经存在 b2Fixture，那么会销毁旧的 b2Fixture。

```
void ColliderDetector::setBody(b2Body *pBody)
{
  _body = pBody;
  //遍历碰撞触发器所有的形状
  for(auto& object : _colliderBodyList)
  {
    ColliderBody *colliderBody = (ColliderBody *)object;
    //获取它们的顶点数据
    ContourData *contourData = colliderBody->getContourData();
    b2Vec2 *b2bv = new b2Vec2[contourData->vertexList.size()];
    //除以 Box2d 的转换系数 PT_RATIO，转换为 Box2d 世界的坐标
    int i = 0;
    for(auto& v : contourData->vertexList)
    {
      b2bv[i].Set(v.x / PT_RATIO, v.y / PT_RATIO);
      i++;
    }
    //使用转换后的坐标初始化形状
    b2PolygonShape polygon;
    polygon.Set(b2bv, (int)contourData->vertexList.size());
    CC_SAFE_DELETE(b2bv);
    //设置好形状并指定为传感器，然后组装到刚体身上，并设置当前骨骼为 Fixture 的
     UserData
    b2FixtureDef fixtureDef;
    fixtureDef.shape = &polygon;
    fixtureDef.isSensor = true;
    b2Fixture *fixture = _body->CreateFixture(&fixtureDef);
    fixture->SetUserData(_bone);
    //将 colliderBody 的旧骨骼销毁，然后将新骨骼绑定到 colliderBody 中
    if (colliderBody->getB2Fixture() != nullptr)
    {
      //这里的销毁有个 BUG，如果连续 setBody 两次传入不同的 Body 会销毁失败
      //因为旧的 Fixture 是旧的 Body 的，而在一开始就把旧的 Body 重置了，新的 Body 并没
     有该 Fixture
```

```
            //在最后再设置_body = pBody，然后将新 Fixture 创建到 pBody 上，代码就比较严谨了
            _body->DestroyFixture(colliderBody->getB2Fixture());
        }
        colliderBody->setB2Fixture(fixture);
        colliderBody->getColliderFilter()->updateShape(fixture);
    }
}
```

这时会有一个刚体且只有一个刚体，刚体经过了所有骨骼的 ColliderDetector 初始化，被组装上了各种各样的形状，当播放动画的时候，刚体上的各种形状开始变化，并且跟随着骨骼变化而变化，播放动画的时候骨骼的位置、旋转、缩放等发生了变化，但刚体本身却没有任何位移、旋转缩放产生，而是形状在发生变化，动画产生的变化最后会传递到每块骨骼身上，并生成一个变化矩阵应用到骨骼对应的 ColliderDetector 上，通过 ColliderDetector 的 updateTransform 方法将变化应用到形状上，直接改变刚体的形状而不是驱动刚体运动。

```
void ColliderDetector::updateTransform(Mat4 &t)
{
  if (!_active)
  {
    return;
  }
  for(auto& object : _colliderBodyList)
  {
    ColliderBody *colliderBody = (ColliderBody *)object;
    ContourData *contourData = colliderBody->getContourData();
    //获取形状指针到 shape
    b2PolygonShape *shape = nullptr;
    if (_body != nullptr)
    {
      shape = (b2PolygonShape *)colliderBody->getB2Fixture()->GetShape();
    }
    unsigned long num = contourData->vertexList.size();
    std::vector<cocos2d::Vec2> &vs = contourData->vertexList;
#if ENABLE_PHYSICS_SAVE_CALCULATED_VERTEX
    std::vector<cocos2d::Vec2> &cvs = colliderBody->_calculatedVertexList;
#endif
    //遍历顶点数据，重新计算其位置，并应用到 shape 上
    for (unsigned long i = 0; i < num; i++)
    {
      helpPoint.setPoint( vs.at(i).x, vs.at(i).y);
      helpPoint = PointApplyTransform(helpPoint, t);
#if ENABLE_PHYSICS_SAVE_CALCULATED_VERTEX
      cvs.at(i).x = helpPoint.x;
      cvs.at(i).y = helpPoint.y;
#endif
      //设置 shape 对应的顶点为新的位置
      if (shape != nullptr)
      {
```

```
        b2Vec2 &bv = shape->m_vertices[i];
        bv.Set(helpPoint.x / PT_RATIO, helpPoint.y / PT_RATIO);
      }
    }
  }
}
```

上面的代码中笔者去掉了关于 Box2D 和 Chipmunk 的预处理部分，保留了 Box2D 的内容，这样使得整体代码可读性高一些，ENABLE_PHYSICS_SAVE_CALCULATED_VERTEX 宏用于手动判断碰撞检测，当其开启的时候，每次更新的结果都会被设置到 ColliderBody 的 _calculatedVertexList 中，调用 ColliderBody 的 getCalculatedVertexList 可以返回用于碰撞检测的顶点列表，而在开启 Box2D 物理碰撞检测时，位置的更新则会被同步到 shape 的顶点列表中。Box2D 和 Chipmunk 在这里是冲突的，但手动检测和物理检测是不冲突的。顶点计算的点数据是从 ColliderBody 的 contourData 中取出的，这个数据是初始化时保存的数据，ColliderDetector 每次都使用原始数据来重新计算变化矩阵计算，而不是根据 Shape 中的顶点进行偏移。

第 30 章 CocoStudio 2.x 编辑器

CocoStudio 从 1.6 到 2.x 的升级，对整体界面进行了重构，2.x 只保留了 UI 编辑器的功能，去掉了骨骼动画编辑器、场景编辑器以及数据编辑器，并且将 CocoStudio 整合进了 Cocos 引擎中，Cocos 引擎会为其创建的每一个项目生成各个平台的项目文件及通用的资源目录，并生成对应的 CocoStudio 项目。本章主要介绍以下内容：

- 使用 Cocos 引擎。
- 使用 CocoStudio 2.x。
- 动画功能。
- 分辨率适配。
- 高级特性。
- 其他特性。
- 在 Windows 下调试引擎。

30.1 使用 Cocos 引擎

当前最新版本的 Cocos 引擎为 2.2.8，下载地址为 http://www.cocos.com/download/。

在第 26 章中简单介绍了 Cocos 引擎与 Cocos2d-x 之间的版本对应关系，可以根据 Cocos2d-x 版本来选择 Cocos 引擎的版本。

重构后的 CocoStudio 2.x 现在可 Mac 和 Windows 两大平台同步更新。另外，CocoStudio 2.x 版本可以导入 CocoStudio 1.6 版本的项目文件，但是会存在一些丢失的情况。

我们需要使用 Cocos 引擎来创建项目，Cocos 引擎的启动界面左边包含了若干选项，如项目、教程、商店、下载、反馈等。

如果需要创建一个完整项目，需要先到商店界面下载 Framework，也就是 Cocos2d-x 引擎的内核，然后就可以创建项目了。单击项目面板的“新建项目”按钮，在弹出的窗口中选择 Cocos 项目，如图 30-1 所示，填写一些必要信息之后就可以完成项目的创建了。需要注意的是**使用 Cocos 引擎创建的项目有一个弊端，就是默认无法调试到引擎源码**，因为是直接使用编译好的 lib、dll 及头文件，没有源文件。另外一个需要注意的问题就是**在 Windows 下无法打包 iOS 程序包，必须在 Mac 下才可以。**

在创建项目时也可以选择示例，创建一些 CocoStudio 的官方例子来学习 CocoStudio 的用法。这里有登录、关卡选择、背包、菜单、主场景等多个示例，如图 30-2 所示。

图 30-1　使用 Cocos 引擎创建项目

图 30-2　创建 Cocos 示例项目

30.2　使用 CocoStudio 2.x

30.2.1　CocoStudio 2.x 界面介绍

在使用 CocoStudio 2.x 之前先来简单了解一下 CocoStudio 的界面结构，如图 30-3 所示，主要包含菜单栏、工具栏、“控件”面板、“画布”面板、“属性”面板、“资源”面板、

“对象”面板和“动画”面板等。下面简单了解一下各面板的功能。

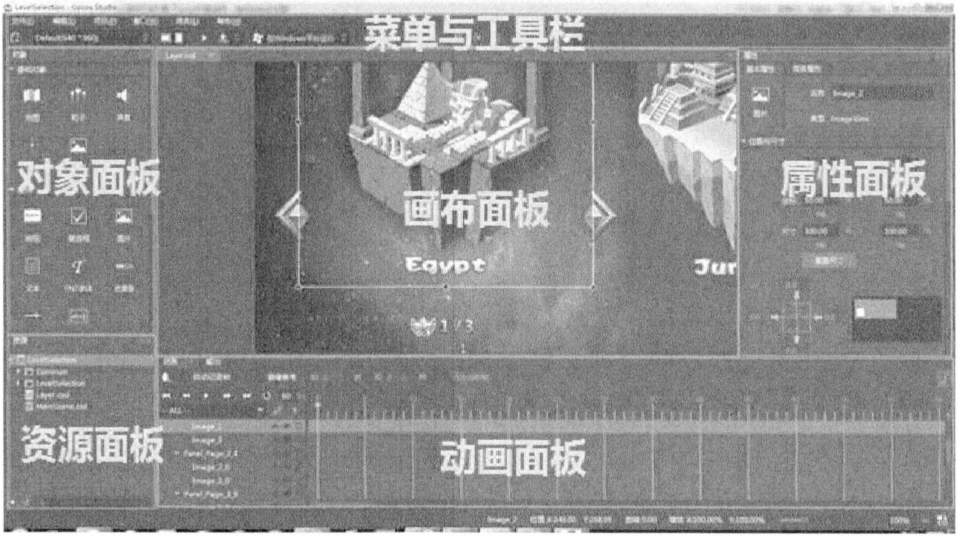

图 30-3　CocoStudio 2.x 主界面

菜单栏包含“文件”（项目和文件的创建、保存、关闭及打开，还有资源的导入及退出 CocoStudio）、“编辑”（撤销与偏好设置）、“项目”（运行、发布与打包以及相关设置）、窗口（各个面板窗口的开启和关闭）、“语言”（切换中英文）和“帮助”等菜单。

- 菜单栏下的工具栏如图 30-4 所示，其功能很多，包含快速新建文件，分辨率与横竖屏设置，运行、发布与打包的快捷键，以及各种对齐和排列方式（选择多个节点可以激活对齐与排列的小图标），单击工具栏最右边的小手按钮和箭头按钮，可以切换编辑画布时的拖曳模式和选取模式，按住键盘上的空格键可以快速切换到拖曳模式。

图 30-4　工具栏

- “画布”面板是 CocoStudio 中最常用的面板，在该面板中可以编辑对象的位置、旋转、缩放及锚点，在“画布”面板上可以同时编辑多个画布，画布上显示的内容都可以在游戏中显示。在 2.x 中，“对象”面板罗列了各种对象，包含基础对象（TiledMap、Node、粒子、声音和 Sprite）、控件（按钮、文本、滚动条和复选框等）、容器（列表、ScrollView 和 PageView 等）、自定义控件（目前只有 Armature）。
- “动画”面板可以用来编辑对象的动画、节点树的结构以及查看播放动画。
- “资源”面板可以用来管理项目中所有的资源文件，包含图片、骨骼、图集、声音、粒子、CocoStudio 文件等。可以实现资源的导入和删除等。需要注意的是，资源面板中的目录结构与磁盘中的目录结构是对应的，如果在磁盘中删除了一个图片，已经引用这个资源的控件会显示资源丢失样式，同时资源面板中的图片文件会被标记为红色。
- “属性”面板是当选中画布中的一个对象时，属性面板会出现该对象对应的属性，此时在属性面板中可以编辑属性，包含基础属性（位置、尺寸、资源、九宫和颜色等）与高级属性（回调函数、类、帧事件和用户数据等）。

30.2.2　使用 CocoStudio 2.x

接下来了解一下 CocoStudio 2.x 的使用流程，首先进入 CocoStudio 项目中（30.1 节中创建的项目）。然后选择新建文件，可以选择新建场景、图层、节点、PLIST 合图以及 3D 场景，如图 30-5 所示。这里选择场景文件，然后填写文件的名称，单击“新建”按钮之后，在资源面板中会生成对应的 csd 文件（CocoStudio Design），csd 文件可以调整目录（文件的默认路径为创建时，资源面板中的当前目录），多个 csd 文件之间可以相互嵌套。

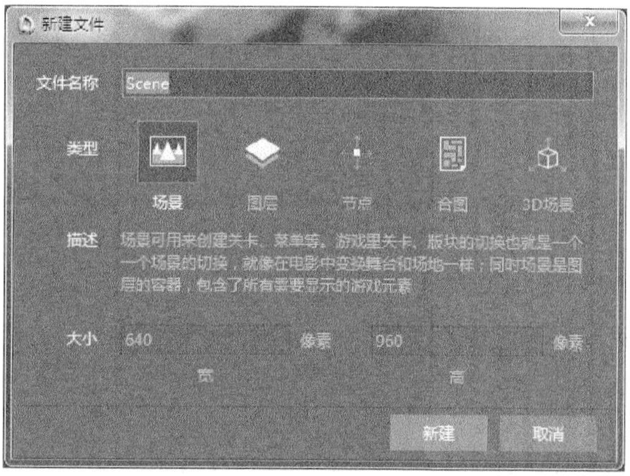

图 30-5　“新建文件”对话框

那么这里新建的几种文件有什么区别呢？

- 场景文件用于编辑场景，一般需要嵌套其他 csd 文件，场景的大小视项目分辨率而定，根节点为 Node。
- 图层文件与场景文件类似，但图层有固定的大小并且根节点为 LayerRGBA。
- 节点文件用于编辑一个节点，可以嵌套其他 csd 文件，根节点为 Node。
- 合图文件等同于 TexturePacker 导出的 Plist 图集，文件的后缀为 csi。
- 3D 场景文件用于编辑 3D 场景，可以添加相机、节点、3D 例子和模型等。

新建完文件之后，可以在左侧的“对象”面板中拖曳各种对象到画布中，从而添加各种对象到画布中。例如，添加一个图片控件，在添加之后还需要设置控件的显示图片，这时需要在“资源”面板中导入图片资源文件（在“资源”面板中利用右键菜单导入，或者在文件菜单中导入，也可以直接添加到对应的磁盘目录中，然后刷新“资源”面板）。

导入资源之后，可以在“资源”面板中拖曳图片资源至图片控件的“属性”面板的图片资源属性中，此时图片控件将更新显示的图片。

调整好画布的内容之后，可以选择发布资源，选择项目菜单下的“发布与打包”命令，在弹出的对话框中进行发布，也可以单击工具栏中的“发布”按钮来发布。

此外，也可以选择在模拟器中运行查看当前编辑的内容。默认会发布到 CocoStudio 项目上层目录的 res 目录下，用到的.csd 文件都会输出.csb 文件（CocoStudio Binary），也可以选择输出.json 文件，而.csi 文件会输出成 Plist 文件。

30.2.3　在程序中加载.csb 文件

res 目录也是程序项目的资源目录，可以在程序的初始化场景中，加载 CocoStudio 发布的.csb 文件。在 CocoStudio 目录的上层可以找到程序的项目文件，上层的目录结构与创建项目时所使用的语言相关。不同的语言会生成不同的目录结构。这里以 C++项目为例，在对应平台的 proj 目录下打开相应的项目文件。

在 HelloWroldScene.cpp 中，可以在 HelloWrold 的 init 方法中，使用 CSLoader 的静态方法 createNode 来加载.csb 文件，将返回的节点添加到场景中即可显示。

```
//包含指定的头文件
#include "cocostudio/CocoStudio.h"
#include "ui/CocosGUI.h"
//引用命名空间
using namespace cocostudio::timeline;
bool HelloWorld::init()
{
  //初始化父类
  if ( !Layer::init() )
  {
    return false;
  }
  //使用 CSLoader 的静态方法 createNode 来加载.csb 文件
  auto rootNode = CSLoader::createNode("MainScene.csb");
  addChild(rootNode);
  return true;
}
```

30.3　动 画 功 能

30.3.1　在 CocoStudio 中编辑动画

在 CocoStudio 2.x 中，可以编辑简单的骨骼动画和序列帧动画。CocoStudio 1.6 的动画编辑器拥有强大的动画编辑功能，但 CocoStudio 2.x 中并没有实现这些功能，只是提供了一些折中的方法来兼容 1.6 的动画编辑器。下面详细介绍 CocoStudio 2.x 的动画编辑功能。

当要编辑动画的时候，需要在“动画”面板中选定对象列表中的对象，然后在时间轴中插入帧。插入两个帧之后，在两个帧中调整对象的位置、缩放、倾斜等属性，两个帧之间会自动填充补间动画，如图 30-6 所示。

目前只能调整位置、缩放与倾斜这 3 种属性，其他属性调整无效，后续可能可以调整更多的属性。拖动时间轴中的当前轴，可以查看动画。

通过左上角的“动画播放”按钮，可以在播放动画、循环播放、多个动画间进行切换，以及逐帧查看动画。

对象列表可以选定当前要编辑的对象，也可以从画布中选择，然后对这个对象进行动画编辑。在 CocoStudio 中无法设置对象的 ZOrder，但是可以在对象列表中，通过拖曳来调整对象显示的先后顺序，也可以在这里调整父子节点关系。

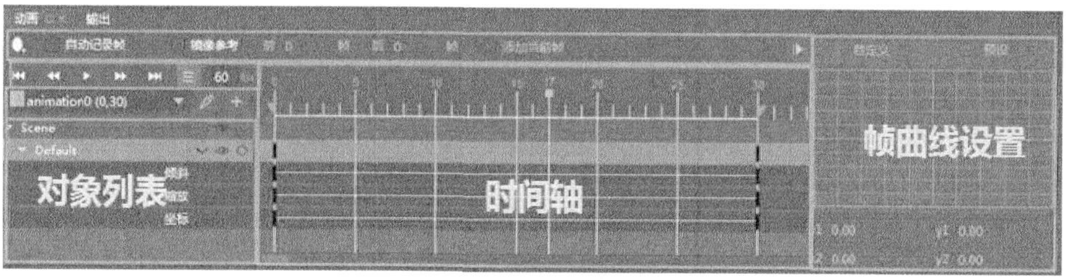

图 30-6　动画编辑器

当需要编辑多个动画的时候，就需要用到动画列表，如图 30-7 所示。在 CocoStudio2.x 中，**所有的动画都被放在一条时间轴上**。也就是说，如果有攻击、移动、死亡这 3 个动画，只要播放，则 3 个动画会连续播放。在最初的 CocoStudio2.0 中甚至都没有动画列表的概念，如果需要单独播放攻击动画，需要记住攻击动画是从第几帧到第几帧，然后在代码中播放从第几帧到第几帧的动画。这样比较麻烦，所以后面的版本升级并引入了动画列表的概念。在动画列表中简单记录每个动画的名字以及其起始帧和结束帧，单击“动画播放”按钮右边的“管理动画列表”按钮，可以打开“管理动画列表”对话框，在这里可以添加和删除动画，并设置动画的起始和结束帧。这些工作与动画编辑无关，只是另外手动记录一份列表，也就是说，你记录的动画列表有可能与实际播放的动画根本不是一回事。添加了动画列表之后，在播放按钮下会出现对应的下拉列表框，通过选择不同的下拉列表框，可以切换要播放的动画。

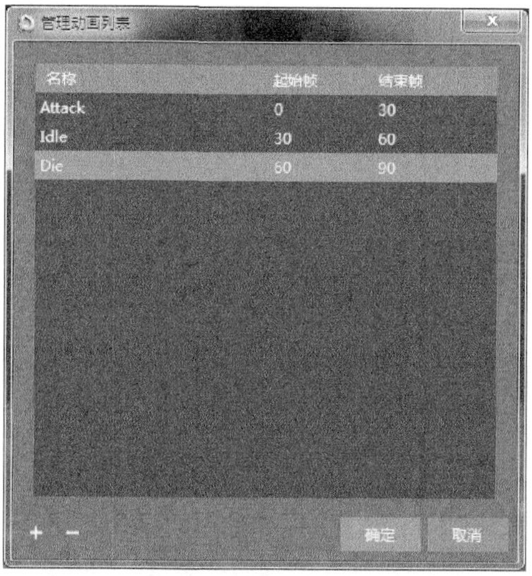

图 30-7　管理动画列表

自动记录帧是一个比较有意思的功能，选中“自动记录帧”复选框，然后选择当前时间轴，再对画布中的对象进行操作，再选择新的时间轴，然后再操作，如此反复，可以快速地连续编辑动画。

在 CocoStudio 中，序列帧动画的制作比较麻烦，一般需要手动添加帧，然后在每一帧中修改对象的图片资源，这种做法相当浪费时间，所以 CocoStudio 2.x 提供了自动创建序列帧动画的功能。在资源面板中，同时选中多个图片资源（按住 Ctrl 或者 Shift 键），右击，在弹出的快捷菜单中选择“创建序列帧动画”命令，会自动创建一个带序列帧动画的 Sprite 对象，如图 30-8 所示。

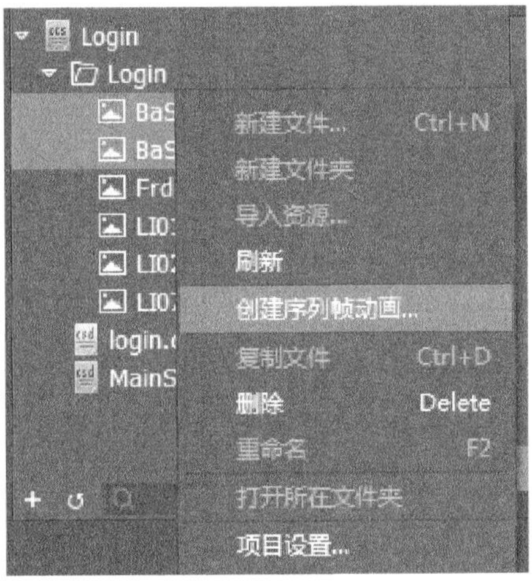

图 30-8　创建序列帧动画

30.3.2　在程序中播放动画

那么在代码中如何播放动画呢？我们的动画信息都保存在导出的.csb 文件中，要播放动画的时候，需要调用 CSLoader 的 createTimeline 方法先将动画创建出来。在 createTimeline 中需要传入对应的.csb 文件，该方法会返回一个 ActionTimeline 指针，接下来需要调用 ActionTimeline 的一些方法，来决定要播放哪段动画。ActionTimeline 本身是一个 Action，所以在最后需要让 CSLoader 创建出来的 Node 执行这个 Action，这样才会有动画被播放出来。示例代码如下：

```
bool HelloWorld::init()
{
  //初始化父类
  if ( !Layer::init() )
  {
    return false;
  }
  //使用 CSLoader 的静态方法 createNode 来加载.csb 文件
  auto rootNode = CSLoader::createNode("MainScene.csb");
  addChild(rootNode);
  //创建 ActionTimeline 对象，并调用 play 方法播放动画列表中的动画
  auto act = CSLoader::createTimeline("MainScene.csb");
  act->play("MyAnimation", true);
  //最后需要让 rootNode 执行 Action
  rootNode->runAction(act);
  return true;
}
```

我们知道，CocoStudio 中只有一个时间轴，如果有两段不冲突的动画，也就是逻辑上可以同时播放的动画，那么是否可以让这两段动画同时播放呢？在 CocoStudio 中将它们编

辑到同一个动画中并不是很靠谱，首先这两个动画是互相独立的，并且播放的时机并不确定，有可能是动画 A 播放了 50%，动画 B 才播放，并且由于这两个动画都是由指定的事件触发的，所以根本不知道对方什么时候会播放，这时可以通过两个 ActionTimeline 来完成这个功能。在需要播放动画的时候创建一个 ActionTimeline 对象，这是一个 Action，然后调用 runAction 方法将这个 Action 传入。当然，这中间可能会有冲突。示例代码如下：

```
//创建 ActionTimeline 对象，并调用 play 方法播放动画列表中的动画
auto act1 = CSLoader::createTimeline("MainScene.csb");
act1->play("MyAnimation1", true);
//让 rootNode 执行 Action
rootNode->runAction(act1);
//创建 ActionTimeline 对象，并调用 play 方法播放动画列表中的动画
auto act2 = CSLoader::createTimeline("MainScene.csb");
act2->play("MyAnimation2", true);
//让 rootNode 执行 Action
rootNode->runAction(act2);
```

30.4　分辨率适配

CocoStudio 2.x 的分辨率适配思路虽然同 1.x 版本相同，但使用方法却是截然不同。由于同时存在两种思路相同但操作方式不同的分辨率适配方法，所以很容易被误导。这里简单介绍一下 CocoStudio 2.x 下的分辨率适配操作，以及如何使其在我们的程序中生效。

在 CocoStudio 2.x 的场景、图层和节点 csd 文件中，可以对所有的节点设置其相对父节点的相对布局或百分比位置，另外还可以设置 **UI 控件**相对父节点的尺寸适配。具体在节点的属性面板中的位置与尺寸下可以进行设置，所有的设置都可以通过右侧的预览视图观察到预期效果，如图 30-9 所示。

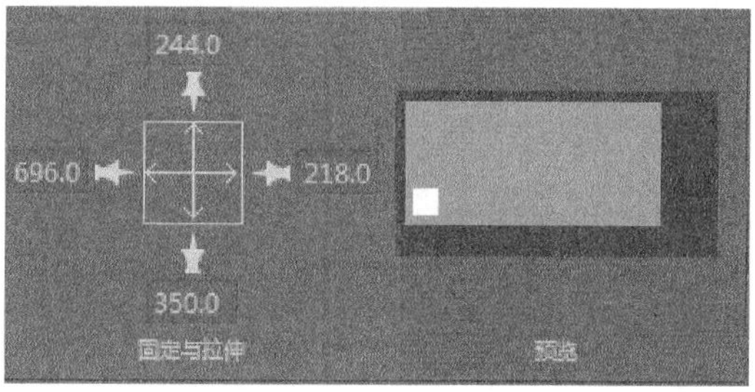

图 30-9　布局设置

如果编辑的是场景文件，那么通过调整当前场景的分辨率可以看到在不同分辨率下的效果。

1. 布局

相对布局可以通过选中图中上、下、左、右的 4 个图钉按钮来设置。图钉旁的数字表示节点对应边距离父节点对应边的距离，也就是 4 个方向的对齐。如果期望节点向右上角对齐，那么只需要选中右方和上方的图钉即可。

当选中了图钉后，对应的输入框会被激活为可输入的状态。这时我们可以调整节点的相对位置，例如选中上方的图钉，然后输入 0，会发现节点的上边紧贴在了父节点的上边，如图 30-10 所示。

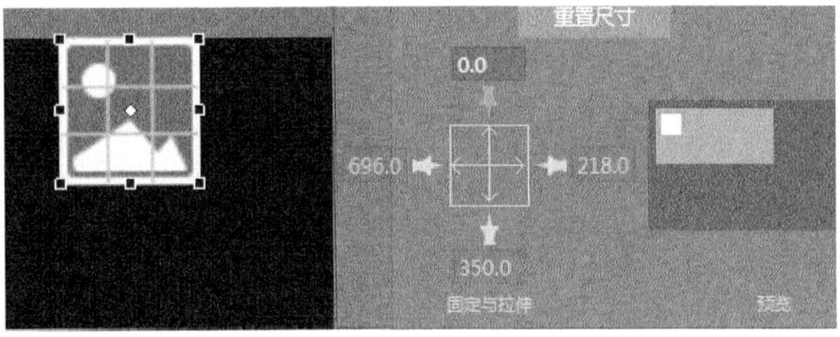

图 30-10　设置布局

这 4 个图钉整合了 CocoStudio 1.6 中的 4 种不同的布局方式：**绝对布局、相对布局、线性横向和线性纵向布局**。它们简单直接，而且更加灵活。

2. 百分比位置

在属性面板的位置与尺寸的坐标选项中有两种模式：像素模式及相对父容器的百分比。百分比模式将会根据**父容器的尺寸**结合所设置的百分比来决定位置。如图 30-11 所示，可以分别对 X 轴和 Y 轴设置不同的模式。

图 30-11　坐标模式

百分比模式和节点布局设置是相互影响的。如果激活了 X 轴的百分比模式，那么布局的左、右图钉会被同时激活，但无法控制图钉对应的参数，因为它将受百分比的值控制。例如，我们设置了 X 轴的百分比值为 50，那么无论父节点如何变化，该节点都会处于父节点水平方向的中间位置。

如果在百分比模式下取消对应的图钉，那么百分比模式就会自动切换成像素模式。而当我们同时选中左和右的图钉后，节点的 X 轴会自动切换成百分比模式。所以说相对布局与百分比是互斥的。

3. 等比缩放

对于 CocoStudio 中的 UI 控件，还可以通过设置让其尺寸根据父节点的尺寸变化。也就是说，当控件的父节点变大或变小时，控件的尺寸可以跟着等比例地变大或变小。通过选中 4 个图钉中间的两条线，可以让控件**尺寸**的宽和高随父节点的**尺寸**等比例缩放。如图 30-12 所示，我们选中了中间的横线，那么当父节点的宽度发生变化的时候，该节点的宽度将随之变化。

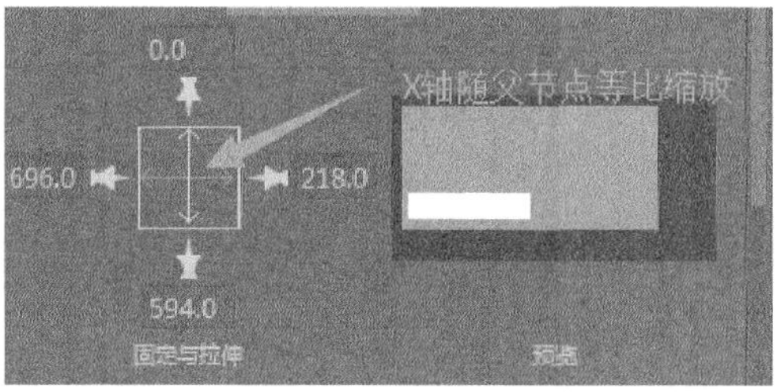

图 30-12　尺寸适配

4. 在程序中生效

在 CocoStudio 2.x 中编辑一个场景或层的时候（CocoStudio 2.x 的节点不存在这个问题，因为节点的尺寸为 0），当设置好各种适配之后，将生成的 CSB 加载到场景中，就会发现分辨率适配规则看上去并没有生效，但如果在模拟器中运行，我们的布局在不同的分辨率下则是有效的。

这里需要设置其尺寸并调用 ui::Helper::doLayout()，传入 CSB 节点来刷新该 CSB 节点的布局使其生效。代码如下：

```
Size frameSize = Director::getInstance()->getVisibleSize();
//设置场景或层的尺寸为当前分辨率的尺寸
node->setContentSize(frameSize);
//刷新布局
ui::Helper::doLayout(node);
auto scene = Scene::create();
scene->addChild(node);
Director::getInstance()->replaceScene(scene);
```

由于是递归刷新，所以也可以直接传入当前场景的根节点。不过传入需要刷新布局的节点会更合适一些。

5. 不生效的原因

CocoStudio 2.x 的布局规则都是需要根据父节点的尺寸来计算的。我们从 CSB 中创建节点的时候，是根据编辑时的尺寸进行布局计算的。

Layer 的尺寸在编辑时是固定的。如果需要让 Layer 适配整个屏幕，那么就需要设置 Layer 的尺寸，然后通过 ui::Helper 的 doLayout 方法来重新进行布局计算。doLayout 会递归遍历某节点下的所有节点，并进行布局计算。

Scene 的尺寸在初始化的时候就会被设置为当前实际的分辨率。那么为什么 CocoStudio 编辑的场景的分辨率适配没能生效呢？因为 CocoStudio 2.x 编辑的场景实际输出的是一个 Node 而不是一个 Scene，所以我们还是需要手动设置其尺寸，并执行 doLayout 方法来刷新布局。

30.5　高级特性

CocoStudio 2.0.5 版本开始，增加了回调特性的功能，使用这个功能可以绑定节点到自定义的类型中，类似 CocosBuilder 的绑定类功能。这是非常实用的一个功能，可以方便 CocoStudio 和程序之间的交互，在编辑场景或编辑 UI 的时候非常有用。例如要在一个场景中摆放好敌人、障碍物等各种对象，那么这些对象在程序中就很可能是一些自定义的类，因为这些对象自身是有一些逻辑的，比如当角色碰到场景中的星星，星星会播放特效，然后消失并添加玩家的分数。如果不使用回调特性绑定类，那么使用起来就相当不方便了，需要通过各种 get 方法来获得这些对象，然后将这些对象管理起来，在另外一个类里操作这些对象。如果使用了自定义的类，那么在 CocoStudio 中创建星星的时候可以通过绑定一个星星类，在星星类中实现相应的逻辑。也就是说，**绑定自定义类可以允许在 CocoStudio 中编辑一些拥有特殊功能的对象**，也可以用来编辑像超级玛丽关卡这样的地图。例如使用 CocoStudio 编辑一些动态的 UI，如背包等 UI，我们无法在编辑的时候知道玩家的背包实际上是怎样的那么可以在程序中实现一个通用的 Grid 类，在 Grid 类的初始化中，根据玩家的背包数据来填充这个背包容器。

在编辑时注意只有根节点才可以绑定自定义的类！那么问题就来了，如果需要在一个场景中摆放多个自定义的星星怎么办呢？只需要将星星做成一个单独的节点文件，然后在场景中嵌入多个星星的.csd 文件即可。

接下来看一下如何使用 CocoStudio 的回调特性。首先选择根节点对象，然后在“属性”面板中，选择“高级属性”，如图 30-13 所示，在“回调特性”下的“自定义类”文本框中输入自定义的类名，这里输入 MyClass。注意，如果输入的类名与代码中注册的类名不一致，例如多了个空格之类的，那么 CSLoader 的 createNode 方法就会返回一个空指针，上层直接使用时会报错。

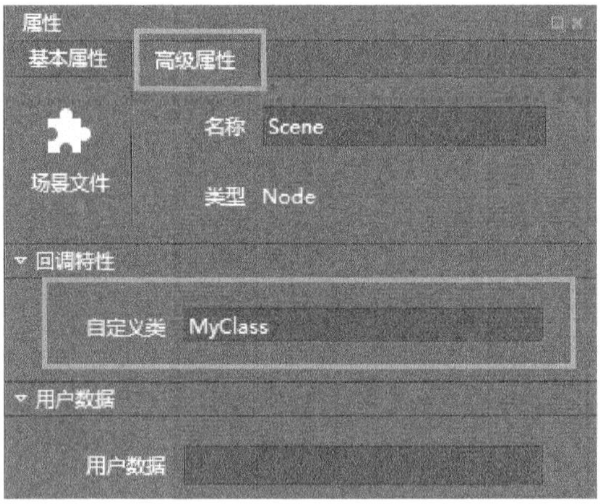

图 30-13　“属性”面板

为了在代码中加载绑定了自定义类的.csb 文件，需要先实现自定义的类，类名不一定要与自定义类输入框中输入的类名一致，如类定义为 CYourClass 都是可以的，因为这里不是根据类名来识别。首先可以添加一个自定义的类 CMyClass，这个类名并不重要，类必须继承于 Node 或 Node 的子类，并且必须有 create 方法，可以使用 CREATE_FUNC 宏快速添加 create 方法。只要满足这两点条件即可。另外，在 onEnter 回调中会弹出一个对话框 I'm CMyClass，以此来检测自定义的类是否生效了。

```
#include <cocos2d.h>
```

```
//必须继承于 Node 或 Node 的子类
class CMyClass
  : public cocos2d::Node
{
public:
  CMyClass() { }
  ~CMyClass() { }
  //需要有 create 方法
  CREATE_FUNC(CMyClass);
  //在 onEnter 的时候弹出对话框
  virtual void onEnter()
  {
    Node::onEnter();
    cocos2d::MessageBox("I'm CMyClass", "Hello");
  }
};
```

接下来还需要实现一个专门创建 CMyClass 的工厂类 CMyClassReader，该类名字没有硬性规定一定要叫什么，我们需要继承于 cocostudio::NodeReader，并添加对应的单例方法，实现 createNodeWithFlatBuffers 虚函数，在虚函数中需要创建一个自定义的 Node，也就是 CMyClass，然后调用 setPropsWithFlatBuffers 来设置 Node 的属性，最后将 Node 返回。

```
#include "cocostudio/WidgetReader/NodeReader/NodeReader.h"
class CMyClassReader
  : public cocostudio::NodeReader
{
public:
  CMyClassReader() {};
  ~CMyClassReader() {};
  //单例方法
  static CMyClassReader* getInstance();
  static void purge();
  //创建类
  cocos2d::Node*   createNodeWithFlatBuffers(const   flatbuffers::Table*
nodeOptions)
  {
    CMyClass* node = CMyClass::create();
    setPropsWithFlatBuffers(node, nodeOptions);
    return node;
  }
private:
  static CMyClassReader* m_Instance;
};
```

由于声明了单例对象，所以还需要在源文件中实现对应的方法并定义单例成员变量，否则会报未定义的错误。

```
//定义单例成员变量
CMyClassReader* CMyClassReader::m_Instance = NULL;
//单例方法
CMyClassReader* CMyClassReader::getInstance()
{
  if (NULL == m_Instance)
  {
    m_Instance = new CMyClassReader();
  }
  return m_Instance;
}
```

```
//单例销毁方法
void CMyClassReader::purge()
{
  CC_SAFE_RELEASE_NULL(m_Instance);
}
```

最后，在使用 CSLoader 进行 createNode 之前，需要将 CMyClassReader 注册到 CSLoader 中，调用 CSLoader 的 registReaderObject 方法，传入注册的类名，以及 CMyClassReader 的 getInstance 函数指针即可。需要特别注意的是，**传入的类名为编辑器中编辑的类名，并且后面需加上 Reader**。如在编辑器中编辑的类名为 MyClass，那么需要注册的名字是 MyClassReader，而不是 MyClass。

```
bool HelloWorld::init()
{
  //初始化父类
  if ( !Layer::init() )
  {
    return false;
  }
CSLoader::getInstance()->registReaderObject(
"MyClassReader",
(ObjectFactory::Instance)CMyClassReader::getInstance);
  auto rootNode = CSLoader::createNode("MainScene.csb");
  addChild(rootNode);
  return true;
}
```

编译并运行代码，在程序启动时就可以看到如图 30-14 所示的对话框。

图 30-14　I'm CMyClass 对话框

此外，所有的 UI 控件都拥有单击回调的回调特性，这是一个比较鸡肋的特性，当设置了回调之后，单击该 UI 控件时，**会回调当前 CocoStudio 根节点的一个回调方法**，当然，前提是根节点必须是自定义的类。如果根节点是普通的节点，那么单击之后不会有事情发生。

可以在场景中添加一个 UI 控件，这里添加一个 ImageView 控件。然后在“属性”面板的“高级属性”下找到“回调特性”，在“回调方法”下拉列表中，选择 Click 或 Touch，对应 UI 的 Click 回调和 Touch 回调，然后在旁边的文本框中输入事件名字（事件名后面将会介绍），如图 30-15 所示。

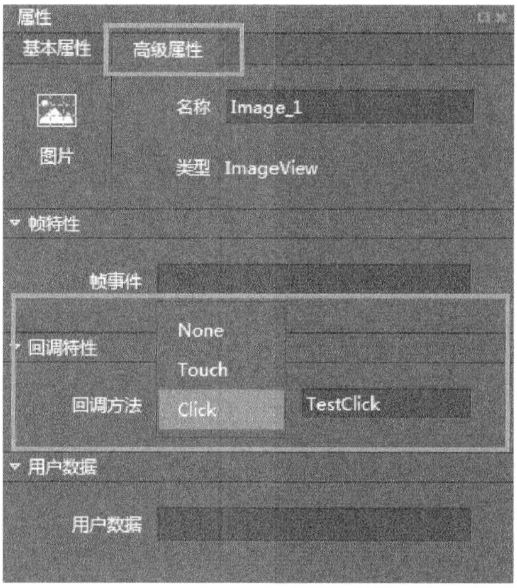

图 30-15 “属性”面板“回调方法”

接下来需要在代码中处理这个单击事件，在 CSLoader 加载节点的时候，如果加载到有回调方法的 UI 控件（也就是 Widget），会将当前加载的 Node（根节点）转换为 WidgetCallBackHandlerProtocol 对象，如果转换成功，再调用 WidgetCallBackHandlerProtocol 对应的方法，来获取回调函数，并设置为当前 UI 控件的点击回调。当单击的时候，UI 控件对应的单击回调会被触发，此时会执行根节点对象返回的回调方法，阅读完下面的代码就比较好理解了。

首先需要将自定义类继承于 WidgetCallBackHandlerProtocol，WidgetCallBackHandlerProtocol 是一个用于处理控件回调的接口类，包含 3 个方法，用于返回 3 种不同的回调，默认都是返回空。

```
namespace cocostudio {
  class CC_STUDIO_DLL WidgetCallBackHandlerProtocol
  {
  public:
    WidgetCallBackHandlerProtocol() {};
    virtual ~WidgetCallBackHandlerProtocol() {};
    //返回一个触摸回调
    virtual cocos2d::ui::Widget::ccWidgetTouchCallback
    onLocateTouchCallback(const    std::string    &callBackName){    return
     nullptr; };
    //返回一个点击回调
    virtual cocos2d::ui::Widget::ccWidgetClickCallback
    onLocateClickCallback(const    std::string    &callBackName){    return
     nullptr; };
    //返回一个事件回调，当前版本的 CocoStudio 暂不支持
    virtual cocos2d::ui::Widget::ccWidgetEventCallback
    onLocateEventCallback(const    std::string    &callBackName){    return
     nullptr; };
  };
}
```

这里将 CMyClass 继承于 WidgetCallBackHandlerProtocol，注意，这里是一个多继承并

且需要包含相应的头文件。我们在 CocoStudio 中编辑的是单击事件，所以可以只重写 onLocateClickCallback 函数。该函数会返回一个 ccWidgetClickCallback 对象，ccWidgetClickCallback 对象的定义为 std::function<void(Ref*)>，也就是对应 void fun(Ref* pSender)函数原型。这里可以返回一个原型相同的成员函数（需要用 CC_CALLBACK_XX 等宏来包装，如返回成员函数 onClicK，则需要 return CC_CALLBACK_1(CMyClass::onClicK, this);），也可以直接返回一个 lambda 函数。

```
#include <cocos2d.h>
#include "cocostudio/WidgetCallBackHandlerProtocol.h"
//使用了多继承
class CMyClass
  : public cocos2d::Node
  , public cocostudio::WidgetCallBackHandlerProtocol
{
public:
  CMyClass();
  ~CMyClass();
  CREATE_FUNC(CMyClass);
  //实现了 WidgetCallBackHandlerProtocol 的虚函数，返回单击回调
  virtual cocos2d::ui::Widget::ccWidgetClickCallback
  onLocateClickCallback(const std::string &callBackName)
  {
    //传入的 callBackName 为在 CocoStudio 中编辑的回调名字
    if (callBackName == "TestClick")
    {
      return[](Ref* psender)->void
      {
        cocos2d::MessageBox("TestClick CallBack is Called", "Hello");
      };
    }
    return nullptr;
  };
};
```

此外，还需要在 CocoStudio 中确保 UI 控件属性面板中，“基础属性”→“常规”→“交互性”，是处于选中状态，否则不会监听单击事件。接下来发布资源并运行程序，单击添加的图片，弹出如图 30-16 所示的对话框。

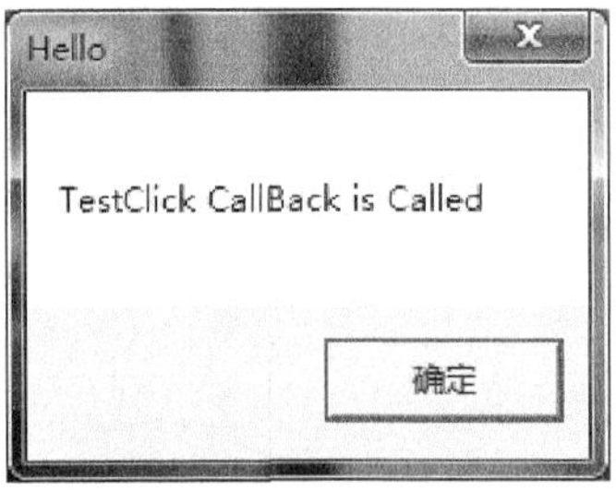

图 30-16　Hello 对话框

当在 CocoStudio 中注册了一个回调事件，而这个 csd 文件又被嵌套在另外一个.csd 文件中，如果子.csb 文件没有绑定自定义类，或者绑定的类没有继承协议类 WidgetCallBackHandlerProtocol，那么在子节点中设置的回调方法，会在根 csd 所绑定的自定义类中返回（前提是根.csd 绑定了继承于 WidgetCallBackHandlerProtocol 的类），这需

要 Cocos2d-x 3.5 之后的版本（3.4 的版本存在 BUG）。

30.6　其 他 特 性

1．帧事件

在场景中对象的高级属性面板中，可以编辑帧特性下的帧事件。帧事件顾名思义是在动画播放到某一帧的时候，触发一个事件，在程序中监听这个事件，当事件触发时，调用相应的回调。

要添加帧事件，首先需要选中动画面板中的自动记录帧这个选项，如图 30-17 所示。然后在需要触发帧事件的节点中，在其属性面板的高级属性标签页的帧特性中，输入帧事件的名称，然后按 Enter 键，如图 30-18 所示。这时我们可以缓慢播放动画，或手动拉动当前时间轴。可以发现，当动画播放到了指定帧时，节点属性的帧事件属性会发生改变。

图 30-17　自动记录帧

图 30-18　编辑帧事件

选中了自动记录帧时，当节点属性发生变化时会自动在时间轴面板中记录一帧，否则需要在时间轴面板中手动添加一帧，然后记录修改。

接下来可以在代码中监听这个帧事件。因为这个帧事件是在动画的某一帧，由某个节点触发的，所以这里需要先使用导出的.csb 文件创建一个动画，也就是 ActionTimeline 对象。调用其 setFrameEventCallFunc 方法可以设置帧事件触发时的回调。最后由节点执行这个动画，等待帧事件的触发即可。TestCpp 中的 ActionTimelineTestScene 中演示了如何使用，代码如下：

```
void TestTimelineFrameEvent::onEnter()
```

```
{
    ActionTimelineBaseTest::onEnter();
    //创建并播放动画
    Node* node = CSLoader::createNode("ActionTimeline/DemoPlayer.csb");
    ActionTimeline*  action  =  CSLoader::createTimeline("ActionTimeline/
     DemoPlayer.csb");
    node->runAction(action);
    action->gotoFrameAndPlay(0);

    node->setScale(0.2f);
    node->setPosition(150,100);
    addChild(node);
    //注册帧事件
    action->setFrameEventCallFunc(CC_CALLBACK_1(TestTimelineFrame
     Event::onFrameEvent, this));
}
//帧事件的回调
void TestTimelineFrameEvent::onFrameEvent(Frame* frame)
{
    //强转为 EventFrame
    EventFrame* evnt = dynamic_cast<EventFrame*>(frame);
    if(!evnt)
        return;
    //获取事件名
    std::string str = evnt->getEvent();
    //getNode 将返回执行动画的节点
    if (str == "changeColor")
    {
        evnt->getNode()->setColor(Color3B(0,0,0));
    }
    else if(str == "endChangeColor")
    {
        evnt->getNode()->setColor(Color3B(255,255,255));
    }
}
```

2．自定义数据

在场景中对象的高级属性面板中还可以编辑用户数据，输入自定义的数据。这里主要是输入字符串。自定义数据的作用类似于 Tag，但字符串可以保存更多的数据。然而，在目前的 CocosStudio 中，仍然不能使用这一特性，所以请直接忽略它，无须纠结如何获得在 CocosStudio 中编辑的用户数据，因为目前的 CocosStudio 在加载 Node 时不会去解析这个属性。

3．骨骼动画

严格来说，CocoStudio 2.x 对骨骼动画的支持并不好。我们期望的骨骼动画对象是一个 Armature 对象，而不是一个普通的 Node 对象。因为 Armature 对象拥有非常强大的功能。那么使用了 CocoStudio 2.x 之后，应该如何使用骨骼动画呢？如果不需要在 CocoStudio 2.x 中编辑它，那么就直接使用 CocoStudio 1.6 导出的.csb 骨骼文件；如果需要在 CocoStudio2.x 中放置它，将它拖放到场景中，则可以使用 CocoStudio 2.x 中的 Armature 对象，然后导入 CocoStudio 1.6 的.json 骨骼文件。最后一种方法是将 CocoStudio 1.6 的骨骼动画导入，转为 CocoStudio 2.x 的普通动画，但这会丢失很多内容。

CocoStudio 2.3.2 Beta 版本开始支持编辑骨骼动画，在新建文件时可以发现新增了骨骼动画的选项，如图 30-19 所示。

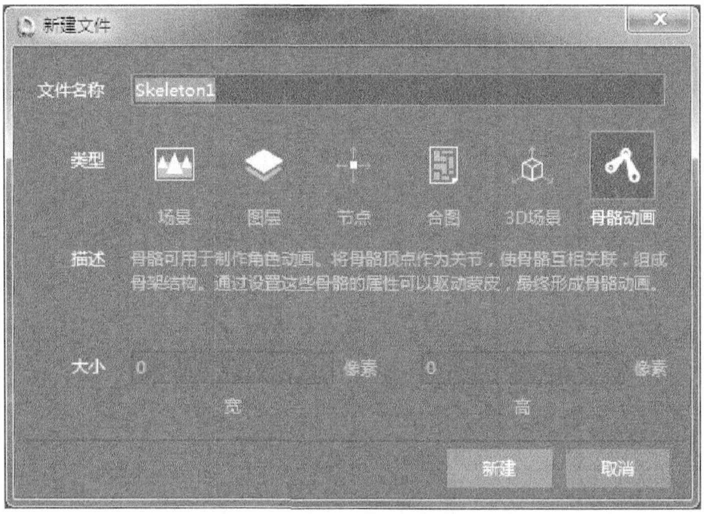

图 30-19　创建骨骼动画

还可以导入 CocoStudio 1.6 的骨骼动画，通过文件→导入→导入 1.6 版本项目...导入到 CocoStudio 中，将会生成新的骨骼动画，该骨骼动画保留了骨骼关系及动画列表等特性，如图 30-20 所示。

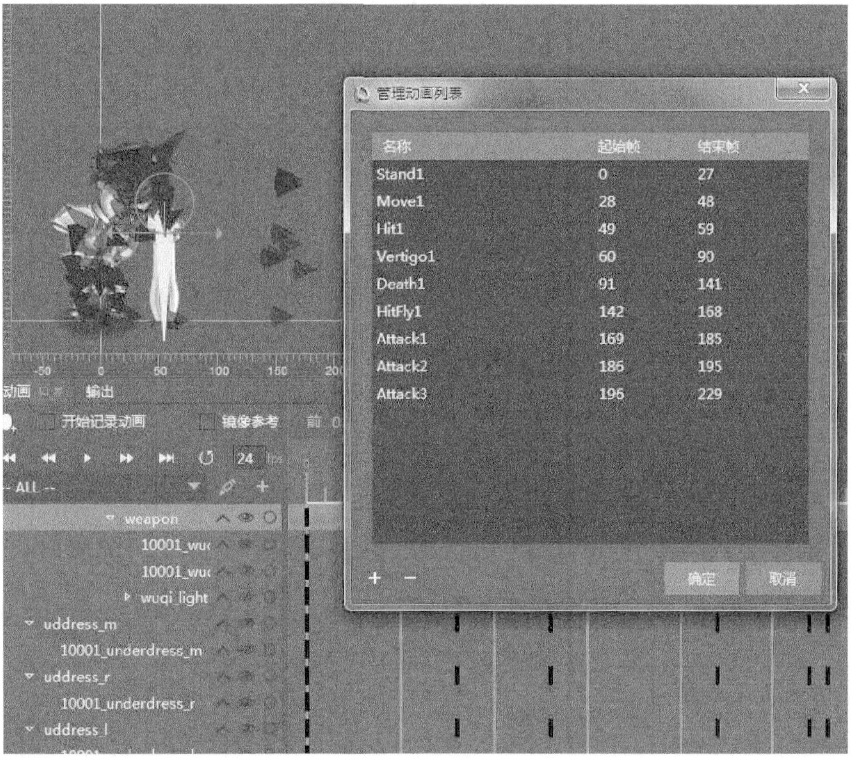

图 30-20　导入 1.6 的骨骼动画

需要注意的是，新的骨骼动画文件不是一个 Armature 对象，而是一个 SkeletonNode 对象，它需要 **Cocos2d-x 3.7.1** 版本以上的引擎才能够解析。

SkeletonNode 的定义位于引擎目录下的 cocos\editor-support\cocostudio\ActionTimeline 目录中的 CCSkeletonNode.h 和 CCSkeletonNode.cpp 文件中。在 TestCpp 的 TestActionTimelineSkeleton 示例中演示了 SkeletonNode 的使用。与 Armature 的功能类似，但代码简洁很多。

30.7　在 Windows 下调试引擎

在 Windows 下使用 Cocos 创建的项目并不能调试 Cocos2d-x 的代码，非常不方便，例如，当需要单步调试的时候无法跟进 Cocos2d-x 的代码，或者程序在 Cocos2d-x 内部崩溃的时候无法定位到崩溃处的堆栈，如图 30-21 所示。

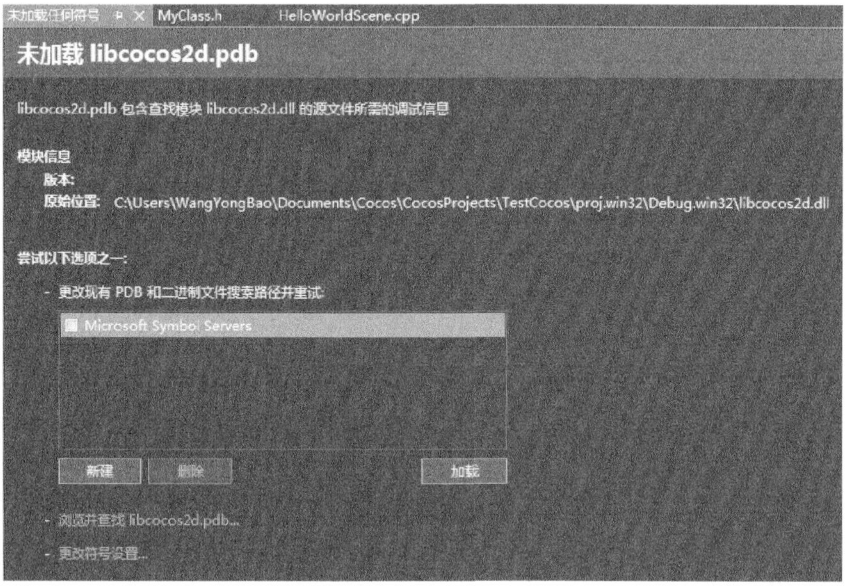

图 30-21　调试

首先 Cocos 引擎自身的 Cocos Framework 没有工程文件，也没有源码，有的只是一堆的头文件以及编译好的 lib 和 dll 文件，那么怎样才能调试到 Cocos2d-x 的源码呢？首先需要下载对应版本的 Cocos2d-x 引擎源码并进行编译。这个很好理解，要进入 cpp 源码中，而 Cocos Framework 并没有引擎的 cpp 源码，那么自然需要下载一份版本对应的源码。接下来需要将头文件的搜索路径、库路径，以及链接的库都指向最新的源码中，然后修改项目的一些属性，这些操作有些麻烦，具体步骤如下：

（1）下载 Cocos2d-x 的引擎源码 http://www.cocos.com/download/cocos2d-x/，解压至一个纯英文路径下，对解决方案进行编译。

（2）在项目属性→C/C++→常规→附加包含目录下，将指向引擎的包含路径修改为下载引擎的路径（可直接修改 COCOS_FRAMEWORKS 或 COCOS_X_ROOT 环境变量）。

（3）将 Cocos2d-x 引擎编译生成的 dll、lib、pdb 文件复制至项目的输出目录，即 proj.win32\Debug.win32 目录，该目录视项目的$(OutDir)环境变量而定。

（4）在 main.cpp 中移除链接 libcocos2d_201x.lib 的源码，因为这些 lib 文件是 Cocos 引擎自带的并没有包含调试信息，而且需要链接的是下载的 Cocos2d-x 引擎编译出来的代码。

```
#if _MSC_VER > 1700
#pragma comment(lib,"libcocos2d_2013.lib")
#pragma comment(lib,"libbox2d_2013.lib")
#pragma comment(lib,"libSpine_2013.lib")
#else
#pragma comment(lib,"libcocos2d_2012.lib")
#pragma comment(lib,"libbox2d_2012.lib")
#pragma comment(lib,"libSpine_2012.lib")
#endif
```

（5）在项目属性→链接器→输入→附加依赖项下，添加项目的链接库为 libcocos2d.lib、glew32.lib、因为 libcocos2d_2013.lib 将 glew32.lib 一起链接进来了，所以链接了 libcocos2d_2013.lib 就不需要再链接 glew32.lib 了，但原始的 libcocos2d.lib 并没有链接它。

（6）将项目属性——C/C++——代码生成——运行库，从多线程 DLL(/MD)修改为多线程调试 DLL(MDD)。Cocos 引擎生成的 DEBUG 项目实际上使用的是 Release 的设置。

（7）删除项目属性中生成事件→预链接生成事件，以及命令行中的内容，避免额外的麻烦。

（8）重新编译项目，再次调试即可进入 Cocos 引擎源码了。

第 31 章　使用 CocosBuilder

CocosBuilder 是一个第三方的开发工具，可以用于设置游戏界面及动画。CocosBuilder 3.0 还支持直接编辑 JS 脚本，以及直接运行游戏。不过 CocosBuilder 只有 Mac 版本，所以无法在 Windows 下使用。

之所以介绍 CocosBuilder，因为是一个不错的工具。在 CocoStudio 出现之前（甚至出现后很长的一段时间内），是程序员编辑场景、界面的最佳选择，并且 CocoStudio 后面新增的一些绑定类、绑定回调等有用的特性，也是参照了 CocosBuilder 的特性，但可惜的是，目前 CocosBuilder 已经停止维护了。本章主要介绍以下内容：

- ❑ CocosBuilder 简介。
- ❑ 编写代码加载 CCBI。
- ❑ 播放动画。

31.1　CocosBuilder 简介

31.1.1　CocosBuilder 界面简介

Mac 下的程序启动之后，可以分为主界面和菜单两部分，先来了解一下 CocosBuilder 的界面。CocosBuilder 界面的整体结构如图 31-1 所示。

- ❑ 左上角的按钮提供了编辑区域的缩放功能，以及单击模式和拖曳模式的切换。
- ❑ 右上角的按钮用于在 CocosBuilder 中创建控件。
- ❑ 左边的项目树对应 CocosBuilder 项目文件所在的文件夹路径，在 Finder 中添加的资源文件都可以在 Project 视图下找到。
- ❑ 右边的属性面板用于编辑单个对象的属性（一般是节点），如位置、图片、旋转等。
- ❑ 正下方的时间轴面板可以编辑动画，也可以找到当前场景中所有的节点，可以编辑节点之间的父子关系。
- ❑ 中间的编辑视图可以很直观地进行场景编辑。

移动鼠标到屏幕的最上方可以发现 CocosBuilder 的菜单栏，如图 31-2 所示。CocoBuilder 的菜单栏包含文件、编辑、对象、视图、动画、窗口、帮助等菜单。

31.1.2　工作流程

接下来看一下 CocosBuilder 的工作流程，如图 31-3 所示。

（1）在 CocosBuilder 中编辑界面（可以设计各种动画及自定义类、绑定回调函数等）。

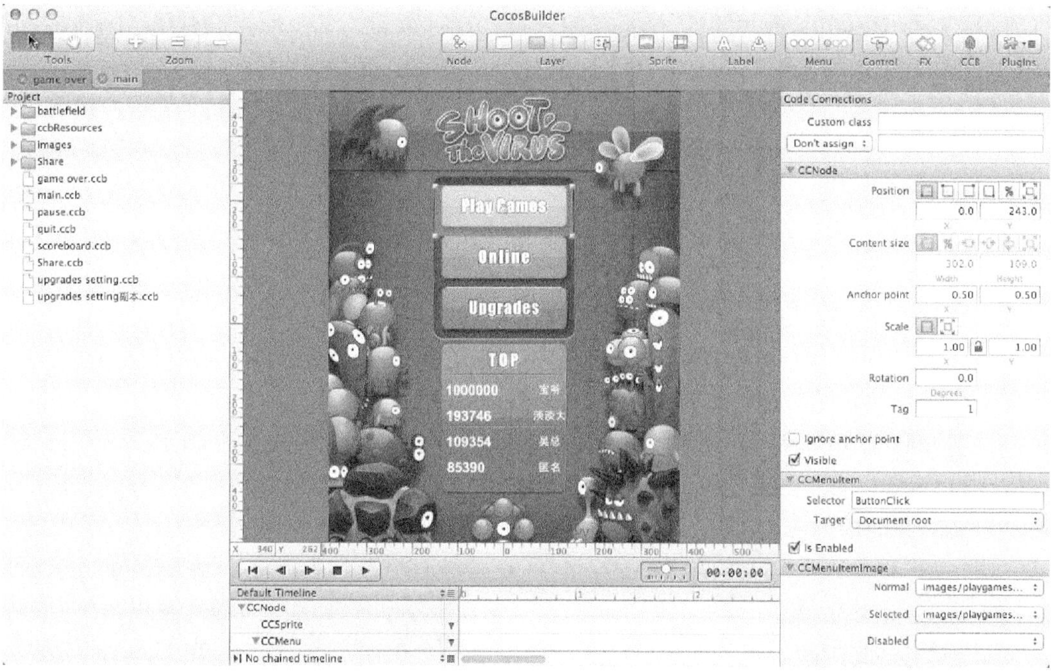

图 31-1　CocosBuilder 界面

图 31-2　CocosBuilder 菜单栏

（2）将 CocosBuilder 项目发布，生成 ccbi 文件。

（3）将.ccbi 文件和相关的图片资源导入项目中，与普通的资源一样。

（4）如果在 CocosBuilder 中添加了自定义类（Custom class），需要在项目中为自定义类编写代码。

（5）在需要创建界面的地方调用 CocosBuilder 库的函数创建它们，并添加到游戏场景中。

图 31-3　工作流程

31.1.3　常见问题

下面是一些在使用 CocosBuilder 的过程中比较常见的问题。

- 顺序问题，修改 Default Timeline 面板的节点先后顺序，可以决定显示的先后关系，其实也是添加节点的先后顺序，并没有 ZOrder。
- 菜单 CMenu 只可以添加 CCMenuItemImage 对象为子节点。

- **View Resolution 可以选择不同的分辨率进行编辑**，这个功能很有用，因为可以直接看到当前编辑的场景，在不同的分辨率下有怎样的表现。
- 添加子节点，选中一个节点，再选中“控件”面板即可添加为子节点，也可以在“时间轴”面板中，将子节点拖曳到父节点上自动成为其子节点，也可以从父节点中拖出来。
- CCSprite9Scale 是九宫精灵，适用于拉伸按钮，但在代码方面，一个 CCSprite9Scale 需要创建 9 个 CCSprite，如果只是想添加一个 CCSprite，请不要使用 CCSprite9Scale。
- CMD 和+ 快捷键可以放大编辑视图，CMD 和-快捷键可以缩小编辑视图，双手指拖动可以平移编辑视图。
- Menu 和 Control 是不同的控件，相比 Cocos2d-x 的 CCMenu 和 CCControlButton、Control 控件更强大一些，但大部分的按钮都是选择 Menu，因为大部分按钮的需求都很简单，简单的需求就用简单的方法来做。
- 当程序运行后找不到图片资源时，一定是没有将图片资源添加到 XCode 的资源目录下，这个操作需要在 XCode 的项目面板中手动添加图片资源才可以。
- 版本问题导致创建的 Node 为空。Cocos2d-x 2.0.4-3 对应 CocosBuilder 2.1。另外，**CocosBuilder 3.0 需要下载完整源码，编译出 cocosplayer 才可以发布 ccbi 文件，**且有 BUG。在 Cocos2d-x 中对应 CCLayerLoader 的解析是 isxxx 属性字符串，而 CocosBuilder 3.0 生成的却是 xxx 属性字符串，前面没有 is，所以在属性检查的时候会崩溃。这个 BUG 应该是 CocosBuilder 的 BUG，因为 Cocos2d-x 中所有版本的解析类都是 isxxx，但是 CocosBuilder 3.0 却把这个前缀去掉了。
- 从 CocosBuilder 1.0 到 CocosBuilder 2.1 的几个版本（笔者只尝试了 2.1，1.0 似乎也是如此）生成的.ccbi 文件版本号都是 3，而 Cocos2d-x 2.0.2 之前引擎要求的 ccbi 版本号都是 2，版本不对应，所以不可用！而 Cocos2d-x 2.0.4 版本是 3，可用！**CocosBuilder 3.0 需要对应 Cocos2d-x 2.1 及以后的版本**。
- 千万别忘了**先保存再发布**。
- 不要在资源文件或文件夹名中加上空格，那样 XCode 读取资源会失败，必须把空格去掉，但去掉之后会发现图片丢失的问题，所有的图片都丢失了。这时可以用文本编辑器快速查找替换.ccb 中的空格，这样效率更高，比手动重新选择图片快 N 倍。
- CCScale9Sprite 显示错位的问题，这个问题是因为 CCScale9Sprite 忽略了锚点而导致，**选中 ignore anchor point 即可解决问题**（这是 CocosBuilder 的一个 BUG，最新版本不知是否修复了该错误。有一个美术人员将场景中五十多个节点都用 CCSprite9Scale，加载到场景中时全部错位了，一个一个修改非常浪费时间，可打开 CocosBuilder 的.ccb 文件，这是一个 XML 文件，启用快速替换功能，可快速将所有的节点改过来）。
- 图片路径问题，不要选中 Flatten paths when publishing 复选框，**该复选框会将资源的路径去掉，只保留文件名，如果选中需要将.ccbi 文件删除再重新发布**，否则资源名不会改变。之所以有这个复选框，是因为当将所有的 UI 图片打包成一张图集的时候，只有图片名称而没有路径，所以如果将 UI 图片打成图集，可以选中该复选框，如图 31-4 所示。

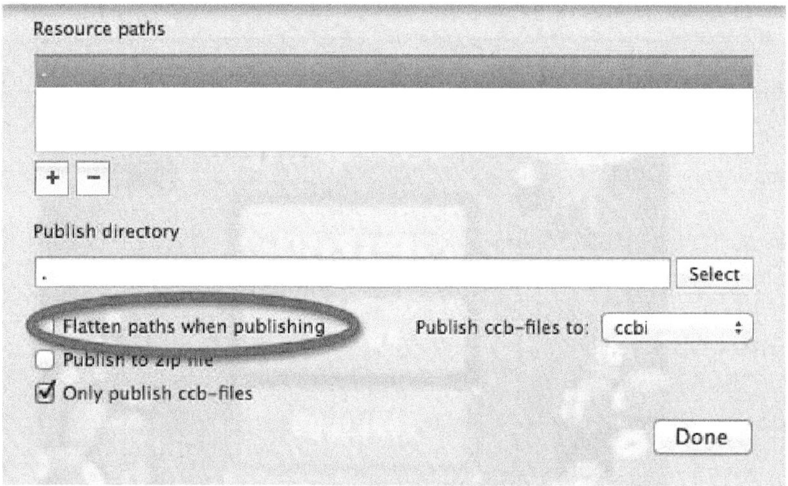

图 31-4 Flatten paths when publishing 复选框

- 在新建一个场景、层、节点的时候（如图 31-5 所示），可以选择 Root object type 为 CCLayer，并设置其支持的各种分辨率。而其他情况下，可以选择一个 CCNode 或者 CCSprite 来设计一个弹出对话框或一个角色。

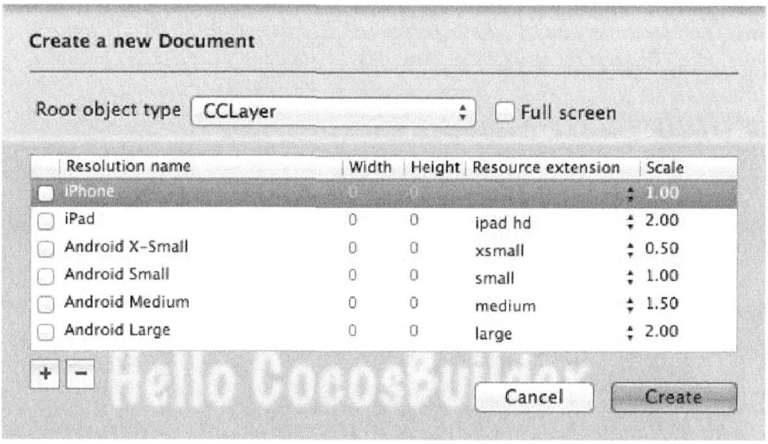

图 31-5 创建新文档

31.2 编写代码加载 ccbi

介绍完 CocosBuilder 编辑器的使用之后再介绍一下如何编写代码，让我们的程序加载 CocosBuilder 生成的.ccbi 了。

使用 CocosBuilder 导出的.ccbi，本质上就是根据 CocosBuilder 的描述，生成一个一模一样的节点。每个.ccbi 都对应一个节点（这里指根节点），这个根节点下可能会有很多的子节点。

31.2.1　创建普通节点

根据.ccbi 创建一个基础的节点，步骤如下。

（1）准备工作，包含头文件：

```
#include "cocos-ext.h"
```

（2）在源文件中声明命名空间：

```
USING_NS_CC_EXT;
```

（3）初始化 CCB 相应的库：

```
CCNodeLoaderLibrary *lib = CCNodeLoaderLibrary::sharedCCNodeLoader Library();
CCBReader *reader = new CCBReader(lib);
```

（4）传入对应的.ccbi 文件，创建 Node：

```
CCNode* pNode =reader->readNodeGraphFromFile("testNode.ccbi");
```

（5）最后千万不要忘了释放 reader：

```
reader->release();
```

现在我们有了一个基础的节点，但在很多情况下需要将 CocosBuilder 中编辑的节点绑定到某个类上，例如，当需要为拖放上去的按钮添加一个回调函数的时候，以及需要为这个节点编写代码的时候，都需要将节点绑定到一个类上。

31.2.2　绑定到类

接下来介绍在 CocosBuilder 中将节点绑定到类的步骤。要将节点绑定到类需要做 3 件事情：

- 需要先把这个类写出来。
- 需要为这个类写一个加载器。
- 将加载器注册到 CCNodeLoaderLibrary 中，以便于创建节点。

对于这个类的要求很简单，直接或间接继承于 CCNode，并且需要有一个静态的 create 方法。例如，笔者写了 CUIAccountBox 类，用来弹出一个结算对话框，需要在该类的函数声明中加上下面这行代码：

```
public:
    CCB_STATIC_NEW_AUTORELEASE_OBJECT_METHOD(CUIAccountBox, create);
```

类的加载器是比较简单的，基本上每个类的加载器的代码都差不多，只是名字不一样：

```
class CUIAccountBoxLoader : public cocos2d::extension::CCNodeLoader
{
public:
CCB_STATIC_NEW_AUTORELEASE_OBJECT_METHOD(CUIAccountBoxLoader, loader);
protected:
CCB_VIRTUAL_NEW_AUTORELEASE_CREATECCNODE_METHOD(CUIAccountBox);
};
```

上面的 **Loader 继承于 CCNodeLoader**，并且用 CCB 的宏定义了两个方法——loader 静态方法，返回一个 CUIAccountBoxLoader 及 CreateNode 方法。

CUIAccountBoxLoader 会调用 CUIAccountBox 的 create 方法。**假设 CUIAccountBox 没有 create 方法**（注意大小写），那么编译会出错。

最后就可以创建自定义的节点对象了。创建方法与创建一个 Cocos2d-x 节点类似，调用 CCBReader 的 readNodeGraphFromFile 方法，传入要加载的 ccbi 文件来创建自定义的节点对象。

```
CCNodeLoaderLibrary *lib = CCNodeLoaderLibrary::sharedCCNodeLoader Library();
lib->registerCCNodeLoader("UIAccountBox",
CUIAccountBoxLoader::loader());
CCBReader *reader = new CCBReader(lib);
CUIAccountBox* box = dynamic_cast<CUIAccountBox*>(reader->readNodeGraph
FromFile("ui/account.ccbi"));
reader->release();
```

需要注意的代码是第 2 行和第 5 行。第 2 行代码绑定了 **UIAccountBox 类**，将 CUIAccountBoxLoader 的加载方法注册进去。一旦读取到某个节点绑定了 UIAccountBox 类，就会调用 CUIAccountBoxLoader 来创建这个节点。

第 4 行代码在读取节点的时候做了一个动态转换，这个时候可以使用 box 的任何成员方法，当然也可以不转换，把它当做 Node 来使用。

31.2.3　绑定回调函数

接下来了解一下如何调用按钮的回调方法，在 CocosBuilder 中经常会摆放一些按钮，这时候往往需要为按钮设置单击的回调函数。

在设置完回调函数之后，需要在绑定的类中实现该回调函数。需要继承一个 CCBSelectorResolver，其会有两个接口来实现。需要实现 onResolveCCBCCMenuItemSelector 接口来绑定/注册 MenuItem 的单击回调方法，实现 onResolveCCBCCControlSelector 接口来绑定/注册 CCControl 的回调。

```
virtual cocos2d::SEL_MenuHandler onResolveCCBCCMenuItemSelector (cocos2d::
CCObject * pTarget, cocos2d:: CCString * pSelectorName);
virtual  cocos2d::extension::SEL_CCControlHandler  onResolveCCBCCControl
Selector(cocos2d::CCObject * pTarget, cocos2d::CCString * pSelectorName);
```

例如，在 CocosBuilder 中将某个按钮的回调绑定到 CUIAccountBox 函数的 ButtonClick 方法中，那么需要在这里将 ButtonClick 绑定到实际的回调函数中：

```
SEL_MenuHandler CUIAccountBox::onResolveCCBCCMenuItemSelector(CCObject *
pTarget, CCString * pSelectorName)
{
   CCB_SELECTORRESOLVER_CCMENUITEM_GLUE(this, "ButtonClick", CUIAccountBox::
   onButtonClick);
   return NULL;
}
```

这里使用了 CCB_SELECTORRESOLVER_CCMENUITEM_GLUE 宏来绑定一个回调函数的标识，到一个真正的回调函数中。

这里将 ButtonClick 这个字符串对应到了 CUIAccountBox 的 onButtonClick 方法中，而这个 onButtonClick 方法就是一个正常的 MenuItem 单击回调方法。

最后分享一点经验：当我们在写一个类的 Loader 的时候，往往会去继承 CCNodeLoader。但是，当自定义的类是一个 Sprite 或者 MenuItem 类时，**必须继承 CCSpriteLoader 或者 CCMenuItemLoader 类才可以**，否则创建出来的对象不会执行 Sprite 或 MenuItem 的初始化。

31.2.4　绑定成员变量

绑定成员变量的本质是将一个节点作为另一个节点的成员变量。

例如，用 CocosBuilder 来编辑这样的一个 UI，界面的层次非常复杂，有三五层父子节点层次在那里。假设需要获取一个子节点的子节点的子节点，那么可以想象代码是什么样的。这样的代码是死代码，只要节点层次稍微变动一下，代码就会失效。

上面是根据 Cocos2d-x 的节点机制，来定位到节点树下的某个节点。要避免这种情况，一般会将这个隐藏很深的子节点直接放到最上层，这样可以直接使用 getChild 方法来获取这个节点。当确实需要将其藏得很深的时候，可以直接使用成员变量来获取这个节点，这样就无须调用一堆巨长无比的 getChildByTag 方法一层一层地查找隐藏在深处的节点。

在代码里创建节点时，可以在节点创建的时候设置为某个类的成员变量，而在 CocosBuilder 中，可以这么做：

- 让节点继承于 CCBMemberVariableAssigner，这里的节点指的是拥有成员变量的节点，如 A 是 B 的成员变量，可以 B->A.xxx()。这个需要继承于 CCBMemberVariableAssigner 的节点就是 B 节点。
- 重写绑定成员变量的接口。

```
virtual bool onAssignCCBMemberVariable(cocos2d::CCObject* pTarget, const
char* pMemberVariableName, cocos2d::CCNode* pNode);
```

- 在 onAssignCCBMemberVariable 中绑定成员变量。

```
CCB_MEMBERVARIABLEASSIGNER_GLUE(this, "TimeText", CCLabelTTF*, this->
m_TimeText);
return true;
```

在这里将一个文本控件绑定到 CUIAccountBox 的成员变量 m_TimeText 中，而在 CocosBuilder 中填写的变量名为 TimeText，是一个 CCLabelTTF 类型的指针。

31.2.5　初始化流程

我们习惯在 init 函数中对成员变量进行初始化、设置，在这里我们无法在 init 函数中对前面绑定的 m_TimeText 变量进行初始化。因为在 init 中成员变量还未被绑定，具体可以看以下流程。

（1）构造函数，按照节点数从上到下进行构造，每个构造函数调用完，紧接着调用 init。

（2）对成员变量、回调函数等进行绑定。

（3）调用 CCNodeLoaderListener::onNodeLoaded，在类以及其对应的子节点全部创建

完毕后，会回调类的 onNodeLoaded。

（4）此时可以获得一个创建成功的节点，对其进行操作，可以调用其他一些初始化方法对在 init 中未能初始化的变量进行初始化。

（5）一般，创建完成会将节点添加到场景中，此时，在 onEnter 里也可以进行这个初始化。

结合上面的流程，当需要对自定义的类进行一些初始化时，可以直接放在 init 中，假设需要初始化绑定的成员变量可以继承 CCNodeLoaderListener，在 onNodeLoaded 方法中初始化它们。

假设这个初始化需要更多的操作（如需要其他的 ccbi 加载完成之后才能执行），可以在节点创建完成之后，在合适的时机调用另外的一个 initXXX 方法来初始化或执行一些代码。

最后，可以选择在 onEnter 函数中来写这些代码。当然，不要忘记调用父类的 onEnter 方法。

31.2.6　在 Cocos2d-x 3.x 版本中使用

由于 Cocos2d-x 3.x 版本的代码发生了较大的变化，所以在方法、接口、命名方面都需要做相应的调整。具体可以参考 1.4 节中的约定的内容，以及 TestCpp 中 ExtensionsTest 下的 CocosBuilderTest 的示例代码，在其中可以找到当前版本的写法。

31.3　播 放 动 画

在 CocosBuilder 中既可以编辑骨骼动画也可以编辑逐帧动画。CocosBuilder 的的逐帧动画是在骨骼动画的基础上稍加变化而成的，该功能虽然说比较强大，但实际用到的不多。

在制作动画的时候，相对于使用 CocosBuilder 和 CocosStudio，美术人员更倾向于使用 Flash 或者 Spine 等工具来编辑动画，主要是体验、习惯、以及制作效率等方面的问题。

本节并不介绍在 Cocos2d-x 里如何使用 Flash 制作动画。关于骨骼动画，可以参考第 29 章的内容，本章的主题还是 CocosBuilder。

播放动画这里分为两个部分，一部分是如何在 CocosBuilder 中编辑动画，另一部分是如何在代码中进行调用，播放 CocosBuilder 导出的动画。

31.3.1　编辑动画

CocosBuilder 动画基于时间轴，每个时间轴表示一段动画，时间轴有名字和时间、是否自动播放等属性。

首先需要在 Animation 下添加一条时间轴，选择 Animation 菜单，然后选择 Edit Timelines 选项，如图 31-6 所示。

图 31-6　动画菜单

在弹出的对话框中单击左下角的“+”按钮创建一个时间轴，可以设置时间轴的名字及总时间，如图 31-7 所示。

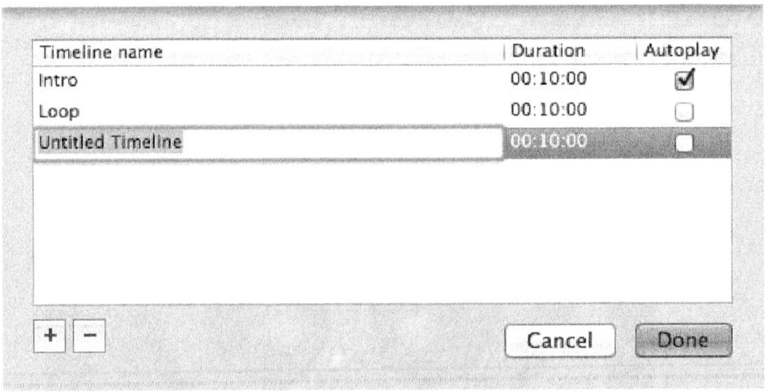

图 31-7　添加时间轴

创建好时间轴之后，可以在最下面的编辑面板中进行编辑，如图 31-8 所示。

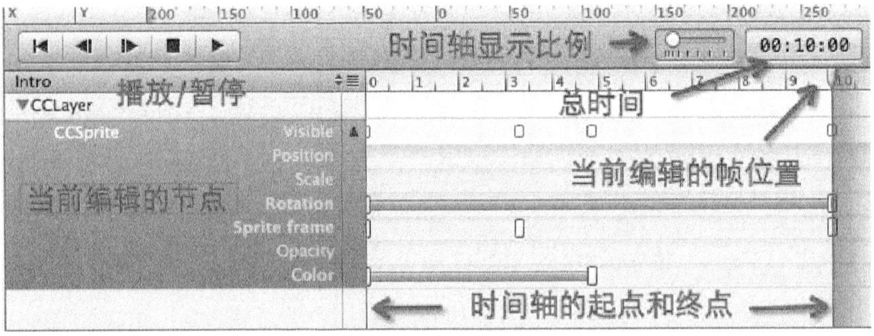

图 31-8　编辑动画

编辑动画的步骤如下：

（1）选择要编辑的节点。

（2）拖动时间轴顶部的箭头，选择当前要编辑的位置。

（3）选择 Animation 菜单，插入关键帧。

（4）在关键帧中对节点的属性进行调整。

（5）重复步骤（2），直到动画编辑完成。

当插入关键帧的时候可以选择如图 31-9 所示的 7 种类型的关键帧。

- Visible：允许在时间轴中动态设置节点在哪一帧隐藏，哪一帧显示。
- Position：允许设置从某一帧开始，到某一帧结束的位移。
- Scale：允许设置从某一帧开始，到某一帧结束的缩放。
- Rotation：允许设置从某一帧开始，到某一帧结束的旋转。
- Sprite Frame：允许设置任意帧的图片，可以用来做逐帧动画。
- Opacity：允许设置从某一帧开始，到某一帧结束的透明度。
- Color：允许设置从某一帧开始，到某一帧结束的颜色。

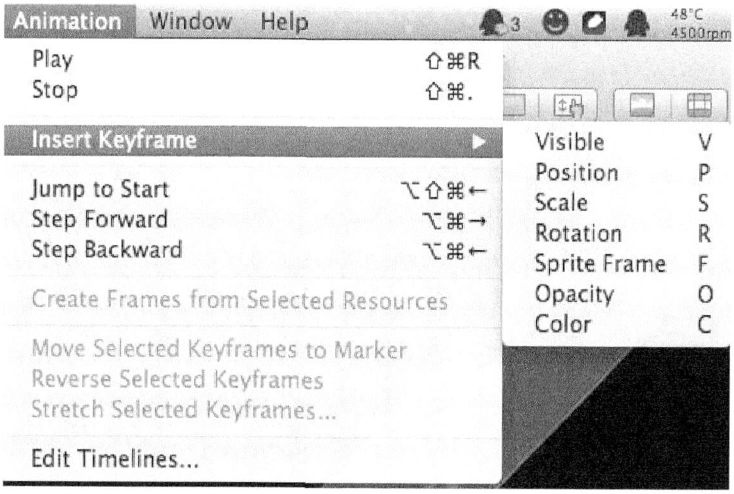

图 31-9　关键帧

操作的细节是在每插入一个关键帧的时候，在右侧的属性编辑面板中，对节点对应的属性进行修改。

Visible 和 Sprite Frame 帧是不会形成过渡动画的，也就是每两个关键帧之间不会有紫色的进度条，而对于其他属性，每两个关键帧之间会自动生成过渡动画。

例如，在时间轴开始的位置添加一个旋转关键帧，旋转为 0°，时间轴结束的位置添加一个旋转为 360°的旋转关键帧，播放动画时自然会从 0°慢慢旋转到 360°，而设置逐帧动画，只会在某个关键帧变化为下一帧的图片，并没有过渡效果。

31.3.2　编写代码

接下来看一下如何在代码中调用动画，可以理解为每一条时间轴表示一个动画，而每一条时间轴都有一个名字，可以通过这个名字来播放动画。

需要注意的是：假设这个动画是多个节点参与其中的，那么播放动画时所有参与的节点都会执行动画，并不是在节点 1 里播放动画，就只有节点 1 播放该动画。

我们的动画都在 CCBReader 的 AnimationManager 中保管着，所以要播放动画的两个步骤是获取 AnimationManager，然后调用 AnimationManager 的相关接口来播放动画。

通过 CCBReader 的 readNodeGraphFromFile，传入一个 CCBAnimationManager 的二级指针，可以获取 CCBAnimationManager 对象。在加载完节点之后，调用 CCBReader 的 getAnimationManager 也可以获得 CCBAnimationManager 对象。

在获取到 CCBAnimationManager 对象之后，需要将其保存为自己的一个成员变量，并且调用 retain 方法（在释放 CCBReader 的时候，release 方法会被调用一次），以便于在任何时候使用它。

```
CCBAnimationManager *actionManager = NULL;
CCNodeLoaderLibrary * ccNodeLoaderLibrary = CCNodeLoaderLibrary:: newD
efaultCCNodeLoaderLibrary();
ccNodeLoaderLibrary->registerCCNodeLoader("TestHeaderLayer",  Test  Header
LayerLoader::loader());
ccNodeLoaderLibrary->registerCCNodeLoader("TestAnimationsLayer",    Anima
tionsTestLayerLoader::loader());
cocos2d::extension::CCBReader * ccbReader = new cocos2d:: extension::
CCBReader(ccNodeLoaderLibrary);
ccbReader->autorelease();
CCNode *animationsTest = ccbReader->readNodeGraphFromFile ("ccb/ccb/
TestAnimations.ccbi", this, &actionManager);
((AnimationsTestLayer*)animationsTest)->setAnimationManager(action
Manager);
```

上面这段代码介绍了获取 CCBAnimationManager 并保存为成员变量的过程。

运行一个动画非常简单，只需要调用 CCBAnimationManager 对象的 runAnimations 即可，传入要播放的动画名称或 ID，可以传入每一帧的时间间隔，下面的代码以 0.3 秒的间隔播放 Idle 动画。

```
mAnimationManager->runAnimations("Idle", 0.3f);
```